AutoCAD 2019中文版基础教程

郝增宝 ／编著

中国青年出版社

图书在版编目(CIP)数据

AutoCAD 2019中文版基础教程 / 郝增宝编著. — 北京：中国青年出版社，2018.12
ISBN 978-7-5153-5346-3
I.①A… II.①郝… III.①AutoCAD软件 — 教材 IV.①TP391.72
中国版本图书馆CIP数据核字（2018）第236771号

AutoCAD 2019中文版基础教程

郝增宝 编著

出版发行：中国青年出版社
地　　址：北京市东四十二条21号
邮政编码：100708
电　　话：（010）50856188 / 50856199
传　　真：（010）50856111
企　　划：北京中青雄狮数码传媒科技有限公司
策划编辑：张　鹏
责任编辑：张　军

印　　刷：三河市文通印刷包装有限公司
开　　本：787×1092　1/16
印　　张：16
版　　次：2019年1月北京第1版
印　　次：2019年1月第1次印刷
书　　号：ISBN 978-7-5153-5346-3
定　　价：49.90元
（含语音视频教学+案例文件+图集素材+工程图纸+海量实用资源）

本书如有印装质量等问题，请与本社联系
电话：(010) 50856188 / 50856199
读者来信：reader@cypmedia.com
投稿邮箱：author@cypmedia.com
如有其他问题请访问我们的网站：http://www.cypmedia.com

前言

本书作者均是AutoCAD教学方面的优秀教师，他们将多年积累的经验与技术融入到了本书中，帮助读者掌握技术精髓并提升专业技能。因此，我们郑重向您推荐《AutoCAD 2019中文版基础教程》。

编写本书的初衷

现如今，随着国民经济的迅猛发展，建筑设计、机械设计也得到了蓬勃发展，为了帮助广大读者投身于CAD设计行业的大军之中，我们组织了多位教学一线的教师编写了本书。本书以敏锐的视角，简练的语言，并结合室内装潢的特点，运用典型的工程实例，对AutoCAD软件进行全方位讲解，以使广大读者能够在短时间内全面掌握AutoCAD 2019软件的使用方法与操作技巧。

AutoCAD 2019 简介

AutoCAD是由美国Autodesk公司于20世纪80年代初为微机上应用CAD技术而开发的绘图程序软件包，经过不断地完善，现已经成为国际上广为流行的绘图工具。与传统的手工绘图相比，使用AutoCAD绘图速度更快、精度更高，已经在航空航天、建筑、机械、电子、轻纺、美工等众多领域中得到了广泛应用，并取得了丰硕的成果和巨大的经济效益。

最新版本的AutoCAD 2019，除了保留空间管理、图层管理、选项板的使用、图形管理、块的使用、外部参照文件的使用等功能外，还增加很多更为人性化的设计，如增加了共享视图功能、DWG比较功能、保存到各种设备功能，以及支持Autodesk移动应用程序进行查看、编辑、共享等操作。

本书内容罗列

章　节	内　容
Chapter 01	主要讲解了AutoCAD 2019的工作界面、图形文件的基本操作以及系统选项设置等内容
Chapter 02	主要讲解了平面绘图的基本知识，其中包括坐标系统、图形管理、绘图辅助设置等知识
Chapter 03	主要讲解了平面图形绘制方法，其中包括点、线、矩形、正多边形、圆和椭圆等二维图形的绘制方法和技巧
Chapter 04	主要讲解了编辑平面图形的操作方法，其中包括目标选择、复制、缩放、镜像、延伸等二维图形编辑命令，以及对多线、多段线的编辑进行详细的介绍
Chapter 05	主要讲解了图案填充的操作方法，其中包括创建图案填充、使用“图案填充”功能面板、编辑图案填充等内容
Chapter 06	主要讲解了图块与设计中心的应用操作，其中包括图块的概念、创建与编辑图块、编辑与管理块属性、设计中心的使用以及外部参照的使用等知识内容
Chapter 07	主要讲解了文本及表格的应用操作，其中包括创建文字样式、创建与编辑单行文本、创建与编辑多行文本等内容
Chapter 08	主要讲解了尺寸标注的创建与编辑操作，其中包括创建与设置标注样式、尺寸标注的类型介绍以及编辑标注对象等内容
Chapter 09	主要讲解了三维模型的绘制操作，其中包括三维绘图基础、设置视觉样式、绘制三维实体、二维图形生成三维图形以及布尔运算等知识内容
Chapter 10	主要讲解了三维模型的编辑操作，其中包括更改三维模型形状，以及添加贴图、灯光、渲染等内容
Chapter 11	主要讲解了图形的输出与打印操作，其中包括图形的输入/输出、模型空间与图纸空间的转换、创建和设置布局视口以及图形的打印等内容
Chapter 12	主要讲解了三居室图纸的绘制方法，其中包括绘制三居室平面图、立面图和剖面图内容
Chapter 13	主要讲解了办公室设计图纸的绘制方法，其中包括绘制办公室平面布置图、前台背景墙立面图及会议室装饰墙剖面图等内容
Appendix	主要对课后练习参考答案、快捷键应用、常见命令应用以及常见疑难问题解决办法进行介绍

赠送超值资料

为了帮助读者更加直观地学习AutoCAD软件的应用，本书赠送的资料中包括：

（1）书中全部实例的工程文件，方便读者高效学习；

（2）语音教学视频，手把手教你学，扫除初学者对新软件的陌生感；

（3）海量CAD图块，即插即用，可极大提高工作效率，真正做到物超所值；

（4）赠送建筑设计图纸100张，以供读者练习使用；

（5）搜索并关注<DSSF007>微信公众平台，获取更多的视频及素材资源。

适用读者群体

本书是引导读者轻松快速掌握AutoCAD 2019的最佳途径，非常适合以下群体阅读：

（1）各大中专院校刚开始学习CAD的莘莘学子；

（2）各大中专院校相关专业及CAD培训班学员；

（3）建筑设计和机械设计初学者；

（4）从事CAD工作的初级工程技术人员；

（5）对工程制图和AutoCAD感兴趣的读者。

本书由淄博职业学院郝增宝老师编写，全书共计约38万字，在编写过程中力求严谨，但由于时间和精力有限，书中纰漏和考虑不周之处在所难免，敬请广大读者指正。

编 者

目录

Chapter 04 编辑平面图形

Chapter 05 为图形填充图案

Chapter 09

绘制三维图形

Chapter 10
编辑三维模型

Chapter 11
输出与打印图形

Chapter 12
三居室设计方案

Chapter 13
办公空间设计方案

Appendix
附 录

Chapter 01 初识 AutoCAD 2019

课题概述 AutoCAD 2019软件具有绘制二维图形、三维图形、标注图形、协同设计、图纸管理等功能，其操作非常便捷。目前，该软件已广泛应用于建筑设计、工业设计、服装设计、机械设计以及电子电气设计等领域。

教学目标 本章将为用户介绍AutoCAD 2019的启动与退出操作、图形文件的基本操作以及系统选项设置等内容，使用户可以快速掌握AutoCAD 2019的基础知识。

章节重点		光盘路径
★★★★	功能区	**上机实践：**实例文件 \ 第 1 章 \ 上机实践 \ 设置绘图背景颜色
★★★☆	标题栏、菜单栏、状态栏	**课后练习：**实例文件 \ 第 1 章 \ 课后练习
★★☆☆	快捷菜单	
★☆☆☆	启动与退出 AutoCAD 2019	

注：★个数越多表示难度越高，以下皆同。

1.1 AutoCAD 2019 的启动及工作界面介绍

成功安装AutoCAD 2019后，系统会在桌面创建AutoCAD的快捷启动图标，并在程序文件夹中创建AutoCAD程序组。用户可以通过下列方式启动AutoCAD 2019。

- 执行“开始>所有程序>Autodesk>AutoCAD 2019-简体中文>AutoCAD 2019-简体中文（Simplified Chinese）”命令。
- 双击桌面上的AutoCAD快捷启动图标。
- 双击任意一个AutoCAD图形文件。

启动AutoCAD 2019后，系统将显示图1-1所示的工作界面。

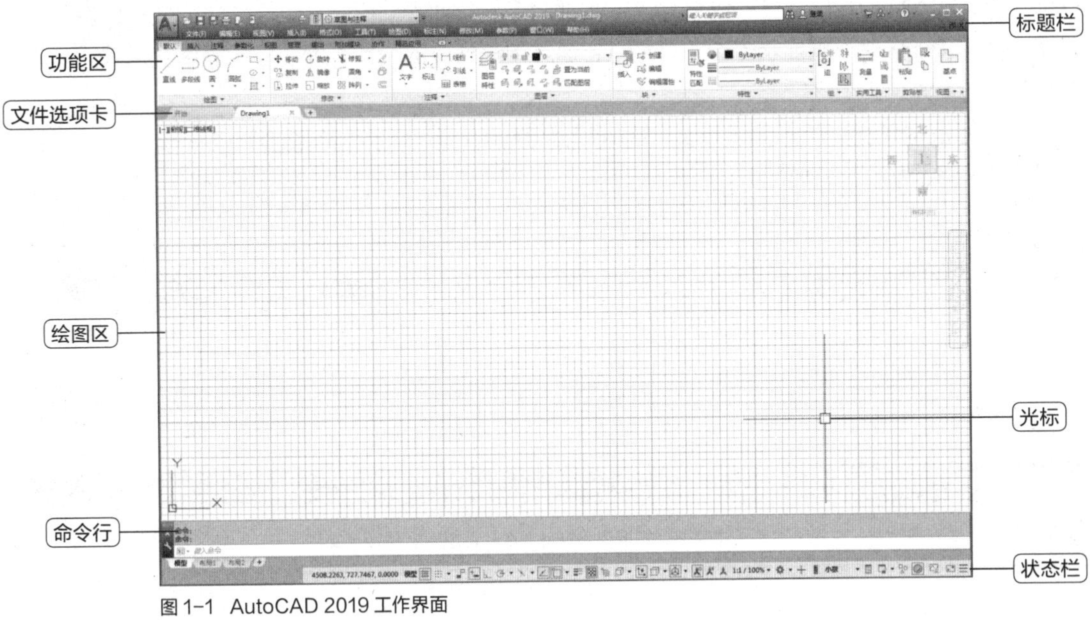

图 1-1　AutoCAD 2019 工作界面

1.1.1 标题栏、菜单栏与功能区

标题栏、菜单栏、功能区是显示绘图和环境设置命令等内容的区域。

1. 标题栏

标题栏位于工作界面的最上方，由“菜单浏览器”按钮、工作空间切换下拉按钮、快速访问工具栏、当前图形标题、搜索栏、Autodesk online服务以及窗口控制按钮组成。将光标移至标题栏上右击或按Alt+空格键，将弹出窗口控制菜单，从中可执行窗口的最大化、还原、最小化、移动、关闭等操作，如图1-2所示。

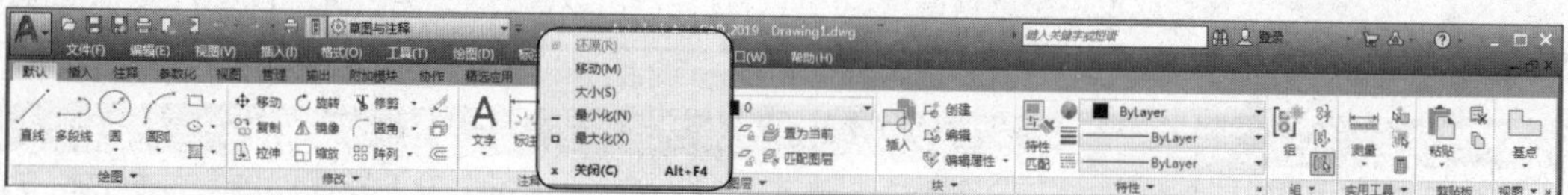

图1-2 窗口控制菜单

2. 菜单栏

菜单栏位于快速访问工具栏及标题栏的下方，其中包括文件、编辑、视图、插入、格式、工具、绘图、标注、修改、参数、窗口、帮助12个主菜单，如图1-3所示。

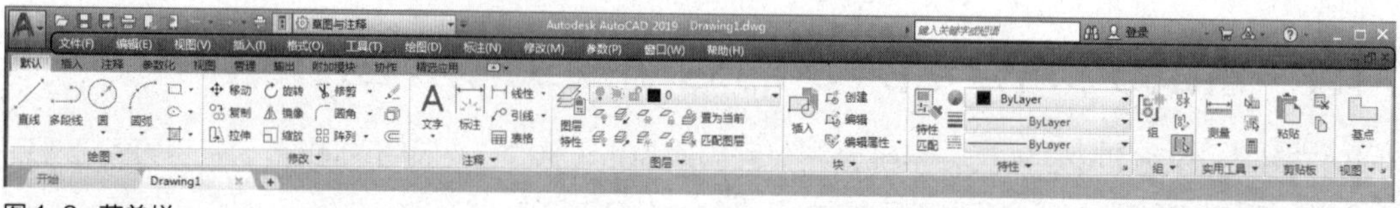

图1-3 菜单栏

默认情况下，在“草图与注释”、“三维基础”和“三维建模”工作界面中是不显示菜单栏的。若要显示菜单栏，可以在快速访问工具栏中单击下拉按钮，在下拉列表中选择“显示菜单栏”选项即可。

3. 功能区

在AutoCAD中，功能区包含功能区选项卡、功能区面板和功能区按钮，其中功能区按钮是代替命令的简便工具，利用它们可以完成绘图过程中的大部分工作，而且使用工具进行操作的效率比使用菜单要高很多。使用功能区时无需显示多个工具栏，它通过单一紧凑的工作界面使应用程序变得简洁有序，使绘图窗口变得更大。

在功能区面板中单击面板标题右侧的“最小化为面板按钮”下拉按钮，在列表中选择相关选项，可以设置不同的最小化，如图1-4所示。

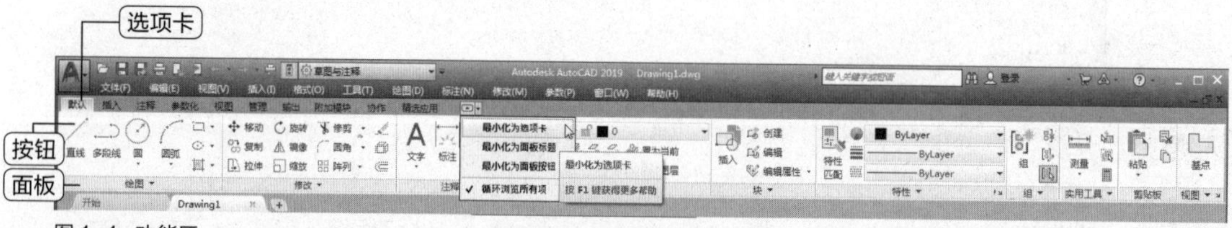

图1-4 功能区

工程师点拨：快捷键的运用

熟记菜单命令后面的快捷键，有利于提高工作效率。如按Ctrl+N组合键，可快速新建图形文件。

1.1.2 绘图区与坐标系图标

绘图区是用于绘制图形的“图纸”，坐标系图标则用于显示当前的视角方向。

1. 绘图区

绘图区是用户的工作窗口，是绘制、编辑和显示图形对象的区域，如图1-5所示。其中，有“模型”和“布局”两种绘图模式，单击“模型”或“布局”标签，可以在这两种模式之间进行切换。

一般情况下，用户在模型空间绘制图形，然后转至布局空间安排图纸输出布局。

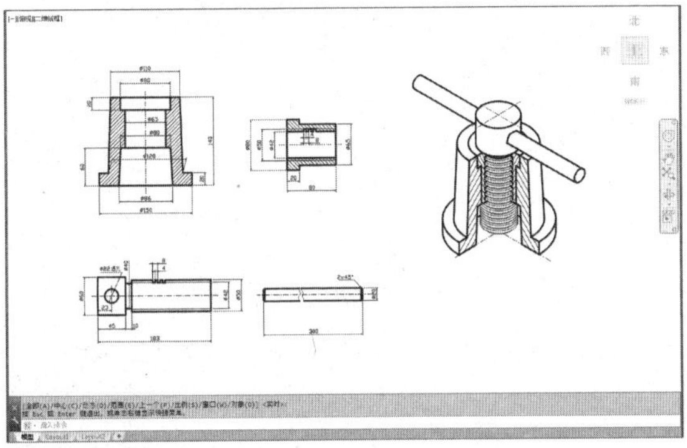

图 1-5 绘图区

2. 坐标系图标

坐标系图标用于显示当前坐标系的位置，如坐标原点、X、Y、Z轴正方向等，如图1-6所示。AutoCAD的默认坐标系为世界坐标系（WCS）。如果重新设定坐标系原点或调整坐标系的其他位置，则世界坐标系就变为用户坐标系（UCS）。

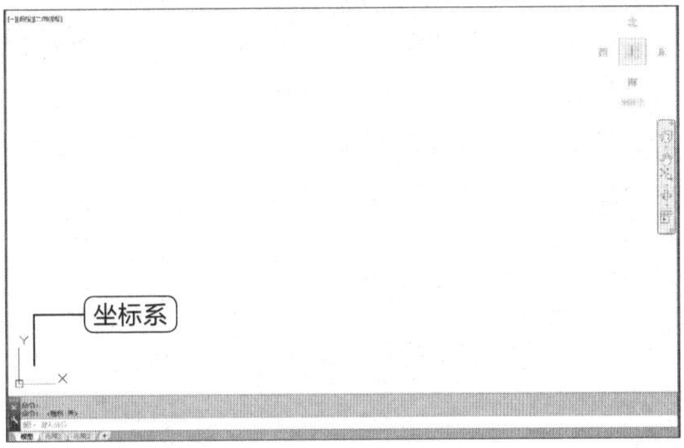

图 1-6 坐标系图标

1.1.3 命令窗口与文本窗口

命令窗口是用户通过键盘输入命令、参数等信息的地方。不过，用户通过菜单和功能区执行的命令也会在命令窗口中显示。默认情况下，命令窗口位于绘图区的下方，用户可以通过拖动命令窗口的左边框将其移至任意位置。

在AutoCAD 2019中为命令行搜索添加了新内容，即自动更正和同义词搜索。例如，输入错误命令TABEL时，将自动启动TABLE命令并搜索到多个可能的命令，如图1-7所示。

文本窗口是记录AutoCAD历史命令的窗口，用户可以通过按F2功能键，弹出文本窗口，以便于快速访问完整的历史记录，如图1-8所示。

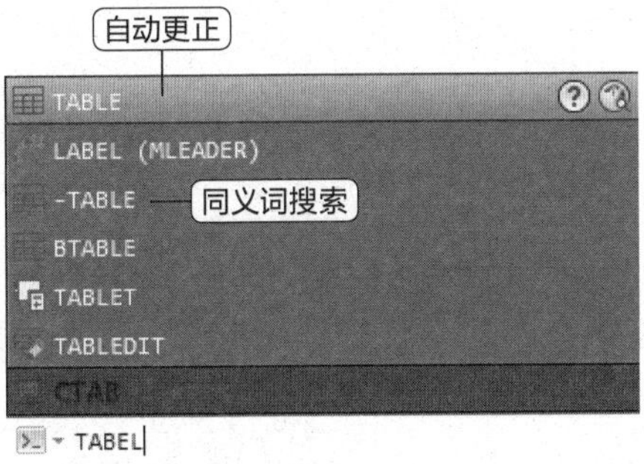

图 1-7 浮动状态下的命令行

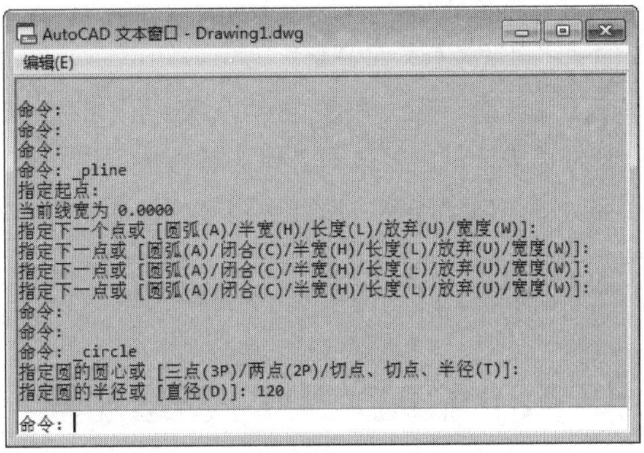

图 1-8 文本窗口

1.1.4 状态栏与快捷菜单

本小节将对AutoCAD最常使用的状态栏与快捷菜单进行简单介绍。

1. 状态栏

状态栏位于工作界面的最底端，用于显示当前的绘图状态。状态栏最左端显示光标的坐标值，其后是模型或图纸空间、显示图形栅格、捕捉模式、推断约束、动态输入、正交限制光标、极轴追踪、对象捕捉追踪、对象捕捉、注释监视器、线宽和模型等具有绘图辅助功能的控制按钮，如图1-9所示。

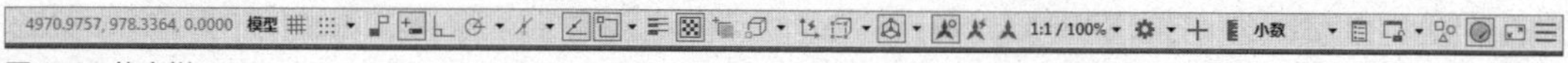

图 1-9 状态栏

2. 快捷菜单

一般情况下快捷菜单是隐藏的，在绘图区空白处单击鼠标右键，将弹出快捷菜单，在无操作状态下弹出的快捷菜单与在操作状态下弹出的快捷菜单是不同的，图1-10为无操作状态下的快捷菜单。

图 1-10 无操作状态下的快捷菜单

1.1.5 工具选项板

工具选项板为用户提供组织、共享和放置块及填充图案选项卡，如图1-11所示。用户可以通过以下方式打开或关闭工具选项板。

- 执行“工具>选项板>工具选项板”命令，即可以打开或关闭工具选项板。
- 单击“视图”选项卡下“选项板”面板中的“工具选项板”按钮。

单击工具选项板右上角的“特性”按钮，将会显示特性菜单，从中可以对工具选项板执行移动、改变大小、自动隐藏、设置透明度、重命名等操作。

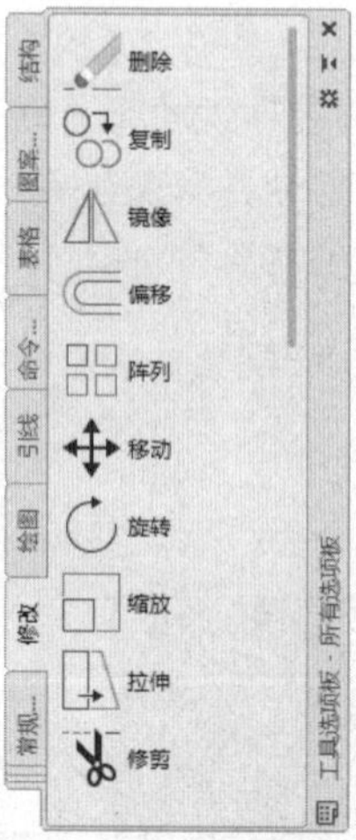

图 1-11 工具选项板

1.1.6 AutoCAD 2019 新增功能

AutoCAD 2019新增了许多特性，比如共享视图、保存到AutoCAD Web和Mobile、DWG比较等，下面将对其进行介绍。

1. 共享视图

“共享视图”功能从当前图形中提取设计数据，将其存储在云中并生成可以与同事和客户共享的链接。“共享视图”选项板显示所有共享视图的列表，用户可以在其中访问注释、删除视图或将其有效期延长至超过30天的寿命。

当同事或客户收到链接时，可以使用从Web浏览器运行的Autodesk查看器，对来自任意联网PC、平板电脑或移动设备的视图进行查看、审阅或添加注释。

2. 保存到AutoCAD Web和Mobile

将图形文件以Web和Mobile文件形式保存，通过Internet在任何桌面、Web或移动设备上使用Autodesk Web和Mobile联机打开并保存图形。

在完成AutoCAD系统应用程序的安装后，即可从接入的Internet任何设备（如在现场使用平板电脑或在远程位置使用台式机）查看和编辑图形。订购AutoCAD固定期限的使用许可后，可以获得从Web和移动设备进行编辑的功能。需要说明的是，此功能仅适用于64位计算机系统。

3. DWG比较

使用“DWG比较”功能，可以在模型空间中高亮显示相同图形或不同图形之间的差异。使用颜色，可以区分每个图形所独有的对象和通用的对象，也可以通过关闭对象的图层将对象排除在比较之外。

1.2 图形文件的基本操作

图形文件的管理是设计过程中的重要环节，为了避免由于误操作导致图形文件的意外丢失，需要随时对文件进行保存。图形文件的基本操作包括图形文件的新建、打开、保存以及另存为等。

1.2.1 创建新图形文件

启动AutoCAD 2019后，系统会自动新建一个名为Drawing1.dwg的空白图形文件。用户还可以通过以下方法创建新的图形文件。

- 执行“文件>新建”命令。
- 单击“菜单浏览器”按钮，在弹出的列表中执行“新建>图形”选项。
- 单击绘图区上方文件选项栏中的新建按钮。
- 在命令行中输入NEW命令，然后按回车键。

执行以上任意一种操作后，系统将自动打开“选择样板”对话框，从文件列表中选择需要的样板，然后单击“打开”按钮，即可创建新的图形文件。

打开图形时，还可以选择不同的计量标准，单击“打开”按钮右侧的下拉按钮，在列表中若选择“无样板打开-英制”选项，则使用英制单位为计量标准绘制图形；若选择“无样板打开-公制”选项，则使用公制单位为计量标准绘制图形，如图1-12所示。

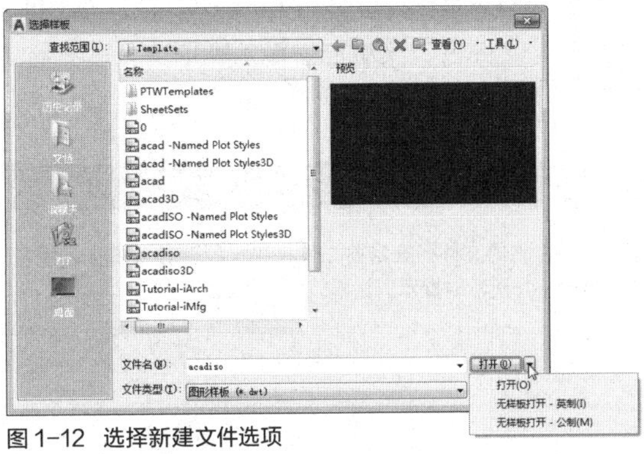

图1-12 选择新建文件选项

1.2.2 打开图形文件

启动AutoCAD 2019后，用户可以通过以下方式打开已有的图形文件。

- 执行“文件>打开”命令。
- 单击“菜单浏览器”按钮，在弹出的列表中执行“打开>图形”选项。
- 单击快速访问工具栏中的“打开”按钮。
- 在命令行中输入OPEN命令，再按回车键。

执行以上任意一种操作后，系统会自动打开“选择文件”对话框，如图1-13所示。

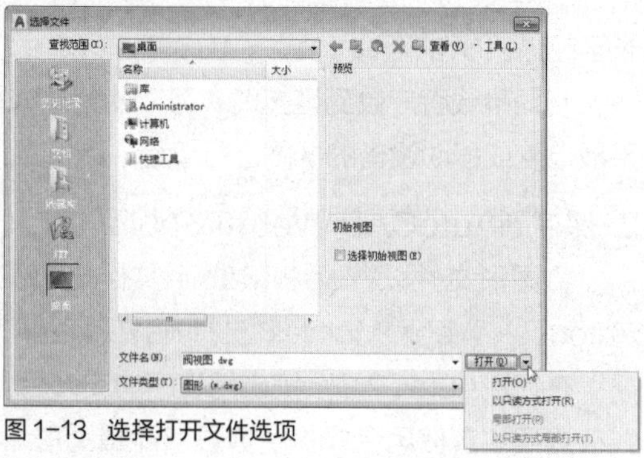

图 1-13 选择打开文件选项

在该对话框的“查找范围”下拉列表中选择要打开的图形文件夹，选择图形文件，然后单击“打开”按钮或者双击文件名，即可打开该图形文件。在该对话框中也可以单击“打开”按钮右侧的下拉按钮，在弹出的下拉列表中选择所需的方式来打开图形文件。

AutoCAD 2019支持同时打开多个文件，利用这种多文档特性，用户可在打开的所有图形之间来回切换、修改、绘图，还可以参照其他图形进行绘图，在图形之间复制和粘贴图形对象，或从一个图形向另一个图形移动对象。

1.2.3 保存图形文件

对图形进行编辑后，要对图形文件进行保存。用户可以直接保存，也可以更改名称后保存为另一个文件。

1. 保存新建的图形

通过下列方式可以保存新建的图形文件。

- 执行“文件>保存”命令。
- 单击“菜单浏览器”按钮，在弹出的列表中选择“保存”选项。
- 单击快速访问工具栏中的“保存”按钮。
- 在命令行中输入SAVE命令，再按回车键。

执行以上任意一种操作后，系统将自动打开“图形另存为”对话框，如图1-14所示。

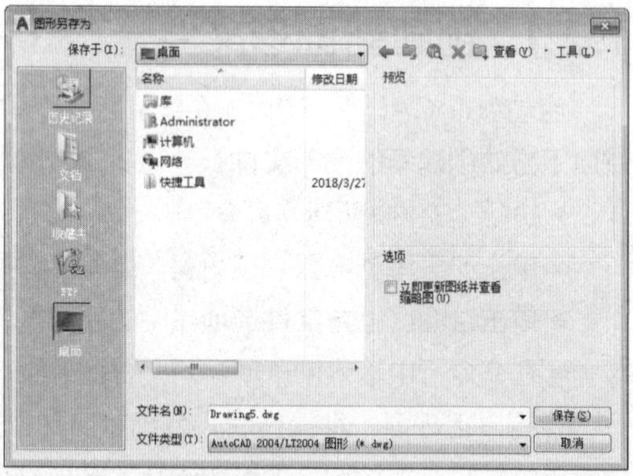

图 1-14 “图形另存为”对话框

在“保存于”下拉列表中指定文件保存的文件夹，在“文件名”文本框中输入图形文件的名称，在“文件类型”下拉列表中选择保存文件的类型，最后单击“保存”按钮。

工程师点拨：重复文件名提示框

如果输入的文件名在当前文件夹中已经存在，那么系统将会弹出图1-15所示的提示对话框。

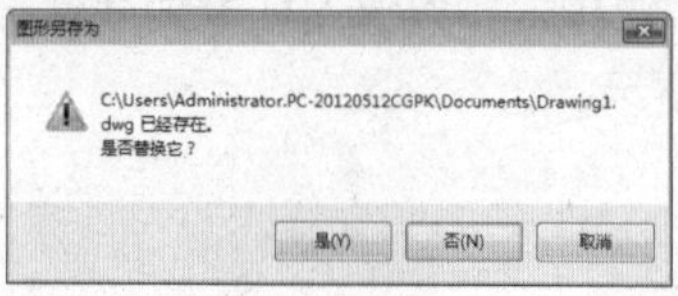

图 1-15 重名提示对话框

2. 图形另保存

对于已经保存的图形，可以更改名称保存为另一个图形文件。用户可以先打开该图形文件，然后通过下列任意一种方式进行另保存操作。

- 执行“文件>另存为”命令。
- 单击“菜单浏览器”按钮，在弹出的列表中选择“另存为”选项。
- 在命令行中输入SAVE，再按回车键。

执行以上任意一种操作后，系统将会自动打开图1-14所示的“图形另存为”对话框，设置需要的名称及其他选项后保存即可。

1.3 AutoCAD 系统选项设置

AutoCAD 2019的系统参数设置用于对系统进行配置，包括设置文件路径、改变绘图背景颜色、设置自动保存的时间、设置绘图单位等。安装AutoCAD 2019软件后，系统将自动完成默认的初始系统配置。用户在绘图过程中，可以通过下列方式进行系统配置。

- 执行“工具>选项”命令。
- 单击“菜单浏览器”按钮，在弹出的列表中选择“选项”选项。
- 在命令行中输入OPTIONS，再按回车键。
- 在绘图区中单击鼠标右键，在弹出的快捷菜单中选择“选项”选项。

执行以上任意一种操作后，系统将打开“选项”对话框，用户可在该对话框中设置所需要的系统配置。

1.3.1 显示设置

在“选项”对话框中的“显示”选项卡中，用户可以设置窗口元素、布局元素、显示精度、显示性能、十字光标大小、淡入度控制等显示性能，如图1-16所示。

1. “窗口元素”选项组

“窗口元素”选项组主要用于设置窗口的颜色、排列方式等相关操作。例如，单击“颜色”按钮，将弹出“图形窗口颜色”对话框，从中可以设置二维模型空间的颜色，单击“颜色”下拉按钮，选择需要的颜色即可，如图1-17所示。

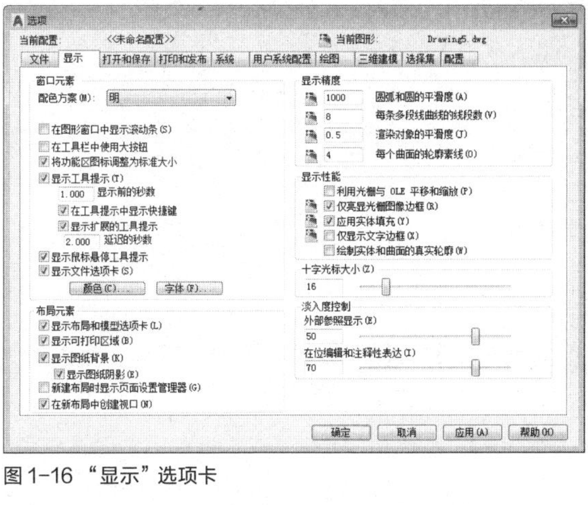
图1-16 “显示”选项卡

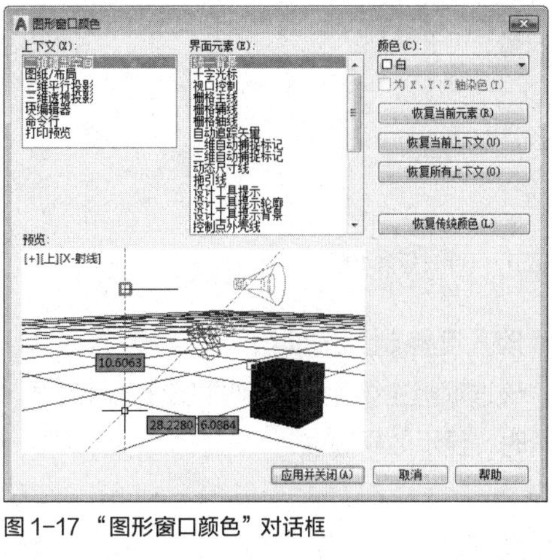
图1-17 “图形窗口颜色”对话框

2.“显示精度”选项组

该选项组用于设置圆弧或圆的平滑度、每条多段线的段数等项目。

3.“布局元素”选项组

该选项组用于设置图纸布局相关的内容，并控制图纸布局的显示或隐藏。例如，显示布局中的可打印区域（可打印区域是指虚线以内的区域）。勾选“显示可打印区域”复选框的布局，如图1-18所示。不显示可打印区域的布局，如图1-19所示。

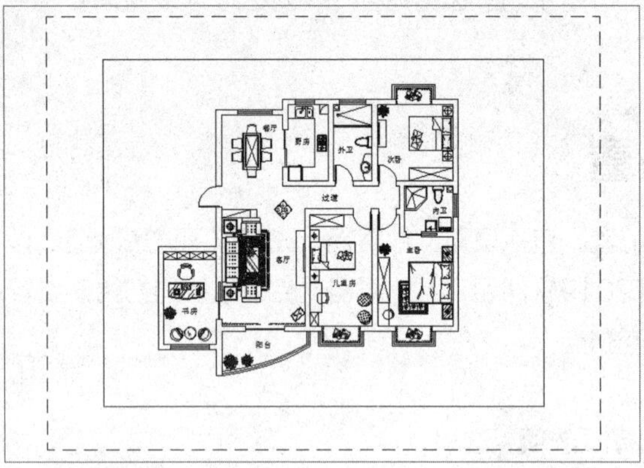

图 1-18 显示可打印区域

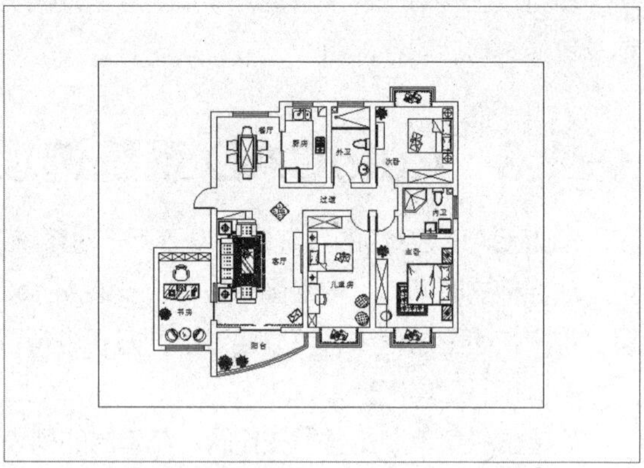

图 1-19 不显示可打印区域

4.“显示性能”选项区域

该选项组用于使用光栅和OLE进行平移与缩放，显示光栅图像的边框，实体的填充，仅显示文字边框等参数设置。

5.“十字光标大小”选项区域

该选项组用于调整光标的十字线大小。十字光标的值越大，光标两边的延长线就越长，图1-20所示十字光标为10，图1-21所示十字光标为100。

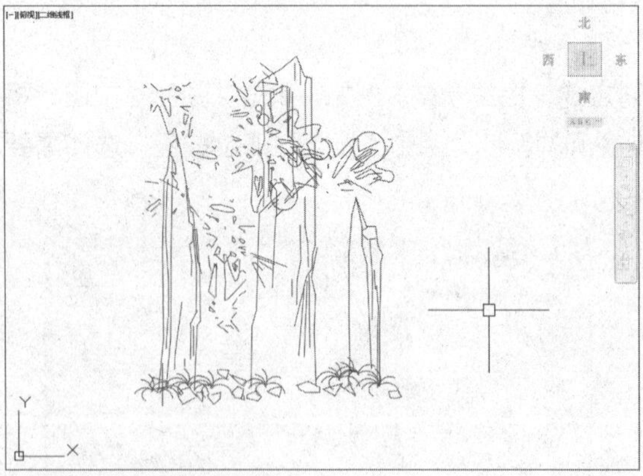

图 1-20 十字光标为 10

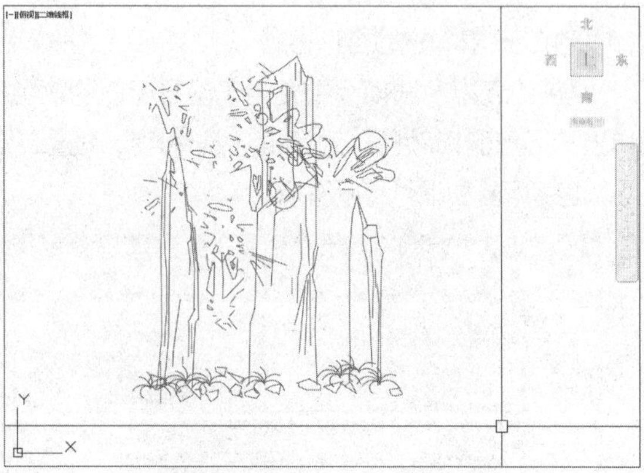

图 1-21 十字光标为 100

6.“淡入度控制”选项组

该选项组主要用于控制图形的显示效果。淡入度为负数值时，显示效果较清晰。反之，淡入度为正数值时，显示效果较淡。

1.3.2 打开和保存设置

在“打开和保存”选项卡中，用户可以进行文件保存、文件安全措施、文件打开、外部参照等方面的设置，如图1-22所示。

1.“文件保存”选项组

“文件保存”选项组可以设置文件保存的类型、缩略图预览设置和增量保存百分比设置等。

2.“文件安全措施”选项组

该选项组用于设置自动保存的间隔时间，是否创建副本，设置临时文件的扩展名等。单击“数字签名”按钮，可打开相应的对话框，从中可对其参数进行设置，如图1-23所示。

图 1-22 “打开和保存”选项卡

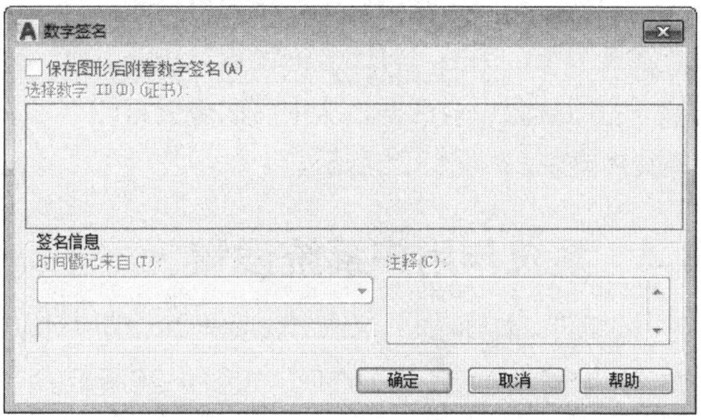

图 1-23 “数字签名”对话框

3.“文件打开”与“应用程序菜单”选项组

“文件打开”选项组可以设置在窗口中打开的文件数量等，“应用程序菜单”选项组可以设置最近打开的文件数量。

4.“外部参照”选项组

该选项组可以设置调用外部参照时的状况，可以设置启用、禁用或使用副本。

5.“ObjectARX应用程序”选项组

该选项组可以设置加载ObjectARX应用程序和自定义对象的代理图层。

1.3.3 打印和发布设置

在“打印和发布”选项卡中，用户可以设置打印机和打印样式参数，包括出图设备的配置和选项，如图1-24所示。

1.“新图形的默认打印设置”选项组

用于设置默认输出设备的名称以及是否使用上一可用打印设置。

2.“打印和发布日志文件”选项组

用于设置打印和发布日志的方式及保存打印日志的方式。

图 1-24 “打印和发布”选项卡

AutoCAD 2019 中文版基础教程

3.“打印到文件”选项组

用于设置打印到文件操作的默认位置。

4.“后台处理选项”选项组

用于设置何时启用后台打印。

5.“常规打印选项”选项组

用于设置更改打印设备时是否警告，设置OLE打印质量以及是否隐藏系统打印机。

6.“指定打印偏移时相对于”选项组

用于设置打印偏移时相对于对象为可打印区域还是图纸边缘。单击“打印戳记设置”按钮，将弹出“打印戳记”对话框，从中可以设置打印戳记的具体参数，如图1-25所示。

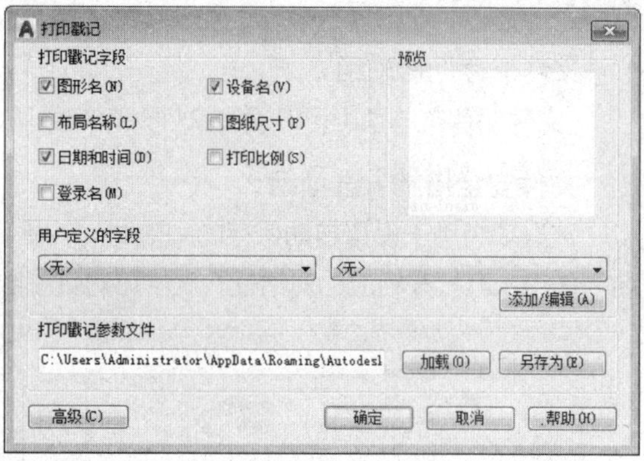

图1-25 “打印戳记”对话框

1.3.4 系统与用户系统设置

在“选项”对话框的“系统”选项卡中，用户可以设置控制三维图形显示系统的系统特性以及当前定点设备、数据库连接的相关选项，如图1-26所示。

在“用户系统配置”选项卡中，用户可设置Windows标准操作、插入比例、字段、坐标数据输入的优先级等选项。另外还可单击“块编辑器设置”、“线宽设置”和“默认比例列表”按钮，进行相应的参数设置，如图1-27所示。

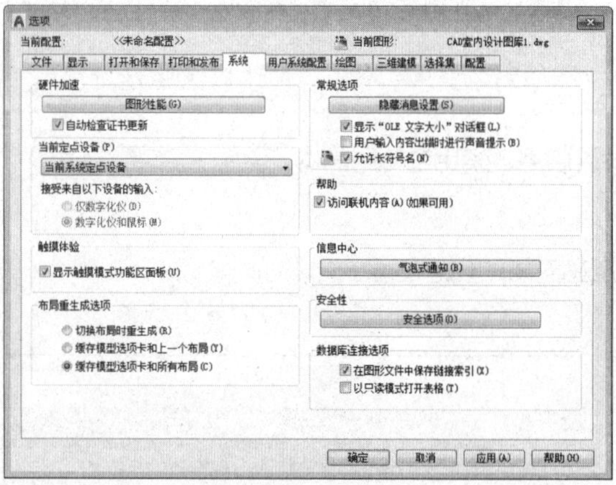

图1-26 “系统”选项卡

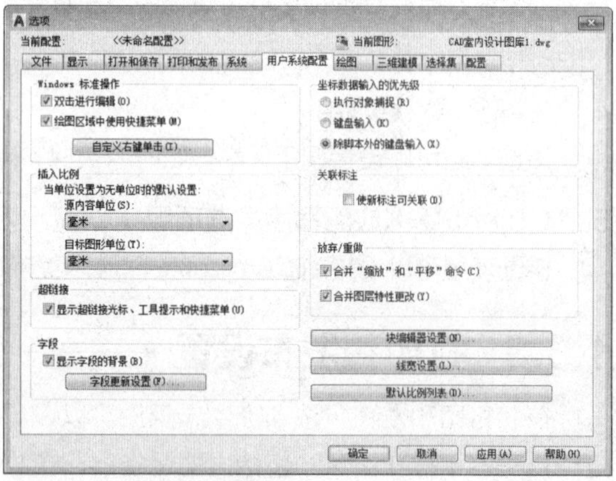

图1-27 “用户系统配置”选项卡

1.“当前定点设备”选项组

“当前定点设备”选项组可以设置定点设备的类型，接受某些设备的输入。

2.“布局重生成选项”选项组

该选项组提供了“切换布局时重生成”、“缓存模型选项卡和上一个布局”和“缓存模型选项卡和所有布局”3种布局重生成样式。

3.“常规选项”选项组

该选项组用于设置消息的显示与隐藏及显示“OLE文字大小”对话框等项目。

4.“信息中心”选项组

在该选项组中单击“气泡式通知”按钮，打开“信息中心设置”对话框，从中可以对相应参数进行设置，如图1-28所示。

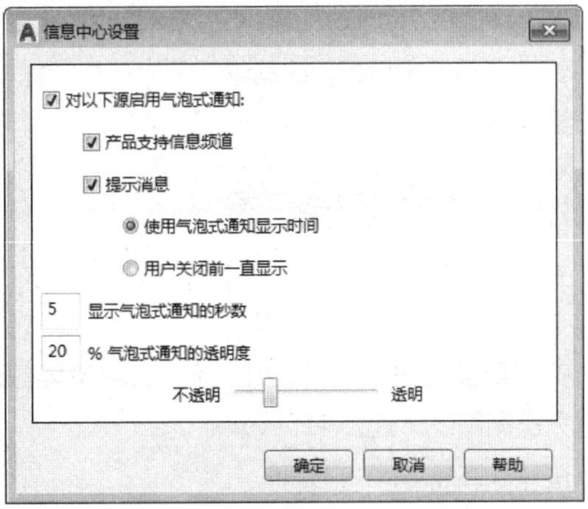

图1-28 “信息中心设置”对话框

1.3.5 绘图与三维建模

在“绘图”选项卡中，用户可以在“自动捕捉设置”和“AutoTrack设置”选项组中设置绘图时自动捕捉和自动追踪的相关内容，另外还可以拖动滑块调节自动捕捉标记和靶框的大小，如图1-29所示。

在“三维建模”选项卡中，用户可以设置三维十字光标、在视口中显示工具、三维对象和三维导航等选项，如图1-30所示。

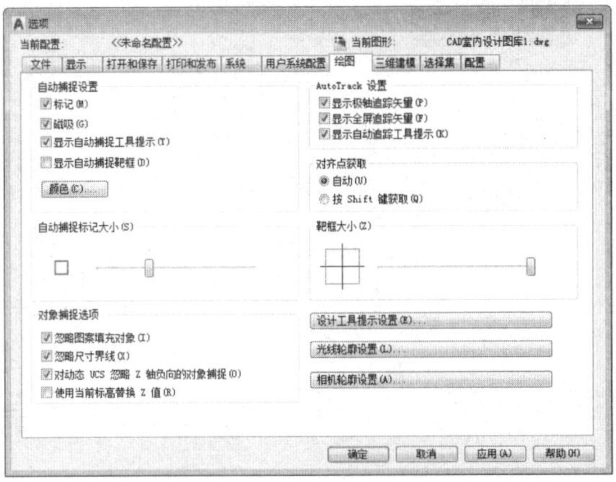

图1-29 “绘图”选项卡

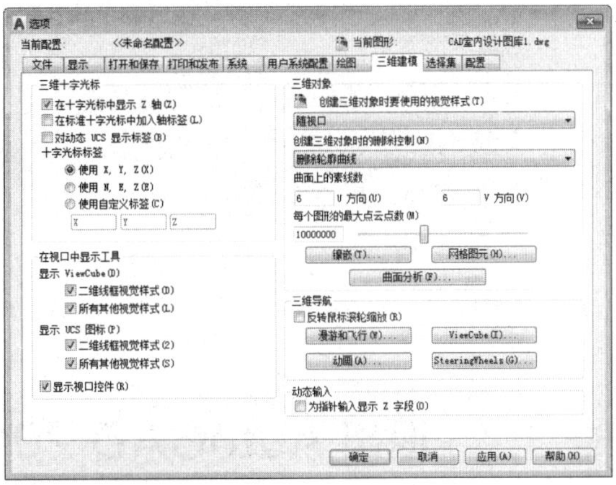

图1-30 “三维建模”选项卡

1.“自动捕捉设置”选项组

“自动捕捉设置”选项组用于设置在绘制图形时捕捉点的样式。

2.“对象捕捉选项”选项组

该选项组用于设置忽略图案填充对象、使用当前标高替换Z值等项目。

3.“AutoTrack设置”选项组

该选项组中可以设置选项为显示极轴追踪矢量、显示全屏追踪矢量和显示自动追踪工具提示。

4.“三维十字光标”选项组

“三维建模”选项卡下的“三维十字光标”选项组可用于设置十字光标是否显示Z轴，是否显示轴标签以及十字光标标签的显示样式等。

AutoCAD 2019 中文版基础教程

5. “三维对象”选项组

该选项组用于设置创建三维对象时的视觉样式、曲面或网格上的素线数、设置网格图元、设置网格镶嵌选项等。

1.3.6 选择集与配置

在“选择集”选项卡中，用户可以设置拾取框大小、选择集模式、夹点尺寸和夹点的相关内容，如图1-31所示。

在“配置”选项卡中，用户可以针对不同的需求在此进行设置并保存，以后需要进行相同的设置时，只需调用该配置文件即可。

1. “夹点”选项组

该选项组用于设置不同状态下的夹点颜色、启用夹点或在块中启用夹点等项目。

2. “预览”选项组

该选项组用于设置活动状态的选择集、未激活命令时的选择集预览效果。单击“视觉效果设置”按钮后，可在弹出的“视觉效果设置”对话框中调节视觉样式的各种参数，如图1-32所示。

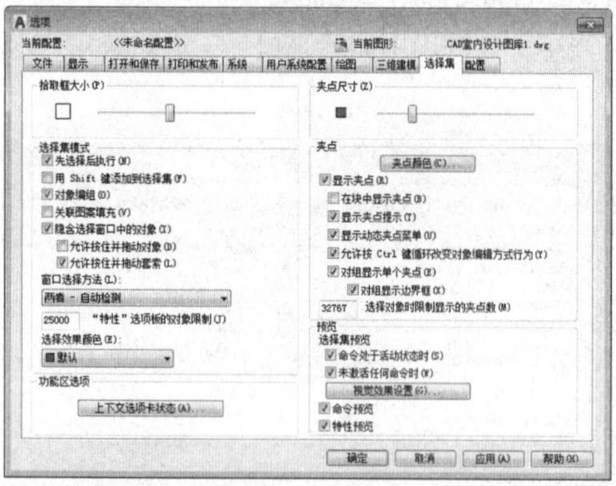

图 1-31 “选择集”选项卡

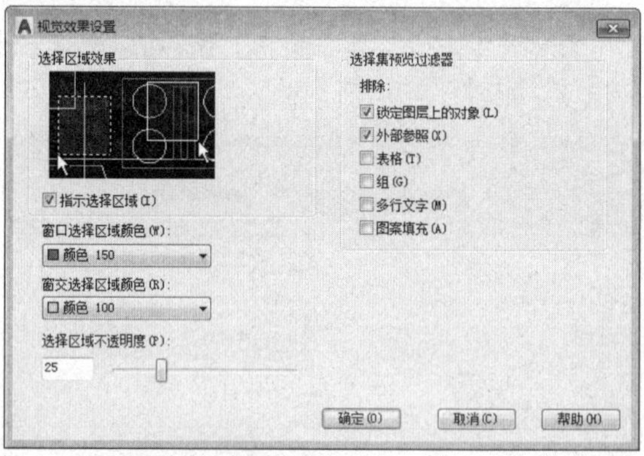

图 1-32 “视觉效果设置”对话框

1.4 退出 AutoCAD 2019

保存图形之后，用户可以通过以下几种方式退出AutoCAD 2019软件。

- 执行“文件>退出”命令。
- 单击“菜单浏览器”按钮，在弹出的列表中选择“退出Autodesk AutoCAD 2019”选项。
- 单击标题栏中的“关闭”按钮。
- 按Ctrl+Q组合键。

上机实践 设置绘图背景颜色

实践目的	通过本实训的练习，用户可熟练掌握“选项”对话框的使用，为后期绘图做好准备。
实践内容	根据用户的使用习惯更改 AutoCAD 操作界面的背景颜色。
实践步骤	在“选项”对话框的“显示”选项卡中进行设置。

Step 01 启动AutoCAD 2019软件，在绘图区中单击鼠标右键，在弹出的快捷菜单中选择“选项”命令，如图1-33所示。

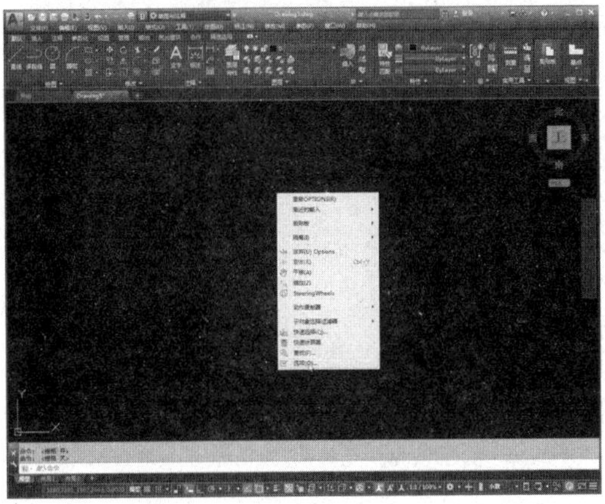

图1-33 选择“选项”命令

Step 02 系统将弹出“选项”对话框，在“显示”选项卡中设置配色方案为“明”，如图1-34所示。

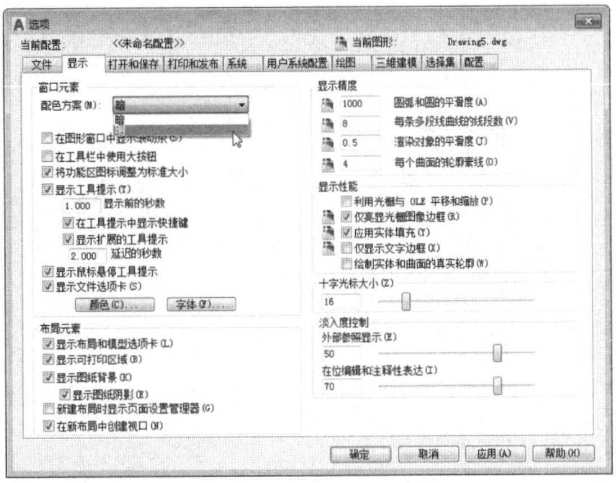

图1-34 设置配色方案

Step 03 单击“颜色”按钮，打开“图形窗口颜色”对话框，设置统一背景颜色为白色，如图1-35所示。

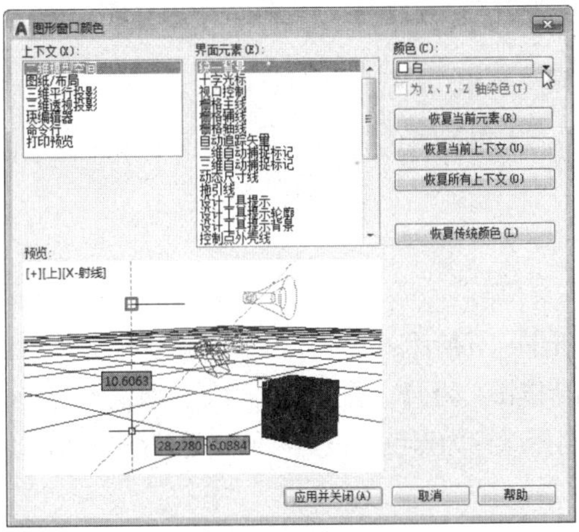

图1-35 设置背景颜色

Step 04 依次单击“应用并关闭”和“确定”按钮，返回绘图区，更改颜色后的效果如图1-36所示。

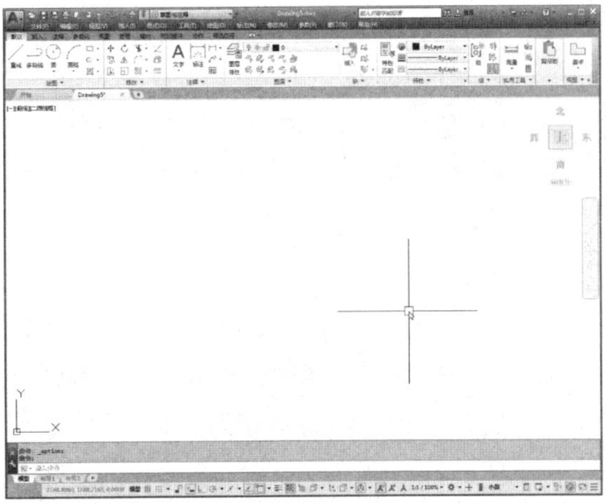

图1-36 查看更改效果

课后练习

通过本章的学习，相信用户对AutoCAD 2019的工作界面、文件的打开与保存，以及系统选项设置有了一定的认识。下面结合相关练习，回顾AutoCAD的常见操作知识。

一、填空题

1、________是记录AutoCAD历史命令的窗口，是一个独立的窗口。

2、在AutoCAD 2019中，执行“文件>打开”命令后，将打开________对话框。

3、计算机辅助设计简称为________________________。

二、选择题

1、在AutoCAD中，构造选择集非常重要，以下哪个选项不是构造选择集的方法（　）。

A、按层选择　　B、对象选择过滤器

C、快速选择　　D、对象编组

2、在AutoCAD中不可以设置“自动隐藏”特性的对话框是（　）。

A、“选项”对话框　　B、“设计中心”对话框

C、“特性”对话框　　D、“工具选项板”对话框

3、在十字光标处被调用的菜单为（　）。

A、鼠标菜单　　B、十字交叉线菜单

C、快捷菜单　　D、没有菜单

4、在“选项”对话框的（　）选项卡中，可以设置夹点大小和颜色。

A、选择集　　B、系统

C、显示　　D、打开和保存

三、操作题

1、在“选项”对话框中设置绘图背景的颜色为黄色，如图1-37所示。

2、在“选项”对话框的“显示”选项组中单击“颜色”按钮，打开“图形窗口颜色”对话框，设置设计工具提示轮廓为红色，设置设计工具提示背景颜色为青色，设置后的效果如图1-38所示。

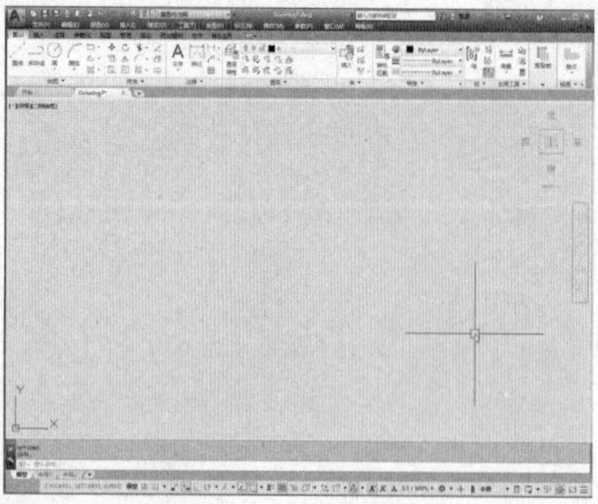

图1-37　设置背景色

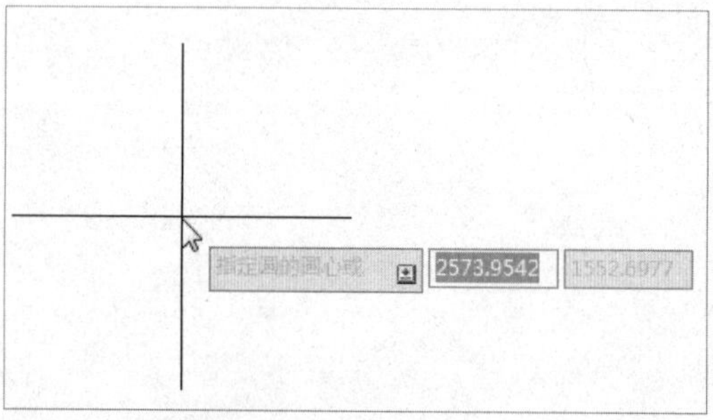

图1-38　自定义设计工具

Chapter 02

平面绘图知识

课题概述 在绘图之前需要对绘图环境进行一些必要的设置，包括图形界限、图形单位、图层的创建与设置等。例如，通过对图层进行设置可以调节图形的颜色、线宽以及线型等特性，既可以提高绘图效率，又能保证图形的质量。

教学目标 本章将向用户介绍坐标系统、图形的管理以及辅助工具的调用等内容，熟悉并掌握这些知识后，将会对今后的绘图操作提供很大的帮助。

章节重点	光盘路径
★★★★ | 图层的设置	**上机实践**：实例文件 \ 第 2 章 \ 上机实践 \ 更改图形颜色及线型
★★★☆ | 辅助绘图功能	**课后练习**：实例文件 \ 第 2 章 \ 课后练习
★★☆☆ | 图形界限和单位	
★☆☆☆ | 坐标系	

2.1 坐标系统

在绘图时，AutoCAD通过坐标系确定点的位置。AutoCAD坐标系分世界坐标系和用户坐标系，用户可通过UCS命令进行坐标系的转换。

2.1.1 世界坐标系

世界坐标系也称为WCS坐标系，它是AutoCAD中的默认坐标系，通过3个相互垂直的坐标轴X、Y、Z来确定空间中的位置。世界坐标系的X轴为水平方向，Y轴为垂直方向，Z轴正方向垂直屏幕向外，坐标原点位于绘图区左下角，图2-1为二维图形空间的坐标系，图2-2为三维图形空间的坐标系。

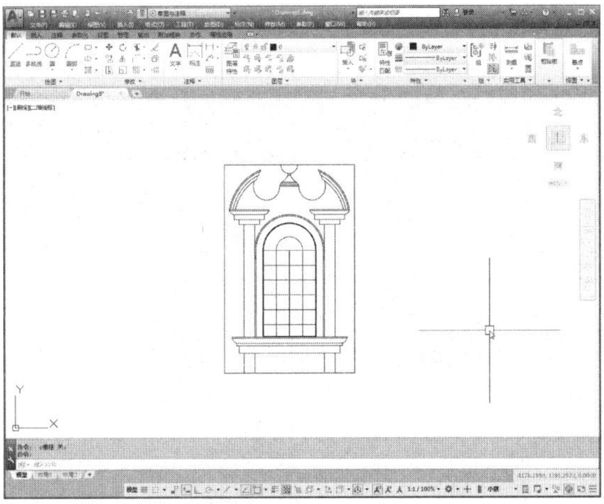

图 2-1 二维空间坐标系

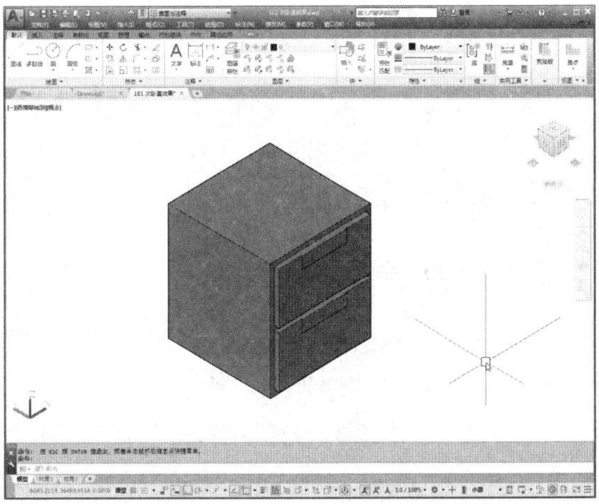

图 2-2 三维空间坐标系

工程师点拨：设置 X、Y 轴坐标

在XOY平面上绘制、编辑图形时，只需要输入X轴和Y轴坐标，Z轴坐标由系统自动设置为0。

2.1.2 用户坐标系

用户坐标系也称为UCS坐标系，该坐标系是可以进行更改的，主要为绘制图形时提供参考。要创建用户坐标系，用户可以通过执行“工具>新建”菜单命令下的子命令来实现，也可以在命令窗口中输入UCS命令来完成。

2.1.3 坐标输入方法

在绘制图形对象时，经常需要输入点的坐标值来确定线条或图形的位置、大小和方向。输入点的坐标有4种方法：绝对直角坐标、相对直角坐标、绝对极坐标和相对极坐标。

1. 绝对坐标

常用的绝对坐标表示方法有绝对直角坐标和绝对极坐标两种。

（1）绝对直角坐标

绝对直角坐标是指相对于坐标原点的坐标，用户可以输入（X,Y）或（X,Y,Z）坐标来确定点在坐标系中的位置。如在命令行中输入（5,20,10），表示在X轴正方向距离原点5个单位，在Y轴正方向距离原点20个单位，在Z轴正方向距离原点10个单位。

（2）绝对极坐标

绝对极坐标通过相对于坐标原点的距离和角度来定义点的位置。输入极坐标时，距离和角度之间用<符号隔开。如在命令行中输入（20<60），表示该点与X轴成60° 角，距离原点20个单位。在默认情况下，AutoCAD以逆时针旋转为正，顺时针旋转为负。

2. 相对坐标

相对坐标是指相对于上一个点的坐标，相对坐标以前一个点为参考点，用位移增量确定点的位置。输入相对坐标时，要在坐标值的前面加上一个@符号。如上一个操作点的坐标是（9, 12），输入（1, 2），则表示该点的绝对直角坐标为（10, 14）。

2.2 图形管理

在使用AutoCAD制图时，通常需要创建不同类型的图层。用户可通过图层编辑来调整图形对象。不同线型、线宽所绘制的线段，其表达的意义也不同。图层的创建与管理不仅可以提高绘图效率，还可以更好地保证图形的质量。

2.2.1 设置图形界限

为了在一个有限的显示界面上绘图，用户可以通过下列方法为绘图区设置边界。

- 执行“格式>图形界限”命令。
- 在命令行中输入LIMITS，然后按回车键。

执行以上任意一种操作后，命令行的提示内容如下：

```
命令： '_limits
重新设置模型空间界限：
指定左下角点或 [开(ON)/关(OFF)] <0.0000,0.0000>:
指定右上角点 <420.0000,297.0000>:
```

2.2.2 设置图形单位

在系统默认情况下，AutoCAD 2019的图形单位为十进制单位，包括长度单位、角度单位、缩放单位、光源单位以及方向控制等。用户可以通过以下命令执行图形单位命令。

- 执行“格式>单位”命令。
- 在命令行中输入UNITS，然后按回车键。

执行以上任意一种操作后，系统将弹出“图形单位”对话框，如图2-3所示。

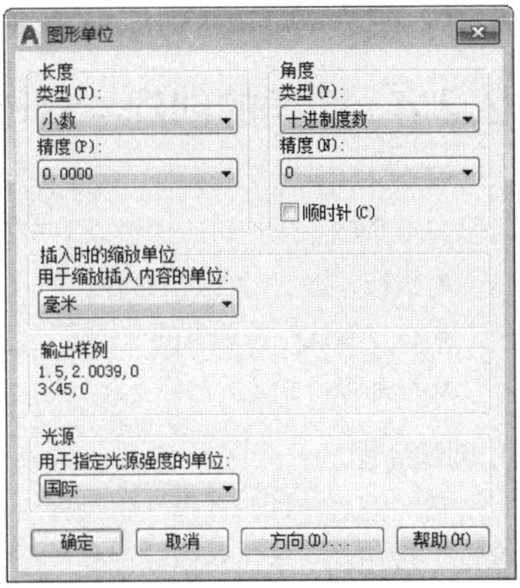

图 2-3 图形单位

1.“长度”选项组

打开“类型”下拉列表，选择长度单位的类型；打开“精度”下拉列表，选择长度单位的精度。

2.“角度”选项组

打开“类型”下拉列表，选择角度单位的类型；打开“精度”下拉列表，选择角度单位的精度。不勾选“顺时针”复选框，则以逆时针方向旋转为正方向；勾选“顺时针”复选框，以顺时针方向旋转的角度为正方向。

3.“插入时的缩放单位”选项组

用于设置使用AutoCAD工具选项板或设计中心拖入图形的块的测量单位。

4.“光源”选项组

用于指定光源强度的单位，包括国际、美国、常规3种。

5.“方向”按钮

单击“方向”按钮，打开“方向控制”对话框，如图2-4所示。在该对话框中，可以设置角度测量的起始位置，系统默认水平向右为角度测量的起始位置。

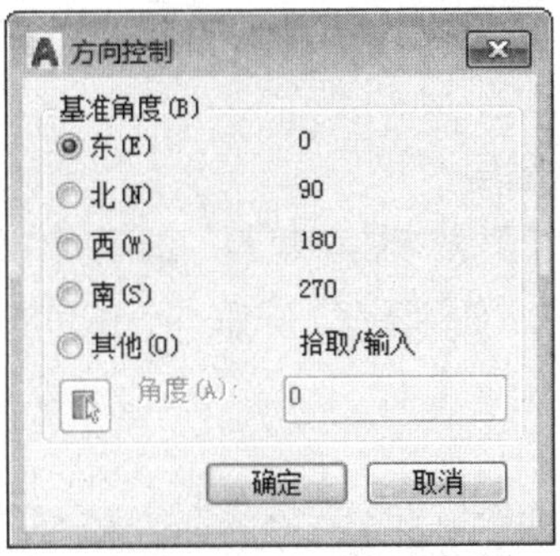

图 2-4 “方向控制”对话框

2.2.3 “图层”面板与“特性”面板

在绘制图形时，可将不同属性的图元放置在不同图层中，以便于用户操作。而在图层中，用户可对图形对象的各种特性进行更改，例如颜色、线型以及线宽等。熟练应用图层功能，不仅可以大大提高工作效率，还可使图形的清晰度得到提高。

1.“图层”面板

“图层”面板主要用于对图层进行控制，其中包括对图层的颜色、锁定/冻结、打开/关闭等参数的设置，如图2-5所示。

2.“特性”面板

“特性”面板主要用于对颜色、线型和线宽进行控制，如图2-6所示。

AutoCAD 2019 中文版基础教程

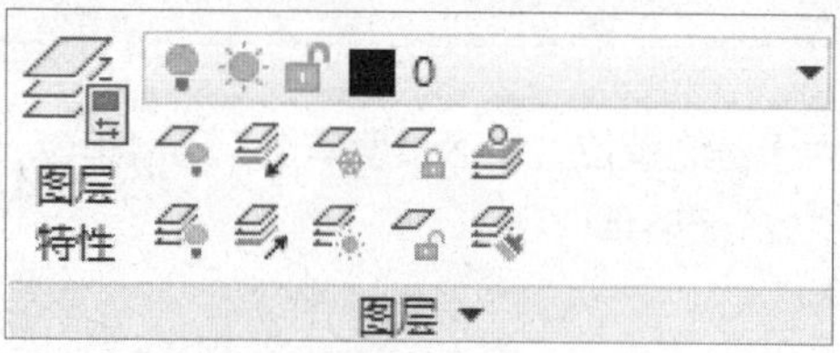

图 2-5 “图层”面板

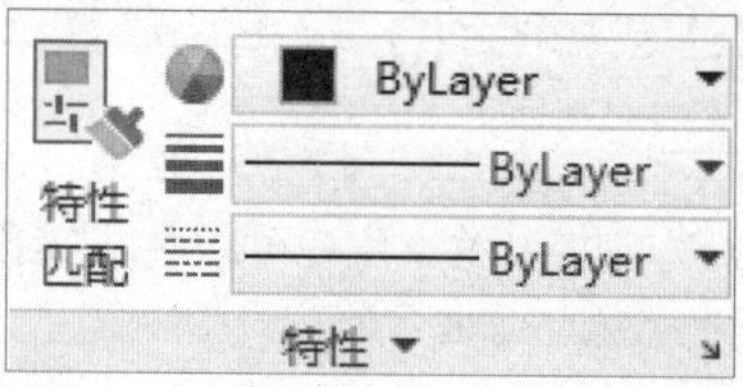

图 2-6 “特性”面板

2.2.4 图层的创建与删除

在AutoCAD 2019中，创建和删除图层，以及对图层的其他管理都是通过“图层特性管理器”选项板来实现的。用户可以通过以下方式打开“图层特性管理器”选项板。

- 执行“格式>图层”命令。
- 在“默认”选项卡的“图层”面板中单击“图层特性”按钮。
- 在命令行中输入LAYER，然后按回车键。

1. 创建新图层

在“图层特性管理器”选项板中单击“新建图层”按钮，系统将自动创建一个名称为“图层1”的图层，如图2-7所示。用户也可以在面板中右击，在弹出的快捷菜单中选择“新建图层”命令来创建一个新图层。

2. 删除图层

在“图层特性管理器”选项板中选择某图层后，单击“删除图层”按钮，即可删除该图层。

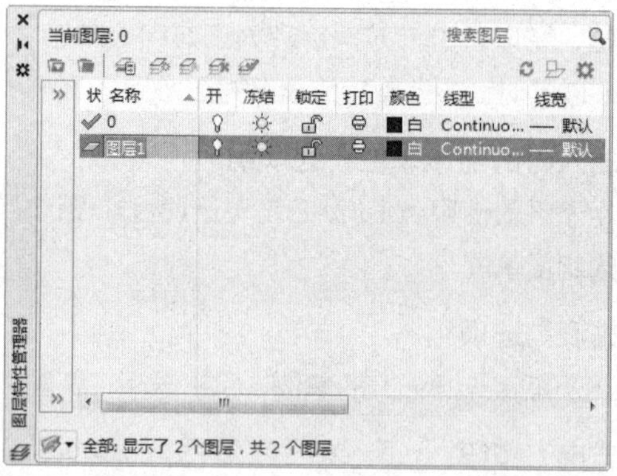

图 2-7 新建图层

> **工程师点拨：无法删除的图层**
>
> **被参照的图层是不能被删除，其中包括图层0、包含对象的图层、当前图层，以及依赖外部参照的图层，还有一些局部打开图形中的图层也被视为已参照的图层。**

2.2.5 设置图层的颜色、线型和线宽

图层创建好之后，就可以对图层属性进行设置了。通常在设置图层时，需要对当前图层的颜色、线性等进行设置。

1. 颜色设置

在“图层特性管理器”选项板中单击颜色图标■ 白，打开“选择颜色”对话框，用户可根据自己的需要在“索引颜色”、“真彩色”和“配色系统”选项卡中选择所需的颜色，如图2-8所示。其中标准颜色名称仅适用于1~7号颜色，分别为：红、黄、绿、青、蓝、洋红、白、灰8、灰9。

2. 线型设置

在“图层特性管理器”选项板中单击线型图标，系统将打开“选择线型”对话框，如图2-9所示。

在默认情况下，系统仅加载一种Continuous（连续）线型。若需要其他线型，则要先加载该线

型，即在“选择线型”对话框中单击“加载”按钮，打开“加载或重载线型”对话框，如图2-10所示。选择所需的线型之后，单击“确定”按钮，该线型即可出现在“选择线型”对话框中。

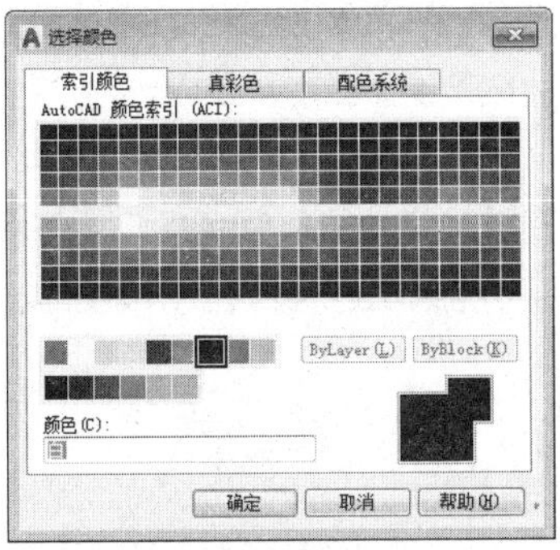

图 2-8 “选择颜色”对话框

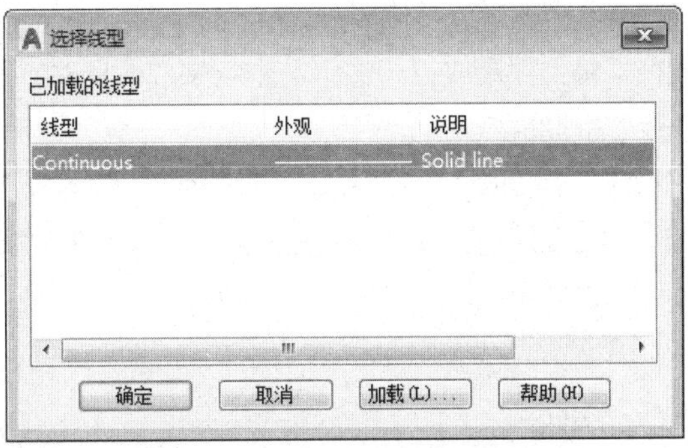

图 2-9 “选择线型”对话框

工程师点拨：加载线型

执行“格式>线型”菜单命令，打开“线型管理器”对话框，单击“加载”按钮，即可加载线型。

3. 线宽设置

在“图层特性管理器”选项板中单击线宽—— 默认图标，打开“线宽”对话框，如图2-11所示。选择所需线宽后，单击“确定”按钮即可。

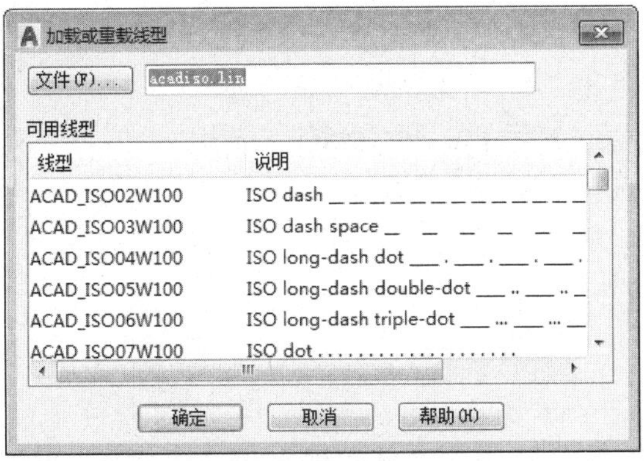

图 2-10 “加载或重载线型”对话框

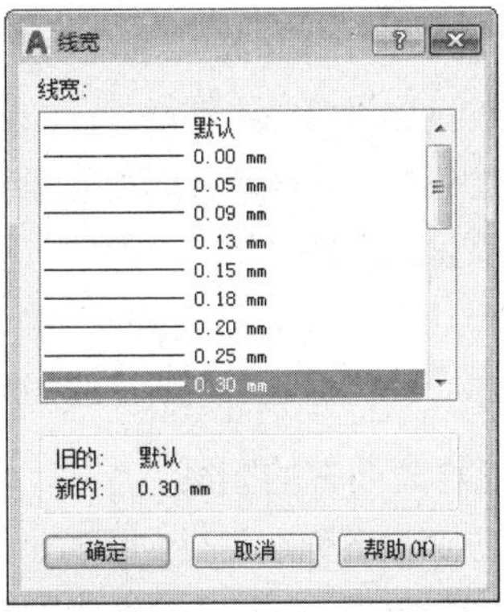

图 2-11 “线宽”对话框

2.2.6 图层的管理

在“图层特性管理器”选项板中，不仅可以创建图层、设置图层属性，还可以对创建好的图层进行管理操作，如置为当前层、改变图层属性等操作。

1. 图层状态控制

在“图层特性管理器”选项板中提供了一组状态开关图标，用以控制图层状态，如关闭、冻结、锁定等。

（1）开/关图层

单击“开”按钮，图层即被关闭，图标变成。图层关闭后，该图层上的实体不能在屏幕上显示或打印输入，重新生成图形时，图层上的实体将重新生成。

执行关闭当前图层操作时，系统会询问是否关闭当前层，只需选择“关闭当前图层”选项即可，如

AutoCAD 2019 中文版基础教程

图2-12所示。当前层被关闭后，若要在该层中绘制图形，其结果将不显示。

（2）冻结/解冻图层

单击“冻结”按钮☼，当其变成雪花图样❄时，即可完成图层的冻结操作。图层冻结后，该图层上的实体不能在屏幕上显示或打印输出，重新生成图形时，图层上的实体不会重新生成。

（3）锁定/解锁图层

单击“锁定”按钮🔓，当其变成闭合的锁图样🔒时，图层即被锁定。图层锁定后，用户只能查看、捕捉位于该图层上的对象，可以在该图层上绘制新的对象，而不能编辑或修改位于该图层上的图形对象，但实体仍可以显示和输出。

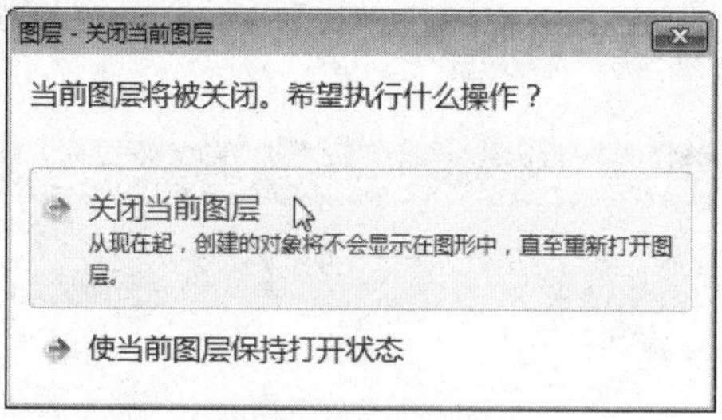

图 2-12　确定关闭当前图层

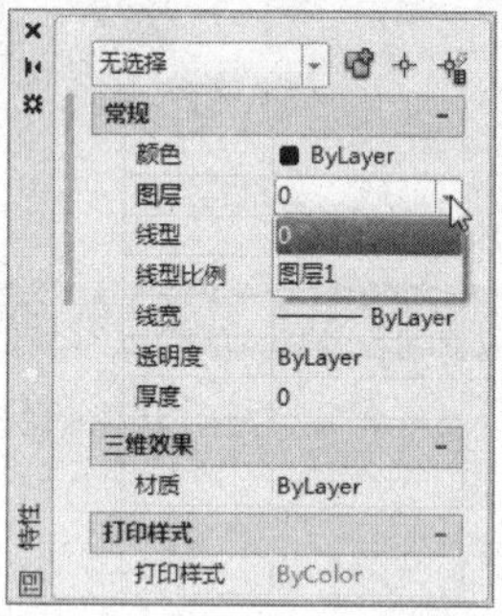

图 2-13 “特性”选项板

2. 置为当前层

AutoCAD 2019只能在当前图层上绘制图形实体，系统默认当前图层为0图层，用户可以通过以下方式将所需的图层设置为当前层。

- 在“图层特性管理器”选项框中选中图层，然后单击“置为当前”按钮。
- 在“图层”面板中单击“图层”下拉按钮，然后选择图层名。
- 在“默认”选项卡的“图层”面板中单击“置为当前”按钮，根据命令行的提示，选择一个实体对象，即可将该对象所在的图层设置为当前层。

3. 改变图形对象所在的图层

用户可以通过下列方式改变图形对象所在的图层。

- 选中图形对象，然后在“图层”面板的下拉列表中选择所需图层。
- 选中图形对象并右击，在打开的快捷菜单中选择“特性”命令，在“特性”选项板的“常规”选项组中单击“图层”选项右侧的下拉按钮，从下拉列表中选择所需的图层，如图2-13所示。

4. 改变对象的默认属性

默认情况下，用户所绘制的图形对象将使用当前图层的颜色、线型和线宽。用户也可在选中图形对象后，利用“特性”选项板中“常规”选项组里的各选项为该图形对象设置不同于所在图层的相关属性。

5. 线宽显示控制

由于线宽属性属于打印设置，在默认情况下系统并未显示线宽设置效果。用户可执行“格式>线宽”命令，打开“线宽设置”对话框，勾选“显示线宽”复选框即可。

工程师点拨：绘图区显示线宽

在“线宽设置”对话框中勾选“显示线宽”复选框后，要单击状态栏中的“显示线宽”按钮，才能在绘图区显示线宽。

2.2.7 非连续线外观控制

在绘制图形时，经常需要使用非连续线型，如中线等，根据图形尺寸的不同，有时需要用户调整该线型的外观。

AutoCAD 2019通过系统变量LTSCALE和CELTSCALE控制非连续线型的外观，这两个系统变量的默认值是1，其数值越小，线度越密。其中，LTSCAL是全局线型比例因子，控制图形中的所有非连续线型对象。因此，图形中所有非连续线型对象的比例因子为LTSCALE × CELTSCALE。

工程师点拨：更改比例因子

要更改已绘制对象的比例因子，可先选择该对象，然后在绘图区域中单击鼠标右键，选择快捷菜单中的“特性”命令，在打开的“特性”选项板中更改即可。

2.3 设置绘图辅助功能

在绘制图形过程中，鼠标定位精度不高，这就需要利用状态栏当中的捕捉模式、栅格显示、正交模式、极轴追踪、对象捕捉和对象捕捉追踪等绘图辅助工具来精确绘图。

2.3.1 显示栅格与捕捉模式

在绘制图形时，使用捕捉和栅格功能有助于创建和对齐图形中的对象。一般情况下，捕捉和栅格是配合使用的，即捕捉间距与栅格的X、Y轴间距分别一致，这样就能保证鼠标拾取到精确的位置。

1. 显示栅格

栅格是一种可见的位置参考图标，有助于定位，是按照设置的间距显示在图形区域中的点，起坐标纸的作用，可以提供直观的距离和位置参照，如图2-14所示。

在AutoCAD 2019中，用户可以通过以下方式打开或关闭栅格。

- 在状态栏中单击“栅格显示”按钮▦。
- 在状态栏中右击“栅格显示”按钮，然后选择或取消选择“启用”命令。
- 按F7功能键或Ctrl + G组合键进行切换。

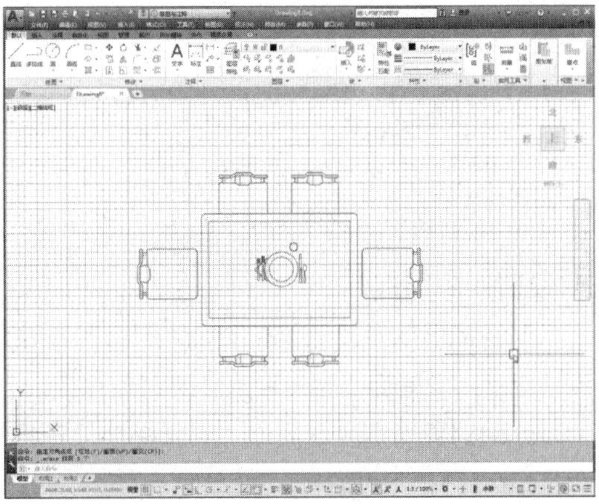

图 2-14 显示栅格

2. 栅格捕捉

栅格显示只能提供绘制图形的参考背景，捕捉才是约束鼠标移动的工具。栅格捕捉功能用于设置鼠标移动的固定步长，即栅格点阵的间距，使鼠标在X轴和Y轴方向上的移动量总是步长的整数倍，以提高绘图的精度。用户可以通过下列方式打开或关闭“栅格捕捉”功能。

- 在状态栏中单击“捕捉模式”按钮⁝⁝⁝。
- 在状态栏中单击“捕捉模式”下三角按钮，然后在列表中选择“栅格捕捉”选项。
- 按F9功能键进行切换。

2.3.2 正交模式

正交模式是在任意角度和直角之间进行切换，在约束线段为水平或垂直的时候可以使用正交模式。正交模式只能沿水平或垂直方向移动，取消该模式则可沿任意角度进行绘制。在AutoCAD 2019中，用户可以通过以下方法打开或关闭正交模式。

- 在状态栏中单击“正交模式”按钮。
- 按F8功能键进行切换。

2.3.3 利用“草图设置”对话框设置栅格和捕捉

AutoCAD的捕捉功能分为两种，一种是自动捕捉，另一种是栅格捕捉。用户可在“草图设置”对话框中对栅格和捕捉进行设置。通过下列方式，可打开“草图设置”对话框。

- 执行“工具>草图设置”命令。
- 在状态栏中右击相关按钮，在弹出的快捷菜单中选择“对象捕捉设置”命令。

1. 设置栅格与栅格捕捉

在“草图设置”对话框中，选择“捕捉与栅格”选项卡，如图2-15所示。各选项组的作用如下。

- “启用捕捉”和“启用栅格”复选框：用于打开或关闭捕捉和栅格。
- 捕捉间距：用于定义捕捉的间距。
- 栅格间距：用于定义栅格的间距。
- 极轴间距：控制极轴捕捉增量距离。
- 捕捉类型：选择“栅格捕捉”类型后，还可以进一步选择“矩形捕捉”和“等轴测捕捉”样式；若选择PolarSnap类型，则可以设置“极轴间距”选项组中的极轴距离选项。

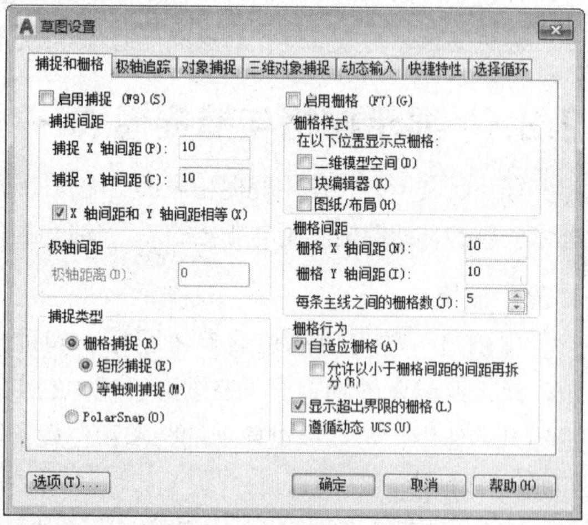

图 2-15 “捕捉和栅格”选项卡

2. 设置对象捕捉

对象捕捉是通过已存在的实体对象的特殊点或特殊位置来确定点的位置，对象捕捉有两种方式，一种是自动对象捕捉，另一种是临时对象捕捉。

临时对象捕捉主要通过“对象捕捉”工具栏实现，执行“工具>工具栏>AutoCAD>对象捕捉”命令，即可打开“对象捕捉”工具栏，如图2-16所示。

图 2-16 “对象捕捉”工具栏

在执行自动对象捕捉操作前，首先要设置好需要的对象捕捉点，以后当光标移动到这些对象捕捉点附近时，系统就会自动捕捉到这些点。如果把光标放在捕捉点上多停留一会，系统还会显示捕捉的提示。这样，在选点之前，就可以预览和确认捕捉点。用户可以通过以下方法打开或关闭对象捕捉模式。

- 单击状态栏中的“对象捕捉”按钮。
- 按F3功能键进行切换。

在“草图设置”对话框中选择“对象捕捉”选项卡，可以设置自动对象捕捉模式，如图2-17所示。

在该选项卡的“对象捕捉模式”选项组中，列出了14种对象捕捉点和对应的捕捉标记，需要捕捉哪些对象捕捉点，就勾选这些点前面的复选框。各个捕捉点的含义介绍如下。

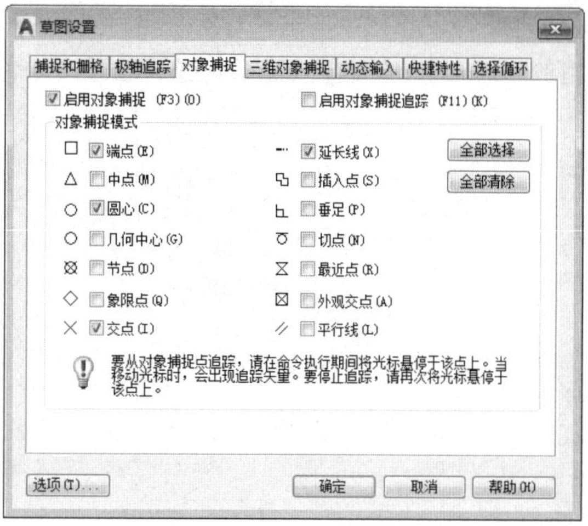

图 2-17 “对象捕捉”选项卡

- 端点□：捕捉直线、圆弧或多段线离拾取点最近的端点，以及离拾取点最近的填充直线、填充多边形或3D面的封闭角点。
- 中点△：捕捉直线、多段线、圆弧的中点。
- 圆心○：捕捉圆弧、圆、椭圆的中心。
- 节点⊠：捕捉点对象，包括尺寸的定一点。
- 象限点◇：捕捉圆弧、圆和椭圆上0°、90°、180°和270°处的点。
- 交点×：捕捉直线、圆弧、圆、多段线和另一直线、多段线、圆弧或圆任何组合的最近交点。如果第一次拾取时选择了一个对象，命令行提示输入第二个对象，并捕捉两个对象真实的或延伸的交点。该模式不能和“外观交点”模式同时有效。
- 延长线--·：用于捕捉直线延长线上的点。当光标移出对象的端点时，系统将显示沿对象轨迹延伸出来的虚拟点。
- 插入点⊑：捕捉图形文件中的文本、属性和符号的插入点。
- 垂足⊥：捕捉直线、圆弧、圆、椭圆或多段线上的一点，已选定的点到该捕捉点的连线与所选择的实体垂直。
- 切点♁：捕捉圆弧、圆或椭圆上的切点，该点和另一点的连线与捕捉对象相切。
- 最近点⌛：用于捕捉直线、弧或其他实体上离靶区中线最近的点，一般是端点、垂直点或交点。
- 外观交点⊠：该捕捉点与交点相同，只是它还可以捕捉3D空间中两个对象的视图交点（这两个对象实际上不一定相交，但看上去相交）。在2D空间中，外观交点和捕捉交点模式是等效的。
- 平行线∥：用于捕捉通过已知点且与已知直线平行的直线的位置。

示例2-1：利用“对象捕捉”辅助功能，绘制五角星图形。

Step 01 在“默认”选项卡的“绘图”面板中单击“多边形”按钮，绘制半径为200的正五边形，如图2-18所示。命令行提示内容如下。

```
命令： _polygon 输入侧面数 <4>: 5↙                     （输入 5 并按回车键）
指定正多边形的中心点或 [边(E)]:                         （指定中心点）
输入选项 [内接于圆(I)/外切于圆(C)] <I>:↙               （按回车键，选择内接于圆选项）
指定圆的半径： 200↙                                   （输入 200，并按回车键）
```

Step 02 在状态栏中右击“对象捕捉”按钮，在快捷菜单中选择“设置”命令，在“草图设置”对话框的“对象捕捉”选项卡下，勾选“启用对象捕捉”和“端点”复选框，然后单击“确定”按钮，如图2-19所示。

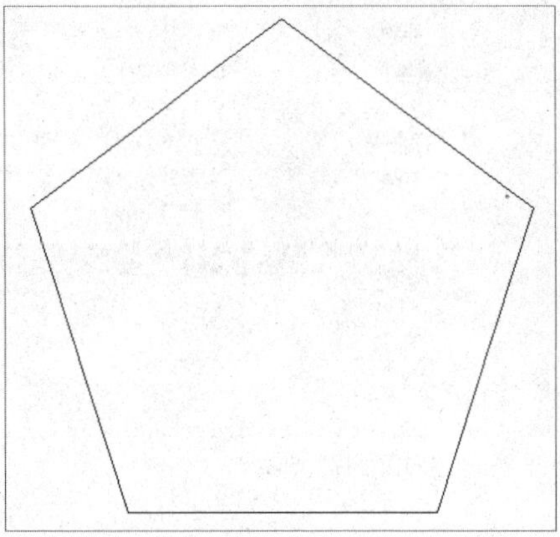

图 2-18　绘制正五边形

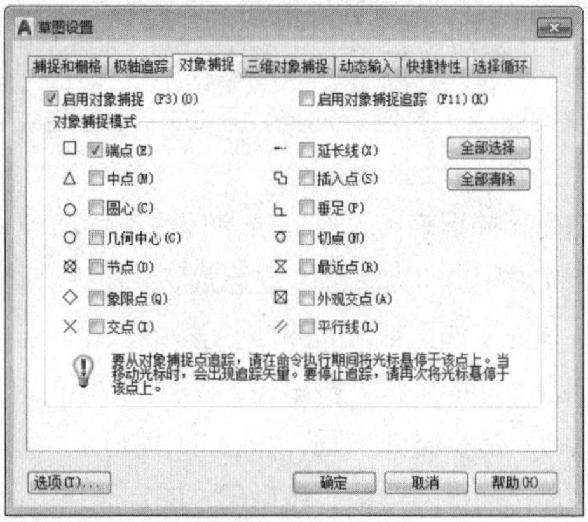

图 2-19　设置对象捕捉

Step 03 在“默认”选项卡的“绘图”面板中单击“直线”按钮，捕捉正五边形的端点并进行连接，如图2-20、2-21所示。至此，五角星图形绘制完毕。

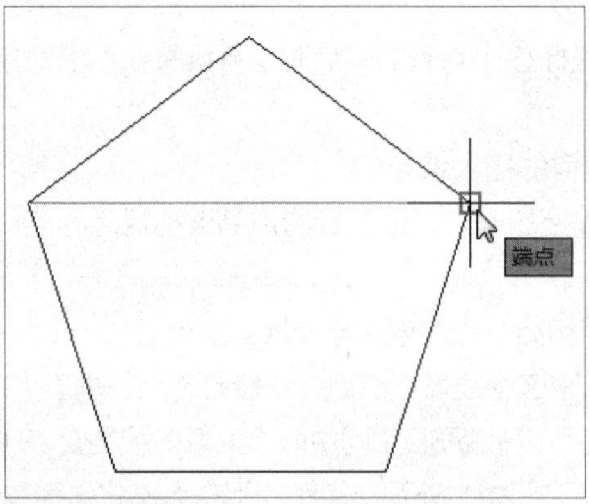

图 2-20　捕捉端点

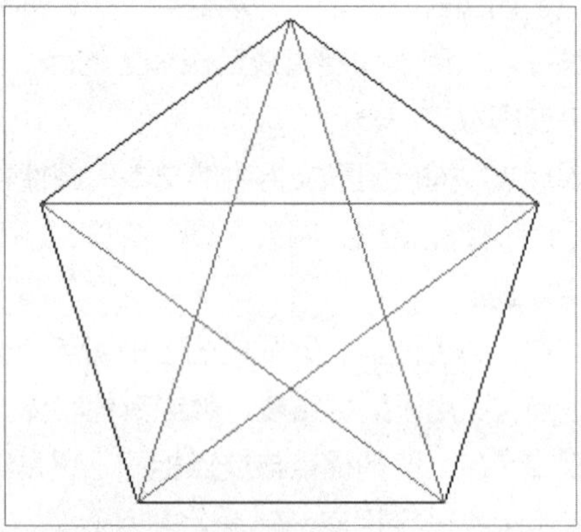

图 2-21　绘制五角星的效果

3. 对象捕捉追踪

对象捕捉追踪与极轴追踪是AutoCAD 2019提供的两个可以进行自动追踪的辅助绘图功能，可以自动追踪记忆同一命令操作中光标所经过的捕捉点，从而以其中某一捕捉点的X坐标或Y坐标控制用户所要选择的定位点。

用户可以通过以下方法打开或关闭“对象捕捉追踪”功能。

- 在状态栏中单击“对象捕捉追踪”按钮。
- 按F3功能键进行切换。

4. 极轴追踪的追踪路径

极轴追踪的追踪路径是由相对于命令起点和端点的极轴定义的。极轴角是指极轴与X轴或前面绘制对象的夹角，如图2-22所示。用户可以通过以下方法打开或关闭极轴追踪功能。

- 在状态栏中单击“极轴追踪”按钮。
- 按F10功能键进行切换。

在“草图设置”对话框的“极轴追踪”选项卡中，可对极轴追踪进行相关设置，如图2-23所示。各选项功能介绍如下。

- 启用极轴追踪：该复选框用于打开或关闭极轴追踪模式。
- 增量角：选择极轴角的递增角度，AutoCAD 2019将按增量角的整体倍数确定追踪路径。
- 附加角：该复选框用于沿某些特殊方向进行极轴追踪。如按30°增量角的整数倍角度追踪的同时，追踪15°角的路径，可勾选“附加角”复选框，单击“新建”按钮，在文本框中输入15即可。
- 对象捕捉追踪设置：设置对象捕捉追踪的方式。
- 极轴角测量：定义极轴角的测量方式。选择“绝对”单选按钮，表示以当前UCS的X轴为基准计算极轴角；选择“相对上一段”单选按钮，表示以最后创建的对象为基准计算极轴踪角。

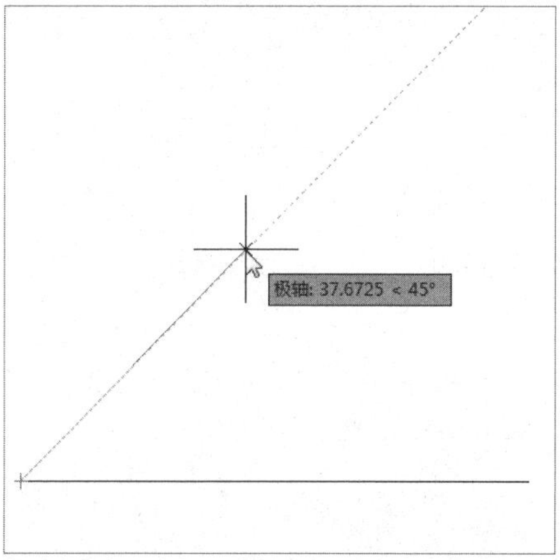

图 2-22 极轴追踪绘图

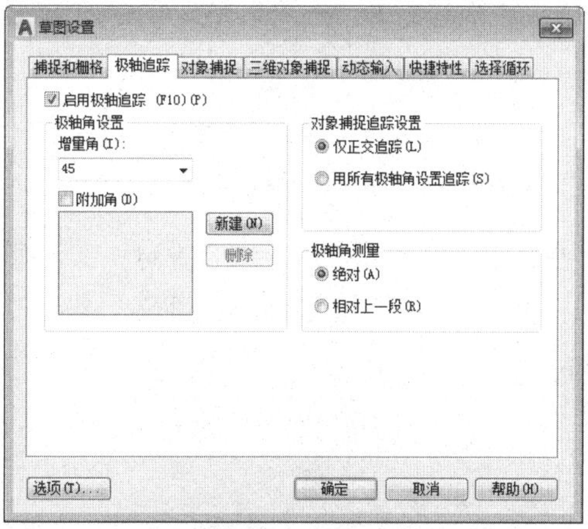

图 2-23 “极轴追踪”选项卡

工程师点拨：正交、追踪模式特点

正交模式和极轴追踪模式不能同时打开，打开其中一个功能的同时，系统会自动关闭另一个功能。

2.3.4 查询距离、面积和点坐标

在AutoCAD 2019中，用户可以使用查询工具查询图形的基本信息，例如面积、距离以及点坐标等，如图2-24所示。

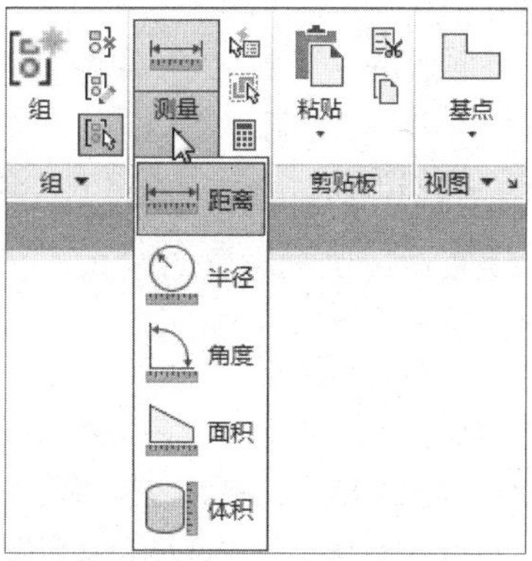

图 2-24 展开“实用工具”面板

1. 距离查询

要测量两个点之间的最短长度值，距离查询是最常用的查询方式。在使用距离查询工具时，用户只需要指定要查询距离的两个端点，系统将自动显示出两个点之间的距离。用户可以通过以下方法执行“距离”命令。

- 执行“工具>查询>距离”命令。
- 在“默认”选项卡的“实用工具”面板中单击“距离”按钮。
- 在命令行输入DIST，然后按回车键。

示例2-2：使用“距离”查询命令，测量对象间的距离。

AutoCAD 2019 中文版基础教程

Step 01 在“实用工具”面板中单击“距离”按钮，根据命令提示指定测量第一点，如图2-25所示。

Step 02 然后再指定第二点，此时，在光标附近即可查看该对象的距离值，如图2-26所示。

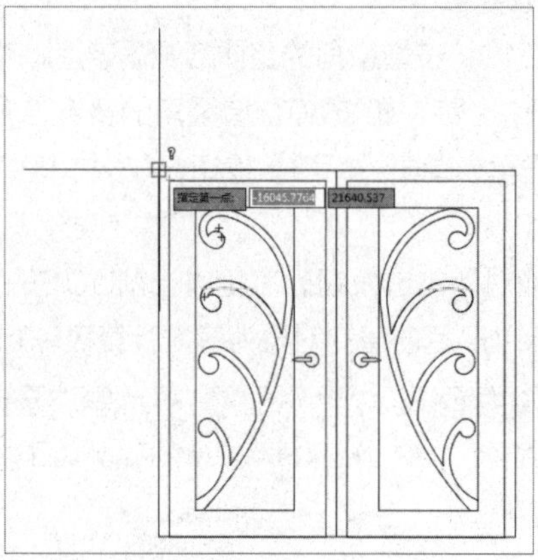

图 2-25　选择测量第一点

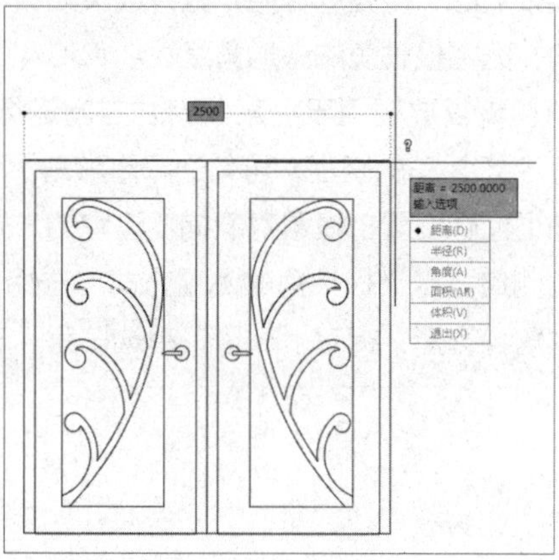

图 2-26　测量距离

Step 03 在命令行中输入X，然后按回车键，即可退出测量距离操作，此时系统将在命令行或AutoCAD文本窗口中显示这两点之间的距离值，命令行提示内容如下。

```
命令： _MEASUREGEOM
输入选项 [距离(D)/半径(R)/角度(A)/面积(AR)/体积(V)] <距离>: _distance
指定第一点：
指定第二个点或 [多个点(M)]:
距离 = 2500.0000, XY 平面中的倾角 = 0,  与 XY 平面的夹角 = 0
X 增量 = 2500.0000,  Y 增量 = 0.0000,   Z 增量 = 0.0000
输入选项 [距离(D)/半径(R)/角度(A)/面积(AR)/体积(V)/退出(X)] <距离>: X
```

2. 面积查询

利用查询面积功能，可以测量对象及所定义区域的面积和周长。用户可以通过下列方法启动“面积”查询命令。

- 执行“工具>查询>面积”命令。
- 在“默认”选项卡的“实用工具”面板中单击“面积”按钮。
- 在命令行输入AREA，然后按回车键。

执行以上任意一种操作后，命令行的提示内容如下。

```
指定第一个角点或 [对象(O)/增加面积(A)/减少面积(S)/退出(X)] <对象(O)>:
```

其中，各选项含义介绍如下。

- 指定第一个角点：可以查询由所有角点围成的多边形的面积和周长
- 对象：可以查询圆、椭圆、多段线、多边形、面域和三维实体的表面积和周长。
- 增加面积：是指通过指定点或选择对象测量多个面积之和（总面积）。
- 减少面积：是指从已经计算的组合面积中减去一个或多个面积。

3. 查询点的坐标

利用点坐标的查询，可以获得图形中任一点的三维坐标，用户可以通过下列方式启动点坐标查询命令。

- 执行“工具>查询>点坐标”命令。
- 在“默认”选项卡的“实用工具”面板中单击“点坐标”按钮。
- 在命令行输入ID，然后按回车键。

执行以上任意一种操作后，命令行提示内容如下。

```
命令： '_id 指定点：  X = ****      Y = ****      Z = ****
```

上机实践 更改图形颜色及线型

- **实践目的** 通过本实训的练习，可以帮助用户掌握图层的创建与管理，提高绘图效率。
- **实践内容** 应用本章所学的知识，更改厨房立面图的颜色及线型。
- **实践步骤** 在“图层特性管理器”选项板中进行颜色与线宽的设置。

Step 01 打开素材文件，如图2-27所示。

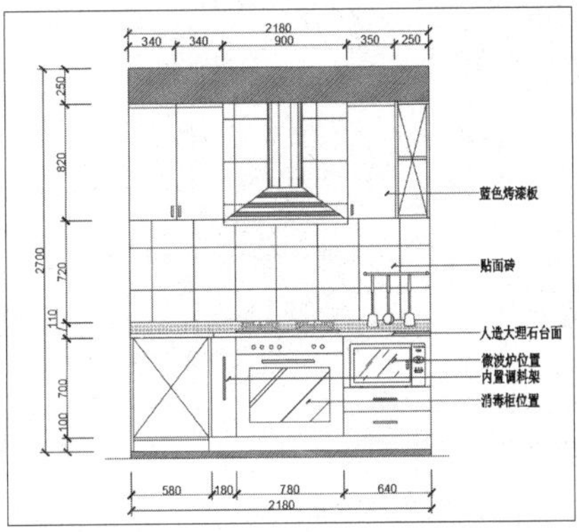

图2-27 厨房立面图

Step 02 单击“图层”面板中的“图层特性”按钮，打开“图层特性管理器”选项板，如图2-28所示。

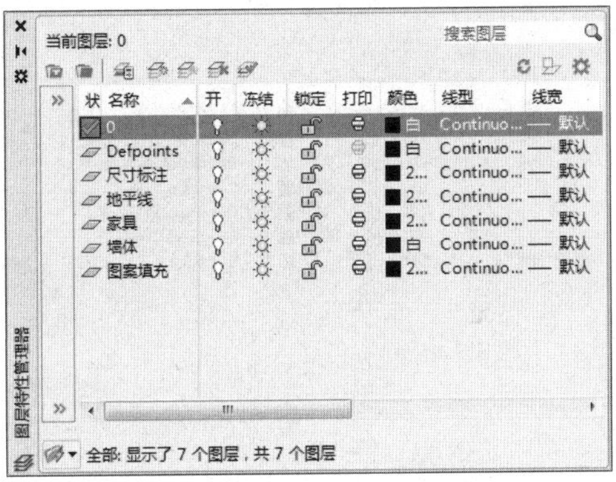

图2-28 “图层特性管理器”选项框

Step 03 单击“地平线”图层的线宽图标，打开“线宽”对话框，选择合适的线宽选项，单击“确定”按钮，如图2-29所示。

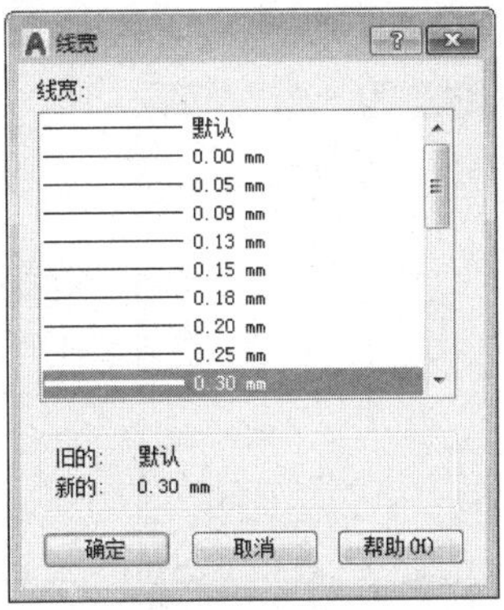

图2-29 选择线宽

Step 04 返回绘图区，可以看到地平线的线宽已被修改，如图2-30所示。

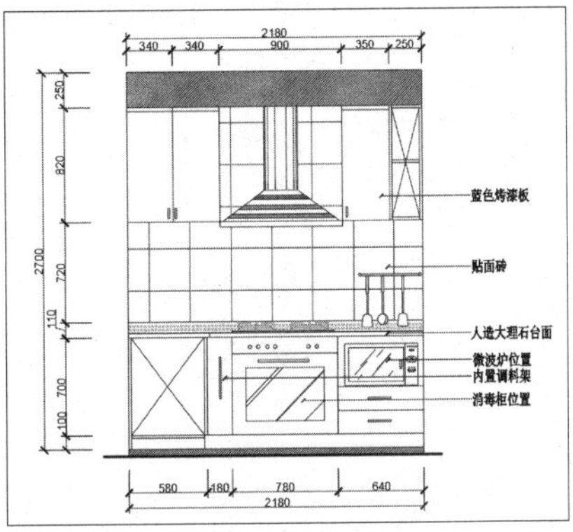

图2-30 查看更改线宽的效果

AutoCAD 2019 中文版基础教程

Step 05 在“图层特性管理器”选项板中单击“颜色”图标，打开“选择颜色”对话框，选择红色，如图2-31所示。

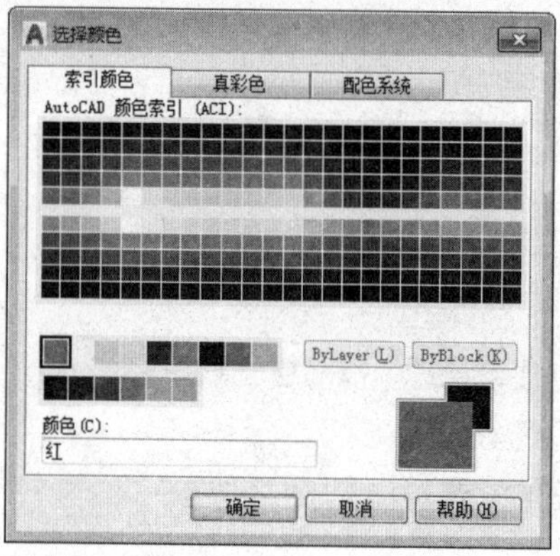

图 2-31 选择颜色

Step 06 单击“确定”按钮返回绘图区，可以看到尺寸标注的颜色已发生改变，如图2-32所示。

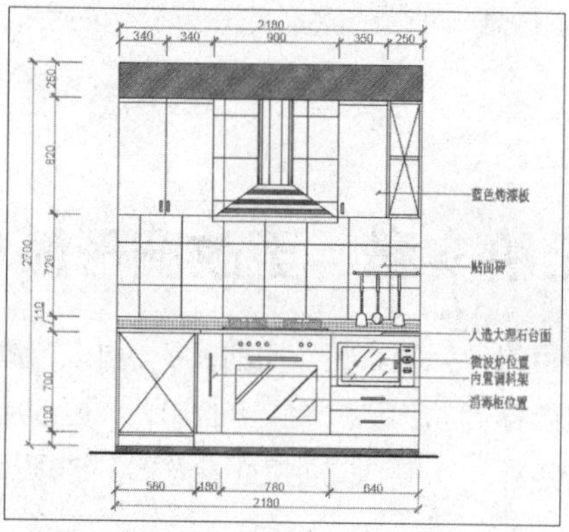

图 2-32 查看尺寸标注效果

Step 07 继续对图层对象进行修改，如图2-33所示。

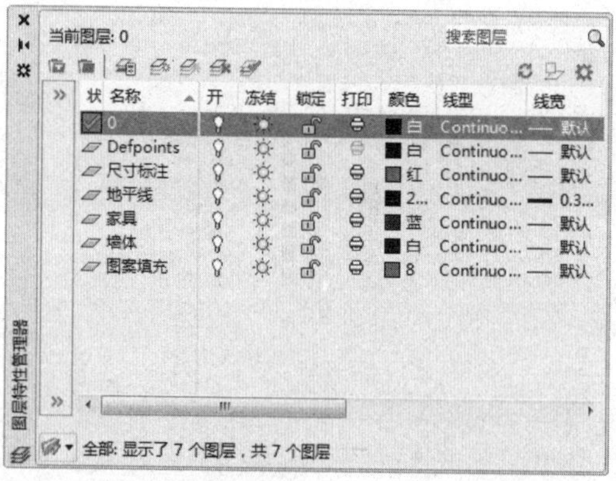

图 2-33 修改图层相关参数

Step 08 返回绘图区，修改后的效果如图2-34所示。

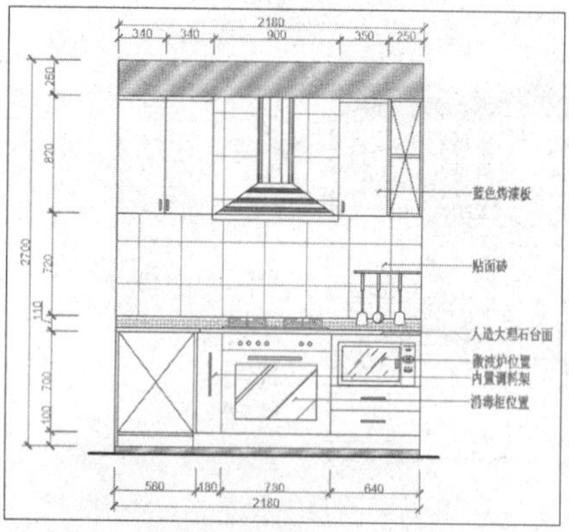

图 2-34 查看更改后效果

Step 09 选择图形，在“默认”选项卡的“特性”面板中单击“线型”下拉按钮，选择“其他”选项，所选图形如图2-35所示。

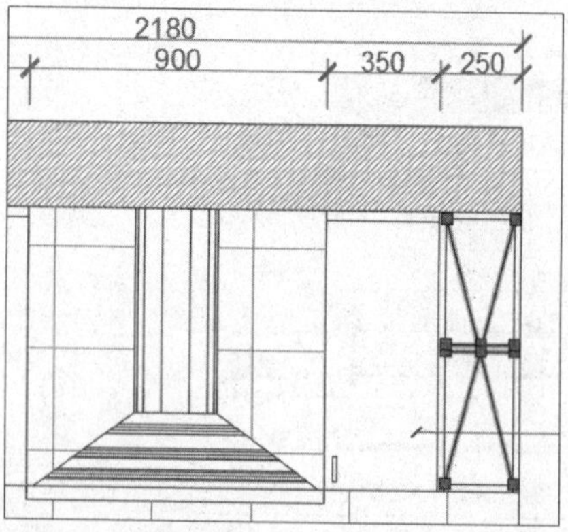

图 2-35 选择图形

Step 10 打开“线型管理器”对话框，单击“加载”按钮，如图2-36所示。

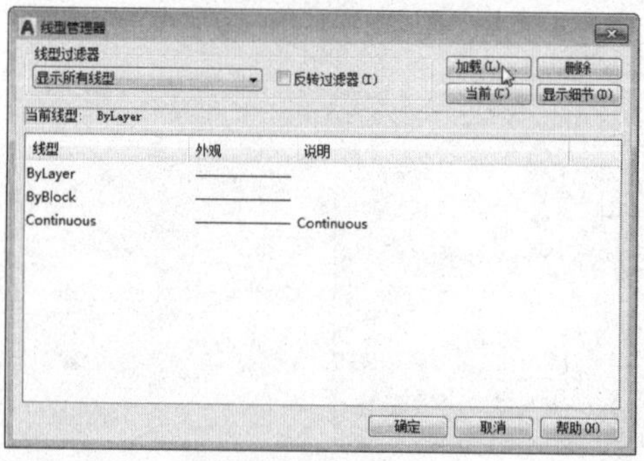

图 2-36 “线型管理器”对话框

Step 11 打开“加载或重载线型”对话框，选择需要的线型，单击“确定”按钮，如图2-37所示。

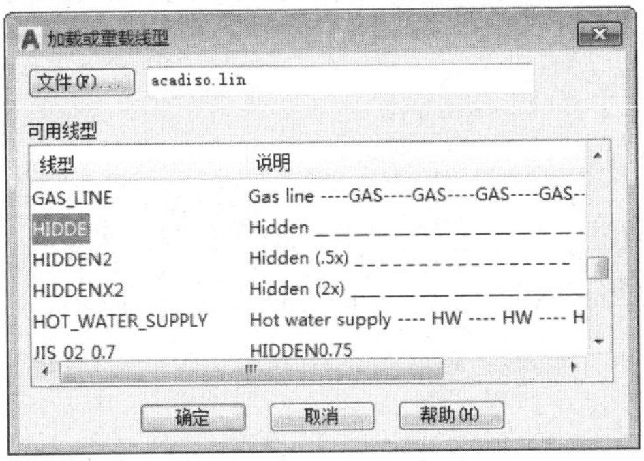

图2-37 选择线型

Step 12 返回“线型管理器”对话框，可以看到加载的线型，单击“确定”按钮，如图2-38所示。

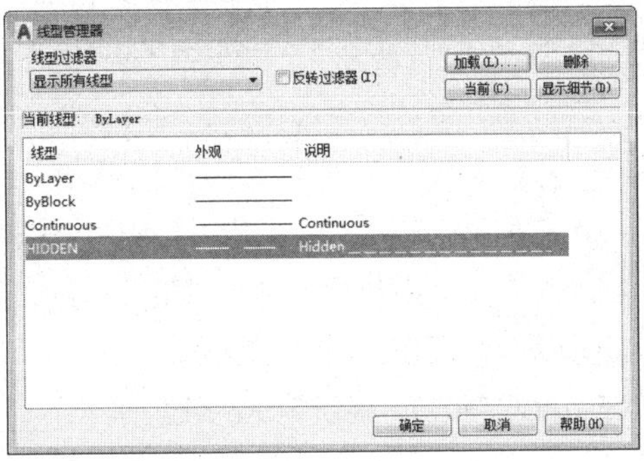

图2-38 加载线型

Step 13 单击“确定”按钮，在“特性”面板中单击“线型”下拉按钮，选择加载的线型，如图2-39所示。

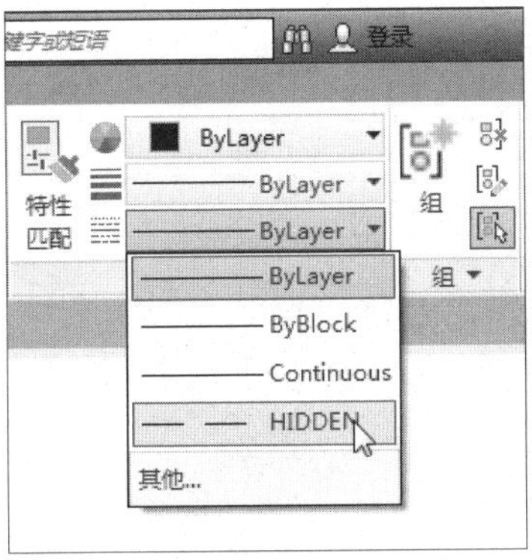

图2-39 选择线型

Step 14 执行“修改>特性”命令，打开“特性”选项板，设置线型比例为10，如图2-40所示。

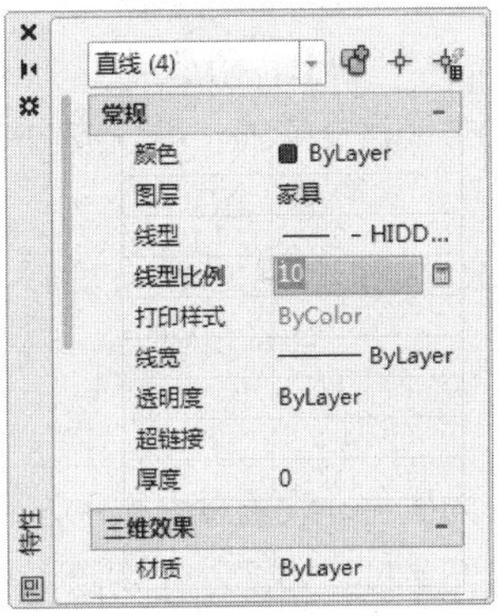

图2-40 设置线型比例

Step 15 查看修改后的效果，如图2-41所示。

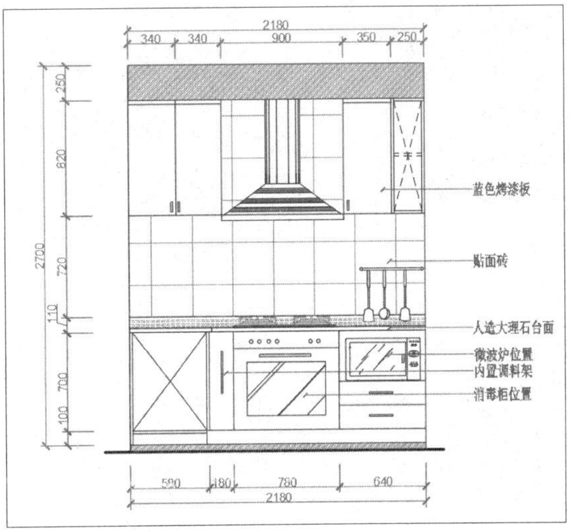

图2-41 查看最终效果

课后练习

图层是AutoCAD提供的管理图形的一种方法，利用它可以解决许多绘图难题。本练习所含的知识点包括创建图层、图层颜色和线宽的设置等内容。

一、填空题

1、AutoCAD坐标系分________和用户坐标系，用户可通过________命令进行坐标系的转换。

2、在AutoCAD 2019中，单击“默认”选项卡“图层”面板中的________命令，打开________选项板，从而设置和管理图层。

3、在AutoCAD中，系统默认的线型是________________。

二. 选择题

1、如果起点为（10，10），要绘制出与X轴正方向成60度夹角、长度为90的直线段，应输入坐标为（　　）。

A、90, 60　　B、@60, 90　　C、90<60　　D、@90<60

2、使用极轴追踪绘图模式时，必须指定（　　）。

A、基点　　B、附加角　　C、增量角　　D、长度

3、为了切换打开和关闭正交模式，可以按功能键（　　）。

A、F8　　B、F3　　C、F4　　D、F2

4、AutoCAD图形文件的扩展名为（　　）。

A、DWF　　B、DWS　　C、DWG　　D、DWT

三、操作题

1、设置餐桌椅颜色为橙色，设置餐具颜色为蓝色，其余参数保持不变，如图2-42所示。

2、根据需要设置绘图单位，如图2-43所示。

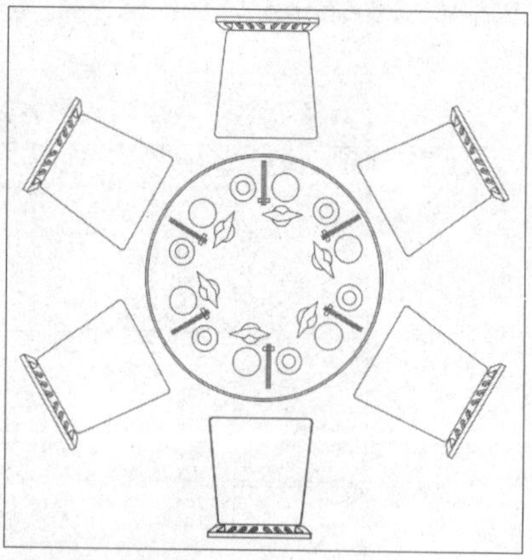

图 2-42　设置图形的颜色

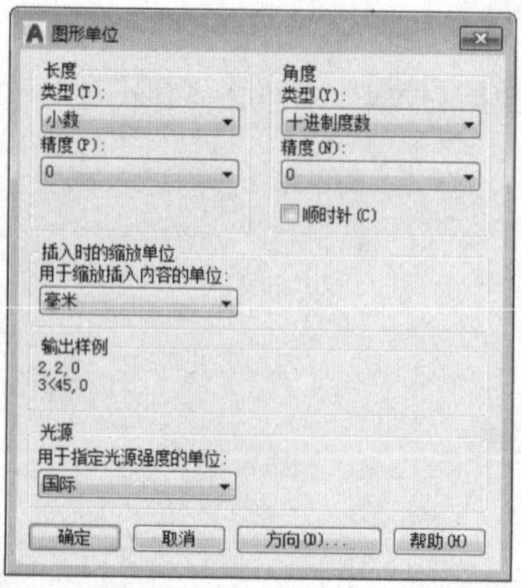

图 2-43　设置绘图单位

Chapter 03 绘制平面图形

课题概述 本章将向用户介绍如何利用AutoCAD 2019软件来绘制一些简单的二维图形，其中包括点、线、曲线、矩形以及正多边形等操作命令。

教学目标 通过对本章内容的学习，用户可以熟悉并掌握一些制图的方法和技巧，以便能够更好地绘制出复杂的二维图形。

章节重点	光盘路径
★★★★ | 绘制椭圆、椭圆弧	**上机实践：**实例文件\第 3 章\上机实践\绘制洗衣机立面图
★★★★ | 绘制正多边形	**课后练习：**实例文件\第 3 章\课后练习
★★★☆ | 绘制矩形	
★★☆☆ | 绘制线	
★★☆☆ | 绘制点	

3.1 点的绘制

点是构成图形的基础，任何复杂曲线都是由无数个点构成的。点可以分为单个点和多个点，在绘制点之前需要设置点的样式。

3.1.1 设置点样式

在系统默认情况下，点对象仅显示为一个小圆点，用户可以利用系统变量PDMODE和PDSIZE来更改点的显示类型和尺寸。

执行“格式>点样式”命令，打开“点样式”对话框，如图3-1所示。在该对话框中，可以根据需要选择相应的点样式。若选中“相对于屏幕设置大小”单选按钮，则在“点大小”数值框中输入的是百分数；若选中“按绝对单位设置大小”单选按钮，则在数值框中输入的是实际单位。

当上述设置完成后，执行“点”命令，新绘制的点以及先前绘制的点样式将会以新的点类型和尺寸显示。

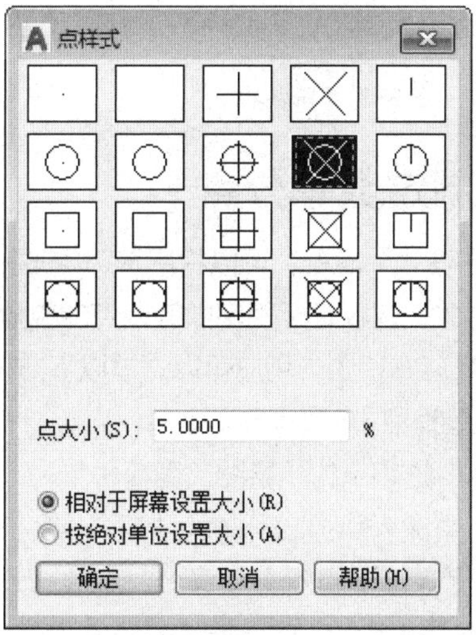

图 3-1 “点样式”对话框

工程师点拨：打开“点样式”对话框

在命令行中输入DDPTYPE命令，然后按回车键，即可打开“点样式”对话框。

3.1.2 绘制单点和多点

设置点样式后，执行“绘图>点>单点”命令，通过在绘图区中单击或输入点的坐标值指定点，即可绘制单点，如图3-2所示。

执行“绘图>点>多点”命令，即可连续绘制多个点。多点的绘制与单点绘制相同，只不过是执行“单点”命令后，一次只能创建一个点，而执行“多点”命令，可一次创建多个点。

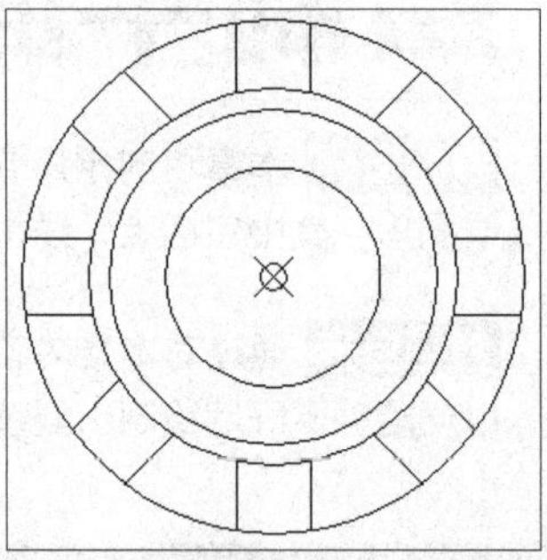

图 3-2 绘制单点

示例3-1：使用“多点”命令在沙发图形上添加点。

Step 01 执行“格式>点样式”命令，打开“点样式”对话框，选择需要的点样式并设置点大小，然后单击“确定”按钮，如图3-3所示。

Step 02 执行“绘图>点>多点”命令，在绘图区中绘制多个点，完成多点的绘制，如图3-4所示。

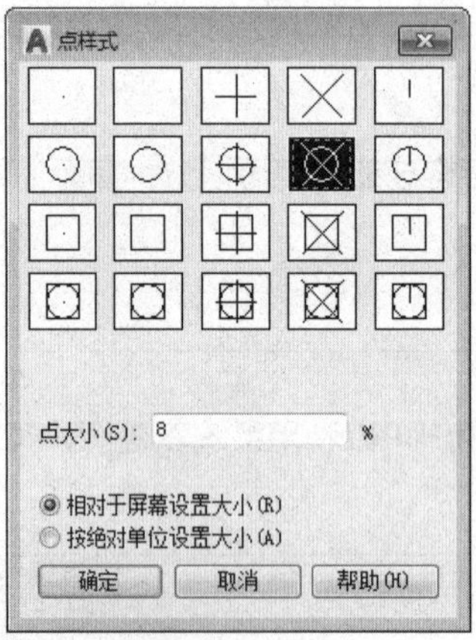

图 3-3 设置点样式

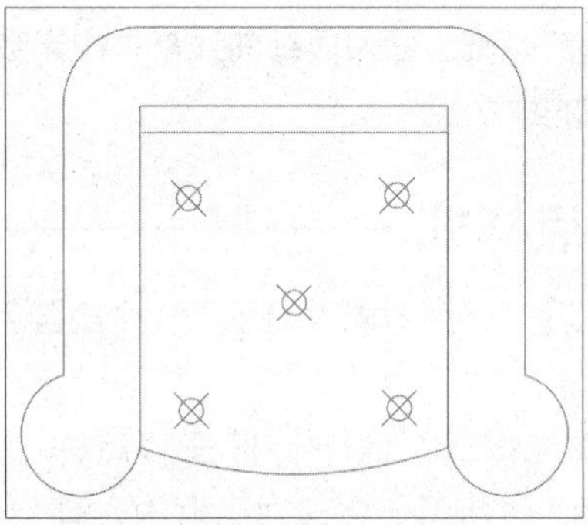

图 3-4 绘制多点

3.1.3 绘制定数等分点

使用“定距等分”命令，可以将所选对象按指定的线段数目进行平均等分。该操作并不将对象实际等分为单独的对象，仅仅是标明定数等分点的位置，以便将它们作为几何参考点。

在AutoCAD 2019中，用户可以通过以下方法执行“定数等分”命令。

- 执行“绘图>点>定数等分”命令。
- 在“默认”选项卡的“绘图”面板中单击“定数等分”按钮。
- 在命令行中输入DIVIDE，然后按回车键。

示例3-2：使用“定数等分”命令，定数等分五边形。

Step 01 打开素材文件，执行“格式>点样式”命令，打开“点样式”对话框，选择需要的点样式，再设置点大小，然后单击“确定”按钮，如图3-5所示。

Step 02 执行“绘图>点>定数等分”命令，选择五边形，在命令行中输入数值6并按回车键确定，操作效果如图3-6所示。

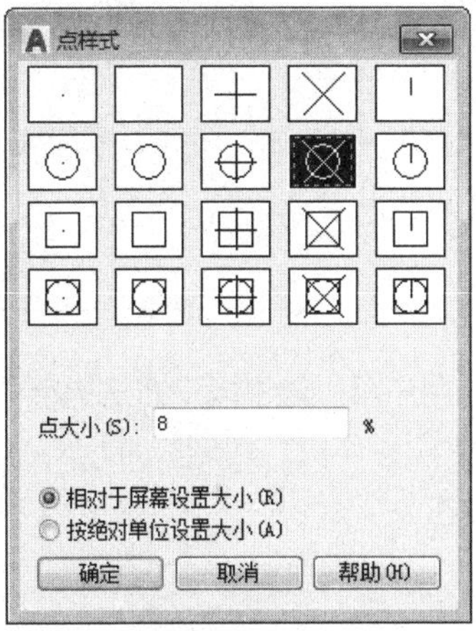

图 3-5 设置点样式

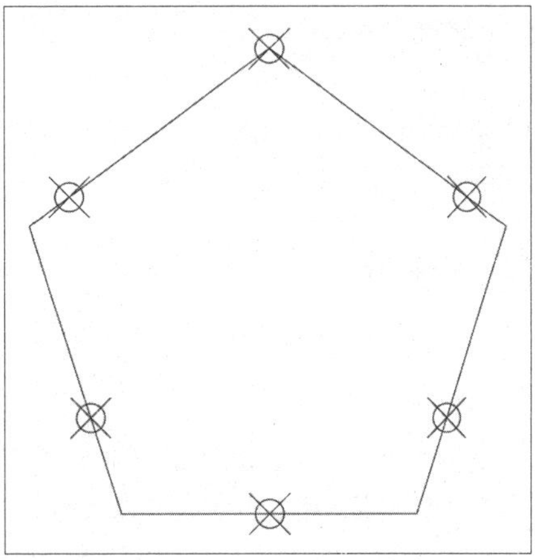

图 3-6 定数等分效果

工程师点拨：设置等分点

在命令行中，用户输入的是等分数，而不是放置点的位置。只能对一个对象操作而不能对一组对象操作。

3.1.4 绘制定距等分点

使用“定距等分”命令，可以从选定对象的某一个端点开始，按照指定的长度开始划分，等分对象的最后一段可能要比指定的间隔短。

在AutoCAD 2019中，用户可以通过以下方法执行“定距等分”命令。

- 执行“绘图>点>定距等分”命令。
- 在“默认”选项卡的“绘图”面板中单击“定距等分”按钮。
- 在命令行中输入MEASURE，然后按回车键。

示例3-3：使用“定距等分”命令，定距等分螺旋线。

Step 01 执行“格式>点样式”命令，打开“点样式”对话框，选择需要的点样式，设置点大小，并选择“按绝对单位设置大小”单选按钮，然后单击“确定”按钮，如图3-7所示。

Step 02 执行“绘图>点>定距等分”命令，选择螺旋线，根据提示输入长度数值为100，按回车键，效果如图3-8所示。

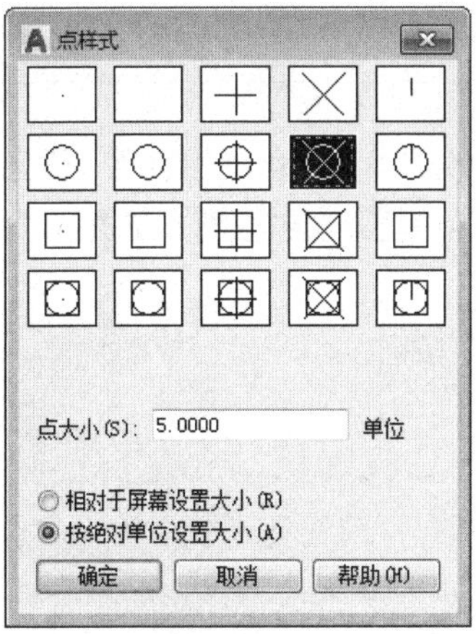

图 3-7 设置点样式

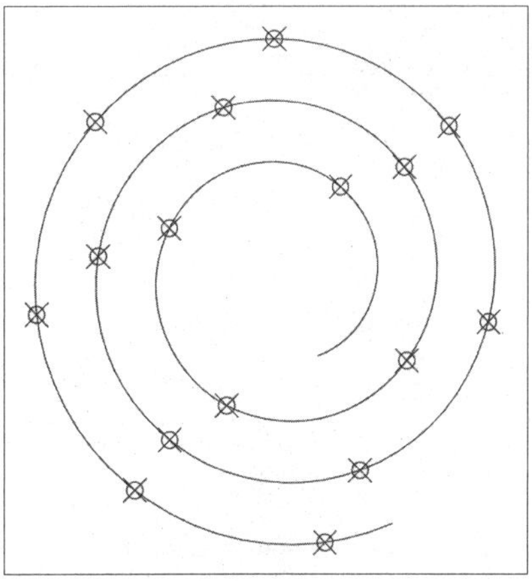

图 3-8 定距等分效果

AutoCAD 2019 中文版基础教程

3.2 线的绘制

在AutoCAD 2019中，线条的类型有多种，如直线、射线、构造线、多线、多段线、样条曲线等。下面将为用户介绍各种线的绘制方法和功能。

3.2.1 绘制直线

绘制直线是绘制图形过程中最基本、常用的绘图操作，用户可以通过以下方法执行“直线”命令。

- 执行“绘图>直线”命令。
- 在“默认”选项卡的“绘图”面板中单击“直线”按钮。
- 在命令行中输入快捷命令L，然后按回车键。

3.2.2 绘制射线

射线是以一个起点为中心，向某方向无限延伸的直线。在AutoCAD中，射线常作为绘图辅助线来使用。用户可以通过以下方法执行“射线”命令。

- 执行“绘图>射线”命令。
- 在“默认”选项卡的“绘图”面板中单击“射线”按钮。
- 在命令行中输入RAY，然后按回车键。

执行“射线”命令后，先指定射线的起点，再指定通过点，即可绘制一条射线，如图3-9所示。指定射线的起点后，可在“指定通过点”提示下指定多个通过点，绘制以起点为端点的多条射线，直到按Esc键或回车键退出为止，如图3-10所示。

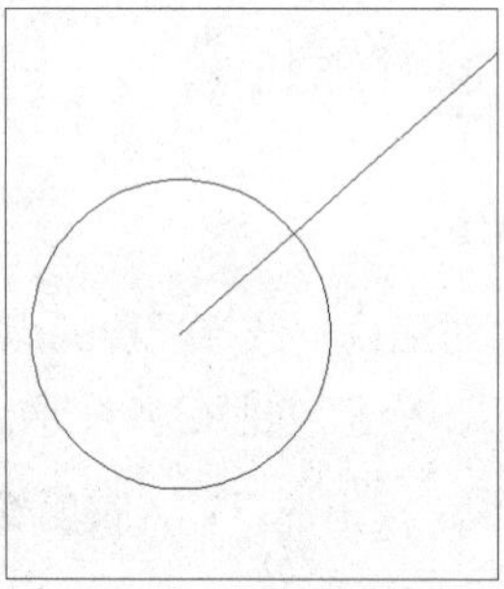

图 3-9 绘制一条射线

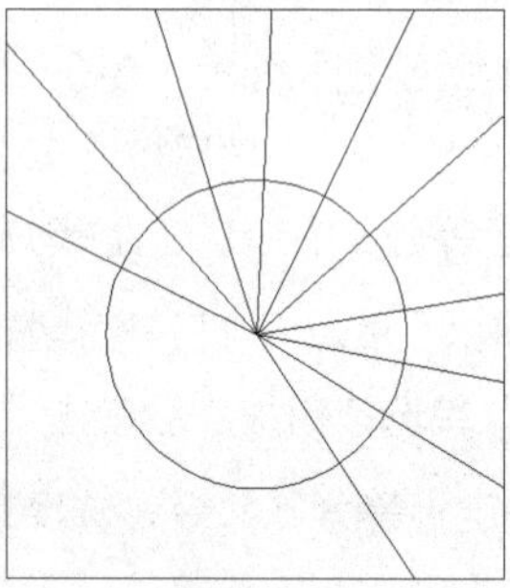

图 3-10 绘制多条射线

3.2.3 绘制构造线

构造线是无限延伸的线，也可以用来作为创建其他直线的参照，创建出水平、垂直或具有一定角度的构造线。构造线在绘图时也可以起到辅助制图的作用，用户可以通过以下方法执行“构造线”命令。

- 执行“绘图>构造线”命令。
- 在“默认”选项卡的“绘图”面板中单击“构造线”按钮。
- 在命令行中输入快捷命令XL，然后按回车键。

执行“构造线”命令后，命令行提示内容如下。

```
命令：_xline
指定点或 [水平(H)/垂直(V)/角度(A)/二等分(B)/偏移(O)]:
指定通过点：
```

命令行中各选项的含义介绍如下。

- 水平/垂直：用于创建经过指定点（中点）且平行于X轴或Y轴的构造线。
- 角度：用于选择一条参考线，再指定直线与构造线的角度。用户也可以先指定构造线的角度，再设置必经的点，从而创建与X轴成指定角度的构造线。
- 二等分：用于创建二等分指定角的构造线，需要指定等分角的顶点、起点和端点。
- 偏移：用于创建平行于指定基线的构造线，此时需要指定偏移距离，选择基线，然后指明构造线位于基线的哪一侧。

3.2.4 绘制多段线

绘制多段线时，可以随时选择下一条线的宽度、线型和定位方法，从而连续地绘制出不同属性线段的多段线。在AutoCAD 2019中，用户可以在通过下列方法执行“多段线”命令。

- 执行“绘图>多段线”命令。
- 在“默认”选项卡的“绘图”面板中单击“多段线”按钮。
- 在命令行中输入快捷命令PL，然后按回车键。

执行“多段线”命令后，命令行提示内容如下。

```
命令：_pline
指定起点：
当前线宽为 0.0000
指定下一个点或 [圆弧(A)/半宽(H)/长度(L)/放弃(U)/宽度(W)]:
```

命令行中各选项的含义介绍如下。

- 圆弧：以圆弧的方式绘制多段线。
- 半宽：用于指定多段线的起点和终点半宽值。
- 长度：用于定义下一段多段线的长度。
- 宽度：用于设置多段线起点和端点的宽度。

示例3-4：使用“多段线”命令绘制图3-14所示的图形。

Step 01 执行“绘图>多段线”命令，在绘图区中指定多段线的起点，如图3-11所示。

Step 02 输入A并按回车键，选择“圆弧”选项，输入数值为300，绘制的圆弧如图3-12所示。

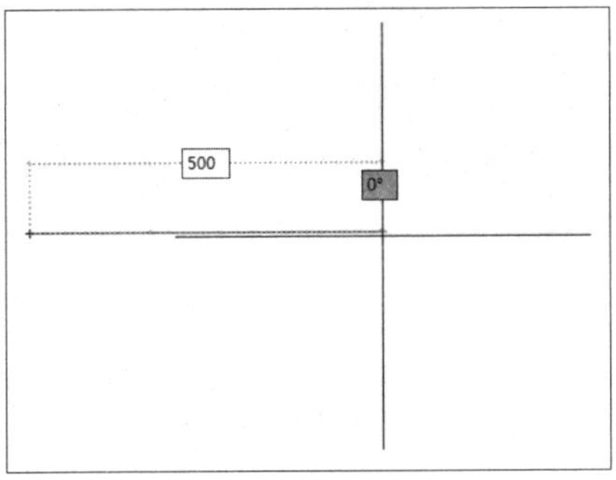

图 3-11 指定起点

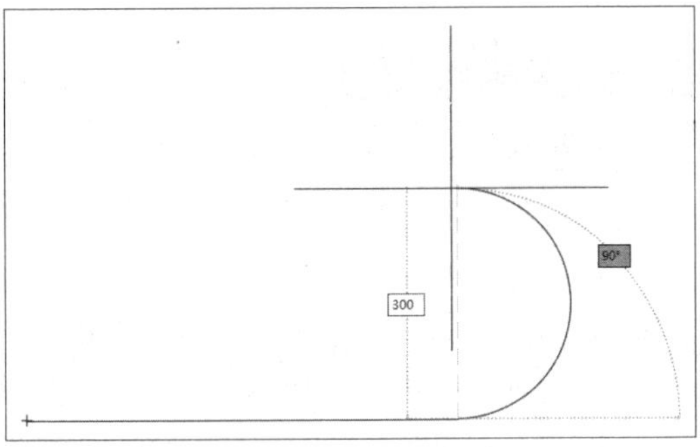

图 3-12 绘制圆弧

Step 03 按回车键后，圆弧绘制完毕。然后输入L并按回车键，选择“直线”选项，输入数值为250，如图3-13所示。

Step 04 输入W并按回车键，选择“宽度”选项，然后设置起点宽度为60、端点宽度为0，最后指定一点并按回车键确认，完成图形的绘制，如图3-14所示。

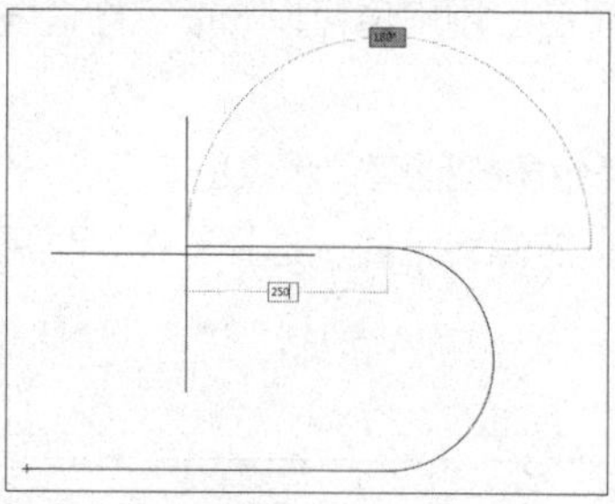

图 3-13 绘制直线

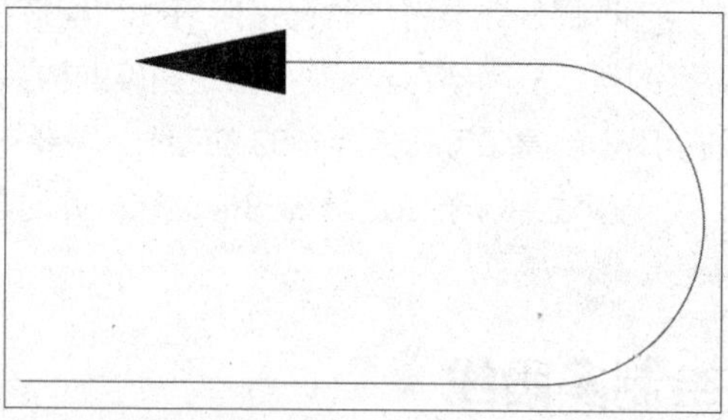

图 3-14 完成绘制

3.2.5 绘制多线

多线是一种由多条平行线组成的对象，平行线之间的间距和数目是可以设置的。在AutoCAD 2019中，用户可以通过以下方法执行“多线”命令。

- 执行“绘图>多线”命令。
- 在命令行中输入快捷命令ML，然后按回车键。

执行“多线”命令后，命令行提示内容如下。

```
命令：_mline
当前设置：对正 = 上，比例 = 20.00，样式 = STANDARD
指定起点或 [对正(J)/比例(S)/样式(ST)]:
```

命令行中各选项的含义介绍如下。

- 指定起点：用于确定多线的起始点。
- 对正：用于确定多线的对正方式，即多线上的哪一条线随光标移动。“上”表示当从左向右绘制多线时，多线上最顶端的多线将随着光标移动；“无”表示当绘制多线时，多线的中心线将随着光标移动；“下”表示当从左向右绘制多线时，多线上最底端的多线将随着光标移动。
- 比例：用于确定多线宽度相对于多线定义宽度的比例因子。
- 样式：用于确定绘制多线时采用的样式，默认样式为STANDARD。也可以输入“？”显示已有的多线样式。

3.2.6 创建多线样式

在AutoCAD 2019中，通过设置多线的样式，可设置其线条数目、对齐方式和线型等属性，以便绘制出符合要求的多线样式。用户可以通过以下方法执行“多线样式”命令。

- 执行“格式>多线样式”命令。
- 在命令行中输入MLSTYLE，然后按回车键。

执行“多线样式”命令后，系统将弹出“多线样式”对话框，如图3-15所示。

在“多线样式”对话框中，各选项的含义介绍如下。

- 新建：用于新建多线样式。单击此按钮，可打开“创建新的多线样式”对话框，如图3-16所示。
- 加载：从多线文件中加载已定义的多线。单击该按钮，可打开“加载多线样式”对话框，如图3-17所示。

- 保存：用于将当前的多线样式保存到多线文件中。单击此按钮，可打开“保存多线样式”对话框，从中可对文件的保存位置与名称进行设置。

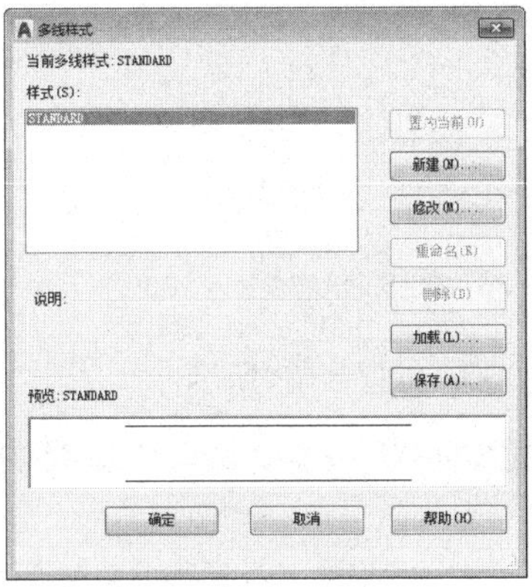

图 3-15 “多线样式”对话框

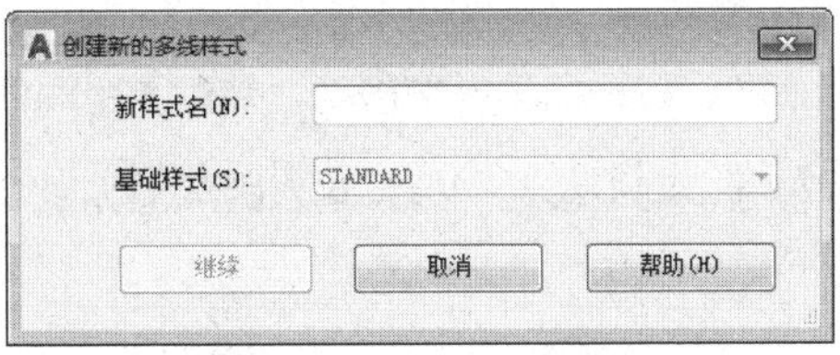

图 3-16 “创建新的多线样式”对话框

在“创建新的多线样式”对话框中输入样式名（“墙体”），然后单击“继续”按钮，在打开的“新建多线样式”对话框中设置多线样式的特性，如线条数目、颜色、线型等，如图3-18所示。

在“新建多线样式”对话框中，各选项的含义介绍如下。

- 说明：为多线样式添加说明。
- 封口：该选项组用于设置多线起点和端点处的封口样式。“直线”表示多线起点或端点处以一条直线封口；“外弧”和“内弧”选项表示起点或端点处以外圆弧或内圆弧封口；“角度”选项用于设置圆弧包角。
- 填充：该选项组用于设置多线之间内部区域的填充颜色，可以通过“选择颜色”对话框选取或配置颜色系统。
- 图元：该选项组用于显示并设置多线的平行数量、距离、颜色和线型等属性。单击“添加”按钮，可向其中添加新的平行线；单击“删除”按钮，可删除选取的平行线；“偏移”数值框用于设置平行线相对于多线中心线的偏移距离；“颜色”和“线型”选项用于设置多线显示的颜色或线型。

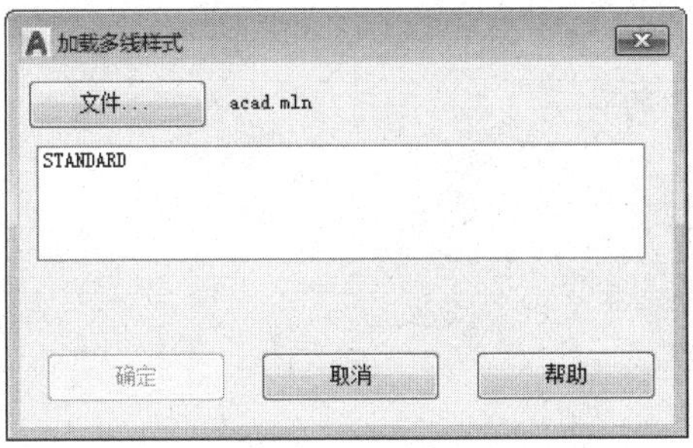

图 3-17 “加载多线样式”对话框

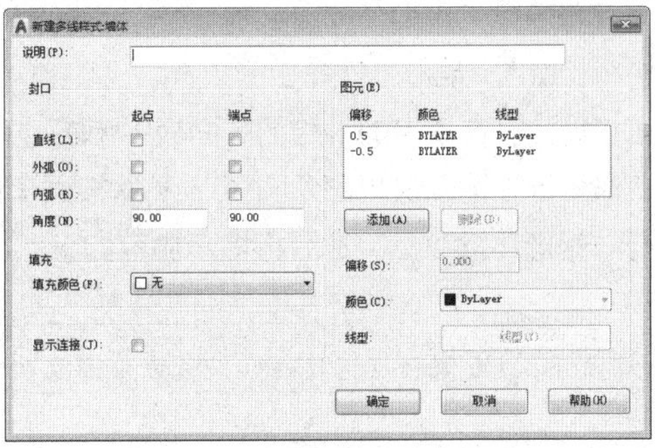

图 3-18 “新建多线样式”对话框

示例3-5：使用“多线”命令，创建墙体图形。

Step 01 执行“绘图>多线”命令，根据命令行提示，将“对正”设为“无”，将“比例”设为“240”，将“样式”设为STANDARA，指定多线的起点位置，向右移动光标，输入距离值为3000，如图3-19所示。

Step 02 按回车键后，向上移动光标，输入距离值为2800，如图3-20所示。

AutoCAD 2019 中文版基础教程

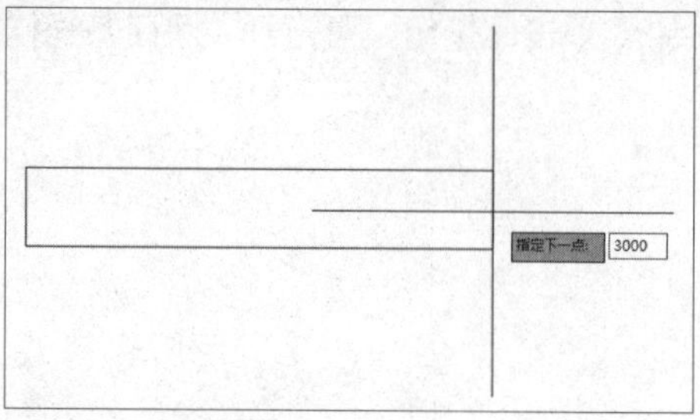

图 3-19　指定多线起点

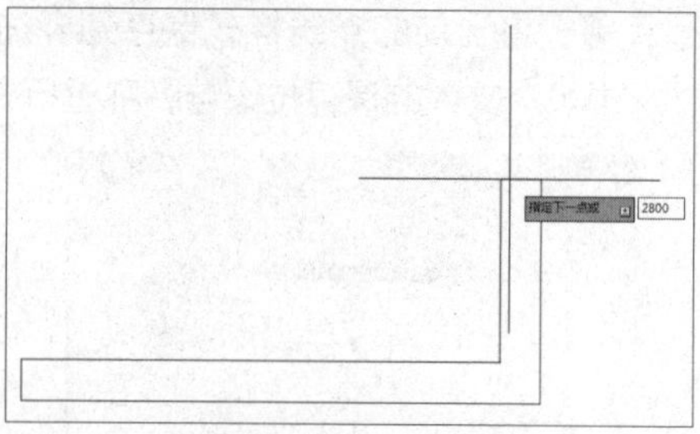

图 3-20　向上移动光标并输入 2800

Step 03 按回车键，将光标再向左移动，并输入距离值为3000，如图3-21所示。

Step 04 按回车键，向下移动光标，输入距离值为2800，再按两次回车键，即可结束多线的绘制，如图3-22所示。

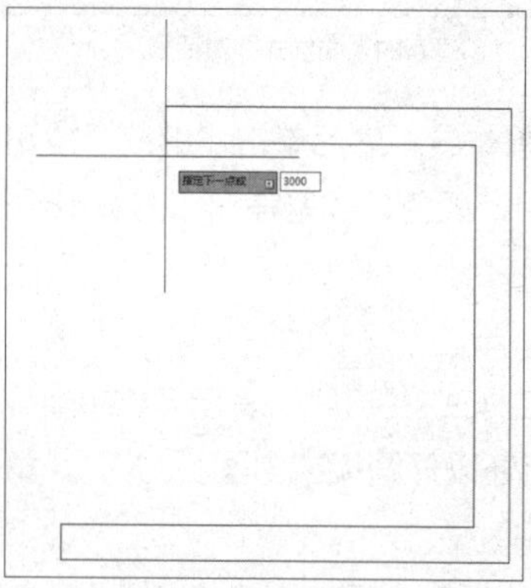

图 3-21　向左移动光标并输入 3000

图 3-22　完成多线的绘制

3.3　矩形和正多边形的绘制

“矩形”命令在AutoCAD中是最常用的绘图命令之一，它是通过两个角点来定义图形的。用户可以通过以下方法执行“矩形”命令。

- 执行“绘图>矩形”命令。
- 在“默认”选项卡的“绘图”面板中单击“矩形”按钮□。
- 在命令行中输入快捷命令REC，然后按回车键。

执行“矩形”命令后，命令行提示内容如下。

```
命令： _rectang
指定第一个角点或 [倒角(C)/标高(E)/圆角(F)/厚度(T)/宽度(W)]: c
```

下面将对命令行中各选项的含义进行介绍。

- 角点：通过指定两个角点绘制矩形。
- 倒角：该选项用于绘制带倒角的矩形，并设置倒角距离。
- 标高：该选项一般用于三维绘图，设置所绘矩形到XY平面的垂直距离。
- 圆角：该选项用于绘制带圆角的矩形，并设置圆角半径。
- 厚度：该选项用于设置矩形的厚度，一般也用于三维绘图。
- 宽度：该选项用于设置矩形的线宽，即矩形4个边的宽度。

3.3.1 绘制矩形

执行“矩形”命令后，先指定一个角点，随后指定另外一个角点，即可完成最基本的矩形的绘制。

示例3-6：绘制矩形图形。

Step 01 执行“绘图>矩形”命令，在绘图区指定第一角点，如图3-23所示。

Step 02 移动光标确定另一个角点的位置，完成矩形图形的绘制，如图3-24所示。

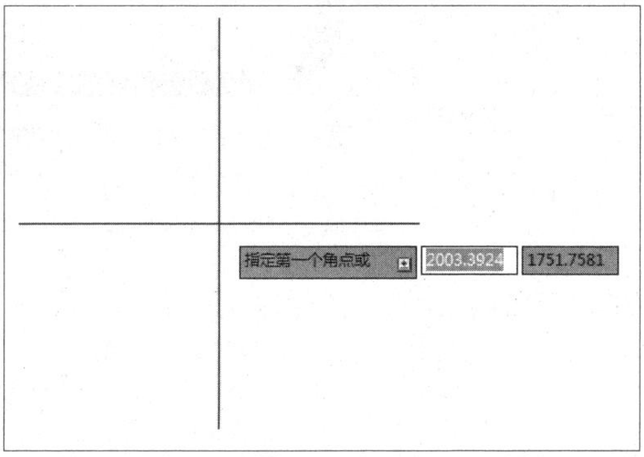

图 3-23 指定角点

图 3-24 完成矩形的绘制

工程师点拨：“矩形”命令的应用

“矩形”命令具有继承性，绘制矩形时，前一个命令设置的各项参数始终起作用，直至修改该参数或重新启动AutoCAD 2019软件。

3.3.2 绘制倒角、圆角和有宽度的矩形

执行“矩形”命令后，在命令行输入C并按回车键，选择“倒角”选项，然后执行倒角距离，即可绘制倒角矩形。绘制倒角矩形，命令行提示内容如下。

```
命令： _rectang
指定第一个角点或 [倒角(C)/标高(E)/圆角(F)/厚度(T)/宽度(W)]: C
指定矩形的第一个倒角距离 <0.0000>:
指定矩形的第二个倒角距离 <0.0000>:
```

若在命令行中输入F并按回车键，选择“圆角”选项，然后设置圆角半径，即可绘制出圆角矩形。绘制圆角矩形的命令行提示内容如下。

```
命令： _rectang
指定第一个角点或 [倒角(C)/标高(E)/圆角(F)/厚度(T)/宽度(W)]: F
指定矩形的圆角半径 <0.0000>:
```

示例3-7：绘制300×200的倒角矩形、半径为50的圆角矩形和宽度为20的圆角矩形。

Step 01 执行“矩形”命令，根据命令行提示绘制倒角矩形。先选择“倒角”选项，设置倒角距离均为20，在绘图窗口指定一点，然后选择“尺寸”选项，确定矩形的长度为300、宽度为200，按回车键完成创建，如图3-25所示。

Step 02 按回车键重复执行“矩形”命令，根据命令行的提示绘制圆角矩形。选择“圆角”选项，输入圆角半径值为50即可，如图3-26所示。

Step 03 按回车键继续执行“矩形”命令，根据命令行的提示设置当前矩形模式为“圆角50”选择“宽度”选项，确定线宽值为20，在绘图窗口指定矩形的两个角点，如图3-27所示。

图 3-25　绘制倒角矩形

图 3-26　绘制圆角矩形

图 3-27　绘制宽度为 20 的圆角矩形

3.3.3 绘制正多边形

正多边形是由多条边长相等的闭合线段组合而成的，其各边相等，各角也相等。默认情况下，正多边形的边数为4。用户可以通过以下方法执行“多边形”命令。

- 执行“绘图>多边形”命令。
- 在“默认”选项卡的“绘图”面板中单击“多边形”按钮⬠。
- 在命令行中输入快捷命令POL，然后按回车键。

执行“多边形”命令，根据命令行提示，输入所需边数值，其后指定多边形中心点，并根据需要指定圆类型和圆半径值，即可完成绘制，如图3-28、3-29所示。

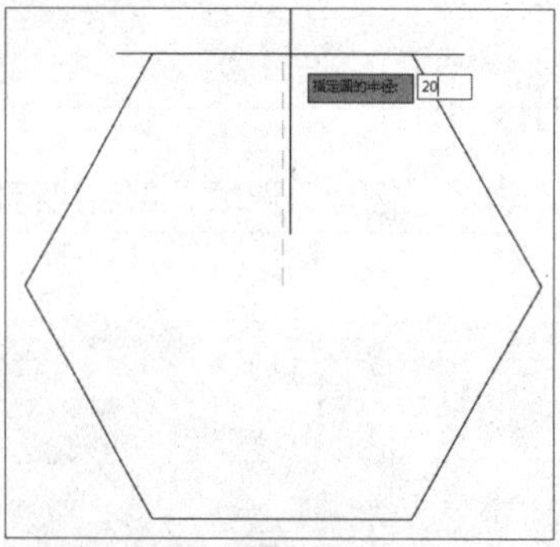

图 3-28　输入半径值

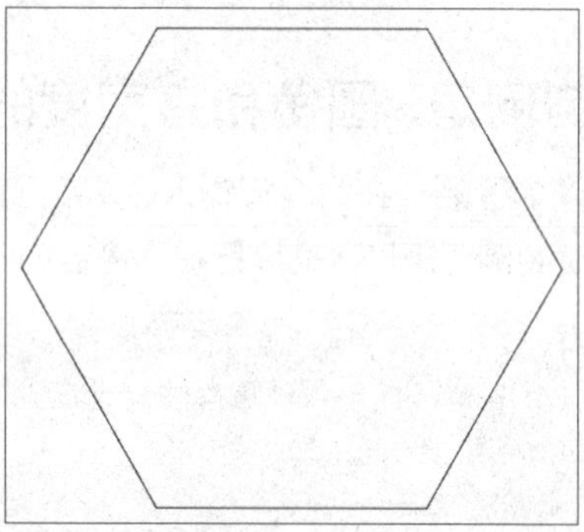

图 3-29　完成绘制

3.4 绘制曲线图形

曲线绘图是最常用的绘图方式之一，在AutoCAD中，曲线功能主要包括圆弧、圆、椭圆等。

3.4.1 绘制圆

在绘图过程中，“圆”命令的使用非常频繁，且圆弧也是圆的一部分，用户可以通过以下几种方法执行“圆”命令。

- 执行“绘图>圆”命令。
- 在“默认”选项卡的“绘图”面板中单击“圆”下拉按钮，在展开的下拉列表中显示了6种绘制圆的选项，从中选择合适的选项即可。
- 在命令行中输入快捷命令C，然后按回车键。

（1）圆心、半径

该模式是通过指定圆心位置和半径值进行绘制，该模式为默认模式，执行“圆心，半径”命令后，输入圆半径为200，如图3-30所示。命令行提示内容如下。绘制完成的圆形如图3-31所示。

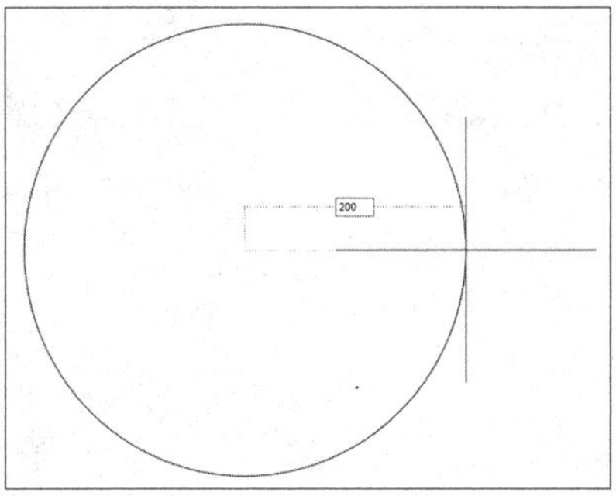

图 3-30 指定圆半径

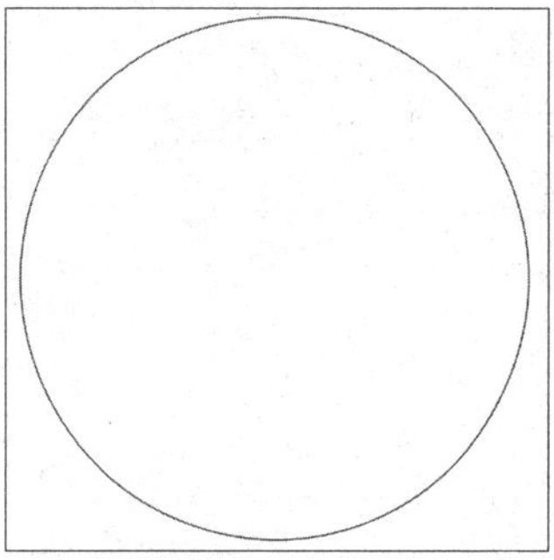
图 3-31 查看绘制的圆形

（2）圆心、直径

该模式是通过指定圆心位置和直径进行绘图，执行“圆心，直径”命令后，命令行提示内容如下。绘制完成的圆形如图3-32、3-33所示。

```
命令：_circle
指定圆的圆心或 [三点(3P)/两点(2P)/切点、切点、半径(T)]: 0,0
指定圆的半径或 [直径(D)]: _d 指定圆的直径：
```

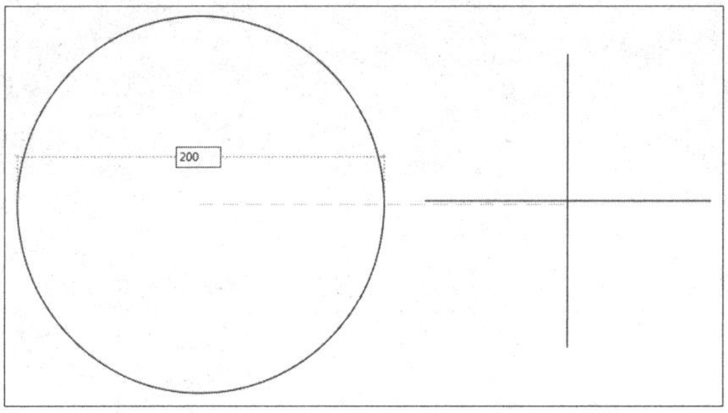

图 3-32 指定圆直径

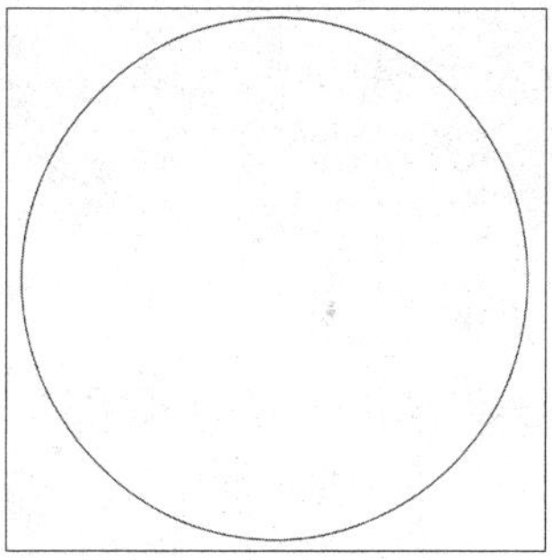
图 3-33 查看绘制的圆形

（3）两点

该模式是通过指定圆上两个点进行绘制，绘制完成的圆形如图3-34、3-35所示。

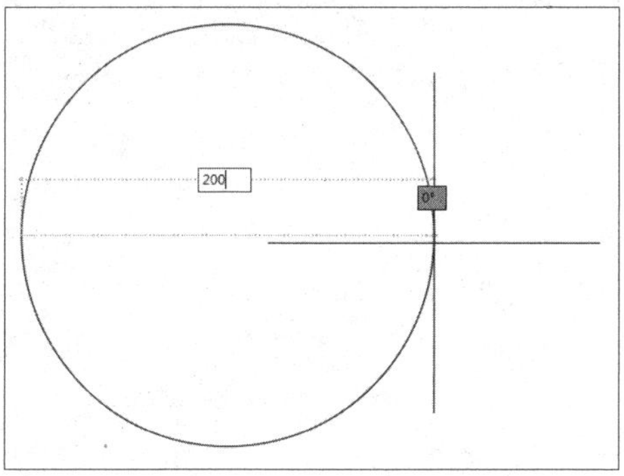

图 3-34 指定两点

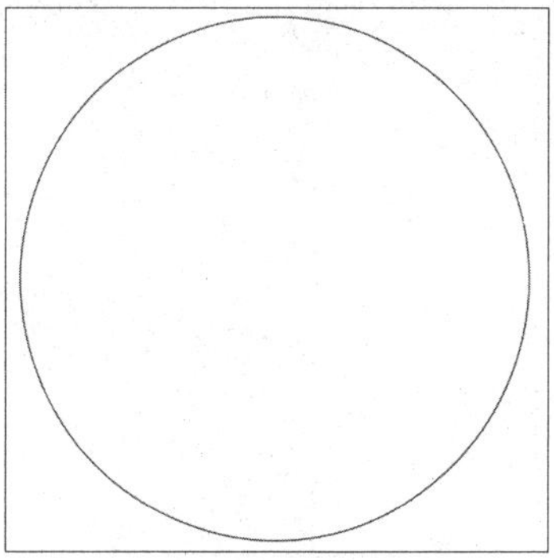
图 3-35 完成圆形的绘制

执行“两点”命令后，命令行的提示内容如下。

```
命令：_circle
指定圆的圆心或 [三点(3P)/两点(2P)/切点、切点、半径(T)]：_2p 指定圆直径的第一个端点：
指定圆直径的第二个端点：
```

（4）三点

该模式是通过指定圆上三个点进行绘制，第一个点为圆的起点，第二个点为圆的直径，第三个点为圆上点，如图3-36、3-37所示。

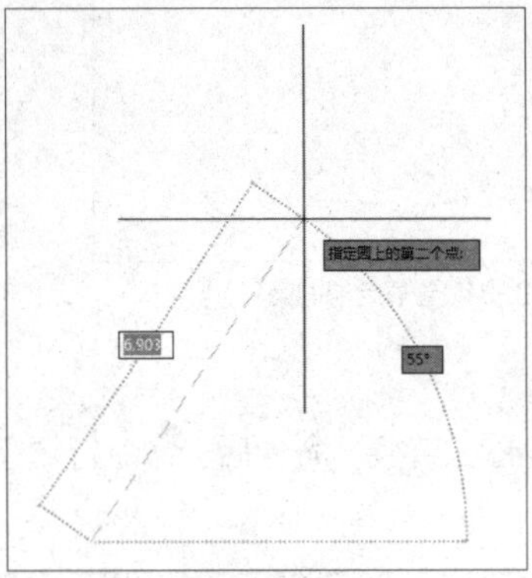

图 3-36　指定第二个点

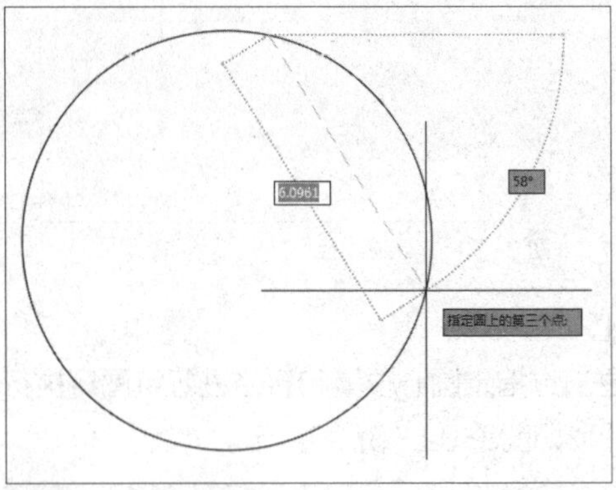

图 3-37　指定第三个点

执行“三点”命令后，命令行的提示内容如下。

```
命令：_circle
指定圆的圆心或 [三点(3P)/两点(2P)/切点、切点、半径(T)]：_3p 指定圆上的第一个点：
指定圆上的第二个点：
指定圆上的第三个点：
```

（5）相切、相切、半径

该模式是通过先指定两个相切对象的切点，然后指定半径值进行绘制。在使用该命令时，所选的对象必须是圆或圆弧曲线。

示例3-8：执行“相切，相切，半径”命令绘制圆。

Step 01 执行“相切，相切，半径”命令，根据命令行提示指定对象与圆的第一个切点，如图3-38所示。

Step 02 指定对象与圆的第二个切点，如图3-39所示。

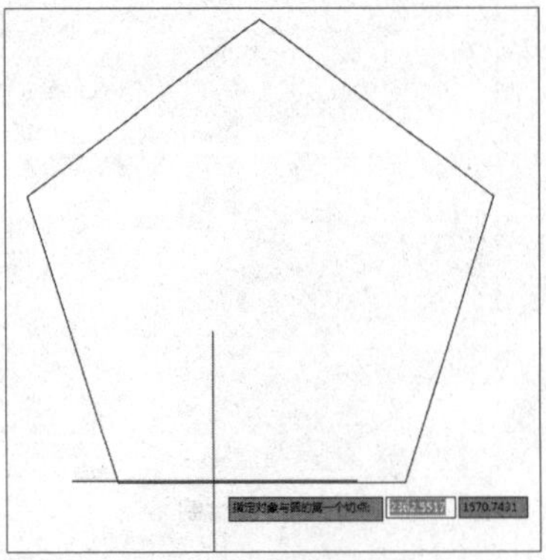

图 3-38　指定对象与圆的第一个切点

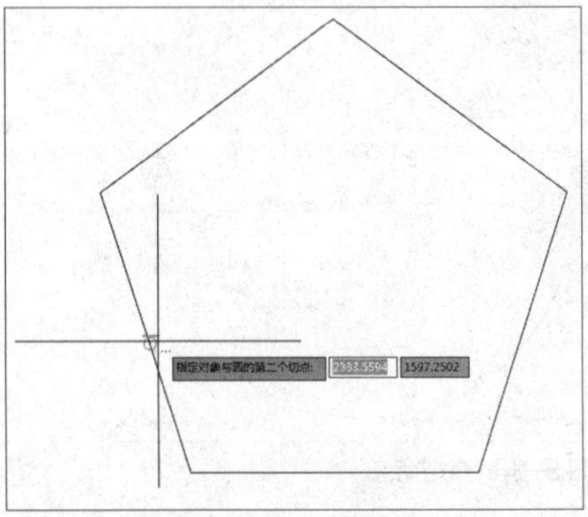

图 3-39　指定对象与圆的第二个切点

Step 03 根据命令行的提示指定圆的半径值为10，如图3-40所示。

Step 04 按回车键确定圆的绘制，最终效果如图3-41所示。

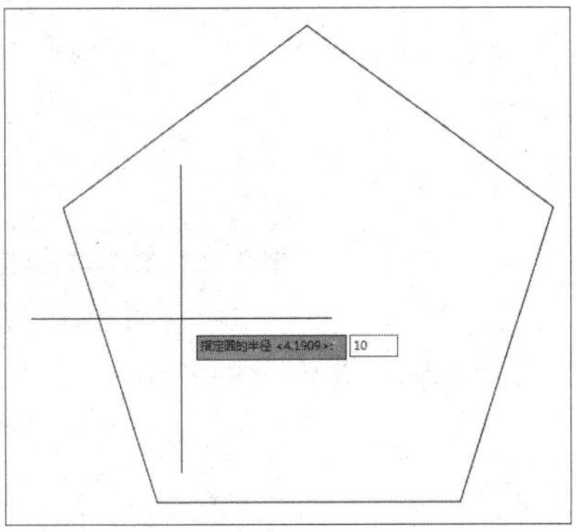

图 3-40 输入半径值

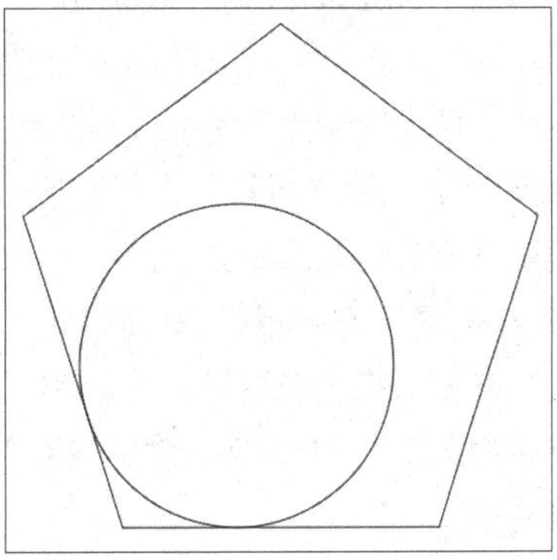
图 3-41 查看绘制效果

(6) 相切、相切、相切

执行“相切，相切，相切”命令后，利用鼠标来拾取已知3个图形对象，即可完成圆形的绘制，如图3-42所示。

命令行提示内容如下。

```
命令：_circle
指定圆的圆心或 [三点(3P)/两点(2P)/切点、切点、半
径(T)]：_3p 指定圆上的第一个点：_tan 到
指定圆上的第二个点：_tan 到
指定圆上的第三个点：_tan 到
```

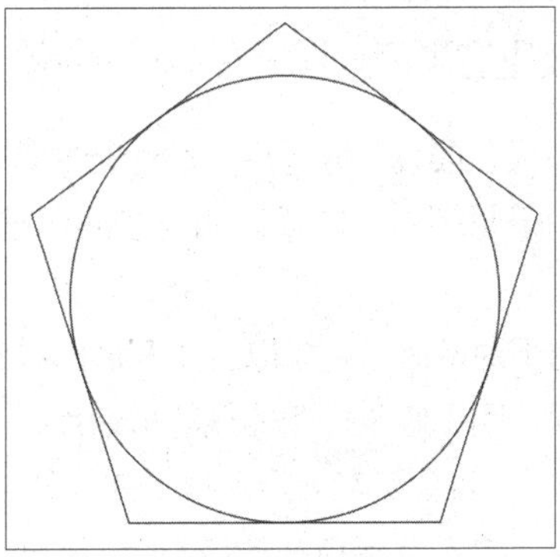
图 3-42 “相切，相切，相切”命令绘制圆

3.4.2 绘制修订云线

修订云线是由连续圆弧组成的多段线，用于在检查阶段提醒用户注意图形的某个部分。用户可以通过以下方法执行“修订云线”命令。

- 执行“绘图>修订云线”命令。
- 在“默认”选项卡的“绘图”面板中单击“修订云线”按钮。
- 在命令行中输入REVCLOUD，然后按回车键。

执行“修订云线”命令后，命令行中各选项的含义介绍如下。

- 弧长：设置云线弧长，最大弧长不得超过最小弧长的3倍。
- 对象：设置云线的弧方向。
- 样式：设置使用“普通”或“手绘”的方式来绘制云线。

3.4.3 绘制样条曲线

样条曲线是通过一系列指定点的光滑曲线，来绘制不规则的曲线图形。用户可以通过以下方法执行“样条曲线”命令。

- 执行“绘图>样条曲线”命令子列表中的命令。

- 在“默认”选项卡的“绘图”面板中单击“样条曲线拟合”按钮或“样条曲线控制点”按钮。
- 在命令行中输入快捷命令SPL，然后按回车键。

执行“样条曲线”命令后，根据命令行提示，依次指定起点、中间点和终点，即可绘制出样条曲线，如图3-43所示。

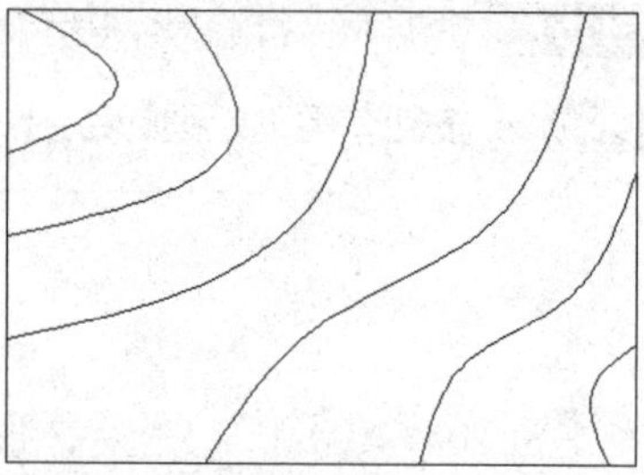

图 3-43　绘制样条曲线

样条曲线绘制完毕之后，可对其进行修改，用户可以通过以下方法执行“编辑样条曲线”命令。

- 执行“修改>对象>样条曲线”命令。
- 在“默认”选项卡的“修改”面板中单击“编辑样条曲线”按钮。
- 在命令行中输入SPLINEDIT，然后按回车键。
- 双击样条曲线。

执行“编辑样条曲线”命令后，命令行提示内容如下。

```
命令：_splinedit
选择样条曲线：
输入选项 [闭合(C)/合并(J)/拟合数据(F)/编辑顶点(E)/转换为多段线(P)/反转(R)/放弃(U)/退出(X)] <退出>
```

执行“编辑样条曲线”命令后，命令行中各选项的含义介绍如下。

- 闭合：用于封闭样条曲线。如样条曲线已封闭，此处显示“打开(O)”选项，用于打开封闭的样条曲线。
- 合并：用于对两条或两条以上的开放曲线进行合并。
- 拟合数据：用于修改样条曲线的拟合点。其中各个子选项的含义为：“添加”表示将拟合点添加到样条曲线；“闭合”表示闭合样条曲线两个端点；“扭折”表示在样条曲线上的指定位置添加节点和拟合点，这不会保持在该点的相切或曲率连续性；“移动”表示移动拟合点到新位置；“切线”表示修改样条曲线的起点和端点切向；“公差”表示使用新的公差值将样条曲线重新拟合至现有的拟合点。
- 编辑顶点：用于移动样条曲线的控制点，调节样条曲线形状。其中子选项的含义为：“添加”用于添加顶点；“删除”用于删除顶点；“提高阶数”用于增大样条曲线的多项式阶数（阶数为4和26之间的整数）；“移动”用于重新定位选定的控制点；“权值”用于根据指定控制点的新权值重新计算样条曲线，权值越大，样条曲线越接近控制点。
- 转换为多段线：用于将样条曲线转化为多段线。
- 反转：反转样条曲线的方向，即起点和终点互换。

绘制样条曲线分为“样条曲线拟合”和“样条曲线控制点”两种方式。图3-44为拟合绘制的样条曲线，图3-45为控制点绘制的曲线。

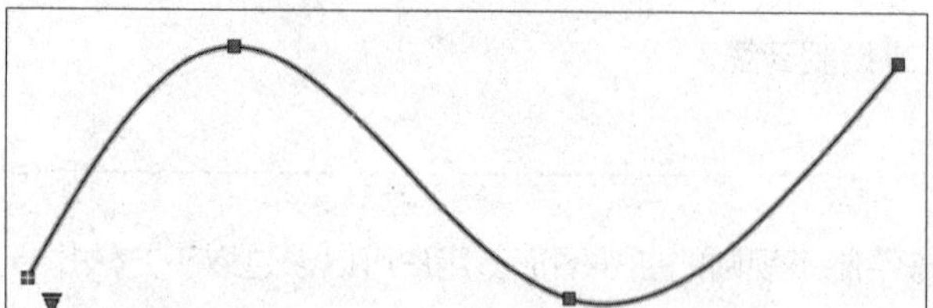

图 3-44　样条曲线拟合

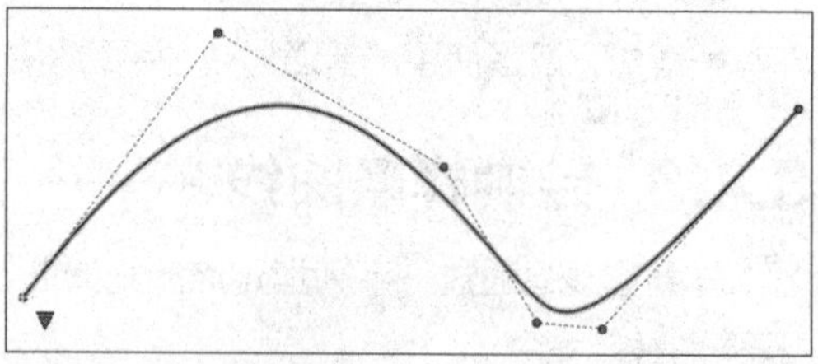

图 3-45　样条曲线控制点

3.4.4 绘制圆弧

绘制圆弧一般需要指定三个点，圆弧的起点、圆弧上的点和圆弧的端点。在AutoCAD 2019中，绘制圆弧的方法有11种，“三点”命令为系统默认绘图方式，用户可以通过以下方法执行“圆弧”命令。

- 在菜单栏中执行“绘图>圆弧”命令子列表中的命令。
- 在“默认”选项卡的“绘图”面板中单击“圆弧”下拉按钮，在展开的下拉列表中选择合适的方式即可，如图3-46所示。

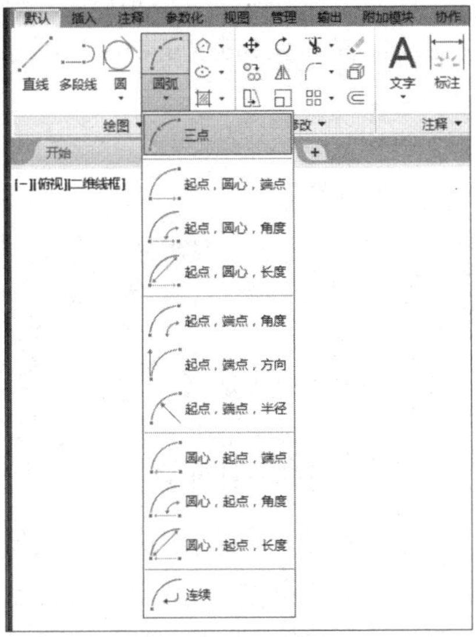

图 3-46 绘制圆弧的命令

下面将对“圆弧”下拉列表中每一种命令的功能进行介绍。

- 三点：通过指定三个点来创建一条圆弧曲线。第一个点为圆弧的起点，第二个点为圆弧上的点，第三个点为圆弧的端点。
- 起点、圆心、端点：指定圆弧的起点、圆心和端点进行绘制。
- 起点、圆心、角度：指定圆弧的起点、圆心和角度绘制。在输入角度值时，若当前环境设置的角度方向为逆时针方向，且输入的角度值为正，则从起始点绕圆心沿逆时针方向绘制圆弧；若输入的角度值为负，则沿顺时针方向绘制圆弧。
- 起点、圆心、长度：指定圆弧的起点、圆心和长度来绘制圆弧。所指定的弦长不能超过起点到圆心距离的两倍。如果弦长的值为负值，则该值的绝对值将作为对应整圆的空缺部分圆弧的弦长。
- 起点、端点、角度：指定圆弧的起点、端点和角度绘制圆弧。
- 起点、端点、方向：指定圆弧的起点、端点和方向绘制圆弧。移动光标指定起点切向时，系统会在当前光标与圆弧起始点之间形成一条橡皮筋线，此橡皮筋线即可为圆弧在起始点的切线。通过拖动鼠标确定圆弧在起始点处的切线方向后单击，即可得到相应的圆弧。
- 起点、端点、半径：指定圆弧的起点、端点和半径绘制圆弧。
- 圆心、起点命令组：指定圆弧的圆心和起点后，再根据需要指定圆弧的端点，或者角度或长度即可绘制圆弧。
- 连续：使用该方法绘制的圆弧将与最后一个创建的对象相切。

3.4.5 绘制椭圆

椭圆有长半轴和短半轴之分，是由一条较长的轴和一条较短的轴定义而成。用户可以通过以下方式调用“椭圆”命令。

- 执行“绘图>椭圆”命令子列表中的命令。
- 在“默认”选项卡“绘图”面板中单击“椭圆”按钮，选择绘制椭圆的方式可以单击该下拉按钮，在弹出的列表中选择相应的选项。
- 在命令行输入ELLIPSE命令并按回车键。

下面将对“椭圆”下拉列表中各命令的功能逐一进行介绍。

- 圆心：通过指定椭圆的圆心确定长轴和短轴的尺寸来绘制椭圆。
- 轴、端点：通过指定轴的两个端点来绘制椭圆。

- 椭圆弧：在椭圆上按照一定的角度截取一段弧线。

执行“椭圆”命令，根据命令行提示，指定圆心的中点，然后移动光标，指定椭圆短半轴和长半轴的数值，即可完成椭圆的绘制，如图3-47、3-48、3-49所示。

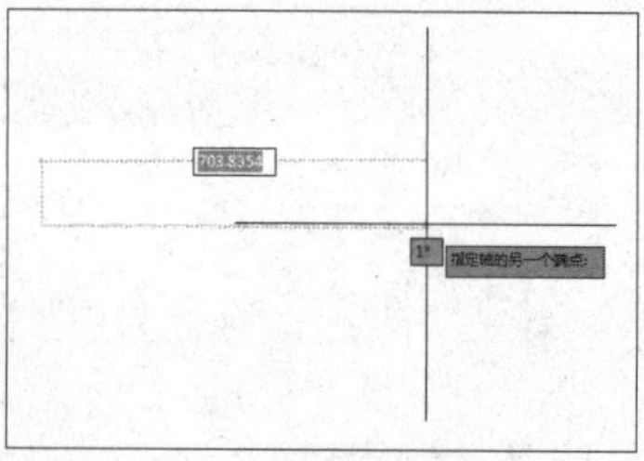

图 3-47 指定长半轴长度

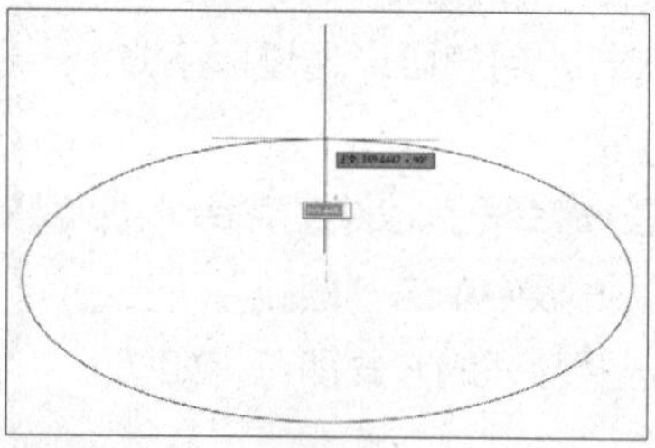

图 3-48 指定短半轴长度

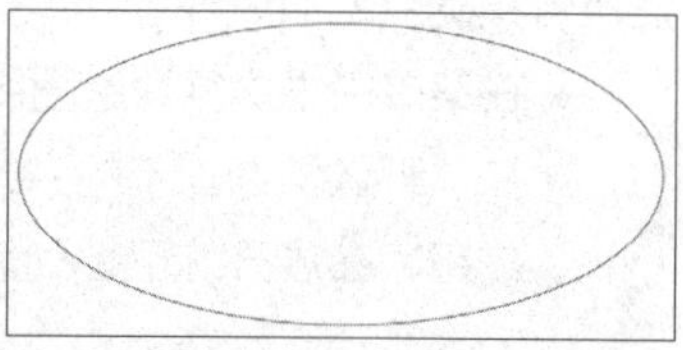

图 3-49 完成绘制

3.4.6 绘制圆环

圆环是由两个圆心相同、半径不同的圆组成的。圆环分为填充环和实体填充圆，即带有宽度的闭合多段线。用户可以通过以下方法执行“圆环”命令。

- 执行“绘图>圆环”命令。
- 在“默认”选项卡的“绘图”面板中单击“圆环”按钮◎。
- 在命令行输入快捷命令DO，然后按回车键。

上机实践　绘制洗衣机立面图

实践目的	通过本实训的练习，可以帮助用户掌握直线、矩形、圆等图形的绘制方法。
实践内容	应用本章所学的知识绘制洗衣机立面图。
实践步骤	首先绘制洗衣机整体轮廓，再绘制各种按键和滚桶。

Step 01 执行“矩形”命令，绘制宽为650mm，长为780mm的矩形图形，如图3-50所示。

图 3-50 绘制矩形图形

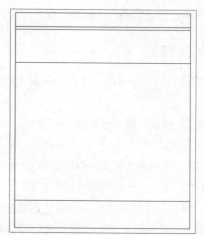

Step 02 分解矩形图形，执行“偏移”命令，将上边线，依次向下偏移50mm、10mm、120mm、500mm，如图3-51所示。

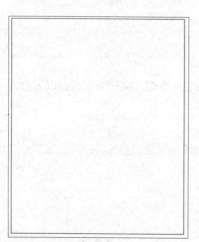

图 3-51 偏移线段

Step 03 继续执行当前命令偏移线段，如图3-52所示。

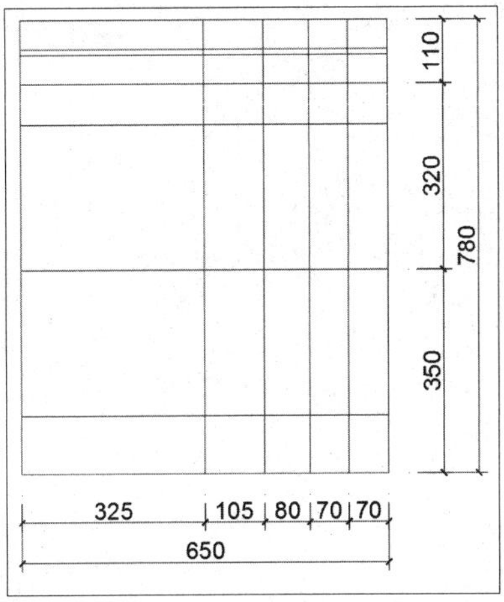

图 3-52 偏移右侧垂直线段

Step 04 执行“圆”命令，捕捉偏移线段的交点，绘制半径为135mm、165mm的同心圆形，如图3-53所示。

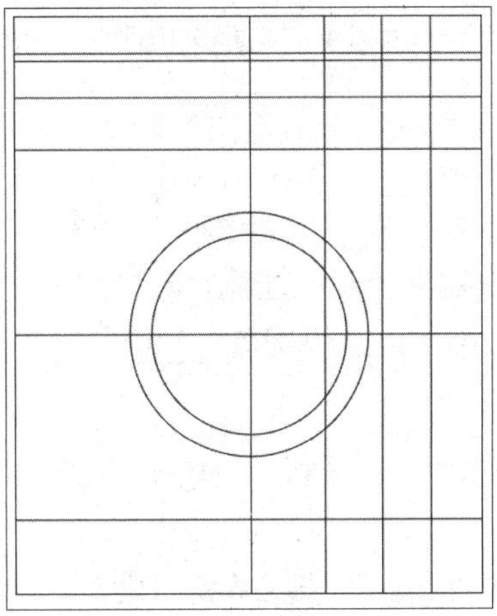

图 3-53 绘制同心圆形

Step 05 继续执行“圆”命令，绘制半径为27mm、14mm的圆形，如图3-54所示。

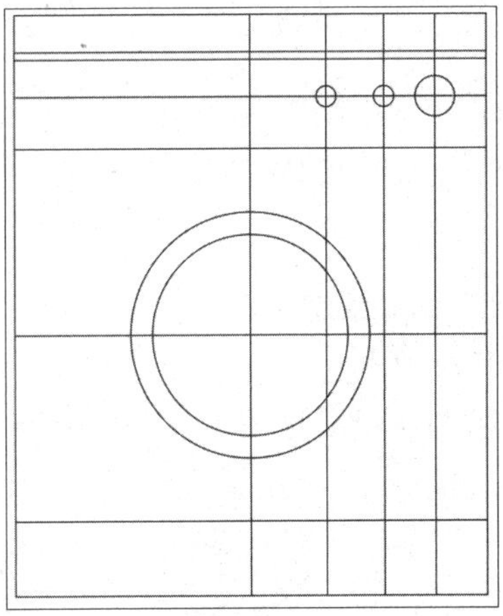

图 3-54 继续绘制圆形

Step 06 删除多余的线段，执行“样条曲线”命令，绘制样条曲线，完成洗衣机立面图的绘制，如图3-55所示。

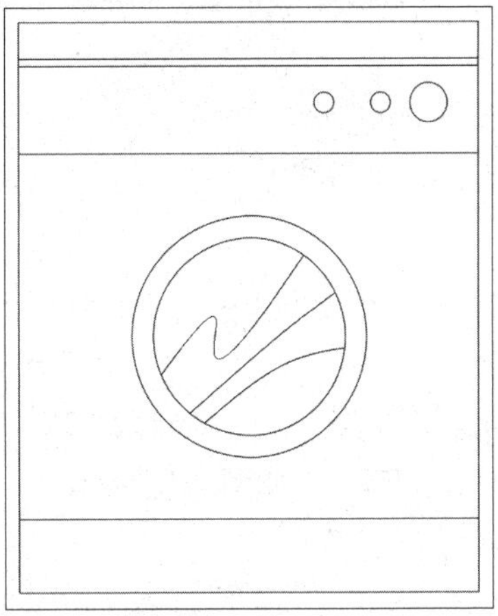

图 3-55 绘制样条曲线

课后练习

本章介绍了一些简单图形的绘制方法，通过这些内容的学习，用户可以掌握图形的绘制的基本操作。下面将通过相关练习题来巩固一下所学的知识。

一、填空题

1、用户可以在________对话框中，设置点的样式。

2、在AutoCAD中绘制多边形，常用的方式有________和________两种。

3、在AutoCAD中绘制椭圆有________和________两种方式。

二、选择题

1、使用“直线”命令绘制一个矩形，该矩形中有（　　）个图元实体。

A、1个　　B、2个　　C、3个　　D、4个

2、系统默认的多段线快捷命令别名是（　　）。

A、p　　B、D　　C、pli　　D、pl

3、执行“样条曲线”命令后，下列（　　）选项用来输入曲线的偏差值。值越大，曲线越远离指定的点；值越小，曲线离指定的点越近。

A、闭合　　B、端点切向　　C、拟合公差　　D、起点切向

4、圆环是填充环或实体填充圆，即带有宽度的闭合多段线，使用“圆环”命令创建圆环对象时（　　）。

A、必须指定圆环圆心　　B、圆环内径必须大于0

C、外径必须大于内径　　D、运行一次圆环命令只能创建一个圆环对象

三. 操作题

1、利用“矩形”命令绘制桌子图形，然后利用“直线”和“圆弧”命令绘制椅子图形，如图3-56所示。

2、利用“矩形”、“直线”命令绘制双人床，并设置矩形圆角；利用“圆”和“多段线”命令绘制床头柜和台灯部分，如图3-57所示。

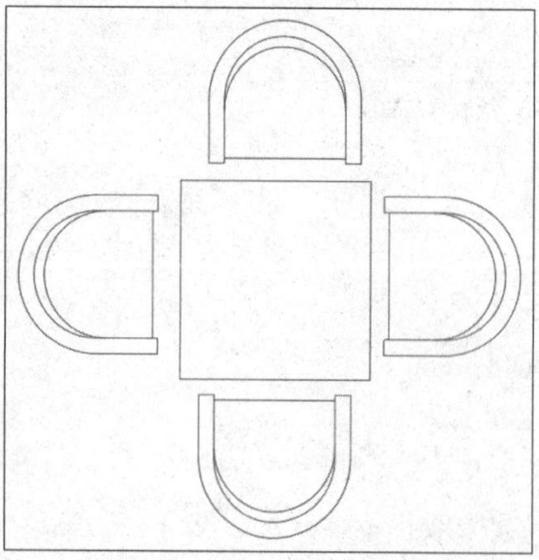

图 3-56　桌椅平面图

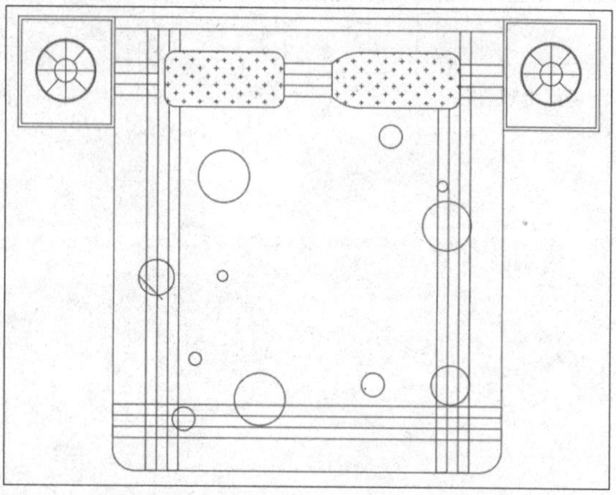

图 3-57　双人床平面图

Chapter 04 编辑平面图形

课题概述 在绘制二维图形时，用户需借助图形的修改编辑功能来完成图形的绘制操作。AutoCAD2019的图形编辑功能非常完善，它提供了一系列编辑图形的工具。

教学目标 通过对本章内容的学习，用户可以熟悉并掌握绘图编辑命令的应用，包括镜像、旋转、阵列、偏移以及修剪等，通过综合应用这些编辑命令，可以绘制出复杂的图形。

章节重点	光盘路径
★★★★ | 多线、多段线编辑	**上机实践：**实例文件\第 4 章\上机实践\绘制燃气灶图形
★★★☆ | 缩放、拉伸、镜像、移动、偏移和旋转	**课后练习：**实例文件\第 4 章\课后练习
★★☆☆ | 倒角、圆角、打断、修剪和延伸	
★☆☆☆ | 图形的选择	

4.1 目标选择

在编辑图形之前，首先要对图形进行选择。在AutoCAD中，用虚线亮显以表示所选择的对象，如果选择了多个对象，那么这些对象便构成了选择集，选择集可包含单个对象，也可以包含多个对象。

在命令行中输入SELECT命令，在命令行“选择对象：”提示下输入“？”并按回车键，根据其中的信息提示，选择相应的选项，即可指定对象的选择模式。

对应的命令行提示内容如下。

```
命令： SELECT
选择对象： ?
* 无效选择 *
需要点或 窗口 (W)/ 上一个 (L)/ 窗交 (C)/ 框 (BOX)/ 全部 (ALL)/ 栏选 (F)/ 圈围 (WP)/ 圈交 (CP)/ 编组 (G)/ 添加 (A)/
删除 (R)/ 多个 (M)/ 前一个 (P)/ 放弃 (U)/ 自动 (AU)/ 单个 (SI)/ 子对象 (SU)/ 对象 (O)
```

4.1.1 设置对象的选择模式

在AutoCAD 2019中，利用“选项”对话框可以设置对象的选择模式。用户可以通过以下方法打开“选项”对话框。

- 执行“工具>选项”命令。
- 在绘图窗口中右击，在弹出的快捷菜单中选择“选项”命令。
- 在命令行中输入快捷命令OP，然后按回车键。

执行以上任意一种操作后，系统将打开“选项”对话框，然后选择“选择集”选项卡，在该选项卡中可进行选择模式的设置，如图4-1所示。

AutoCAD 2019 中文版基础教程

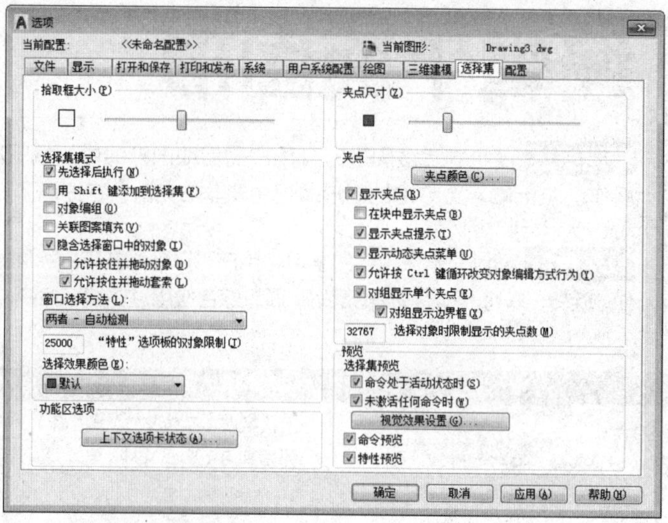

图 4-1 “选择集”选项卡

在“选择集模式”选项组中，各个复选框的功能介绍如下。

- 先选择后执行：勾选该复选框，可以执行大多数修改命令时调换传统的次序。用户可以在命令提示下，先选择图形对象，再执行修改命令。
- 用Shift键添加到选择集：勾选该复选框，将激活一个附加选择方式，即需要按住Shift键才能添加新对象。
- 对象编组：勾选该复选框，若选择组中的任意一个对象，则该对象所在的组都将被选中。
- 关联图案填充：勾选该复选框，若选择关联填充的对象，则填充的边界对象也被选中。
- 隐含选择窗口中的对象：勾选该复选框，在图形窗口中用鼠标拖动或者用定义对角线的方法定义出一个矩形，即可进行对象的选择。
- 允许按住并拖动对象：勾选该复选框，可以按住定点设备的拾取按钮，拖动光标确定选择窗口。

4.1.2 用拾取框选择单个实体

在命令行中输入SELECT命令，默认情况下光标将变成拾取框，之后单击选择对象，系统将检索选中的图形对象。在“隐含窗口”处于打开状态时，若拾取框没有选中图形对象，则该选择将变为窗口或交叉窗口的第一角点。该方法既方便又直观，但选择排列密集的对象时，此方法不宜使用。

4.1.3 窗口方式和交叉方式

下面为用户介绍窗口方式和窗交方式选取图形的操作。

1. 窗口方式选取图形

在图形窗口中选择第一个对角点，从左向右移动鼠标显示出一个实线矩形，如图4-2所示。选择第二个角点后，选取的对象为完全包含在实线矩形中的对象，不在该窗口内的或者只有部分在该窗口内的对象则不被选中，如图4-3所示。

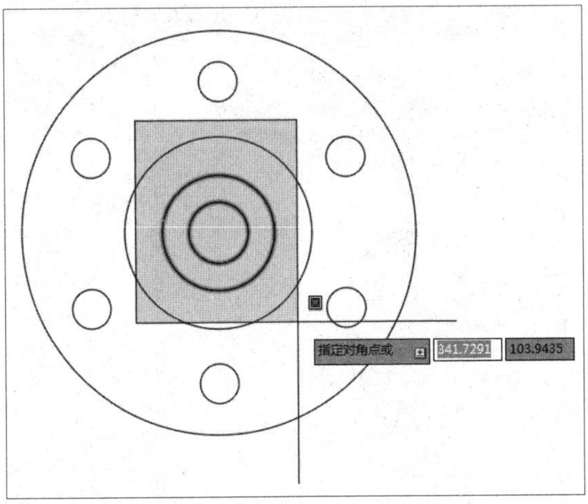

图 4-2 窗口方式选取图形

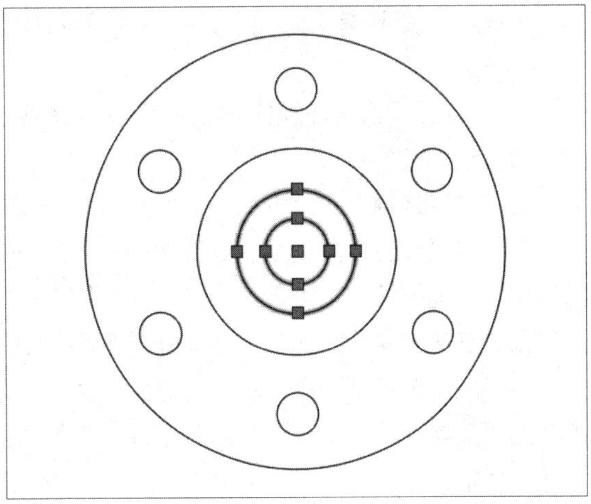

图 4-3 窗口选取效果

2. 窗交方式选取图形

在图形窗口中选择第一个对角点，从右向左移动鼠标显示一个虚线矩形，如图4-4所示。选择第二个角点后，全部位于窗口内或与窗口边界相交的对象都将被选中，如图4-5所示。

在窗交模式下并不是只能从右向左拖动矩形来选择，可在命令行中输入SELECT命令，按回车键，然后输入“?”并按回车键，根据命令行的提示选择“窗交(C)”选项，此时也可以从左向右窗交选取图形对象。

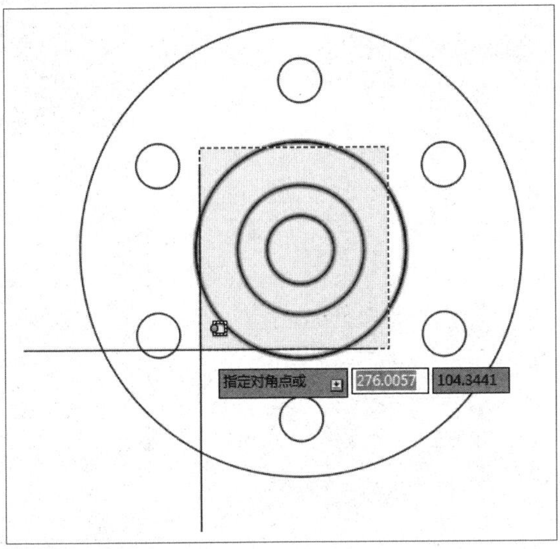

图 4-4 窗交方式选取图形

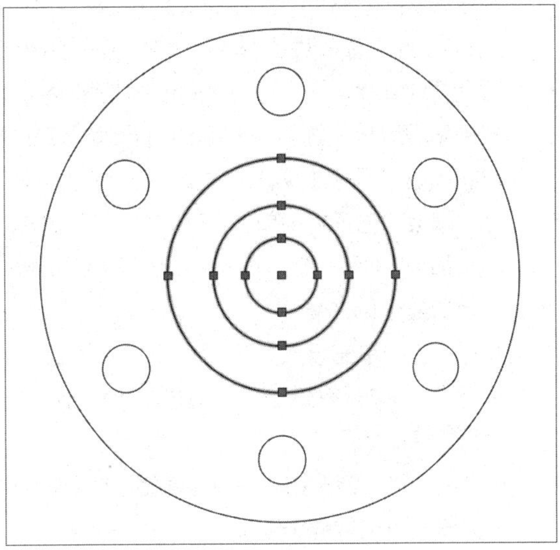

图 4-5 窗交选取效果

4.1.4 快速选择图形对象

当需要选择具有某些共同特性的对象时，用户可以在“快速选择”对话框中进行相应的设置，以根据图形对象的图层、颜色、图案填充等特性和类型来创建选择集。

在AutoCAD 2019中，用户可以通过以下方法执行“快速选择”命令。

- 执行“工具>快速选择”命令。
- 在“默认”选项卡的“实用工具”面板中单击“快速选择”按钮。

AutoCAD 2019 中文版基础教程

- 在命令行中输入QSELECT，然后按回车键。

执行以上任意一种操作后，将打开“快速选择”对话框，如图4-6所示。

在“快速选择”对话框的“如何应用”选项组中，用户可选择应用的范围。若选中“包含在新选择集中”单选按钮，则表示将按设定的条件创建新选择集；若选中“排除在新选择集外”单选按钮，则表示将按设定条件选择对象，选择的对象将被排除在选择集之外，即根据这些对象之外的其他对象创建选择集。

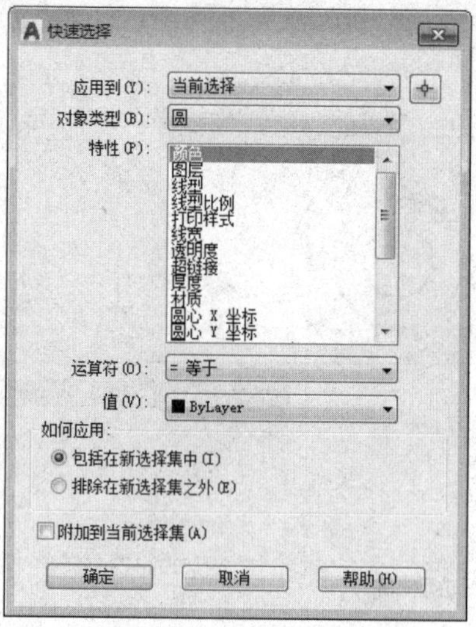

图 4-6 “快速选择”对话框

4.1.5 编组选择图形对象

编组选取是将图形对象进行编组，以创建一种选择集。编组是已命名对象的选择随图形一起保存，用户可以通过以下方法执行“快速选择”命令。

- 在“默认”选项卡的“组”面板中单击“编组管理器”按钮。
- 在命令行中输入CLASSICGROUP，然后按回车键。

执行以上任意一种操作后，将打开“对象编组”对话框，如图4-7所示。利用该对话框除了可创建对象编组以外，还可以对编组进行编辑。此时可在“编组名”列表框中选中要修改的编组，然后在“修改编组”选项组中单击以下按钮进行操作。

- 添加或删除：单击该按钮，可以向编组中增加或删除对象。
- 重命名：单击该按钮，可以重命名编组。
- 重排：单击该按钮，可以重新对编组对象进行排序。
- 说明：单击该按钮，可以为编组添加对象。
- 分解：可以取消编组。
- 可选择的：单击该按钮，可以对编组的可选择性进行调整。

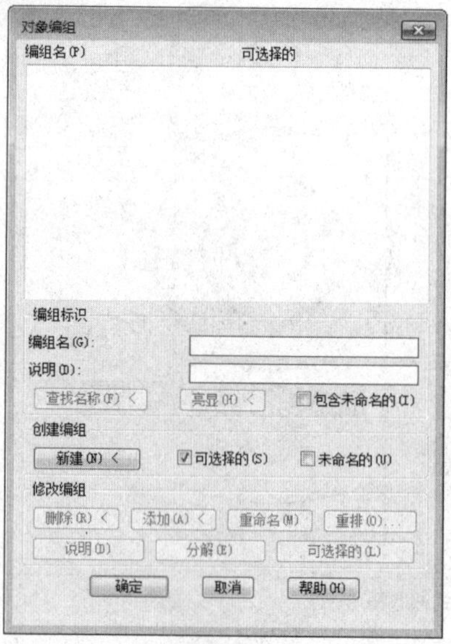

图 4-7 “对象编组”对话框

4.2 删除图形

在绘制图形时，经常需要删除一些辅助或错误的图形，在AutoCAD 2019中，用户可以通过以下方法执行“删除”命令。

- 执行“修改>删除”命令。

- 在“默认”选项卡的“修改”面板中单击“删除”按钮 。
- 在命令行中输入快捷命令E，然后按回车键。

示例4-1：删除组合餐桌中的餐具图形。

Step 01 在命令行中输入快捷命令E，选择要删除的图形，如图4-8所示。

Step 02 选中图形后按回车键，即可将选中的图形删除，如图4-9所示。

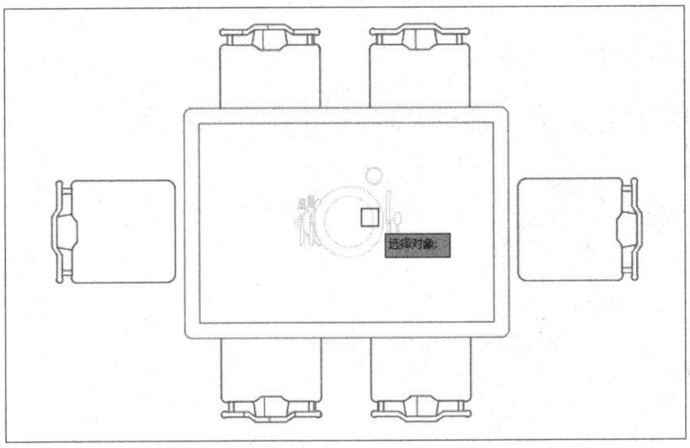

图 4-8 选择对象

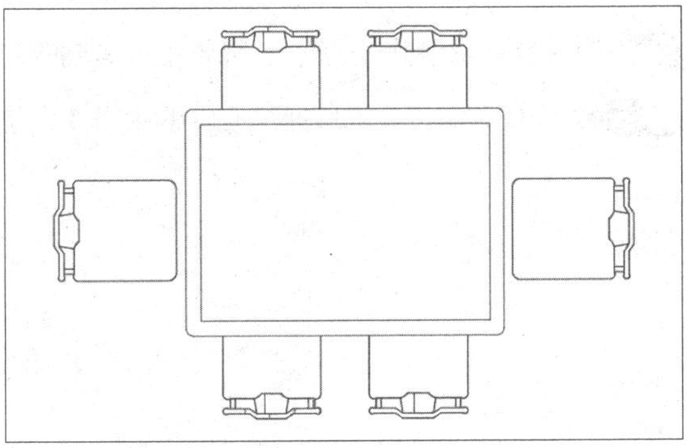
图 4-9 删除对象的效果

工程师点拨：OOPS 命令的使用

在命令行中输入OOPS命令，启动恢复删除命令，但只能恢复最后一次用“删除”命令删除的对象。

4.3 图形的基本操作

在绘制图形时，使用“复制”、“阵列”、“环形阵列”命令，可以复制对象，创建与原对象相同或相似的图形。

4.3.1 复制图形

复制对象是将原对象保留，移动原对象的副本图形，复制后的对象将继承原对象的属性。在AutoCAD 2019中，用户可以通过以下方法执行“复制”命令。

- 执行“修改>复制”命令。
- 在“默认”选项卡的“修改”面板中单击“复制”按钮 。
- 在命令行中输入快捷命令CO，然后按回车键。

执行“复制”命令后，命令行的提示内容如下。

```
命令：_copy
选择对象：找到 1 个                                   （选择对象）
选择对象：                                           （按回车键）
当前设置：  复制模式 = 多个
指定基点或 [位移(D)/模式(O)] <位移>:                  （指定基点）
指定第二个点或 [阵列(A)] <使用第一个点作为位移>:       （指定第二点）
```

其中，命令行中部分选项含义介绍如下。

- 指定基点：确定复制的基点。

Chapter 01 初识AutoCAD 2019
Chapter 02 平面绘图知识
Chapter 03 绘制平面图形
Chapter 04 编辑平面图形

AutoCAD 2019 中文版基础教程

- 位移：确定复制的位移量。
- 模式：确定复制的模式是单个复制还是多个复制。
- 阵列：可输入阵列的项目数复制多个图形对象。

系统将所选对象按两点的位移矢量进行复制。如果选择“使用第一点作为位移”选项，系统将基点的各坐标分量作为复制位移量进行复制。

示例4-2：执行“复制”命令，复制图形对象。

Step 01 执行“复制”命令，选择要进行复制的对象，如图4-10所示。

Step 02 按回车键后，选取座椅底端的中点作为位移基点，然后开启正交功能，如图4-11所示。

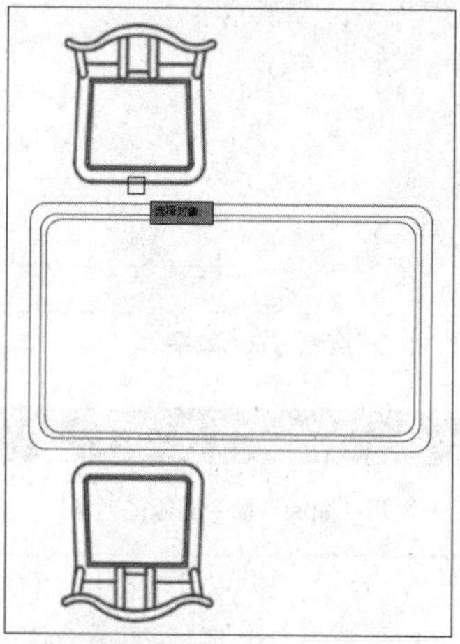

图 4-10 选择对象

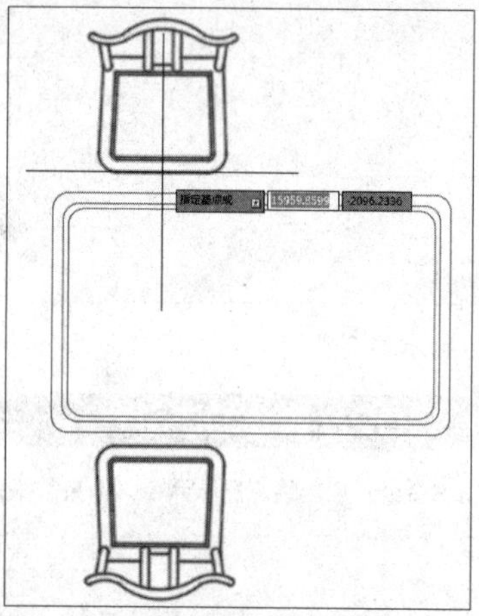

图 4-11 选择中点作为位移基点

Step 03 移动光标，确定位移的第二点位置，如图4-12所示。

Step 04 按回车键后，即可完成复制操作，最终效果如图4-13所示。

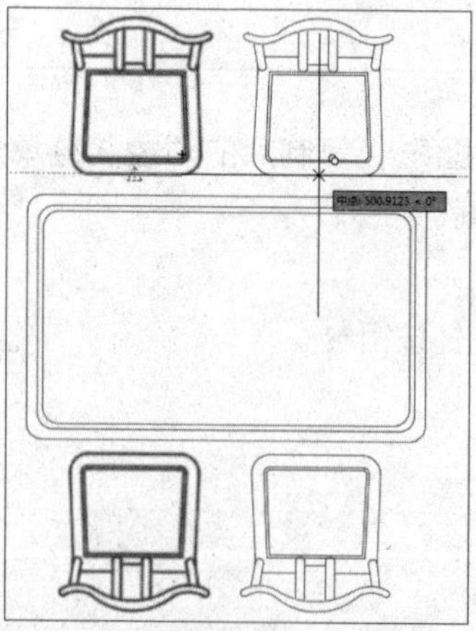

图 4-12 确定位移的第二点位置

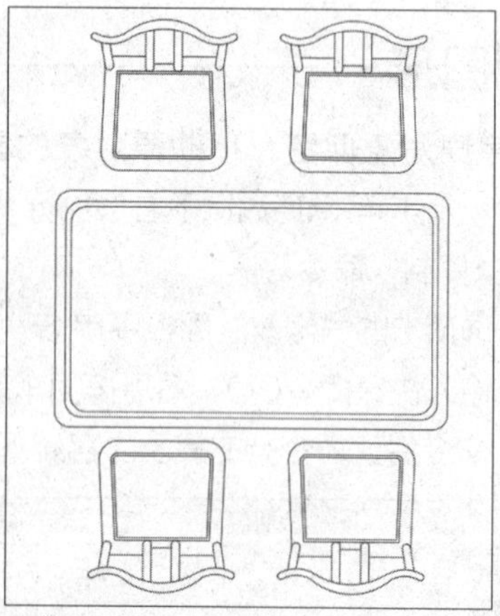

图 4-13 查看复制效果

4.3.2 阵列图形

“阵列”命令是一种有规则的复制命令，在命令行中输入快捷命令AR并按回车键，选取要阵列的对象后按回车键，命令行将显示“选择对象:输入阵列类型 [矩形(R)/路径(PA)/极轴(PO)] <极轴>:”的提示信息，可见阵列图形的方式包括矩形阵列、环形阵列和路径阵列3种。

在AutoCAD 2019中，用户可以通过以下方法执行“矩形阵列”命令。

- 执行“修改>阵列>矩形阵列”命令。
- 在“默认”选项卡的“修改”面板中单击“矩形阵列”按钮。
- 在命令行中输入ARRAYRECT命令，然后按回车键。

执行“矩形阵列”命令后，系统将自动将图形生成3行4列的矩形阵列，命令行提示内容如下。

```
命令： _arrayrect
选择对象： 找到 1 个                                              (选择对象)
选择对象：                                                        (按回车键)
类型 = 矩形  关联 = 是
选择夹点以编辑阵列或 [关联(AS)/基点(B)/计数(COU)/间距(S)/列数(COL)/行数(R)/层数(L)/退出(X)] <退出>:
```

其中，命令行中部分选项含义介绍如下。

- 关联：指定阵列中对象是关联的还是独立的。
- 基点：定义阵列基点和基点夹点的位置。其中“基点”指定用于在阵列中放置项目的基点；“关键点”是对于关联阵列，在源对象上指定有效的约束（或关键点），以与路径对齐。
- 间距：指定行间距和列间距，并使用户在移动光标时可以动态观察结果。“行间距”用于指定从每个对象相同位置测量的每行之间的距离。“列间距”用于指定从每个对象的相同位置测量每列之间的距离。“单位单元”用于通过设置等同于间距的矩形区域每个角点来同时指定行间距和列间距。
- 列数：编辑列数和列间距。“列数”用于设置栏数，“列间距”用于指定从每个对象的相同位置测量的每列之间的距离，“总计”用于指定从开始和结束对象上相同位置测量的起点和终点列之间的总距离。
- 行数：指定阵列中的行数、它们之间的距离以及行之间的增量标高。“行数”用于设定行数；“行间距”指定从每个对象的相同位置测量的每行之间的距离；“总计”指定从开始和结束对象上的相同位置测量的起点和终点行之间的总距离；“增量标高”用于设置每个后续行的增大或减小的标高；“表达式”是基于数学公式或方程式导出值。
- 层数：指定三维阵列的层数和层间距。“层数”用于指定阵列中的层数；“层间距”用在Z坐标值中指定每个对象等效位置之间的差值；“总计”用于在Z坐标值中指定第一个和最后一个层中对象等效位置之间的总差值；“表达式”基于数学公式或方程式导出值。

执行“修改>阵列>矩形阵列”命令，根据命令行提示输入行数、列数以及间距值，按回车键，即可完成矩形阵列操作，如图4-14、4-15所示。

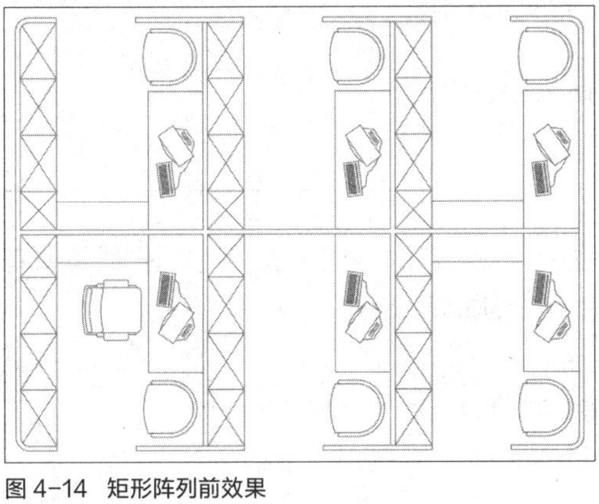

图 4-14 矩形阵列前效果

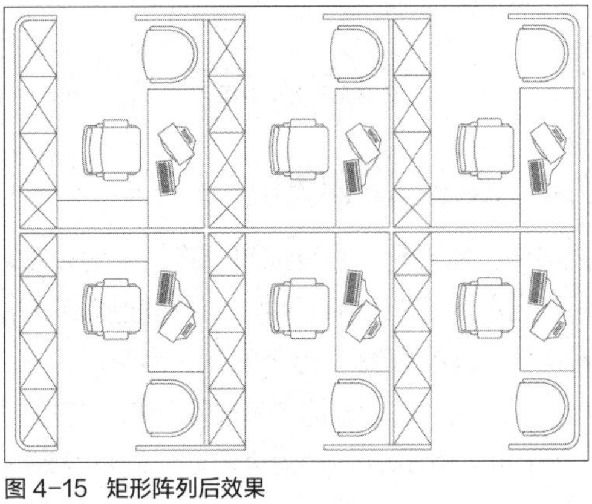

图 4-15 矩形阵列后效果

4.3.3 环形阵列图形

环形阵列是绕某个中心点或旋转轴形成的环形图案平均分布对象的副本，用户通过以下方法可以执行“环形阵列”命令。

- 在菜单栏中执行“修改>阵列>环形阵列”命令。
- 在“默认”选项卡的“修改”面板中单击“环形阵列”按钮。
- 在命令行中输入ARRAYPOLAR命令，然后按回车键。

执行“环形阵列”命令后，命令行提示内容如下。

```
指定阵列的中心点或 [基点(B)/旋转轴(A)]:                                    (指定中心点)
选择夹点以编辑阵列或 [关联(AS)/基点(B)/项目(I)/项目间角度(A)/填充角度(F)/行(ROW)/层(L)/旋转项目(ROT)/退出(X)] <退出>:
```

其中，命令行中部分选项含义介绍如下。

- 中心点：指定分布阵列项目所围绕的点，旋转轴是当前UCS的Z轴。
- 旋转轴：指定由两个指定点定义的自定义旋转轴。
- 项目：使用值或表达式指定阵列中的项目数。
- 项目间角度：使用值或表达式指定项目之间的角度。
- 填充角度：使用值或表达式指定阵列中第一个和最后一个项目之间的角度。
- 旋转项目：控制在排列项目时是否旋转项目。

执行“修改>阵列>环形阵列”命令，根据命令行提示，指定阵列中心并输入阵列数目值，即可完成环形阵列操作，如图4-16、4-17所示。

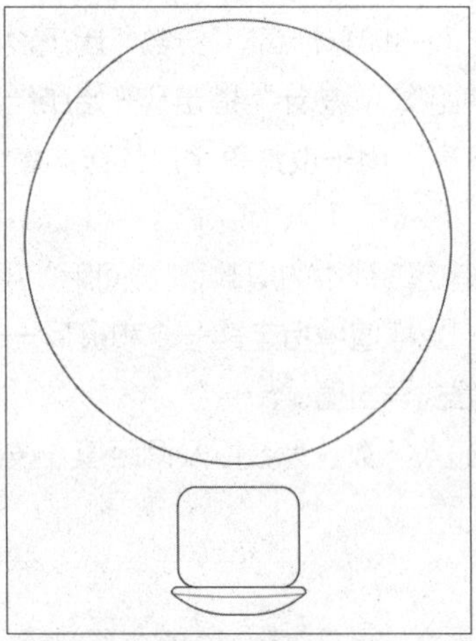

图 4-16　环形阵列前效果

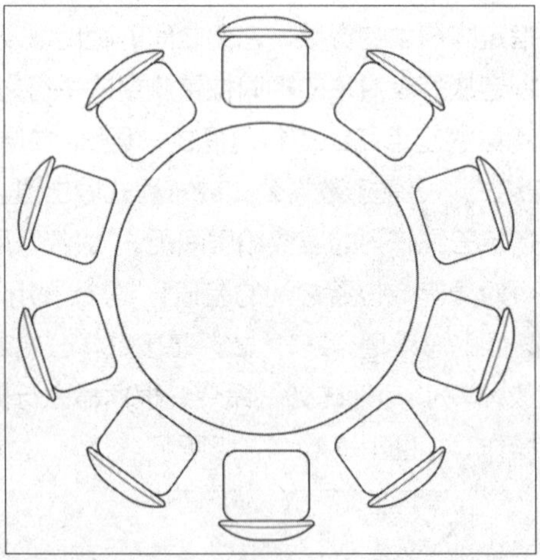

图 4-17　环形阵列后效果

4.3.4 路径阵列图形

路径阵列是沿整个路径或部分路径平均分布对象的副本，路径可以是曲线、弧线、折线等所有开放型线段。在AutoCAD 2019中，用户通过以下方法执行“路径阵列”命令。

- 执行“修改>阵列>路径阵列”命令。
- 在“默认”选项卡的“修改”面板中单击“路径阵列”按钮。
- 在命令行中输入快捷命令AR，按回车键。

执行“路径阵列”命令后，命令行提示内容如下。

```
命令：_arraypath
选择对象：找到 1 个
选择对象：
类型 = 路径　关联 = 是
选择路径曲线：
选择夹点以编辑阵列或 [关联(AS)/方法(M)/基点(B)/切向(T)/项目(I)/行(R)/层(L)/对齐项目(A)/Z 方向(Z)/退出(X)
```

其中，命令行中部分选项的含义介绍如下。

- 路径曲线：指定用于阵列路径的对象，用户可以选择直线、多段线、三维多段线、样条曲线、螺旋、圆弧、圆或椭圆。
- 方法：控制如何沿路径分布项目。“定数等分”是将指定数量的项目沿路径的长度均匀分布；“定距等分”是以指定的间隔沿路径分布项目。
- 切向：指定阵列中的项目如何相对于路径的起始方向对齐。
- 项目：根据“方法”设置，指定项目数或项目之间的距离。“沿路径的项目数”用于（当“方法”为“定数等分”时可用）使用值或表达式指定阵列中的项目数；“沿路径的项目之间的距离”用于（当“方法”为“定距等分”时可用）使用值或表达式指定阵列中的项目的距离。默认情况下，使用最大项目数填充阵列，这些项目使用输入的距离填充路径。用户也可以启用“填充整个路径”，以便在路径长度更改时调整项目数。
- Z方向：控制是否保持项目的原始Z方向或沿三维路径自然倾斜。

执行“修改>阵列>路径阵列”命令，根据命令行提示，选择所要阵列的图形对象，然后选择所需阵列的路径曲线，并输入阵列数目，即可完成路径阵列操作，如图4-18、4-19所示。

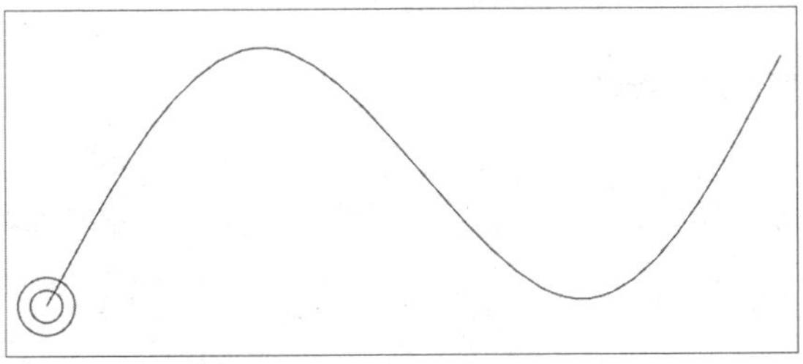

图 4-18 路径阵列前效果

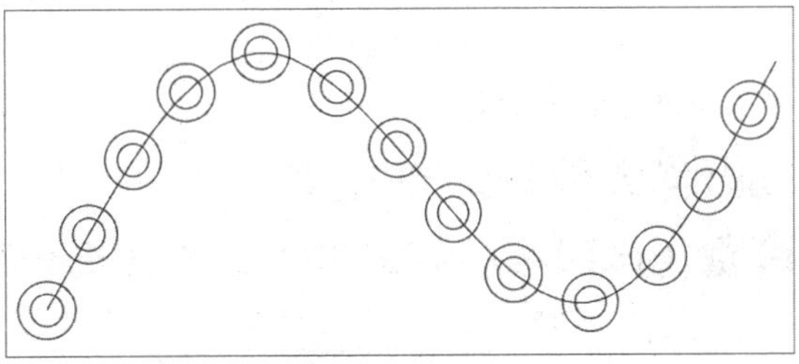

图 4-19 路径阵列后效果

4.4 缩放图形

比例缩放是将选择的对象按照一定的比例进行放大或缩小。在AutoCAD 2019中，用户可以通过以下方法执行“缩放”命令。

- 执行“修改>缩放”命令。
- 在“默认”选项卡的“修改”面板中单击“缩放”按钮。
- 在命令行中输入快捷命令SC，然后按回车键。

执行“缩放”命令后，命令行提示内容如下。

```
命令： _scale
选择对象： 指定对角点： 找到 1 个                    （选择对象）
选择对象：                                          （按回车键）
指定基点：                                          （指定一点）
指定比例因子或 [复制(C)/参照(R)]:
```

其中，命令行中各选项含义介绍如下。

- 比例因子：按指定的比例放大选定对象的尺寸。大于1的比例因子使对象放大；介于0和1之间的比例因子使对象缩小。
- 复制：创建要缩放的选定对象的副本。
- 参照：按参照长度和指定的新长度缩放所选对象。

示例4-3：放大左侧的植物图形。

Step 01 执行“修改>缩放”命令后，选择要缩放的对象，如图4-20所示。

Step 02 按回车键，指定基点，如图4-21所示。

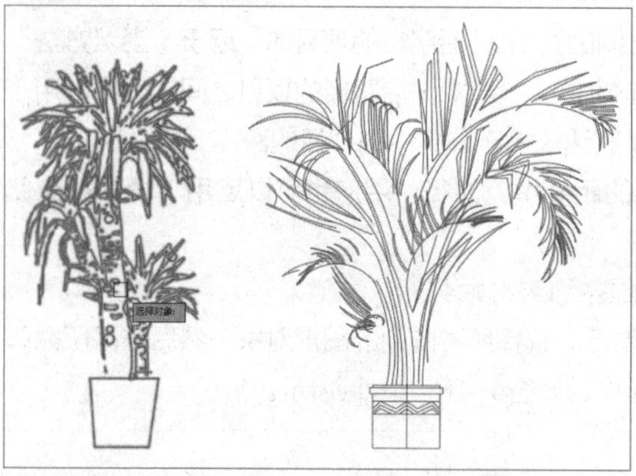

图 4-20 选择图形

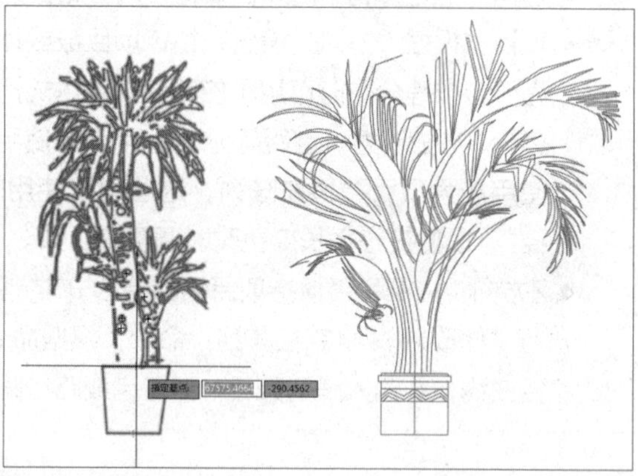

图 4-21 指定基点

Step 03 输入比例因子值，如图4-22所示。

Step 04 按回车键，即可完成放大操作，如图4-23所示。

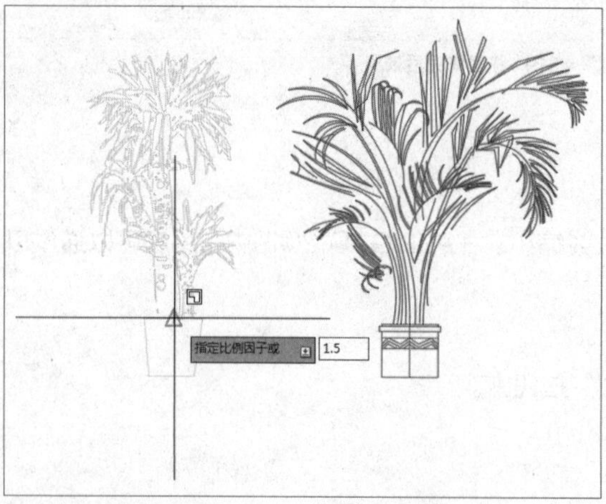

图 4-22 输入比例因子

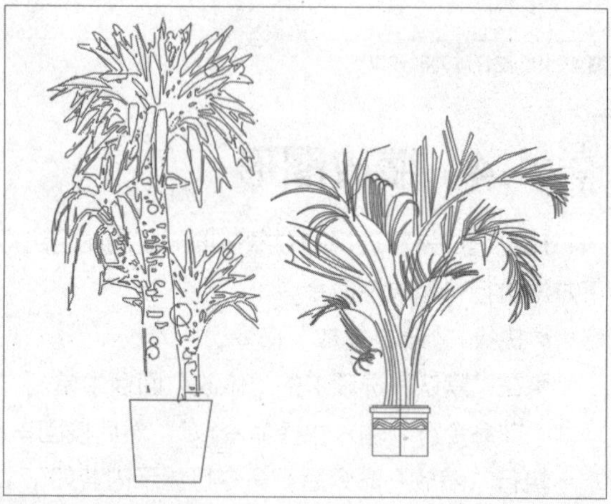

图 4-23 查看缩放效果

4.5 拉伸图形

“拉伸”命令是拉伸窗交窗口部分包围的对象。移动完全包含在窗交窗口中的对象或单独选定的对象，其中，圆、椭圆和块无法拉伸。

在AutoCAD 2019中，用户可以通过以下方法执行“拉伸”命令。

- 执行“修改>拉伸”命令。
- 在“默认”选项卡的“修改”面板中单击“拉伸”按钮。
- 在命令行中输入快捷命令S，然后按回车键。

执行“拉伸”命令后，命令行提示内容如下。

```
命令：_stretch
以交叉窗口或交叉多边形选择要拉伸的对象...
选择对象：指定对角点：找到 3 个                    （选择对象）
选择对象：                                        （按回车键）
指定基点或 [位移(D)] <位移>:                       （指定一点）
指定第二个点或 <使用第一个点作为位移>:               （指定第二点）
```

在“选择对象”命令提示下，可输入C（交叉窗口方式）或CP（不规则交叉窗口方式），将位于选择窗口之内的对象进行位移，与窗口边界相交的对象按规则拉伸、压缩和移动。

对于直线、圆弧、区域填充等图形对象，所有部分均可以在选择窗口内被移动，如果只有一部分在选择窗口内，有以下拉伸规则。

- 直线：位于窗口外的端点不动，位于窗口内的端点移动。
- 圆弧：与直线类似，但在圆弧改变的过程中，圆弧的弦高保持不变，同时调整圆心的位置和圆弧的起始角、终止角的值。
- 区域填充：位于窗口外的端点不动，位于窗口内的端点移动。
- 多段线：与直线和圆弧相似，但多段线两端的宽度、切线方向及曲线拟合信息均不变。
- 其他对象：如果其定义点在选择窗口内，则对象发生移动；否则不动。其中，圆的定义点为圆心，块的定义点为插入点，文字和属性的定义点为字符串基线的左端点。

4.6 镜像图形

“镜像”命令可以按指定的镜像线翻转对象，创建出对称的镜像图像，该功能经常用于绘制对称图形。在AutoCAD 2019中，用户可以通过以下方法执行“镜像”命令。

- 执行“修改>镜像”命令。
- 在“默认”选项卡的“修改”面板中单击“镜像”按钮。
- 在命令行中输入快捷命令MI，然后按回车键。

执行“镜像”命令后，命令行提示内容如下。

```
命令：_mirror
选择对象：找到 1 个                                （选择对象）
选择对象： 指定镜像线的第一点：指定镜像线的第二点：   （指定镜像点）
要删除源对象吗？[是(Y)/否(N)] <N>:
```

AutoCAD 2019 中文版基础教程

示例4-4：使用“镜像”命令，对图形执行镜像操作。

Step 01 执行“修改>镜像”命令，选择图形对象，如图4-24所示。

Step 02 按回车键后，指定镜像线第一点，如图4-25所示。

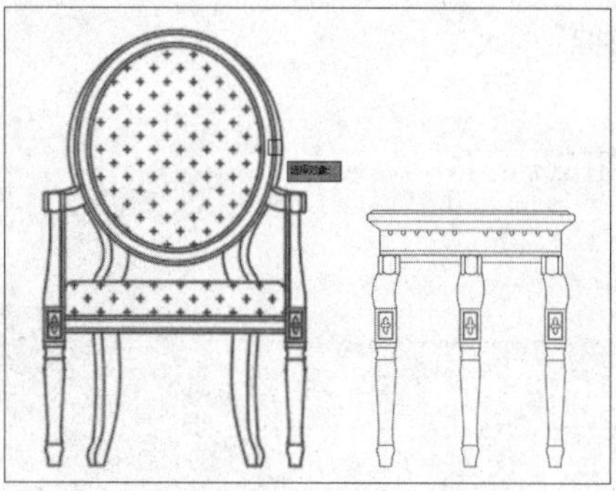

图 4-24 选择对象

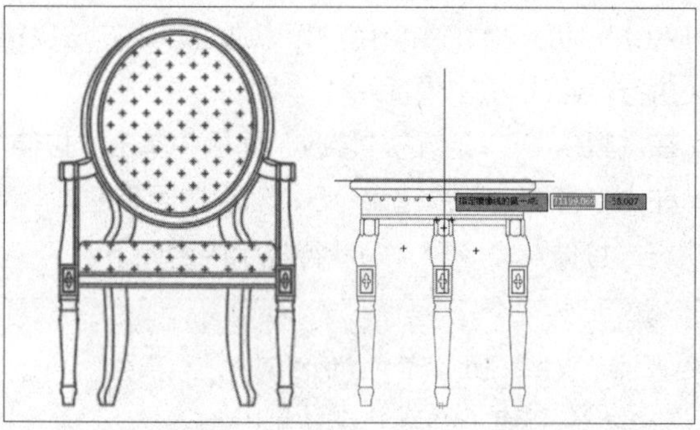

图 4-25 指定镜像第一点

Step 03 再指定镜像线的第二点，按回车键确定是否删除源对象，选择“否”选项，如图4-26所示。

Step 04 执行完命令后，镜像效果如图4-27所示。

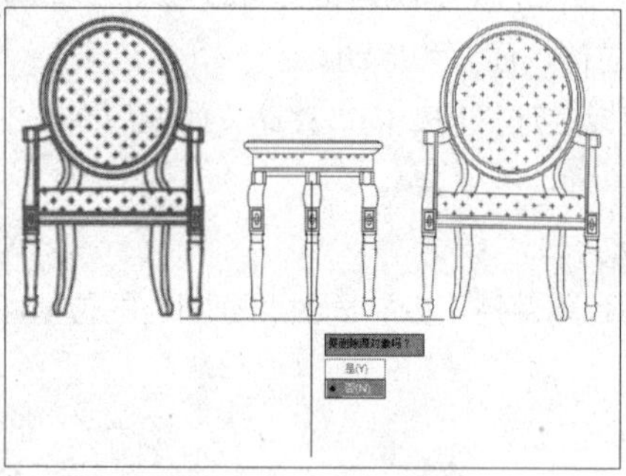

图 4-26 保留源对象

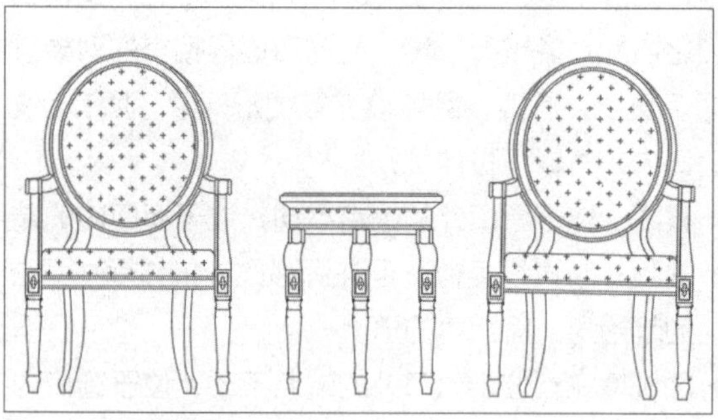

图 4-27 镜像效果

4.7 移动图形

移动图形对象是指在不改变对象方向和大小的情况下，从当前位置移动到新的位置。在AutoCAD 2019中，用户可以通过以下方法执行“移动”命令。

- 执行“修改>移动”命令。
- 在“默认”选项卡的“修改”面板中单击“移动”按钮✥。
- 在命令行中输入快捷命令M，然后按回车键。

4.8 偏移图形

“偏移”命令用于对选择的对象进行偏移，偏移后的对象与原来对象具有相同的形状。在AutoCAD 2019中，用户可以通过以下方法执行“偏移”命令。

- 在菜单栏中执行“修改>偏移”命令。
- 在“默认”选项卡中单击“修改”面板中“偏移”按钮。
- 在命令行中输入快捷命令O，按回车键。

执行“偏移”命令后，命令行提示内容如下。

指定偏移距离或 [通过(T)/删除(E)/图层(L)] <通过>: 10	(输入偏移距离)
选择要偏移的对象，或 [退出(E)/放弃(U)] <退出>:	(选择对象)
指定要偏移的那一侧上的点，或 [退出(E)/多个(M)/放弃(U)] <退出>:	(指定一点)

使用“偏移”命令时，要注意以下几点。

- 只能以直接拾取方式选择对象。
- 如果用给定偏移方式复制对象，距离值必须大于零。
- 如果给定的距离值、通过点的位置不合适，或者指定的对象不能由“偏移”命令确认，系统将会给出相应的提示。
- 对不同对象执行“偏移”命令后，会产生不同的结果。

示例4-5：使用“偏移”命令，对椭圆进行偏移。

Step 01 单击“修改”面板中“偏移”按钮，指定偏移距离为300，如图4-28所示。

Step 02 按回车键确定，根据命令行提示选择要偏移的图形对象，效果如图4-29所示。

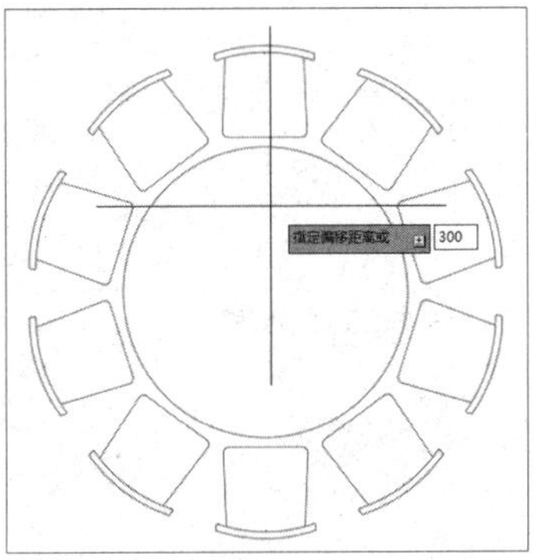

图 4-28 输入偏移值

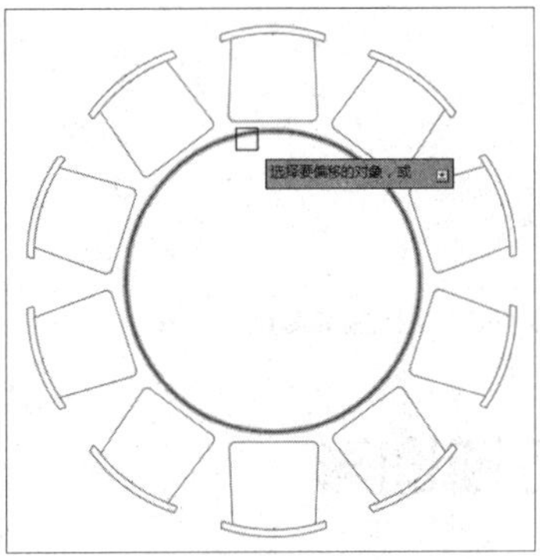

图 4-29 选择偏移对象

Step 03 选择并单击图形，根据提示向内移动光标，如图4-30所示。

Step 04 按回车键确定，完成偏移操作，效果如图4-31所示。

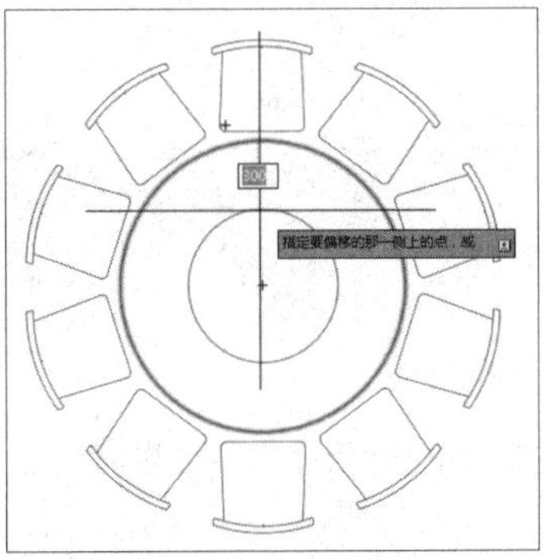

图 4-30 移动光标

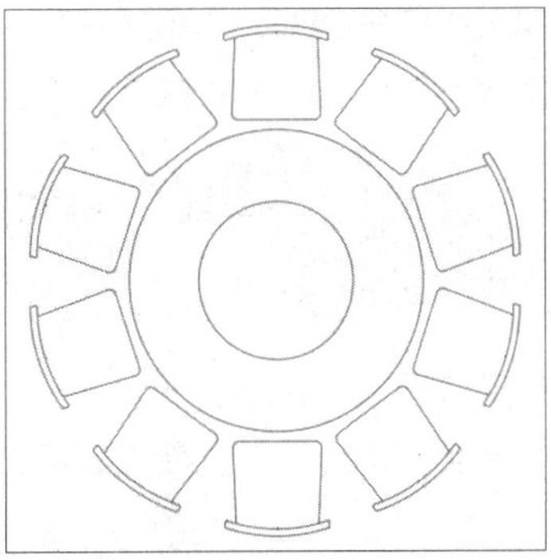

图 4-31 查看偏移效果

工程师点拨：偏移复制圆、圆弧、椭圆

对圆弧进行偏移复制后，新圆弧与旧圆弧有同样的包含角，但新圆弧的长度发生了改变。当对圆或椭圆进行偏移复制时，新圆半径和新椭圆轴长会发生变化，圆心不会改变。

AutoCAD 2019 中文版基础教程

4.9 旋转图形

旋转图形是将图形以指定的角度绕基点进行旋转。在AutoCAD 2019中，用户可以通过以下方法执行“旋转”命令。

- 执行“修改>旋转”命令。
- 在“默认”选项卡的“修改”面板中单击“旋转”按钮。
- 在命令行中输入快捷命令RO，然后按回车键。

执行“旋转”命令后，选择需要旋转对象，然后指定旋转基点，并输入旋转角度，即可完成旋转操作，如图4-32、4-33所示。

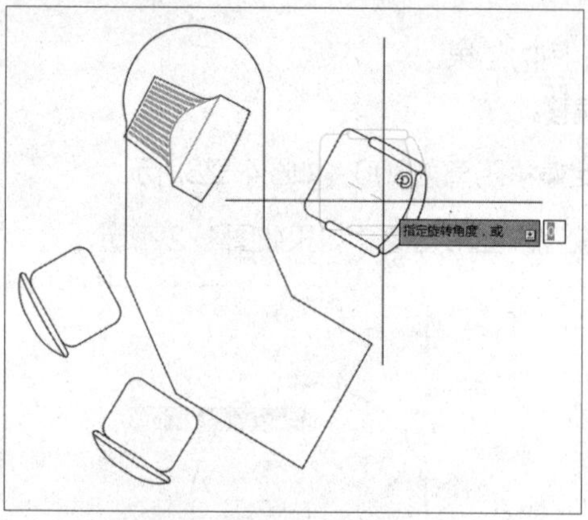

图 4-32 指定旋转基点

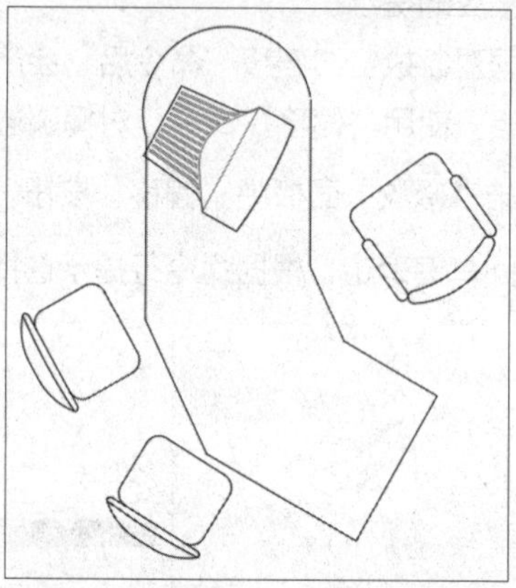

图 4-33 旋转效果

4.10 打断图形

打断图形指的是删除图形上的某一部分或将图形分成两部分。在AutoCAD 2019中，用户可以通过以下方法执行“打断”命令。

- 在菜单栏中执行“修改>打断”命令。
- 在“默认”选项卡的“修改”面板中单击“打断”按钮。
- 在命令行中输入快捷命令BR，按回车键。

执行“打断”命令后，命令行提示内容如下。

```
命令：_break
选择对象：                                  （选择对象）
指定第二个打断点 或 [第一点(F)]:              （指定打断点）
```

其中，命令行中各选项含义介绍如下。

- 指定第二个打断点：确定第二个断点，即选择对象时的拾取点为第一断点，在此基础上确定第二断点。
- 第一点：用于重新确定第一个断点。

工程师点拨：“打断”命令的使用技巧

如果对圆执行“打断”命令，系统将沿逆时针方向将圆上从第一个打断点到第二个打断点之间的那段圆弧删除。

4.11 修剪图形

“修剪”命令可将超出图形边界的线段进行修剪。在AutoCAD 2019中，用户可以通过以下方法执行“修剪”命令。

- 执行“修改>修剪”命令。
- 在“默认”选项卡的“修改”面板中单击“修剪”按钮-/--。
- 在命令行中输入快捷命令TR，然后按回车键。

执行“修剪”命令后，命令行提示内容如下。

```
选择对象：
选择要修剪的对象,或按住 Shift 键选择要延伸的对象,或 [ 栏选 (F)/ 窗交 (C)/ 投影 (P)/ 边 (E)/ 删除 (R)/ 放弃 (U)]:
```

其中，命令行中各选项的含义介绍如下。

- 选择要修剪的对象，或按住Shift键选择要延伸的对象：选择对象进行修剪或延伸到剪切边对象，此选项为默认项。
- 栏选：选择与选择栏相交的所有对象。选择栏是一系列临时线段，它们是用两个或多个栏选点指定的。选择栏不构成闭合环。
- 窗交：选择矩形区域（由两点确定）内部或与之相交的对象。
- 投影：指定修剪对象时使用的投影方式。“无”指定无投影，该命令只修剪与三维空间中的剪切边相交的对象；UCS指定在当前用户坐标系XY平面上的投影，该命令将修剪不与三维空间中的剪切边相交的对象；“视图”指定沿当前观察方向的投影，该命令将修剪与当前视图中的边界相交的对象。
- 边：确定对象是在另一对象的延长边处进行修剪，还是仅在三维空间中与该对象相交的对象处进行修剪。“延伸”沿自身自然路径延伸剪切边使它与三维空间中的对象相交；“不延伸”指定对象只在三维空间中与其相交的剪切边处修剪。

示例4-6：使用“修剪”命令，对图形对象进行修剪。

Step 01 执行“修改>修剪”命令，选择对象，如图4-34所示。

Step 02 按回车键后，选择要修剪的对象，如图4-35所示。

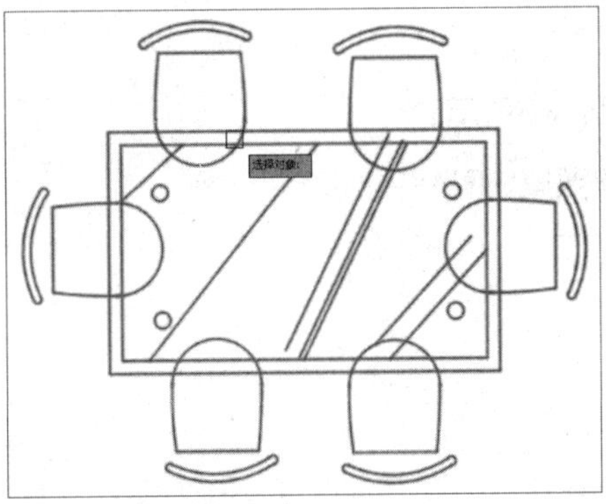

图 4-34 选择对象

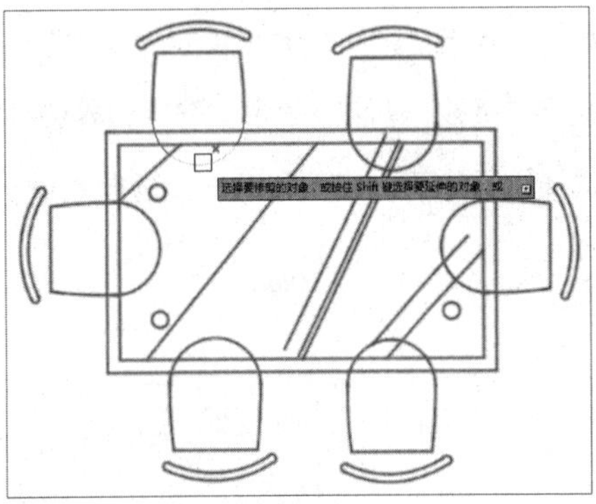

图 4-35 选择要修剪的对象

Step 03 按回车键，退出修剪操作，如图4-36所示。

Step 04 继续修剪其余图形，如图4-37所示。

AutoCAD 2019 中文版基础教程

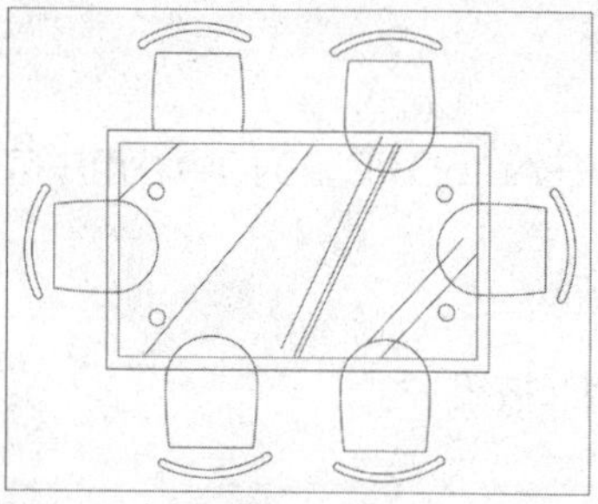

图 4-36　退出操作

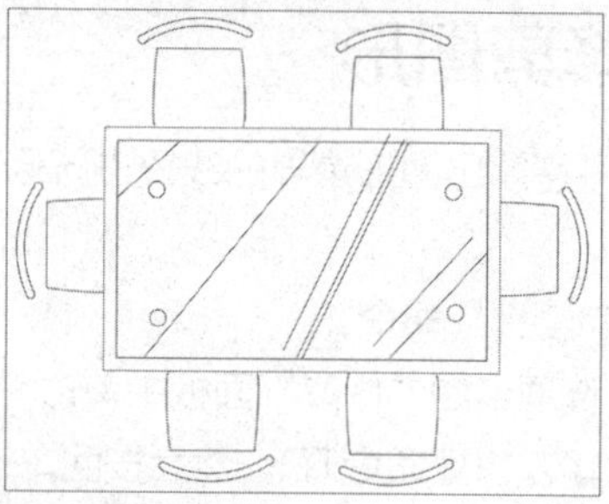

图 4-37　修剪效果

4.12　延伸图形

“延伸”命令用于将指定的图形对象延伸到指定的边界。AutoCAD 2019中，用户可以在通过下列方法执行“延伸”命令。

- 执行“修改>延伸”命令。
- 在“默认”选项卡的“修改”面板中单击“延伸”按钮→|。
- 在命令行中输入快捷命令EX，然后按回车键。

执行“延伸”命令后，命令行提示内容如下。

```
命令：_extend
当前设置：投影 =UCS，边 = 延伸
选择边界的边 ...
选择对象或 <全部选择>:  找到 1 个                                  (选择边界)
选择对象：                                                          (按回车键)
选择要延伸的对象，或按住 Shift 键选择要修剪的对象，或
[栏选(F)/窗交(C)/投影(P)/边(E)/放弃(U)]:
```

工程师点拨：执行延伸命令时命令行的含义

上述提示语句中，第二行表示当前延伸操作的模式，第三行“选择边界的边”提示当前应该选择要延伸到的边界边，第四行要求用户选择对象。

示例4-7：使用“延伸”命令，对图形进行延伸操作。

Step 01 执行“修改>延伸”命令，选择边界边，如图4-38所示。

Step 02 选择边界边后，按回车键选择延伸对象，最终效果如图4-39所示。

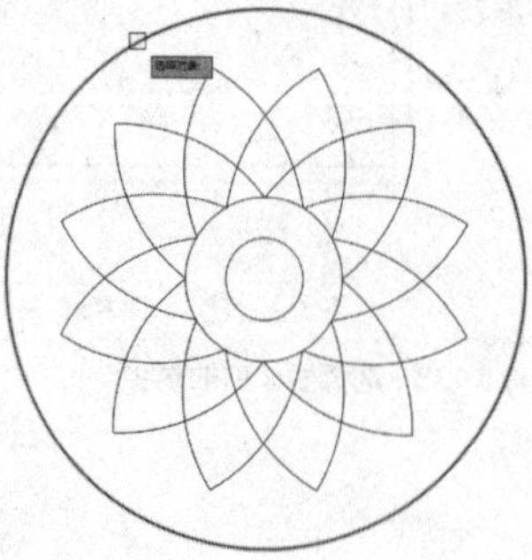

图 4-38　选择边界

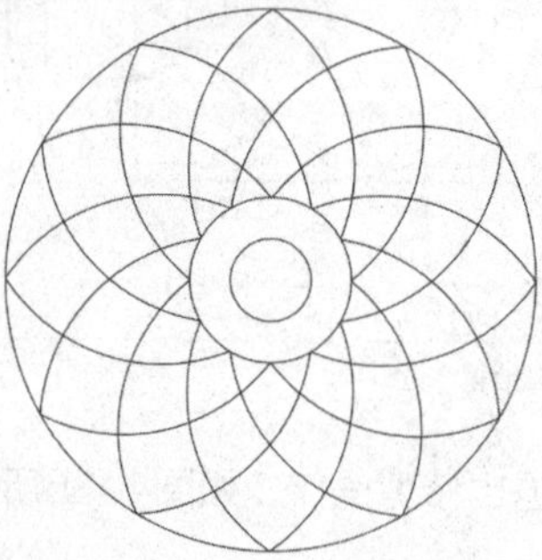

图 4-39　延伸效果

4.13 图形的倒角与圆角

图形的倒角与圆角操作主要用于对图形进行修饰。倒角是将相邻的两条直角边进行倒角，而圆角则是通过指定的半径圆弧来进行圆角。

4.13.1 倒角

在AutoCAD 2019中，用户可以通过以下方法执行“倒角”命令。

- 执行“修改>倒角”命令。
- 在“默认”选项卡的“修改”面板中单击“倒角”按钮。
- 在命令行中输入快捷命令CHA，然后按回车键。

执行“倒角”命令后，命令行提示内容如下。

```
命令： _chamfer
(“修剪”模式） 当前倒角距离 1 = 10.0000, 距离 2 = 10.0000
选择第一条直线或 [放弃(U)/多段线(P)/距离(D)/角度(A)/修剪(T)/方式(E)/多个(M)]:
```

命令行中第二行说明了当前的倒角模式以及倒角距离。其中，命令行中部分选项含义介绍如下。

- 多段线：对整条多段线倒角。
- 角度：用第一条线的倒角距离和第二条线的角度设定倒角距离。
- 修剪：控制“倒角”命令是否将选定的边修剪到倒角直线的端点。
- 方式：控制“倒角”命令使用两个距离还是一个距离和一个角度来创建倒角。
- 多个：为多组对象的边倒角。

示例4-8：使用“倒角”命令，对图形进行倒角。

Step 01 执行“修改>倒角”命令，选择“距离”选项，如图4-40所示。

Step 02 根据命令行的提示，确定第一个和第二个倒角距离均为250，如图4-41所示。

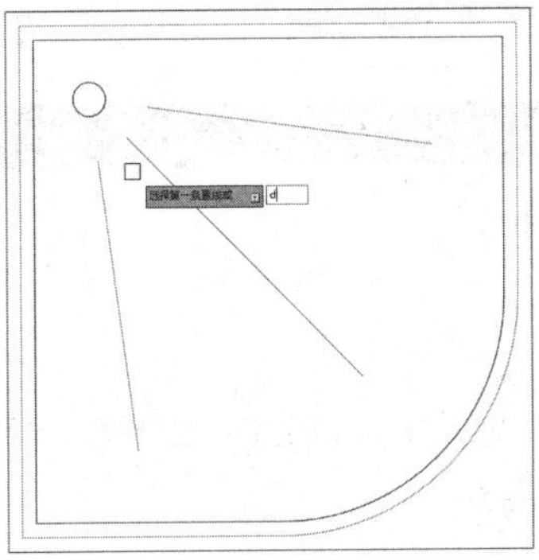

图 4-40 选择“距离”选项

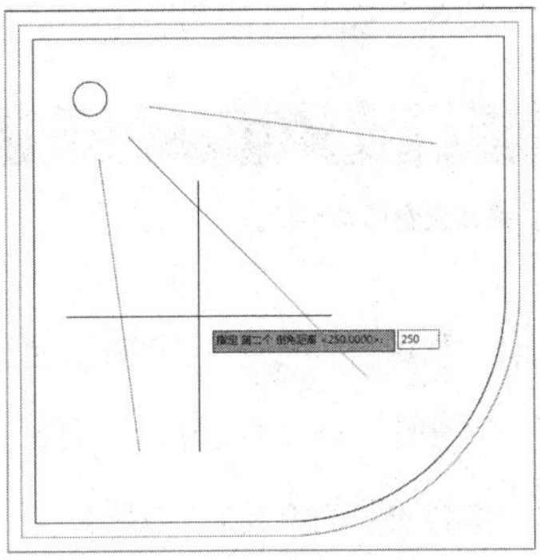

图 4-41 输入倒角距离

工程师点拨：设置倒角

倒角时，如果倒角距离设置太大或距离角度无效，系统将会给出提示。因两条直线平行或发散造成不能倒角，系统也会提示。对相交两边进行倒角且倒角后修建倒角边时，AutoCAD总会保留选择倒角对象时所选取的那一部分。将两个倒角距离均设为0，则利用“倒角”命令可延伸两条直线使它们相交。

Step 03 选择要倒角的两条直线，如图4-42所示。

Step 04 执行完命令后，最终效果如图4-43所示。

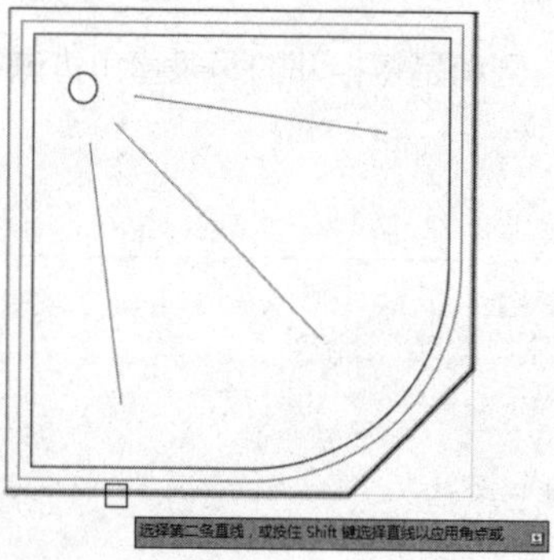

图 4-42 选择直线

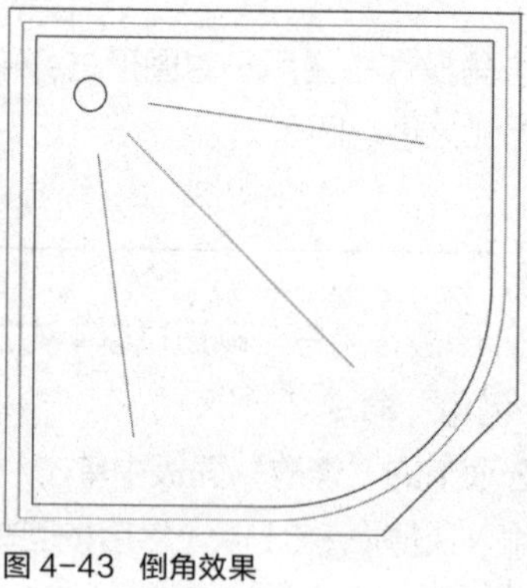

图 4-43 倒角效果

4.13.2 圆角

在AutoCAD 2019中，用户可以通过以下方法执行“圆角”命令。

- 执行“修改>圆角”命令。
- 在“默认”选项卡的“修改”面板中单击“圆角”按钮。
- 在命令行中输入快捷命令F，然后按回车键。

执行“圆角”命令后，命令行提示内容如下。

```
命令： _fillet
当前设置： 模式 = 修剪，半径 = 0.5000
选择第一个对象或 [放弃(U)/多段线(P)/半径(R)/修剪(T)/多个(M)]:
```

命令行中第二行说明了当前圆角的修剪模式和圆角半径。此外，命令行中部分选项含义介绍如下。

- 多段线：在二维多段线中两条直线段相交的每个顶点处插入圆角圆弧。
- 半径：定义圆角圆弧的半径。
- 修剪：控制“圆角”命令是否将选定的边修剪到圆角圆弧的端点。

工程师点拨：设置圆角

在进行圆角操作前，必须查看圆角半径。

示例4-9：使用“圆角”命令，为图形添加圆角。

Step 01 执行“修改>圆角”命令，选择“半径”选项，输入半径为500，如图4-44所示。

Step 02 按回车键，选择要圆角的边，效果如图4-45所示。

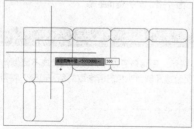

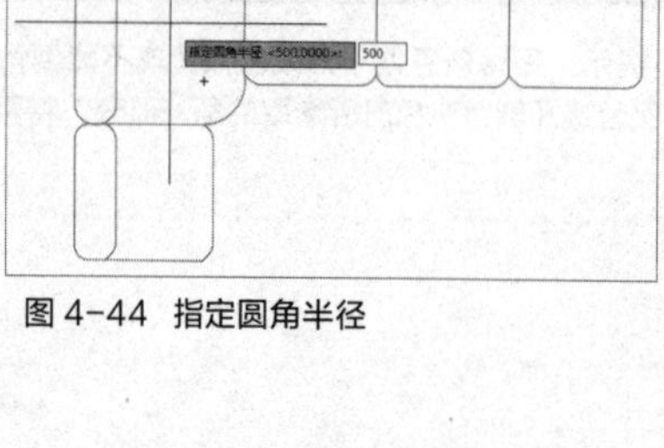

图 4-44 指定圆角半径

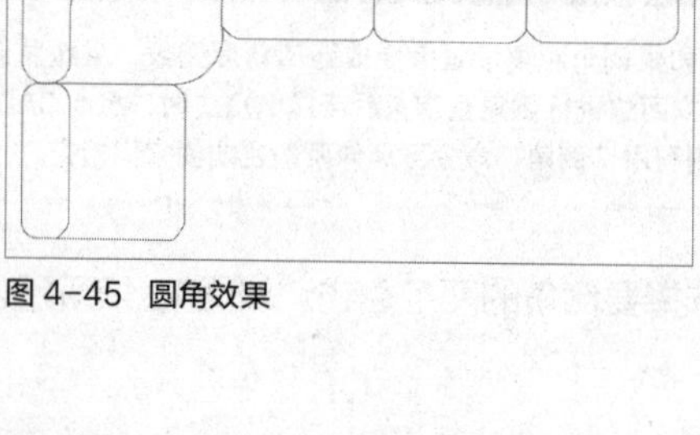

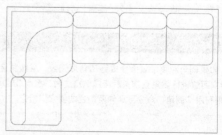

图 4-45 圆角效果

Step 03 继续执行当前操作，设置圆角半径为700，对图形进行圆角操作，如图4-46所示。

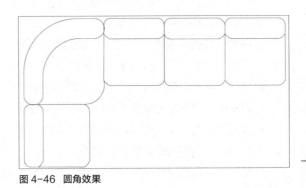

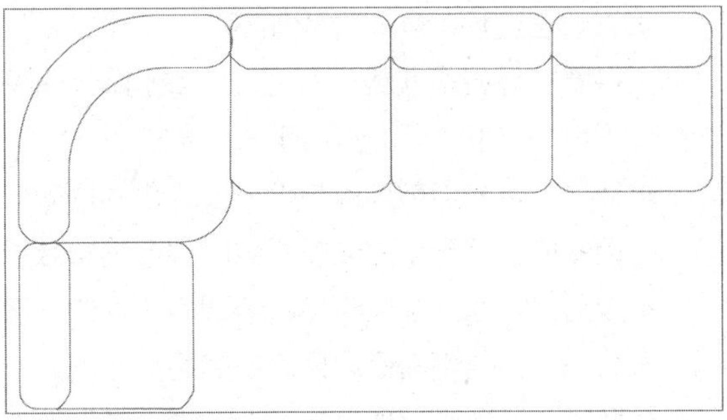

图 4-46 圆角效果

4.14 编辑多段线

创建完多段线后，用户可以对多段线进行相应的编辑操作，即在“默认”选项卡的“修改”面板中单击“编辑多段线”按钮，命令行提示内容如下。

```
命令：_pedit
选择多段线或 [多条(M)]:
输入选项 [打开(O)/合并(J)/宽度(W)/编辑顶点(E)/拟合(F)/样条曲线(S)/非曲线化(D)/线型生成(L)/反转(R)/放弃(U)]:
```

其中，命令行中部分选项含义介绍如下。

- 合并：只用于二维多段线，该选项可把其他圆弧、直线、多段线连接到已有的多段线上，不过连接端点必须精确重合。
- 宽度：只用于二维多段线，指定多段线宽度。当输入新宽度值后，之前生成的宽度不同的多段线都统一使用该宽度值。
- 编辑顶点：用于提供一组子选项，是用户能够编辑顶点和与顶点相邻的线段。
- 拟合：用于创建圆弧拟合多段线（即由圆弧连接每对顶点），该曲线将通过多段线的所有顶点并使用指定的切线方向。
- 样条曲线：可生成由多段线顶点控制的样条曲线，所生成的多段线并不一定通过这些顶点，样条类型分辨率由系统变量控制。
- 非曲线化：用于取消拟合或样条曲线，回到初始状态。
- 线型生成：可控制非连续线型多段线顶点处的线型。若“线型生成”为关，在多段线顶点处将采用连续线型；否则，在多段线顶点处将采用多段线自身的非连续线型。
- 反转：用于反转多段线。

如果在多段线编辑状态下选择“编辑顶点”选项，此时系统将把当前顶点标记为×，如图4-47所示。

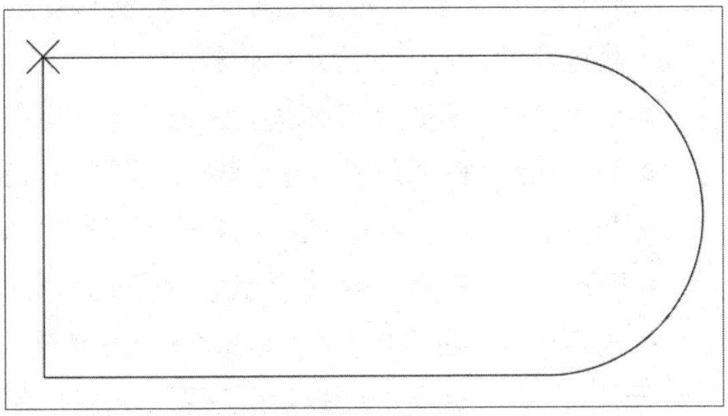

图 4-47 编辑顶点

命令行提示内容如下。

```
[下一个(N)/上一个(P)/打断(B)/插入(I)/移动(M)/重生成(R)/拉直(S)/切向(T)/宽度(W)/退出(X)] <N>:
```

AutoCAD 2019 中文版基础教程

其中，各选项的含义介绍如下。

- 打断：可将多段线一分为二，或删除一段多段线。其中，第一个打断点为选择打断选项时的当前顶点，接下来可选择“下一个”/“上一个”选项来移动顶点标记，最后输入G来完成打断操作。
- 插入：可在当前顶点与下一顶点之间插入一个新顶点。
- 重生成：用于重生成多段线以观察编辑效果。
- 拉直：删除当前顶点与所选顶点之间的全部顶点，并用直线段代替原线段。
- 切向：调整当前标记顶点处的切向方向，以控制曲线拟合状态。
- 宽度：设置当前顶点与下一个顶点之间的多段线的始末宽度。

4.15 编辑多线

利用“多线”命令绘制的图形对象不一定满足绘图要求，这时就需要对其进行编辑。用户可以通过添加或删除顶点，并且控制角点接头的显示来编辑多线；还可以通过编辑多线样式来改变单个直线元素的属性，或改变多线的末端封口和背景填充。

4.15.1 编辑多线交点

使用“多线”命令绘制图形时，其线段难免会有交叉、重叠的现象，此时只需利用“多线编辑工具”功能，即可对线段进行修改编辑。

执行“修改>对象>多线”命令，弹出“多线编辑工具”对话框，该对话框中提供了12个编辑多线的选项。利用这些选项不仅可以对十字型、T字形及有拐角和顶点的多线进行编辑，还可以截断和连接多线，如图4-48所示。

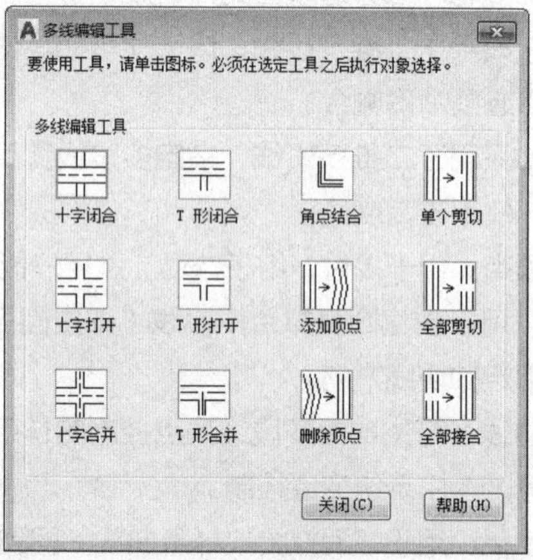

图 4-48 “多线编辑工具”对话框

其中，有7个选项用于编辑多线交点，其功能介绍如下。

- 十字闭合：在两条多线间创建一个十字闭合的交点，选择的第一条多线将被剪切。
- 十字打开：在两条多线间创建一个十字打开的交点。如果选择的第一条多线的元素超过两个，则内部元素也被剪切。
- 十字合并：在两条多线间创建一个十字合并的交点，与所选的多线的顺序无关。
- T形闭合：在两条多线间创建一个T形闭合交点。
- T形打开：在两条多线间创建一个T形打开交点。
- T形合并：在两条多线间创建一个T形合并交点。
- 角点结合：在两条多线间创建一个角点结合，修剪或拉伸第一条多线，与第二条多线相交。

示例4-10：使用“多线编辑工具”功能对墙体进行多线编辑。

Step 01 执行“修改>对象>多线”命令，在打开的对话框中单击“T形合并”按钮，如图4-49所示。

Step 02 在绘图区中选择第一条多线，然后选择所需的第二条多线，如图4-50所示。

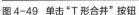

图 4-49 单击“T 形合并”按钮

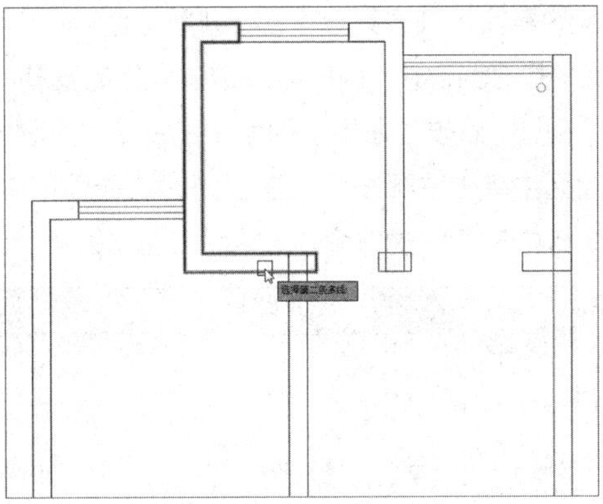

图 4-50 选择多线

Step 03 选择第二条多线后，系统自动对选择的多线进行编辑，效果如图4-51所示。

Step 04 按照相同的方法，修剪编辑其他多线，效果如图4-52所示。

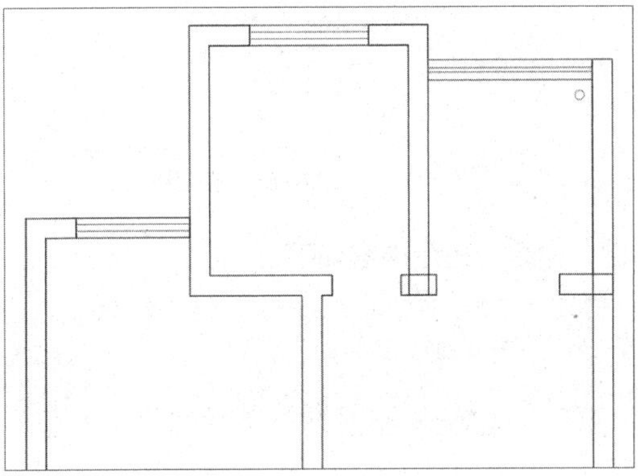

图 4-51 T 形合并效果

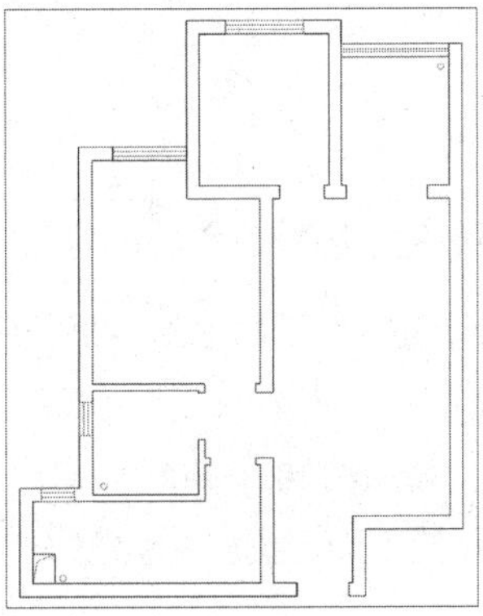

图 4-52 编辑墙体

4.15.2 编辑多线顶点

“多线编辑工具”对话框提供两个编辑多线顶点的选项，即“添加顶点”和“删除顶点”。删除一个顶点，将生成一条直的多段线，以连接删除顶点的两侧顶点，多线形状有可能发生改变。

4.15.3 剪切多线

“编辑多线工具”对话框中包含3个用于对多线进行剪切和修复剪切的选项。在使用这些选项时，首先要选择多线，然后选择多线上的第二个点，系统将剪切指定的点和第二点之间的多线，或修复两点间的多线。

4.16 视窗的缩放与平移

“缩放”命令用于增加或减少视图区域，对象的真实性保持不变。“平移”命令用于查看当前视图中的不同部分，不改变视图的大小。

1. 视窗的缩放

缩放视图可以增加或减少图形对象的屏幕显示尺寸，以便观察图形的整体结构和局部细节。缩放视图不改变对象的真实尺寸，只改变显示的比例。

在AutoCAD 2019中，用户可以通过以下方法执行“缩放”命令。

- 执行“视图>缩放”命令子列表中的命令，如图4-53所示。
- 在绘图区中单击鼠标右键，在打开的快捷菜单中选择“缩放”命令，如图4-54所示。
- 在命令行中输入快捷命令Z，然后按回车键。

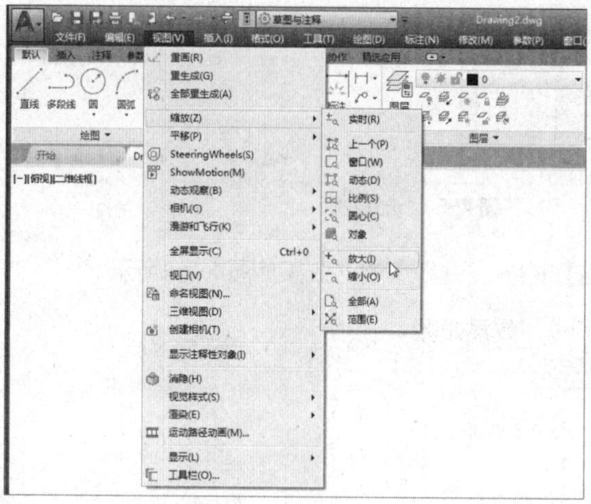

图 4-53 “缩放”命令

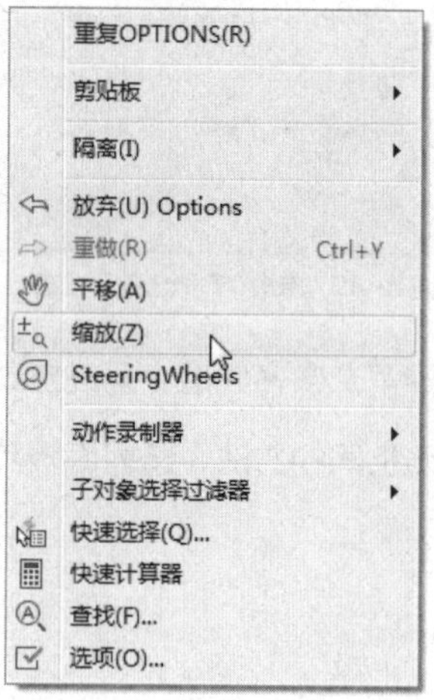

图 4-54 缩放选项

在命令行中输入快捷命令Z，然后按回车键，命令行提示内容如下。

```
命令： Z ZOOM
指定窗口的角点，输入比例因子 (nX 或 nXP)，或者
[全部(A)/中心(C)/动态(D)/范围(E)/上一个(P)/比例(S)/窗口(W)/对象(O)] <实时>:
```

其中，命令行中各选项含义介绍如下。

- 全部：显示整个图形中的所有对象。
- 中心：在图形中指定一点，然后指定一个缩放比例因子或者指定高度值来显示一个新视图，指定的点将作为该视图的中心点。
- 动态：用于动态缩放视图。进入动态模式时，在屏幕中将显示一个带×的矩形方框。单击鼠标左键，窗口中心的×消失，显示一个位于右边框的方向箭头，拖动鼠标可以改变选择窗口的大小，以确定选择区域，按回车键可缩放图形。
- 范围：在绘图区中尽可能大地显示所有图形对象。与全部缩放模式不同的是，范围缩放使用的显示边界只是图形范围而不是图形界限。
- 窗口：用户通过在屏幕上拾取两个对角点以确定一个矩形窗口，系统将矩形范围内的图形放大至整个屏幕。
- 实时：在该模式下，光标变为放大镜符号。按住鼠标左键向上拖动光标可放大整个图形；向下拖动光标可缩小整个图形；释放鼠标则停止缩放。

示例4-11：使用“窗口”缩放命令，放大图形对象。

Step 01 单击“二维导航”面板中的“窗口”缩放按钮，在图形左上角位置单击，指定第一个角点，然后向右下方移动光标，拉出一个矩形框指定放大图形的区域，该矩形的中心是新的显示中心，如图4-55所示。

Step 02 在合适位置单击，确定其对角点位置，同时AutoCAD将尽可能地将该矩形区域内的图形放大以充满整个绘图窗口，如图4-56所示。

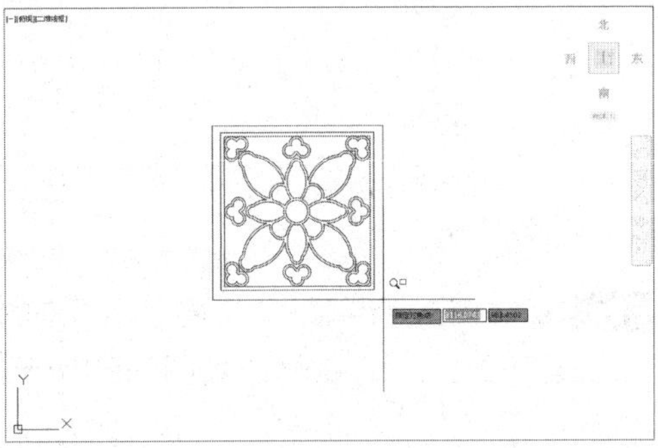

图 4-55 指定放大图形区域

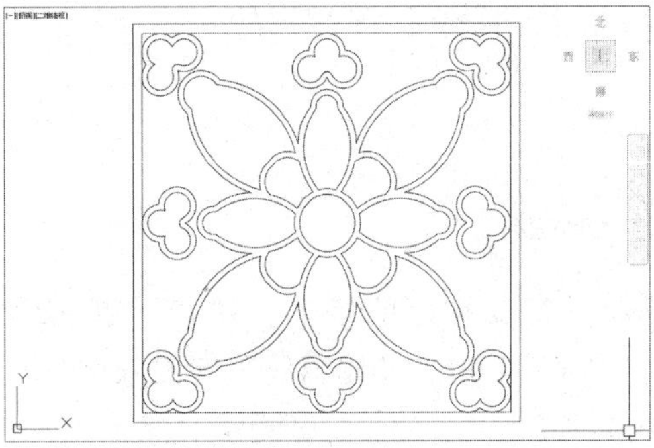

图 4-56 窗口放大图形效果

2. 视窗的平移

在绘制图形的过程中，由于某些图形比较大，在进行放大绘制及编辑时，其余图形对象将不能显示。如果要显示绘图区边上或绘图区外的图形对象，但是不想改变图形对象的显示比例时，可以使用平移视图功能，对图形对象进行移动。

在AutoCAD 2019中，用户可以通过以下方法执行“平移”命令。

- 在“视图”选项卡的“二维导航”面板中单击“平移”按钮 。
- 在命令行中输入快捷命令P，然后按回车键。

除了上述方法外，用户还可执行“视图>平移”命令子列表中的命令，如图4-57所示。从中既可以左、右、上、下平移视图，也可以使用实时和点命令平移视图。

- 实时：鼠标指针变为 形状，按住鼠标左键并拖动，窗口内的图形就可以按移动的方向移动。释放鼠标左键，返回到平移的等待状态。
- 点：可以通过指定基点和位移值来指定平移视图。

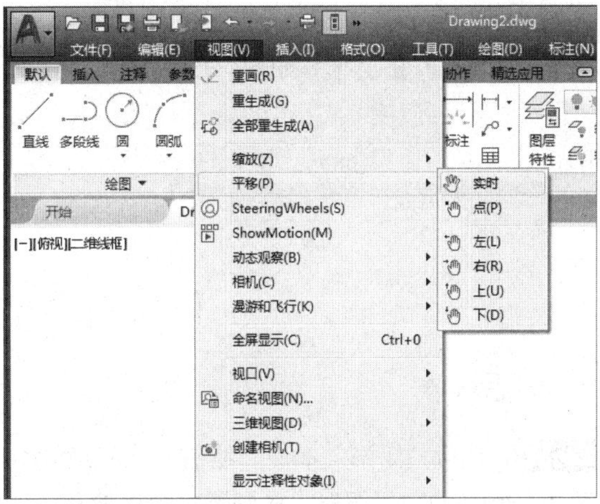

图 4-57 视图平移

上机实践 绘制燃气灶图形

实践目的	通过本实训的练习，帮助用户掌握直线、矩形、圆等命令的使用方法。
实践内容	应用本章所学知识绘制燃气灶图形。
实践步骤	首先绘制燃气灶轮廓，然后利用“圆”命令绘制底座。

Step 01 执行“矩形”命令，绘制长为750mm、宽为440mm的矩形作为燃气灶的外轮廓，如图4-58所示。

Step 02 执行“圆角”命令，设置圆角半径为15，并向内偏移10mm，如图4-59所示。

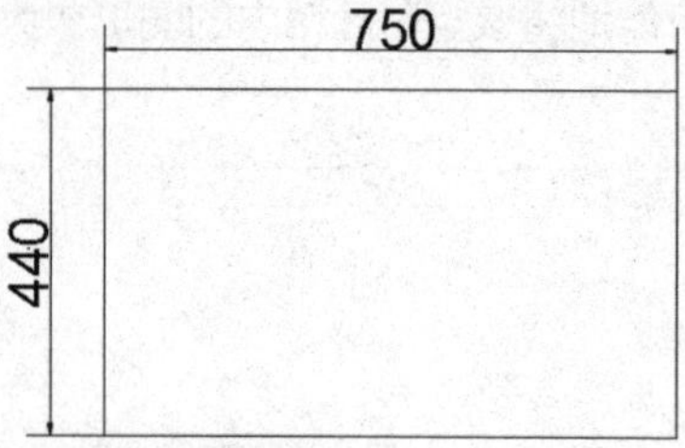

图 4-58 绘制矩形

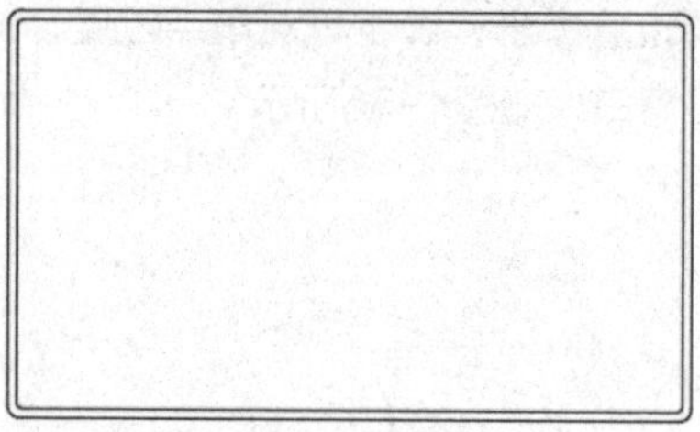

图 4-59 偏移图形

Step 03 分解偏移后的矩形，执行“偏移”命令，将偏移后的左侧垂直线段向内依次偏移160mm、140mm，如图4-60所示。

Step 04 继续执行当前命令，将水平方向的线段向上偏移80mm、160mm，如图4-61所示。

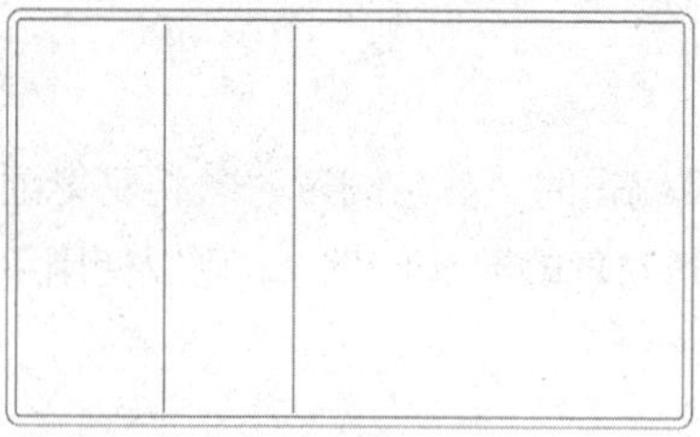

图 4-60 偏移左侧垂直线段

图 4-61 偏移水平线段

Step 05 执行“圆”命令，捕捉线段的交点，绘制半径为95mm的圆形，如图4-62所示。

Step 06 执行“偏移”命令，将圆形向内依次偏移30mm、20mm、10mm，如图4-63所示。

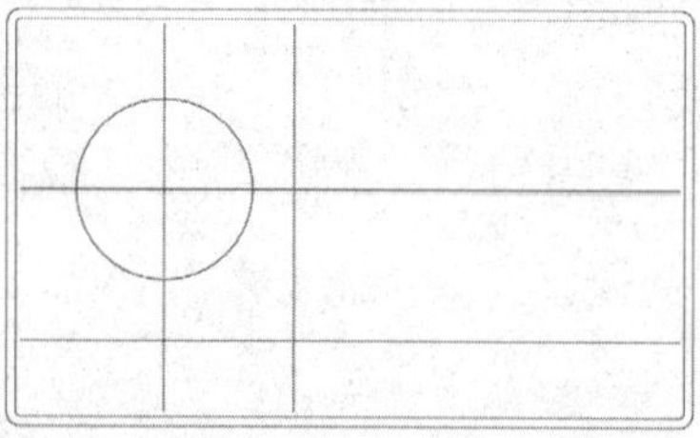

图 4-62 绘制圆形

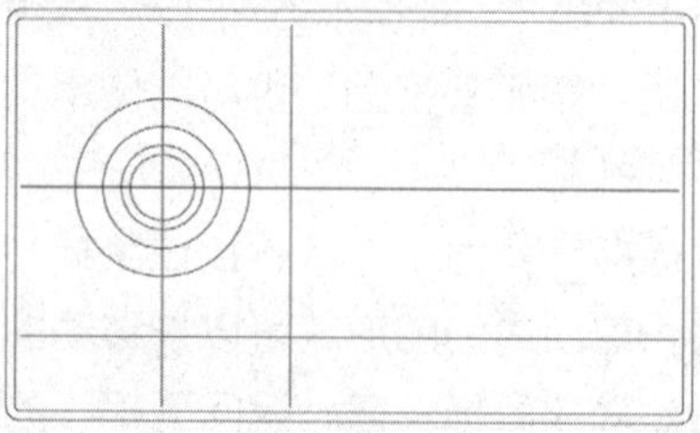

图 4-63 偏移圆形

Step 07 执行“矩形”命令，绘制长为80mm、宽为10mm的矩形图形，放到图中合适位置，如图4-64所示。

Step 08 执行“环形阵列”命令，根据命令行提示设置项目数为4，其余参数保持不变，如图4-65所示。

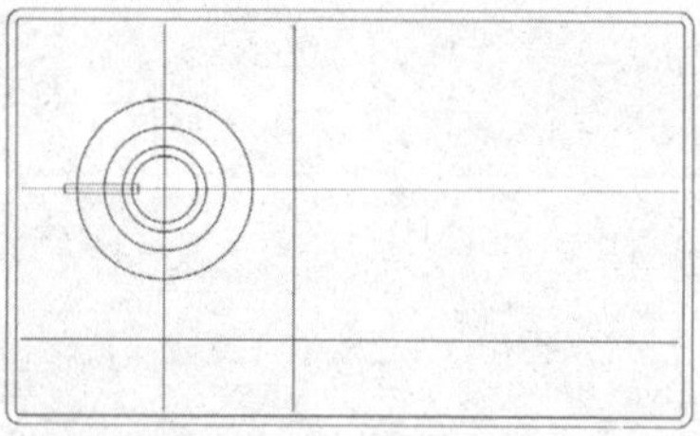

图 4-64 绘制矩形

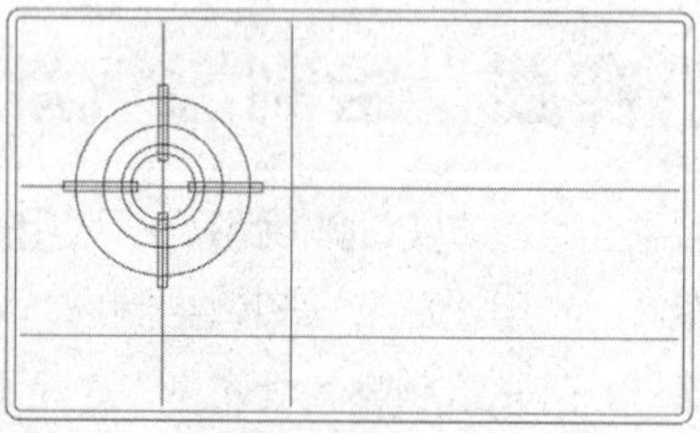

图 4-65 偏移矩形

Step 09 执行“修剪”命令，修剪删除掉多余的线段，如图4-66所示。

Step 10 执行“圆”命令，绘制半径为25mm的圆形，如图4-67所示。

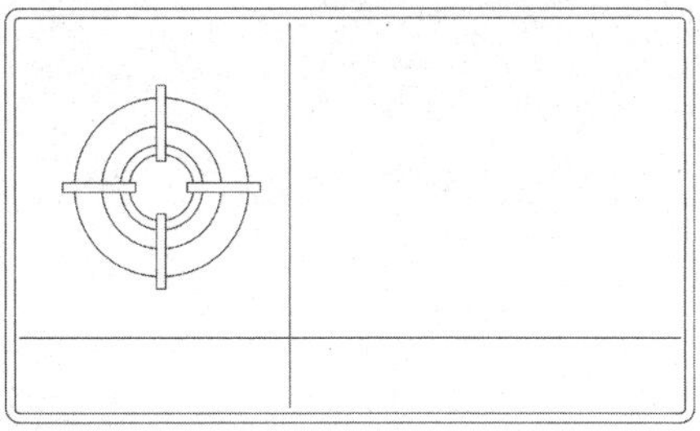

图 4-66 修剪图形

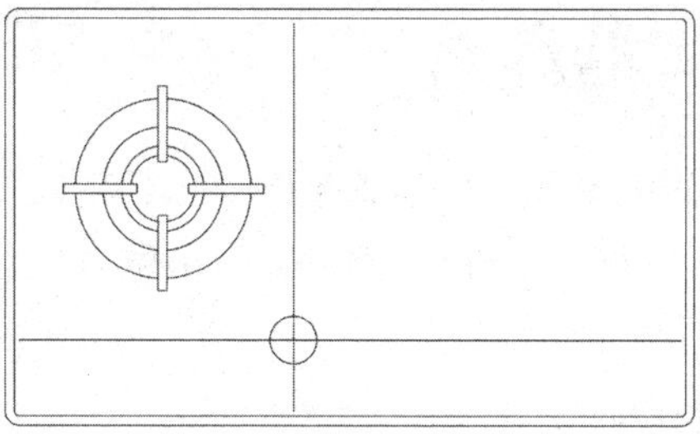

图 4-67 绘制圆形

Step 11 执行“偏移”命令，将圆形向内偏移10mm、将垂直的线段向左右两侧各偏移5mm，如图4-68所示。

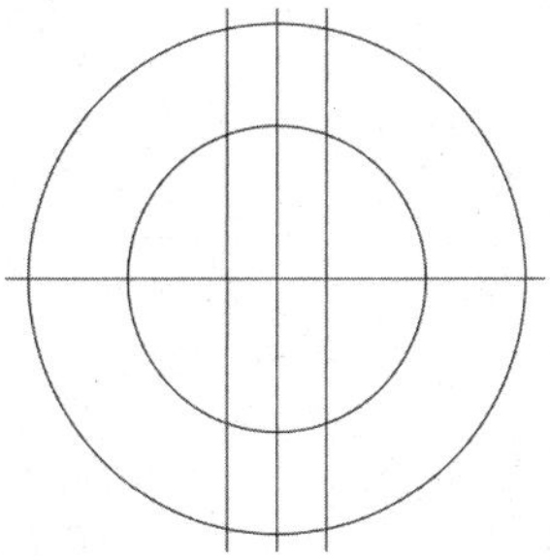

图 4-68 偏移图形

Step 12 执行“修剪”命令，修剪删除掉多余的线段，如图4-69所示。

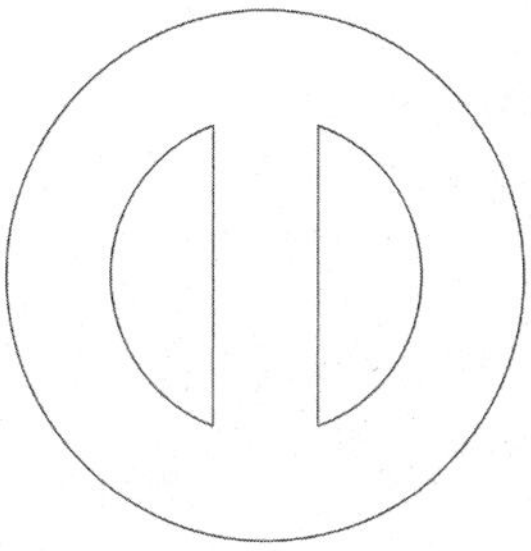

图 4-69 修剪图形

Step 13 执行“圆角”命令，设置圆角半径为2mm，对图形进行圆角操作，绘制出旋钮图形，如图4-70所示。

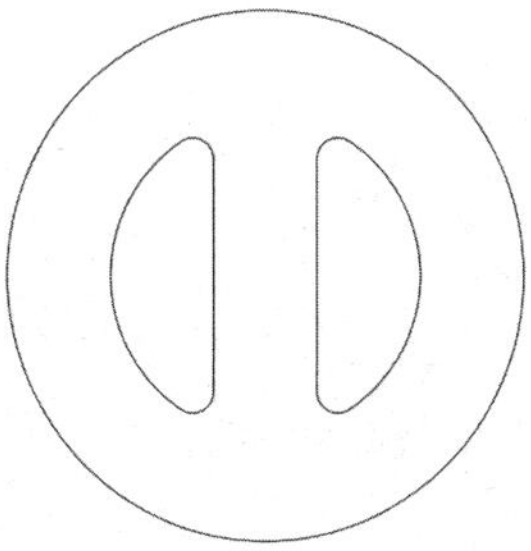

图 4-70 绘制旋钮图形

Step 14 执行“镜像”命令，对图形进行镜像复制，如图4-71所示。

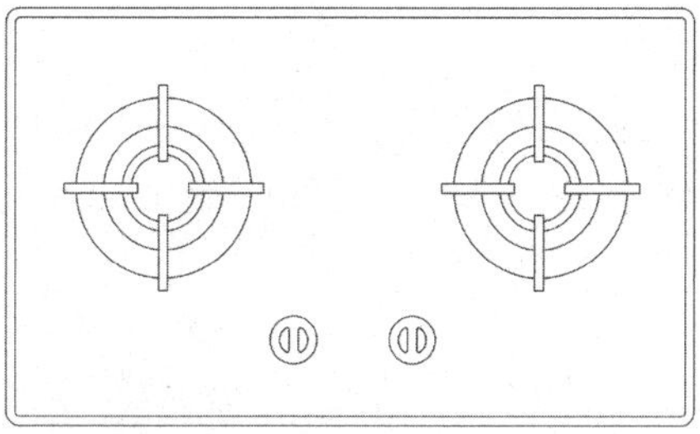

图 4-71 镜像图形

Step 15 执行“直线”命令，绘制装饰线，完成燃气灶平面图的绘制，如图4-72所示。

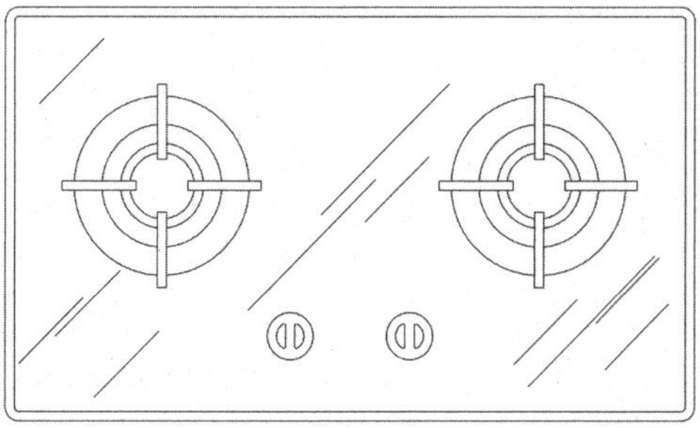

图 4-72 查看绘制的燃气灶图形

课后练习

图形编辑是AutoCAD绘图中必不可少的一部分，下面再通过一些练习题来温习本章所学的知识点，如阵列、旋转、偏移、镜像等。

一、填空题

1、使用________命令可以增加或减少视图区域，而使对象的真实尺寸保持不变。

2、偏移图形指对指定圆弧和圆等________复制。对于________而言，由于圆心为无穷远，因此可以平行复制。

3、使用________命令可以按指定的镜像线翻转对象，创建出对称的镜像图像。

二、选择题

1、使用“旋转”命令旋转对象时，(　　)。

A、必须指定旋转角度　　B、必须指定旋转基点

C、必须使用参考方式　　D、可以在三维空间旋转对象

2、使用“延伸”命令进行对象延伸时，(　　)。

A、必须在二维空间中延伸　　B、可以在三维空间中延伸

C、可以延伸封闭线框　　D、可以延伸文字对象

3、在执行“圆角”命令时，应先设置(　　)。

A、圆角半径　　B、距离　　C、角度值　　D、内部块

4、使用“拉伸”命令拉伸对象时，不能(　　)。

A、把圆拉伸为椭圆　　B、把正方形拉伸成长方形

C、移动对象特殊点　　D、整体移动对象

三. 操作题

1、利用“圆”、“直线”和“环形阵列”命令绘制出艺术吊灯图形，如图4-73所示。

2、利用“矩形”、“圆”、“圆角”等命令绘制出装饰柜立面图形，如图4-74所示。

图 4-73　绘制艺术吊灯图形

图 4-74　绘制装饰柜立面图形

Chapter 05

为图形填充图案

课题概述 图案填充功能是使用线条或图案来填充指定的图形区域，这样可以清晰地表达出指定区域的外观纹理，以增加所绘图形的可读性。

教学目标 本章主要介绍图形的图案填充，以及如何创建和管理图案填充，从而让用户了解并掌握在AutoCAD 2019中进行图案填充的操作方法与技巧。

章节重点	光盘路径
★★★★ | 图案填充的可见性	上机实践：实例文件 \ 第 5 章 \ 上机实践 \ 绘制沙发组合图形
★★★☆ | 编辑图案填充	课后练习：实例文件 \ 第 5 章 \ 课后练习
★★☆☆ | “图案填充”选项卡	
★☆☆☆ | 创建图案填充	

5.1 创建图案填充

在绘图过程中，经常要将某种特定的图案填充到一个封闭的区域内，这就是图案填充。在AutoCAD 2019中，用户可以通过下列方法执行“图案填充”命令。

- 执行“绘图>图案填充”命令。
- 在“默认”选项卡的“绘图”面板中单击“图案填充”按钮。
- 在命令行中输入快捷命令H，然后按回车键。

执行“图案填充”命令后，系统将自动打开“图案填充创建”选项卡，如图5-1所示。用户可以直接在该选项卡中设置图案填充的边界、图案、特性以及其他属性。

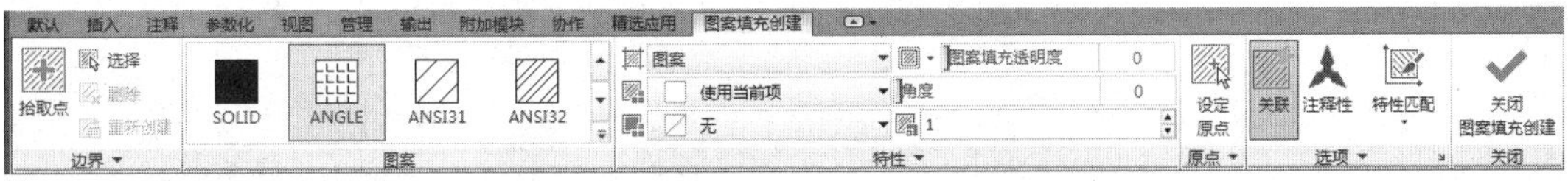

图 5-1 “图案填充创建”选项卡

5.2 使用“图案填充创建”选项卡

打开“图案填充创建”选项卡后，用户可根据制图需要设置相关参数以完成填充操作。下面将详细介绍该选项卡各面板的作用。

5.2.1 “边界”面板

“边界”面板用于选择填充的边界点或边界线段，也可以通过对边界的删除或重新创建等操作来直接改变区域填充的效果。

1. 拾取点

单击“拾取点”按钮，可根据围绕指定点构成封闭区域的现有对象来确定边界。执行“图案填充”命令后，命令行提示内容如下。

```
命令： _hatch 
拾取内部点或 [选择对象(S)/放弃(U)/设置(T)]:
```

其中命令行各选项含义介绍如下。

- 拾取内部点：该选项为默认选项，在填充区域单击，即可对图形进行图案填充。
- 选择对象：选择该选项，单击图形对象进行图案填充。
- 放弃：选择该选项，可放弃上一次的填充操作。
- 设置：选择该选项，将打开“图案填充和渐变色”对话框，进行参数设置。

2. 选择

单击“选择”按钮，可根据构成封闭区域的选定对象确定边界。单击该按钮时，图案填充命令不自动检测内部对象，必须选择选定边界内的对象，以按照当前孤岛检测样式填充这些对象。每次单击选择对象时，图案填充命令将清除上一选择集。

3. 删除

单击“删除”按钮，可以从边界定义中删除之前添加的任何对象。

4. 重新创建

单击“重新创建”按钮，可围绕选定的图案填充或填充对象创建多段线或面域，并使其与图案填充对象相关联。

5.2.2 “图案”面板

“图案”面板用于显示所有预定义和自定义图案的预览图像。用户可以打开下拉列表，从中选择图案的类型，如图5-2所示。

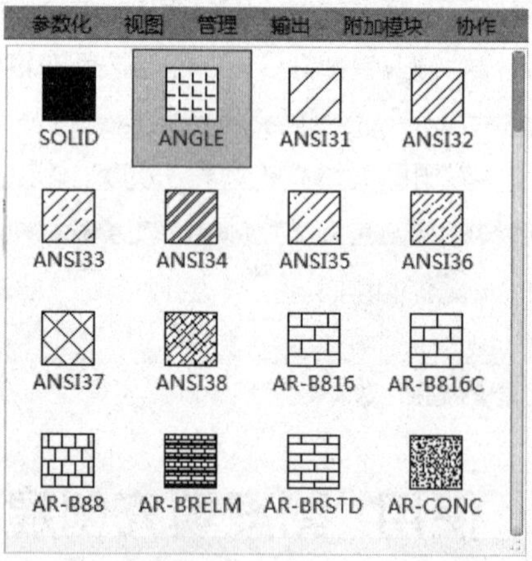

图 5-2 “图案”面板

5.2.3 “特性”面板

执行图案填充的第一步就是定义填充图案类型。在“特性”面板中，用户可根据需要设置填充方式、填充颜色、填充透明度、填充角度以及填充比例值等属性，如图5-3所示。

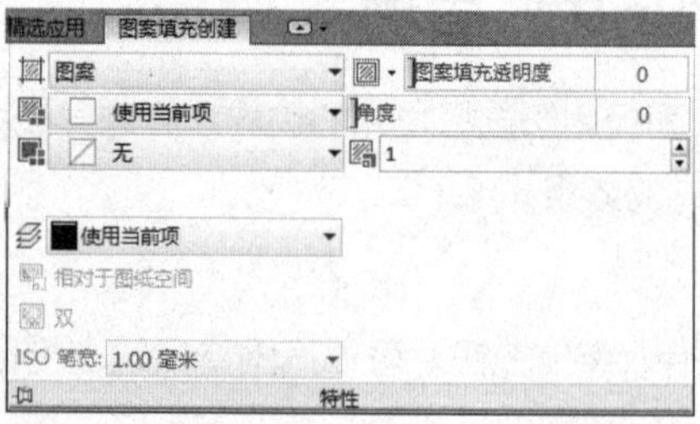

图 5-3 “特性”面板

其中，常用选项的功能介绍如下。

1. 图案填充类型

用于指定是创建实体填充、渐变填充、预定义填充图案，还是创建用户自定义的填充图案。

2. 图案填充颜色或渐变色 1

用于替代实体填充和填充图案的当前颜色，或指定两种渐变色中的第一种，图5-4为实体填充。

3. 背景色或渐变色 2

用于指定填充图案背景的颜色或指定第二种渐变色。“图案填充类型”设定为“实体”时，“渐变色2”不可用。图5-5为填充类型为渐变色，渐变色1为红色，渐变色2为黄色。

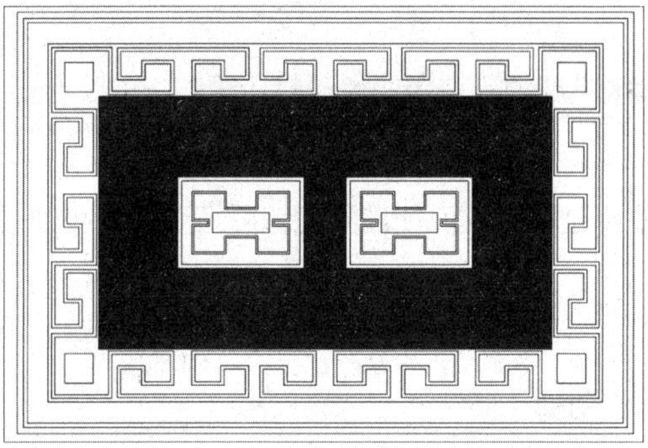

图 5-4 实体填充

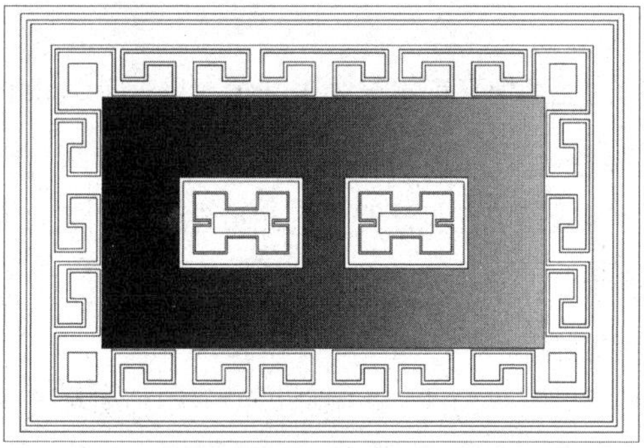

图 5-5 渐变色填充

4. 图案填充透明度

设定新图案填充或填充的透明度，替代当前对象的透明度。选择“使用当前项”选项，可使用当前对象的透明度设置。

5. 图案填充角度与比例

“图案填充角度”选项用于指定图案填充或填充的角度（相对于当前UCS的X轴），有效值为0到359。

“填充图案比例”选项用于确定填充图案的比例值，默认比例为1。用户可以在该数值框中输入相应的比例值，来放大或缩小填充的图案。只有将“图案填充类型”设定为“图案”时，此选项才可用。

图5-6为填充角度为0度，比例为10。图5-7为填充角度为45度，比例为30。

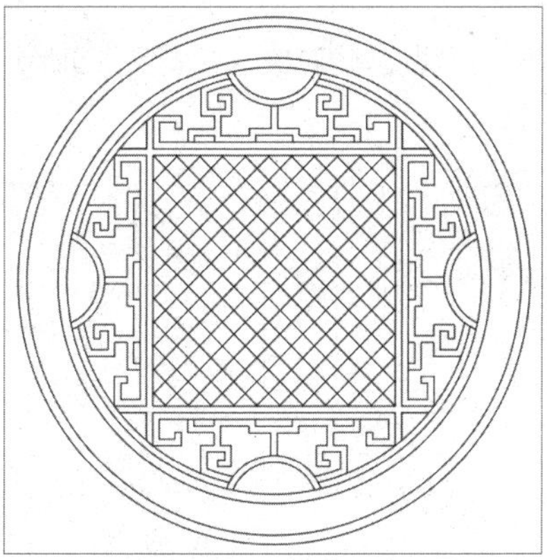

图 5-6 角度为 0，比例为 10

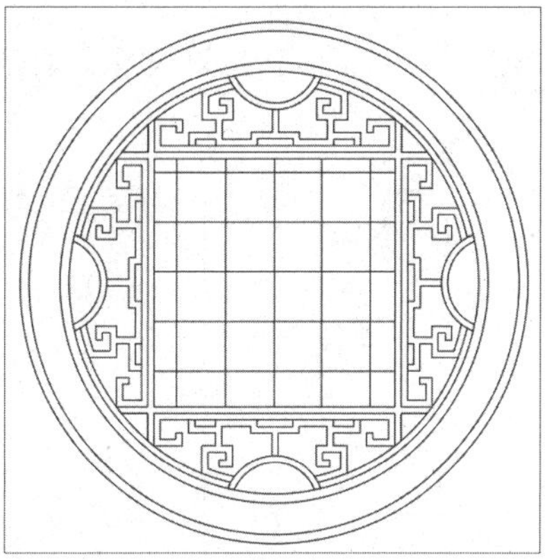

图 5-7 角度为 45，比例为 30

6. 相对于图纸空间

“相对于图纸空间”复选框用于单位缩放填充图案，使用此选项可以按适合布局的比例显示填充图案，该选项仅适用于布局。

AutoCAD 2019 中文版基础教程

5.2.4 “原点”面板

“原点”面板用于控制填充图案生成的起始位置，某些图案填充（例如砖块图案）需要与图案填充边界上的一点对齐。默认情况下，所有图案填充原点都对应于当前的UCS原点。

5.2.5 “选项”面板

“选项”面板用于控制几个常用的图案填充或填充选项，如选择是否自动更新图案、自动视口大小调整填充比例值，以及填充图案属性的设置等。

1. 关联

指定图案填充或填充为关联图案填充。关联的图案填充或填充在用户修改其边界对象时将会更新。

2. 注释性

指定图案填充为注释性。此特性会自动完成缩放注释过程，从而使注释能够以正确的大小在图纸上打印或显示。

3. 特性匹配

特性匹配分为使用当前原点和使用源图案填充的原点两种。

- 使用当前原点：使用选定图案填充对象设定图案填充的特性，除图案填充原点外。
- 使用源图案填充的原点：使用选定图案填充对象设定图案填充的特性，其中包括图案填充原点。

4. 创建独立的图案填充

控制当指定多条闭合边界时，是创建单个图案填充对象，还是创建多个图案填充对象。

5. 孤岛

孤岛填充方式属于填充方式中的高级功能，在扩展列表中，该功能分为4种类型。

- 普通孤岛检测：从外部边界向内填充。如果遇到内部孤岛，填充将关闭，直到遇到孤岛中的另一个孤岛，如图5-8所示。
- 外部孤岛检测：从外部边界向内填充。此选项仅填充指定的区域，不会影响内部孤岛，如图5-9所示。
- 忽略孤岛检测：忽略所有内部的对象，填充图案时将通过这些对象，如图5-10所示。
- 无孤岛检测：关闭孤岛检测。

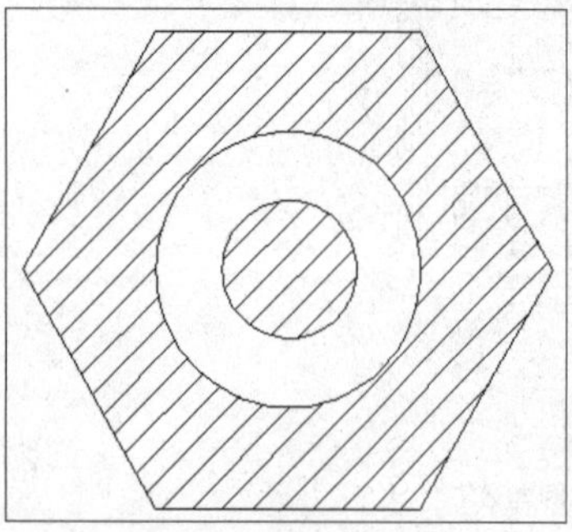

图 5-8　普通孤岛检测

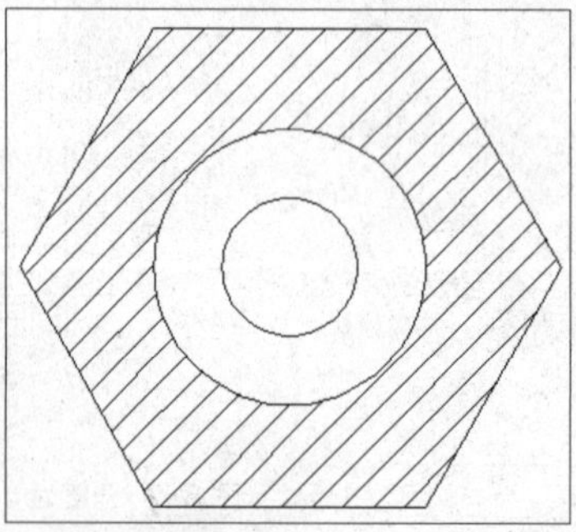

图 5-9　外部孤岛检测

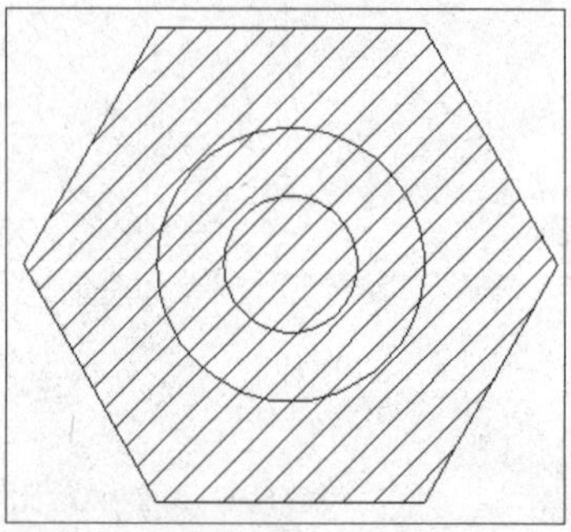

图 5-10　忽略孤岛检测

工程师点拨：孤岛的定义

在进行图案填充时，位于一个已定义好的填充区域内的封闭区域称为孤岛。

6. 绘图次序

为图案填充或填充指定绘图次序。图案填充可以放在所有其他对象之后、所有其他对象之前、图案填充边界之后或图案填充边界之前。

- 后置：选中需设置的填充图案，选择“后置”选项，即可将当前填充的图案置于其他图形后方，如图5-11所示。
- 前置：选择需设置的填充图案，选择“前置”选项，即可将选中的填充图案置于其他图形的前方，如图5-12所示。

图 5-11 后置示意图

图 5-12 前置示意图

- 置于边界之前：填充的图案置于边界前方，不显示图形边界线，如图5-13所示。
- 置于边界之后：填充的图案置于边界后方，显示图形边界线，如图5-14所示。

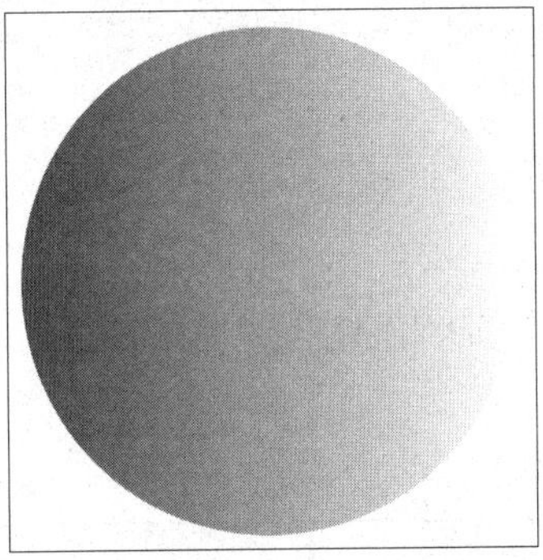

图 5-13 置于边界之前

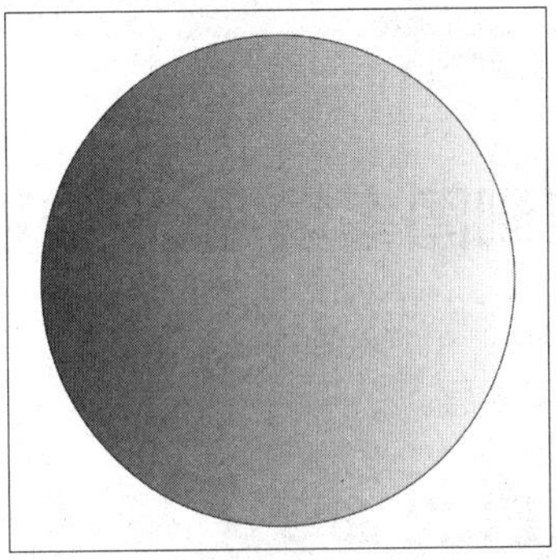

图 5-14 置于边界之后

工程师点拨：图案填充和渐变色

若要打开“图案填充和渐变色”对话框，可在“图案填充创建”选项卡中单击“特性”面板右下角对话框启动器按钮，即可打开该对话框，如图5-15所示。

- 类型：设置填充图案的类型，包括“预定义”、“用户定义”和“自定义”3个选项。
- 图案：设置填充的图案。
- 样例：显示当前选中的图案样例。
- 角度：设置填充的图案旋转角度。
- 比例：设置图案填充的比例值。
- 边界：选择填充的边界点或边界线段。

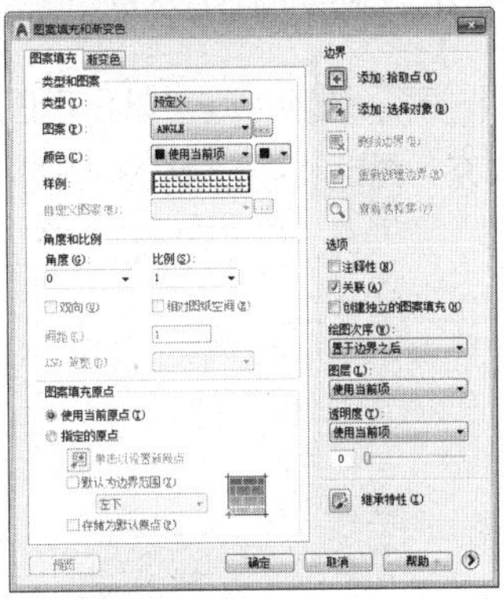

图 5-15 “图案填充和渐变色”对话框

5.3 编辑图案填充

填充图形后，若用户觉得效果不满意，可通过图案填充编辑命令，以对其进行修改编辑。

在AutoCAD 2019中，用户可通过以下方法执行图案填充编辑命令。

- 执行“修改>对象>图案填充”命令。
- 在命令行中输入HATCHEDIT，然后按回车键。

执行以上任意一种操作后，选择需要编辑的图案填充对象，都将打开“图案填充编辑”对话框，如图5-16所示。

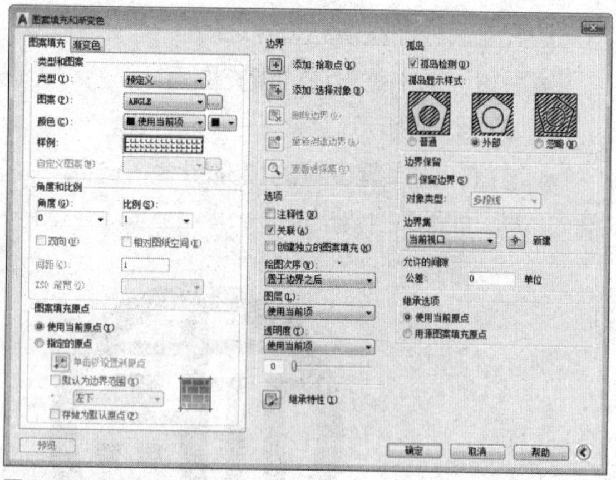

图 5-16 “图案填充编辑”对话框

在该对话框中，用户可以修改图案、比例、旋转角度和关联性等，但对定义填充边界和对孤岛操作的按钮不可用。

另外，用户也可单击需要编辑图案填充的图形，打开“图案填充创建”选项卡，如图5-17所示。在此可根据需要对图案填充执行相应的编辑操作。

图 5-17 “图案填充创建”选项

5.4 控制图案填充的可见性

图案填充的可见性是可以控制的，用户可以用两种方法来控制图案填充的可见性：一种是利用FILL命令；另一种是利用图层。

5.4.1 使用 FILL 命令

在命令行中输入FILL命令并按回车键，此时命令行提示内容如下。

```
命令：FILL
输入模式 [开(ON)/关(OFF)] <开>:
```

如果选择“开”选项，则可以显示图案填充；如果选择“关”选项，则不显示图案填充。图5-18为打开图案填充，图5-19为关闭图案填充。

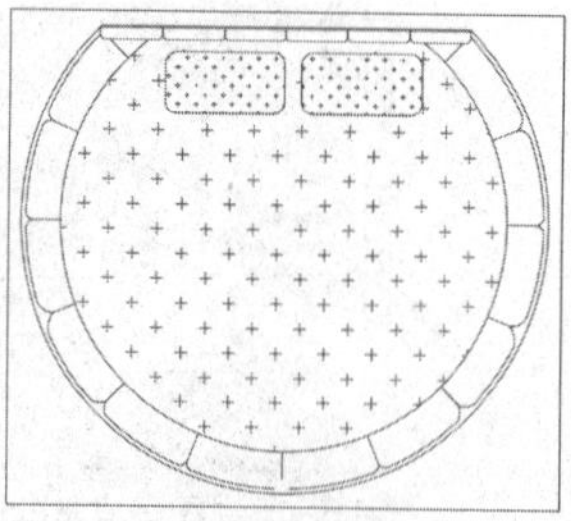
图 5-18 打开图案填充

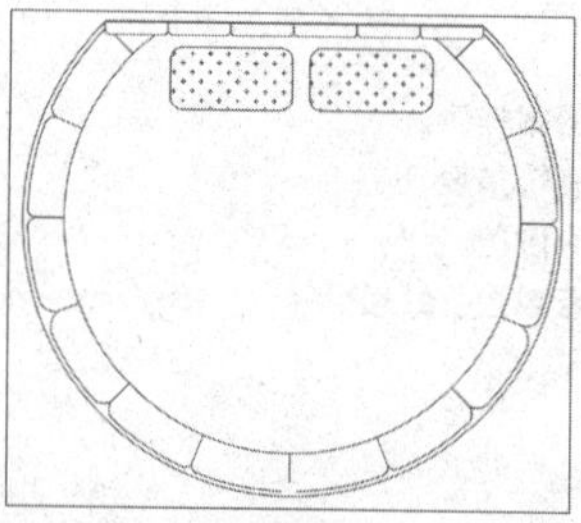
图 5-19 关闭图案填充

工程师点拨：FILL命令

在使用FILL命令设置填充模式后，执行“视图>重生成”命令，重新生成图形观察效果。

5.4.2 使用图层控制

利用图层功能，将图案填充单放在一个图层上。当不需要显示该图案填充时，将图案所在图层关闭或者冻结即可。使用图层控制图案填充的可见性时，不同的控制方式会使图案填充与其边界的关联关系有所不同，其特点如下。

- 当图案填充所在的图层被关闭后，图案与其边界仍保持着关联关系，即修改边界后，填充图案会根据新的边界自动调整位置。
- 当图案填充所在的图层被冻结后，图案与其边界脱离关联关系，即修改边界后，填充图案不会根据新的边界自动调整位置。
- 当图案填充所在的图层被锁定后，图案与其边界脱离关联关系，即修改边界后，填充图案不会根据新的边界自动调整位置。

上机实践 绘制沙发组合图形

实践目的	通过本实训的练习，帮助用户掌握图案填充的操作方法。
实践内容	应用本章所学的知识绘制沙发组合图形。
实践步骤	利用偏移、镜像、复制、阵列、修剪等命令绘制沙发组合图形。

Step 01 首先绘制单人沙发图形。执行“多段线”命令，绘制一个740×650的U形多段线图形，如图5-20所示。

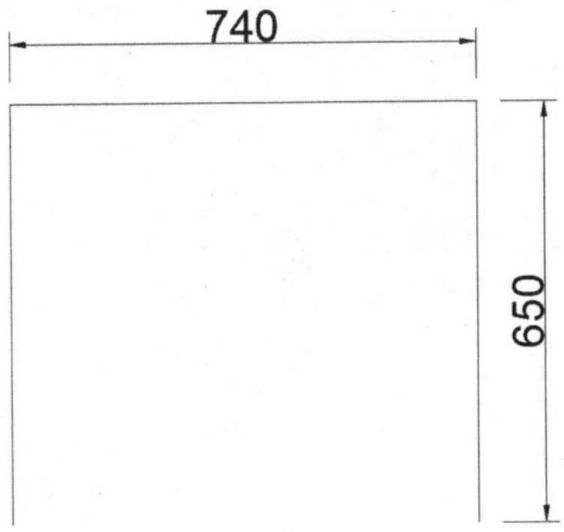

图 5-20 绘制多段线图形

Step 02 执行“圆角”命令，设置圆角半径为150mm，对多段线图形进行圆角操作，如图5-21所示。

图 5-21 圆角操作

Step 03 执行“偏移”命令，将线段依次向内偏移20mm、80mm、20mm，如图5-22所示。

Step 04 执行“圆”命令，捕捉绘制半径为100mm和80mm的圆形，如图5-23所示。

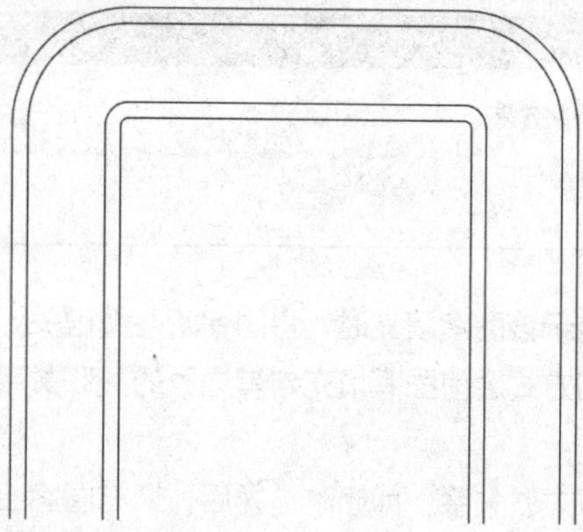

图 5-22 偏移线段

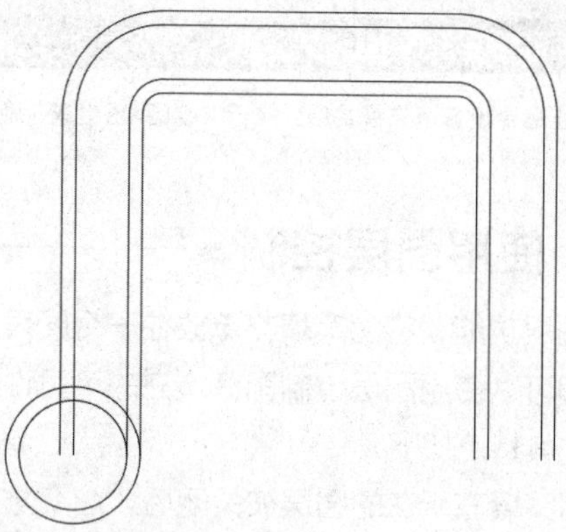

图 5-23 绘制圆形

Step 05 执行“镜像”命令，镜像复制同心圆图形，如图5-24所示。

Step 06 执行“修剪”命令，删除掉多余的线段，如图5-25所示。

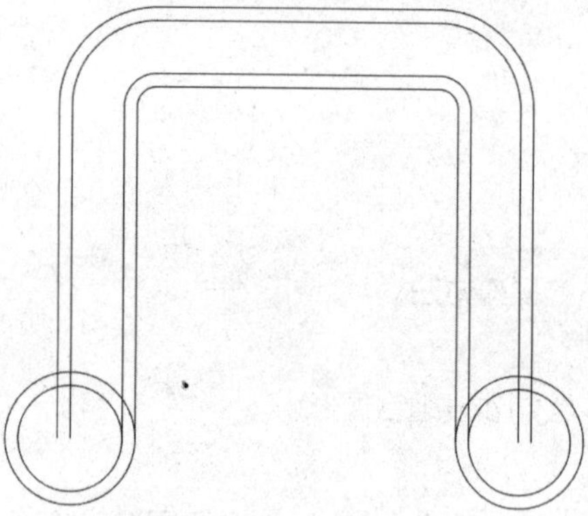

图 5-24 复制图形

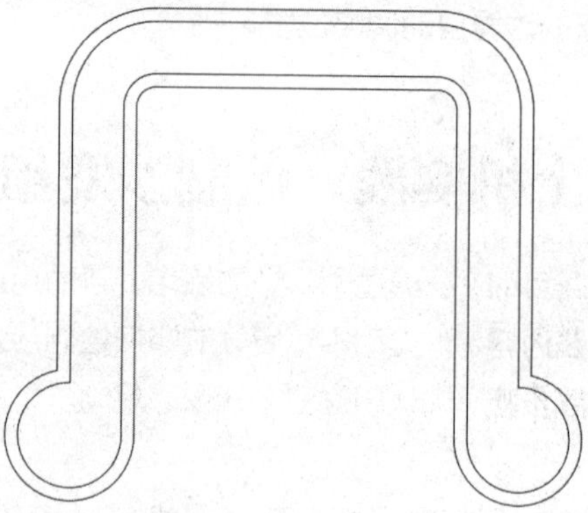

图 5-25 修剪图形

Step 07 执行“圆弧”命令，绘制圆弧，如图5-26所示。

Step 08 执行“偏移”命令，将内部的多段线和弧线向内偏移30mm，如图5-27所示。

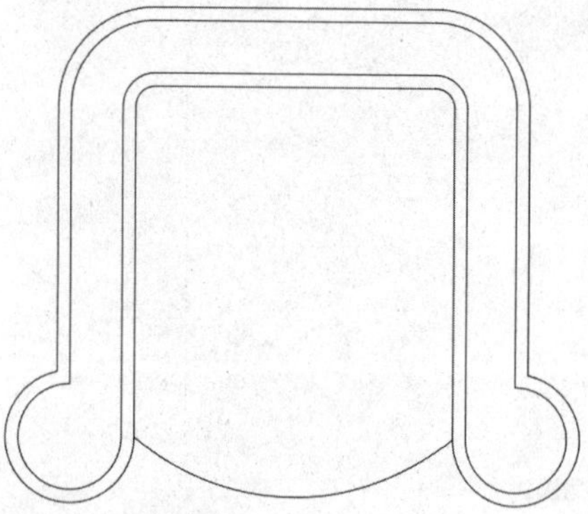

图 5-26 绘制圆弧

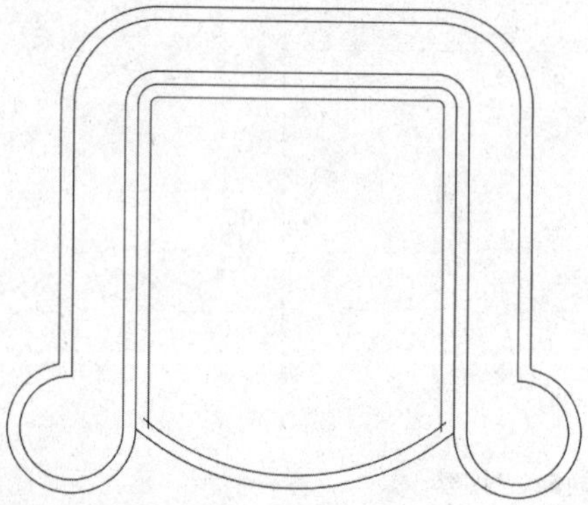

图 5-27 偏移线段

Step 09 执行“修剪”命令，删除掉多余的线段，如图5-28所示。

Step 10 执行“圆角”命令，设置圆角半径为50mm，对偏移后的多段线进行圆角操作，如图5-29所示。

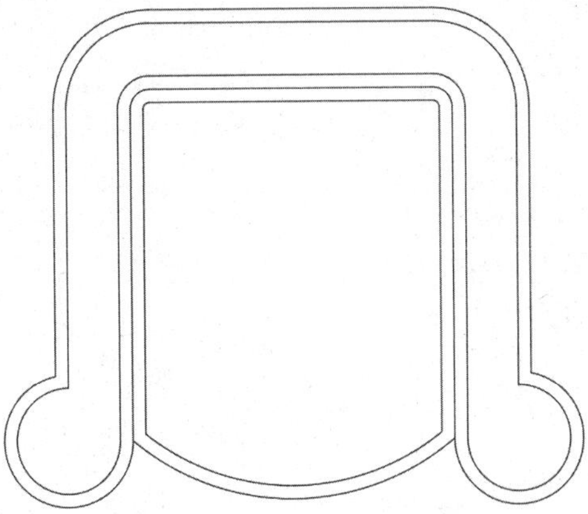

图 5-28 修剪图形

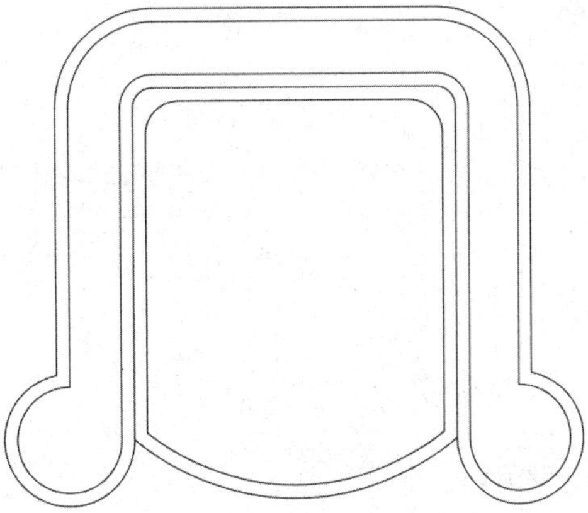

图 5-29 圆角操作

Step 11 执行“拉伸”命令，将圆角后的图形向下拉伸20mm，完成单人沙发图形的绘制，如图5-30所示。

Step 12 绘制多人沙发图形。复制单人沙发图形，执行“拉伸”命令，将图形向右拉伸1000mm，如图5-31所示。

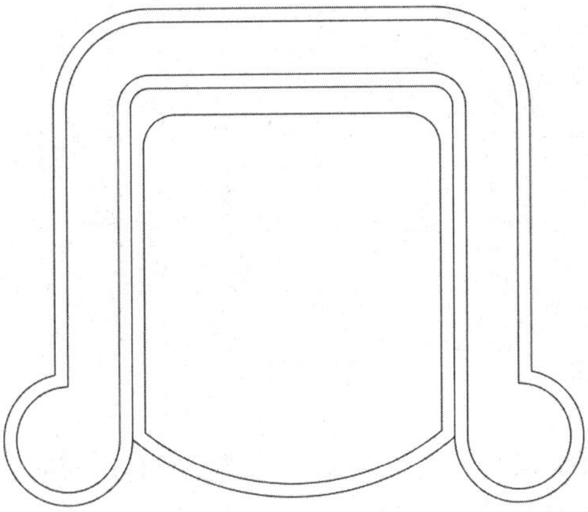

图 5-30 单人沙发

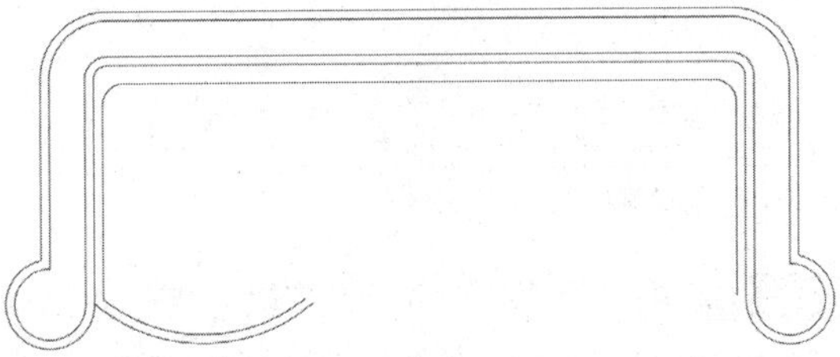

图 5-31 拉伸图形

Step 13 执行“复制”命令，将两条弧线进行复制并向右移动，如图5-32所示。

Step 14 执行“直线”命令，捕捉绘制直线，如图5-33所示。

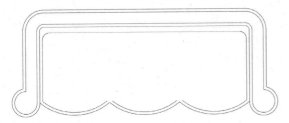

图 5-32 复制图形

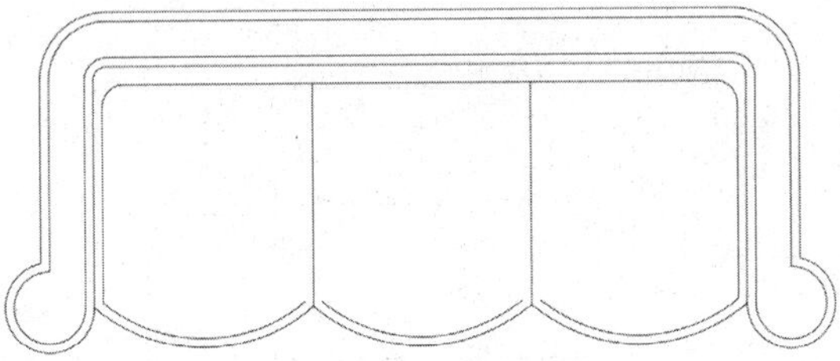

图 5-33 绘制线段

Step 15 执行“圆角”命令，设置圆角半径50mm，对弧形进行圆角操作，如图5-34所示。

Step 16 旋转单人沙发，执行“矩形”命令，绘制长为2600mm，宽为2000mm的矩形图形，如图5-35所示。

AutoCAD 2019 中文版基础教程

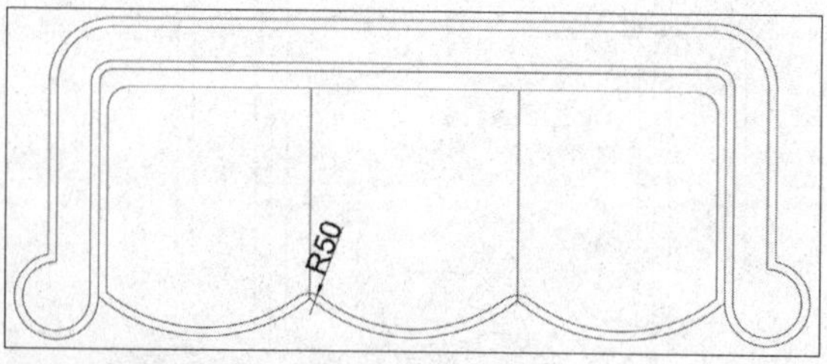

图 5-34 圆角图形

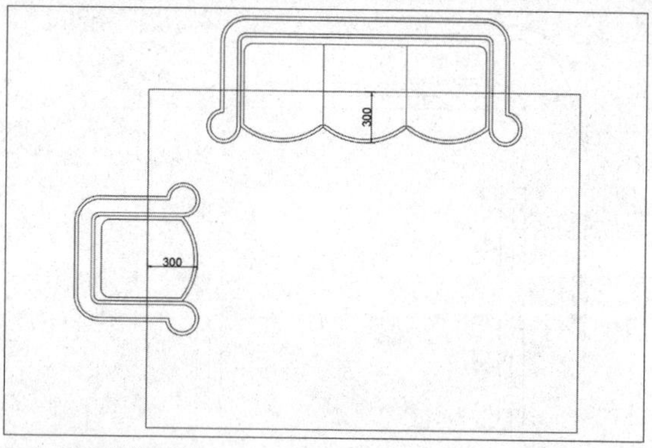

图 5-35 绘制矩形

Step 17 执行“镜像”命令，镜像复制单人沙发图形，如图5-36所示。

Step 18 执行“偏移”命令，将矩形图形向内依次偏移50mm、650mm、20mm、50mm，如图5-37所示。

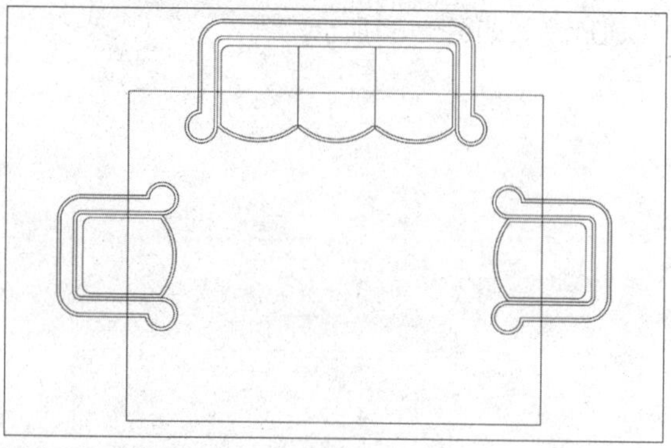

图 5-36 镜像单人沙发

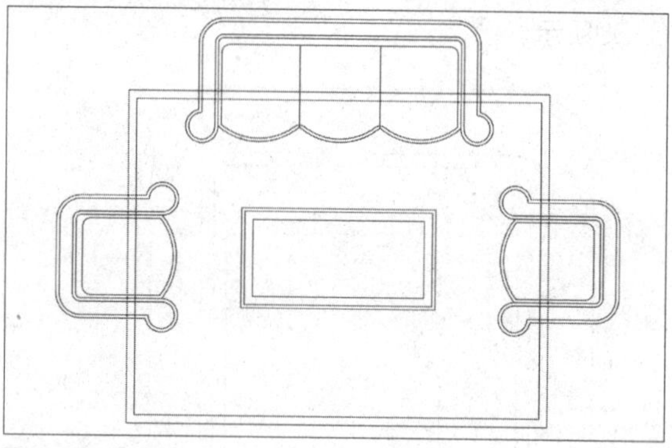

图 5-37 偏移图形

Step 19 执行“偏移”命令，将最外侧的矩形图形向外偏移100mm，如图5-38所示。

Step 20 执行“直线”命令，捕捉绘制矩形的四个角，如图5-39所示。

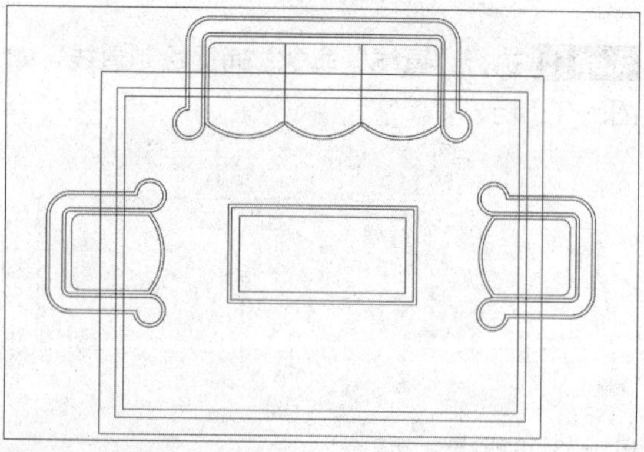

图 5-38 偏移图形

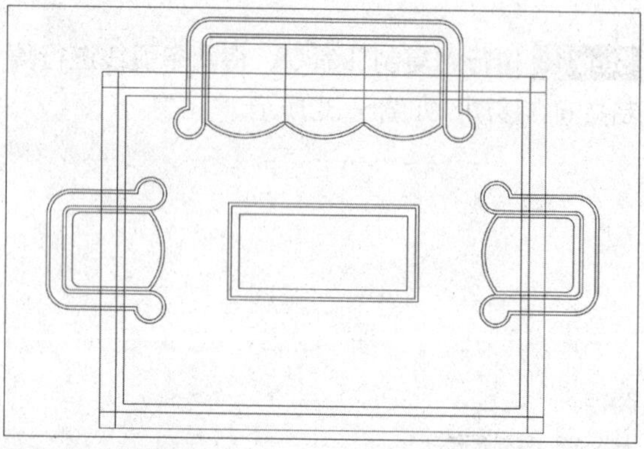

图 5-39 绘制直线

Step 21 执行“矩形阵列”命令，选择刚绘制的竖直线段，设置列数为105、介于25、总计2600、行数为1、介于与总计为150，效果如图5-40所示。

Step 22 继续执行当前命令，设置列数为1、介于与总计为150、行数为81、介于为-25、总计为-2000，如图5-41所示。

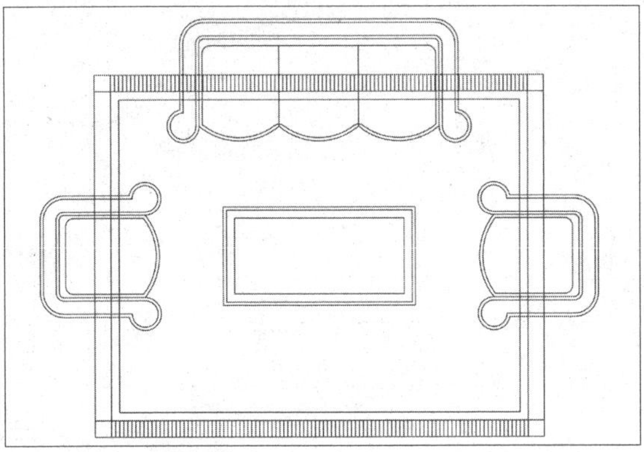

图 5-40 阵列图形

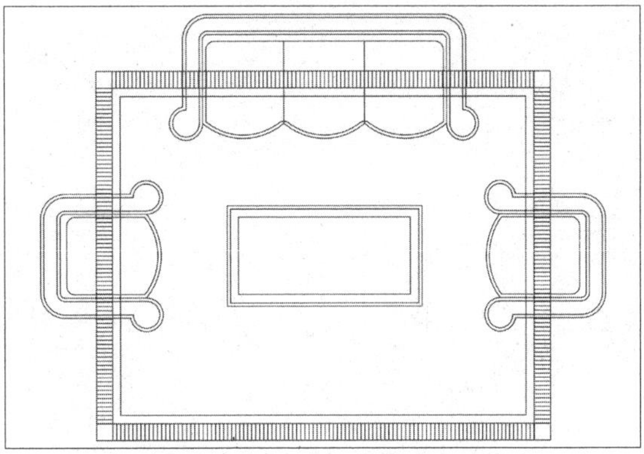

图 5-41 阵列图形

Step 23 绘制直线，并对角落的线段进行镜像复制操作，如图5-42所示。

Step 24 分解阵列后的图形，并删除掉最外侧的矩形图形，如图5-43所示。

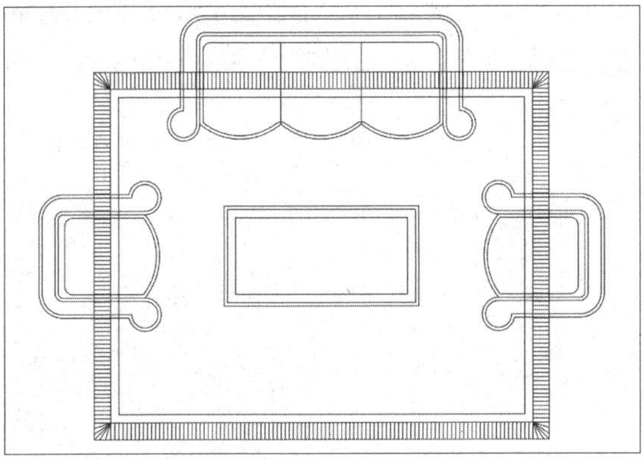

图 5-42 镜像复制图形

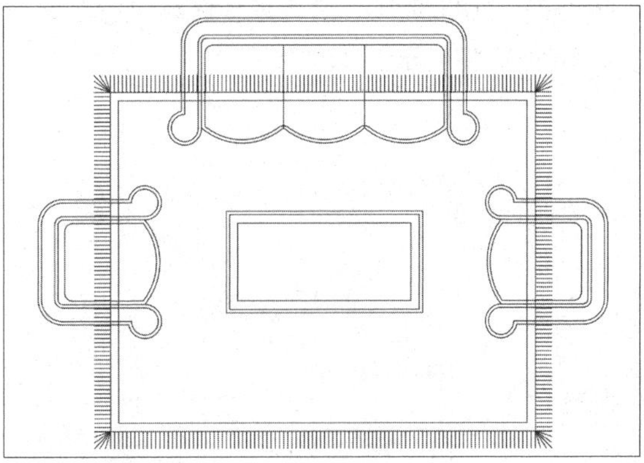

图 5-43 分解阵列图形

Step 25 绘制边桌图形。执行“矩形”命令，绘制长和宽各为500mm的矩形图形，再执行“偏移”命令，将图形向内偏移20mm，如图5-44所示。

Step 26 执行“圆”和“直线”命令，捕捉矩形中点绘制半径为80mm、120mm的同心圆形并绘制长为280mm的线段，如图5-45所示。

图 5-44 偏移图形

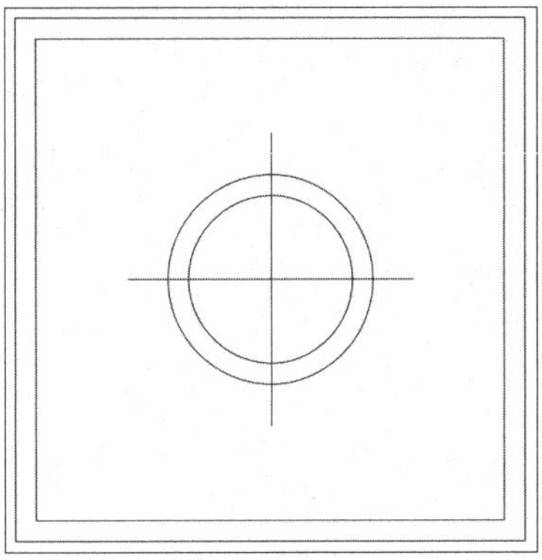

图 5-45 绘制圆形和线段

Step 27 将绘制好的图形放在图中合适位置，并进行复制，如图5-46所示。

Step 28 删除并修剪掉被覆盖的线条，如图5-47所示。

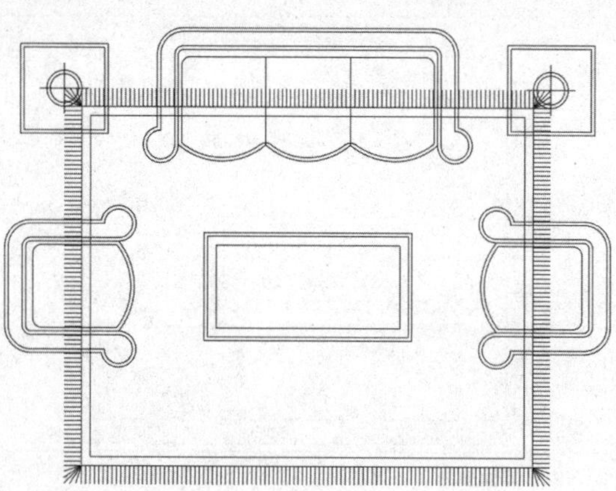

图 5-46　复制图形

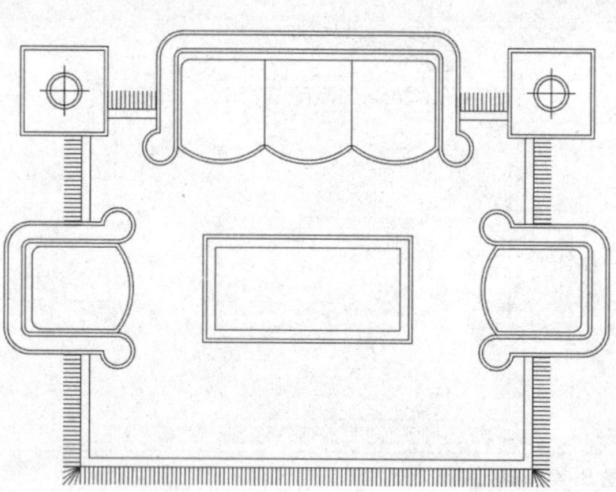

图 5-47　修剪图形

Step 29 执行“图案填充”命令，选择图案名CROSS，比例为10，选择地毯区域进行图案填充，如图5-48所示。

Step 30 继续执行当前命令，选择图案名AR-RROOF，比例为10，角度为45，对茶几区域进行图案填充，完成沙发组合图形的绘制，如图5-49所示。

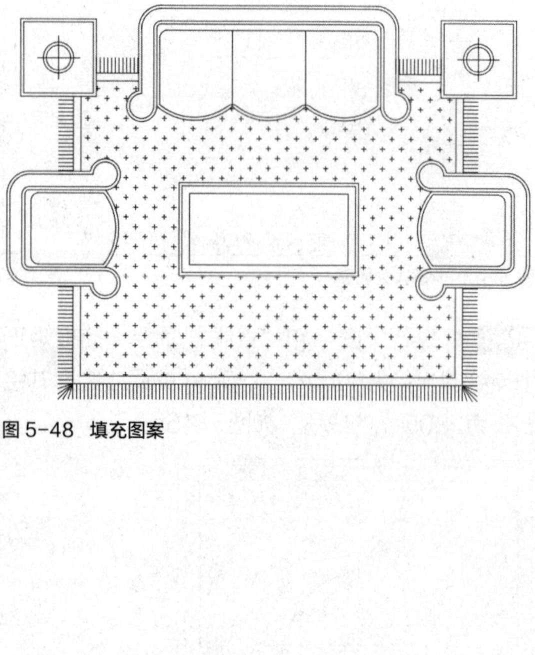

图 5-48　填充图案

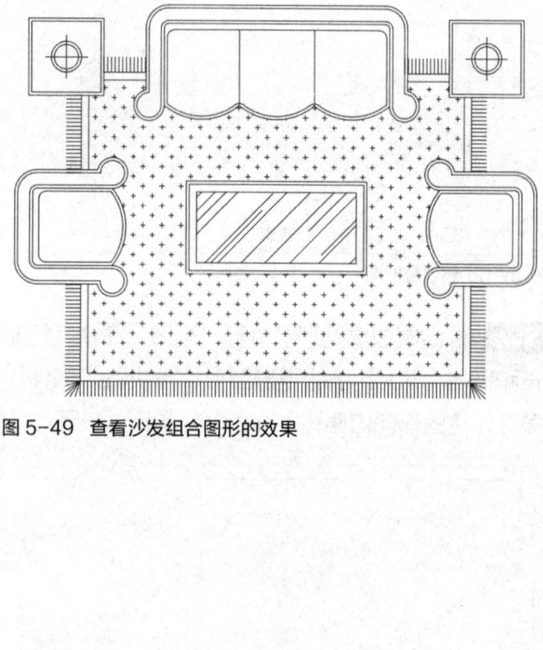

图 5-49　查看沙发组合图形的效果

课后练习

通过本章的学习，相信用户能够创建和编辑图案填充。为了能够很好地应用所学知识，下面再进行适当的练习。

一、填空题

1、在进行图案填充时，通常将位于一个已定义好的填充区域内的封闭区域称为________。

2、在“图案填充创建”选项卡中，每种图案的旋转角度开始均为________。

3、利用FILL命令或系统变量FILLMODE控制图案可见性，将命令FILL设为________，或将系统变量FILLMODE设为________，则图形重新生成时，所填充的图案将消失。

二、选择题

1、图案填充操作中，(　　)。

A、只能单击填充区域中任意一点来确定填充区域

B、所有的填充样式都可以调整比例和角度

C、图案填充可以和原来轮廓线关联或者不关联

D、图案填充只能一次生成，不可以编辑修改

2、孤岛显示样式中(　　)是不存在的。

A、内部　　B、普通　　C、外部　　D、忽略

3、下列(　　)选项不属于图形实体的通用属性。

A、颜色　　B、图案填充　　C、线宽　　D、线型比例

4、在使用FILL命令设置填充模式后，需执行“视图”菜单中的(　　)命令重新生成图形观察效果。

A、重画　　B、消隐　　C、重生成　　D、平移

三、操作题

1、使用“矩形”、“圆角”、“偏移”等命令绘制图形轮廓，使用“图案填充”命令对图形进行填充，如图5-50所示。

2、使用“矩形”、“镜像”和“修剪”等命令绘制零件轮廓，然后使用“图案填充”命令对其进行填充，如图5-51所示。

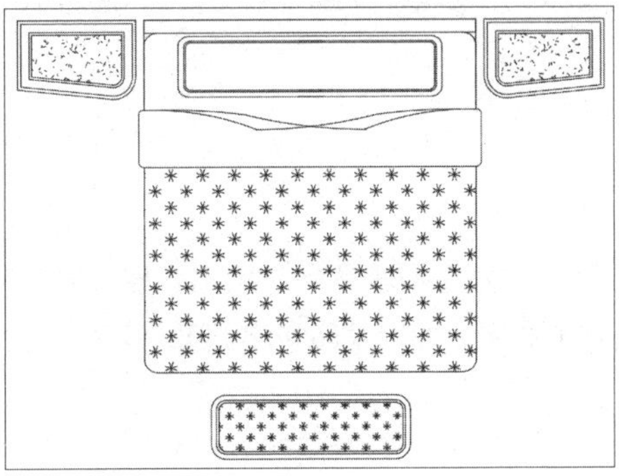

图 5-50　绘制双人床图形

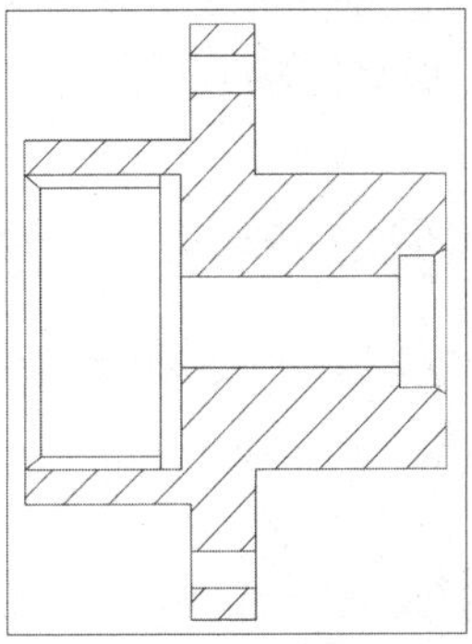

图 5-51　绘制零件剖面图图形

Chapter 06

图块、外部参照及设计中心的应用

课题概述 在绘制图形时，如果图形中有大量相同的内容，则可以将重复绘制的图形创建成块然后插入到图形中。用户还可以把已有的图形文件以参照的形式插入到当前图形中（即外部参照），利用设计中心也可以插入所需内容。

教学目标 通过对本章内容的学习，用户可以熟悉并掌握块的创建与编辑、块属性的设置、外部参照以及设计中心的应用。

章节重点	光盘路径
★★★★ | 外部参照	**上机实践**：实例文件 \ 第 6 章 \ 上机实践 \ 绘制卧室立面图
★★★☆ | 块属性和设计中心	**课后练习**：实例文件 \ 第 6 章 \ 课后练习
★★☆☆ | 块的创建与编辑	
★☆☆☆ | 块的概念	

6.1 图块的概念和特点

块是一个或多个对象形成的对象集合，常用于绘制复杂、重复的图形。生成块时，可以把处于不同图层上的具有不同颜色、线型和线宽的对象定义为块，使块中的对象仍保持原来的图层和特性信息。

在AutoCAD中，使用图块具有如下特点。

- 提高绘图速度：在绘制图形时，常常要绘制一些重复出现的图形。将这些图形创建成图块，当再次需要绘制该图形时就可以用插入块方法实现，即把绘图变成了拼图，从而把大量重复的工作简化，提高绘图速度。
- 节省存储空间：在保存图中每一个对象的相关信息时，如对象的类型、位置、图层、线型及颜色等，这些信息要占用存储空间。如果一幅图中包含有大量相同的图形，就会占据较大的磁盘空间。但如果把相同的图形定义成一个块，绘制时就可以直接把块插入到图中的相应位置。
- 便于修改图形：建筑工程图纸往往需要多次修改。比如，在建筑设计中要修改标高符号的尺寸，如果每一个标高符号都一一修改，既费时又不方便。但如果原来的标高符号是通过插入块的方法绘制，那么只要简单地对块进行再定义，就可以对图中的所有标高进行修改。
- 可以添加属性：很多块还要求有文字信息以进一步解释其用途。此外，还可以从图中提取这些信息并将它们传送至数据库中。

6.2 创建与编辑图块

要创建块，则首先要绘制组成块的图形对象，然后使用块命令对其实施定义，这样在以后的工作中便可以重复使用该块。因为块在图中是一个独立的对象，所以编辑块之前要将其进行分解。

6.2.1 创建块

内部图块是跟随定义它的图形文件一起存储在图形文件内部的，因此只能在当前图形文件中调用，而不能在其他图形中调用。在AutoCAD 2019中，用户可以通过以下几种方法来创建块。

- 执行“绘图>块>创建”命令。
- 在“默认”选项卡的“块”面板中单击“创建”按钮。
- 在命令行中输入快捷命令B，然后按回车键。

执行以上任意一种操作，都可打开“块定义”对话框，如图6-1所示。在该对话框中进行相关的设置，即可将图形对象创建成块。

图 6-1 “块定义”对话框

“块定义”对话框中一些主要选项的含义介绍如下。

- 基点：该选项区域中的选项用于指定图块的插入基点。系统默认图块的插入基点值为（0,0,0），用户可直接在X、Y和Z数值框中输入坐标相对应的数值，也可以单击“拾取点”按钮，切换到绘图区中指定基点。
- 对象：该选项区域中的选项用于指定新块中要包含的对象，以及创建块之后如何处理这些对象，是否保留还是删除选定的对象，或者是将它们转换成块实例。
- 方式：该选项区域中的选项用于设置插入后的图块是否允许被分解、是否统一比例缩放等。
- 在块编辑器中打开：勾选该复选框，当创建图块后，在块编辑器窗口中进行“参数”、“参数集”等选项的设置。

示例6-1：使用“创建”命令创建图块。

Step 01 执行“绘图>块>创建”命令，打开“块定义”对话框，单击“选择对象”按钮，如图6-2所示。

Step 02 在绘图区中选取所要创建的图块对象，如图6-3所示。

图 6-2 单击“选择对象”按钮

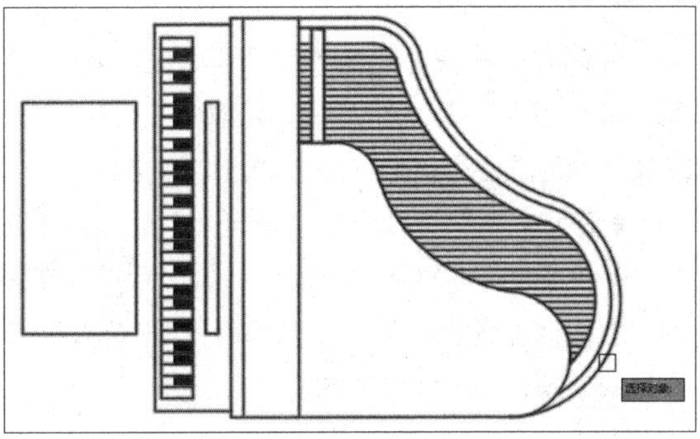

图 6-3 选取对象

AutoCAD 2019 中文版基础教程

Step 03 按回车键返回“块定义”对话框，单击“拾取点”按钮，如图6-4所示。

Step 04 在绘图区中指定图形一点各块的基准点，如图6-5所示。

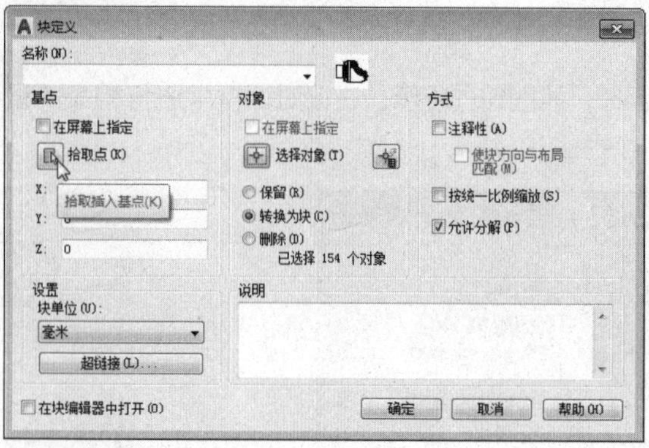

图 6-4 单击“拾取点”按钮

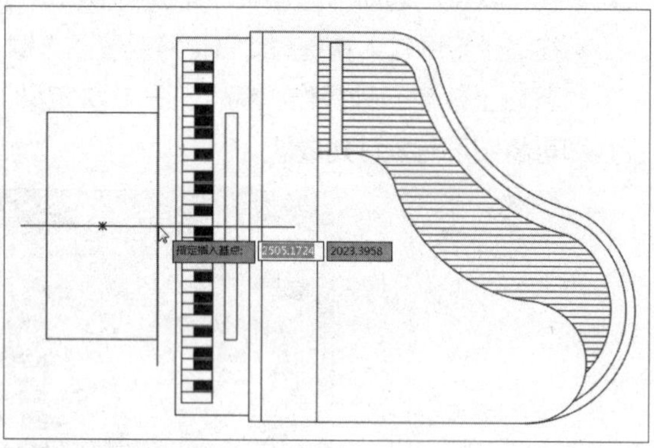

图 6-5 指定基准点

Step 05 选择后，返回到“块定义”对话框，输入块名称，如图6-6所示。

Step 06 单击“确定”按钮，即可完成图块的创建，选择创建好的图块效果如图6-7所示。

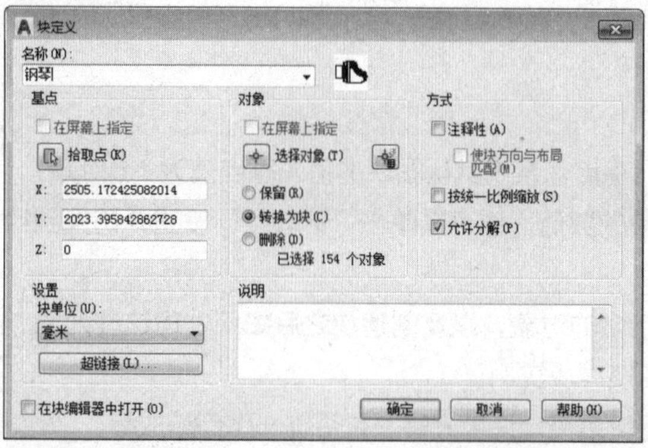

图 6-6 输入块名称

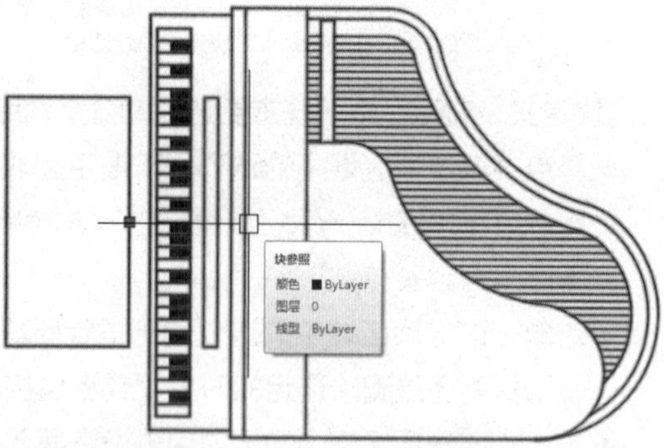

图 6-7 完成创建

工程师点拨：“块定义”对话框

在“插入”选项卡的“块定义”面板中单击“创建块”按钮，也可以打开“块定义”对话框。

6.2.2 存储块

存储块是将块、对象或者某些图形文件保存到独立的图形文件中，又称为外部块。在AutoCAD 2019中，使用“写块”命令，可以将文件中的块作为单独的对象保存为一个新文件，被保存的新文件可以被其他对象使用。用户可以通过以下方法执行“写块”命令。

- 在“插入”选项卡的“块定义”面板中单击“写块”按钮。
- 在命令行中输入快捷命令W，然后按回车键。

执行以上任意一种操作，都可打开“写块”对话框，如图6-8所示。在该对话框中可以设置组成块的对象来源，其主要选项的含义介绍如下。

- 块：将创建好的块写入磁盘。

- 整个图形：将全部图形写入图块。
- 对象：指定需要写入磁盘的块对象，用户可根据需要使用“基点”选项组设置块的插入基点位置；使用“对象”选项组设置组成块的对象。

此外，在该对话框的“目标”选项组中，用户可以指定文件的新名称和新位置以及插入块时所用的测量单位。

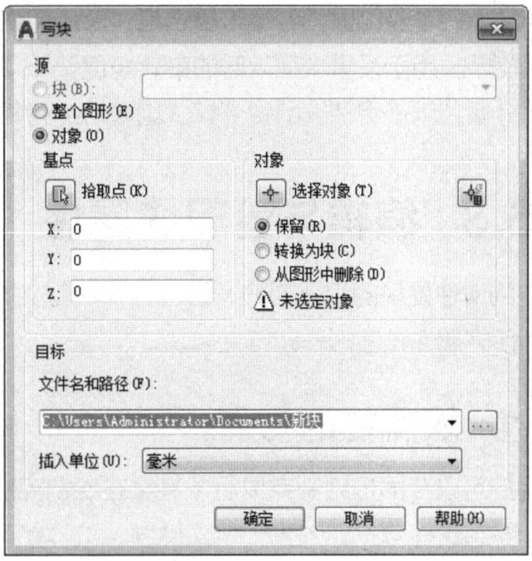

图 6-8 “写块”对话框

工程师点拨：外部图块与内部图块的区别

外部图块与内部图块的区别是，外部图块可作为独立文件保存，可以插入到任何图形中去，并可以对图块进行打开和编辑。

6.2.3 插入块

当图形被定义为块后，可使用“插入”命令直接将图块插入到图形中。插入块时可以一次插入一个，也可以一次插入呈矩形阵列排列的多个块参照。

在AutoCAD 2019中，用户可以通过以下方法执行“插入”命令。

- 执行“绘图>块>插入”命令。
- 在“默认”选项卡的“块”面板中单击“插入”按钮。
- 在命令行中输入快捷命令I，然后按回车键。

执行以上任意一种操作，都可打开“插入”对话框，如图6-9所示。利用该对话框可以把创建的内部图块插入到当前的图形中，或者把创建的图块从外部插入到当前的图形中。

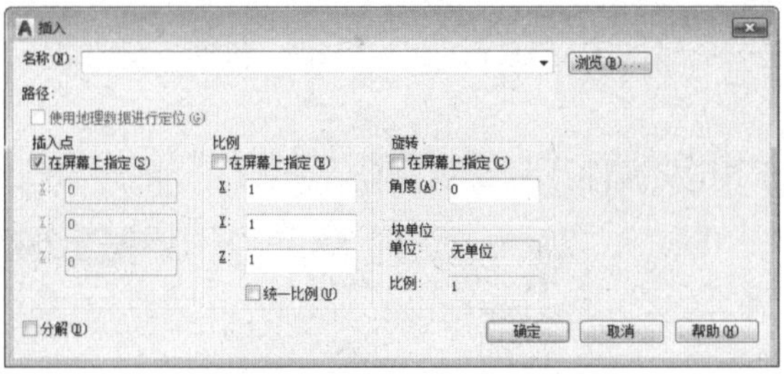

图 6-9 “插入”对话框

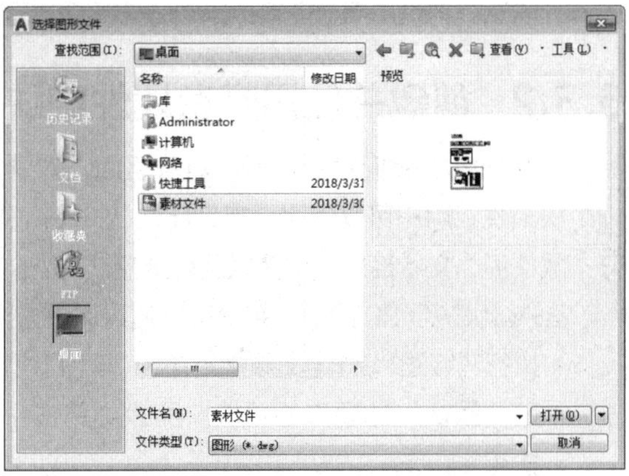

图 6-10 “选择图形文件”对话框

“插入”对话框中各主要选项的含义如下。

- 名称：用于选择块或图形的名称。单击其后的“浏览”按钮，可打开“选择图形文件”对话框，从中选择图块或外部文件，如图6-10所示。
- 插入点：用于设置块的插入点位置
- 比例：用于设置块的插入比例。“统一比例”复选框用于确定插入块在X、Y、Z这3个方向的插入块比例是否相同。勾选该复选框，表示比例相同，即只需要在X数值框中输入比例值即可。

- 旋转：用于设置块插入时的旋转角度。
- 分解：用于将插入的块分解成组成块的各基本对象。

6.3 编辑与管理块属性

块的属性是块的组成部分，是包含在块定义中的文字对象，在定义块之前，要先定义该块的每个属性，然后将属性和图形一起定义成块。

6.3.1 块属性的特点

用户可以在图形绘制完成后（甚至在绘制完成前），调用ATTEXT命令将块属性数据从图形中提取出来，并将这些数据写入到一个文件中，这样就可以从图形数据库文件中获取数据信息来。属性块具有如下特点。

- 块属性由属性标记名和属性值两部分组成，如可以把Name定义为属性标记名，而具体的姓名Mat就是属性值，即属性。
- 定义块前，应先定义该块的每个属性，即规定每个属性的标记名、属性提示、属性默认值、属性的显示格式（可见或不可见）及属性在图中的位置等。一旦定义了属性，该属性以其标记名将在图中显示出来，并保存有关的信息。
- 定义块时，应将图形对象和表示属性定义的属性标记名一起用来定义块对象。
- 插入有属性的块时，系统将提示用户输入需要的属性值。插入块后，属性用它的值表示。因此，同一个块在不同点插入时，可以有不同的属性值。如果属性值在属性定义时规定为常量，系统将不再询问它的属性值。
- 插入块后，用户可以改变属性的显示可见性，对属性作修改，把属性单独提取出来写入文件，以统计、制表使用，还可以与其他高级语言或数据库进行数据通信。

6.3.2 创建并使用带有属性的块

属性块是由图形对象和属性对象组成。对块增加属性，就是使块中的指定内容可以变化。要创建一个块属性，用户可以使用“定义属性”命令，先建立一个属性定义来描述属性特征，包括标记、提示符、属性值、文本格式、位置以及可选模式等。

在AutoCAD 2019中，用户可以通过以下方法执行“定义属性”命令。

- 执行“绘图>块>定义属性”命令。
- 在“默认”选项卡的“块”面板中单击“定义属性”按钮。
- 在命令行中输入ATTDEF，然后按回车键。

执行以上任意一种操作后，系统将自动打开“属性定义”对话框，如图6-11所示。

图 6-11 “属性定义”对话框

该对话框中各选项的应用介绍如下。

1.“模式”选项组

“模式”选项组用于在图形中插入块时，设定与块关联的属性值选项。

- 不可见：指定插入块时不显示或打印属性值。
- 固定：在插入块时赋予属性固定值，勾选该复选框，插入块时属性值不发生变化。
- 验证：插入块时提示验证属性值是否正确，勾选该复选框，插入块时系统将提示用户验证所输入的属性值是否正确。
- 预设：插入包含预设属性值的块时，将属性设定为默认值。勾选该复选框，插入块时，系统将把“默认”文本框中输入的默认值自动设置为实际属性值，不再要求用户输入新值。
- 锁定位置：锁定块参照中属性的位置。解锁后，属性可以相对于使用夹点编辑块的其他部分移动，并且可以调整多行文字属性的大小。
- 多行：指定属性值可以包含多行文字，勾选该复选框后，可以指定属性的边界宽度。

2.“属性”选项组

“属性”选项组用于设定属性数据。

- 标记：标识图形中每次出现的属性。
- 提示：指定在插入包含该属性定义的块时显示的提示。如果不输入提示，属性标记将用作提示。如果在“模式”选项组中勾选“固定”复选框，“提示”选项将不可用。
- 默认：指定默认属性值。单击右侧“插入字段”按钮，显示“字段”对话框，可以插入一个字段作为属性的全部或部分值；选定“多行”模式后，显示“多行编辑器”按钮，单击此按钮将弹出具有“文字格式”工具栏和标尺的在位文字编辑器。

3.“插入点”选项组

“插入点”选项组用于指定属性位置。输入坐标值或者勾选“在屏幕上指定”复选框，并使用定点设备根据与属性关联的对象指定属性的位置。

4.“文字设置”选项组

“文字设置”选项组用于设定属性文字的对正、样式、高度和旋转。

- 对正：用于设置属性文字相对于参照点的排列方式。
- 文字样式：指定属性文字的预定义样式。显示当前加载的文字样式。
- 注释性：指定属性为注释性。如果块是注释性的，则属性将与块的方向相匹配。
- 文字高度：指定属性文字的高度。
- 旋转：指定属性文字的旋转角度。
- 边界宽度：换行至下一行前，指定多行文字属性中一行文字的最大长度。此选项不适用于单行文字属性。

5.“在上一个属性定义下对齐”复选框

该复选框用于将属性标记直接置于之前定义的属性的下面。如果之前没有创建属性定义，则此选项不可用。

6.3.3 块属性管理器

当图块中包含属性定义时，属性将作为一种特殊的文本对象一同被插入。此时可使用“块属性管理器”工具编辑之前定义的块属性，然后使用“增强属性管理器”工具将属性标记赋予新值，使之符合相似图形对象的设置要求。

1. 块属性管理器

当编辑图形文件中多个图块的属性定义时，可以使用块属性管理器重新设置属性定义的构成、文字特性和图形特性等属性。

在“插入”选项卡的“块定义”面板中单击“管理属性”按钮，将打开“块属性管理器”对话框，如图6-12所示。

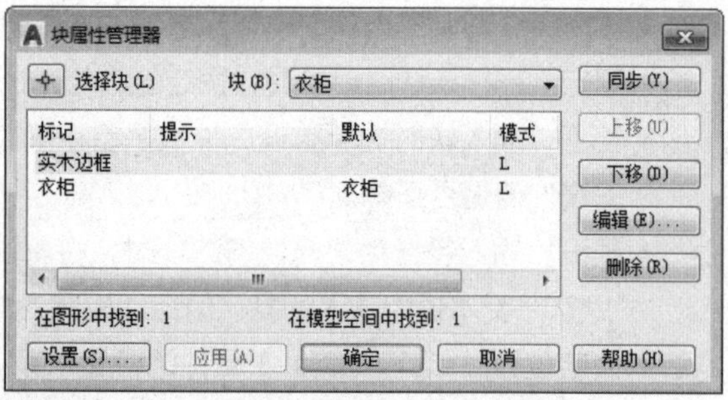

图 6-12 “块属性管理器”对话框

在该对话框中各选项含义介绍如下。

- 块：列出具有属性的当前图形中的所有块定义，选择要修改属性的块。
- 属性列表：显示所选块中每个属性的特性。
- 同步：更新具有当前定义属性特性的选定块的全部实例。
- 上移：在提示序列的早期阶段移动选定的属性标签。选定固定属性时，“上移”按钮不可用。
- 下移：在提示序列的后期阶段移动选定的属性标签。选定常量属性时，“下移”按钮不可使用。
- 编辑：单击该按钮，可打开“编辑属性”对话框，从中可以修改属性特性，如图6-13所示。
- 删除：从块定义中删除选定的属性。
- 设置：单击该按钮，打开“块属性设置”对话框，从中可以自定义“块属性管理器”中属性信息的列出方式，如图6-14所示。

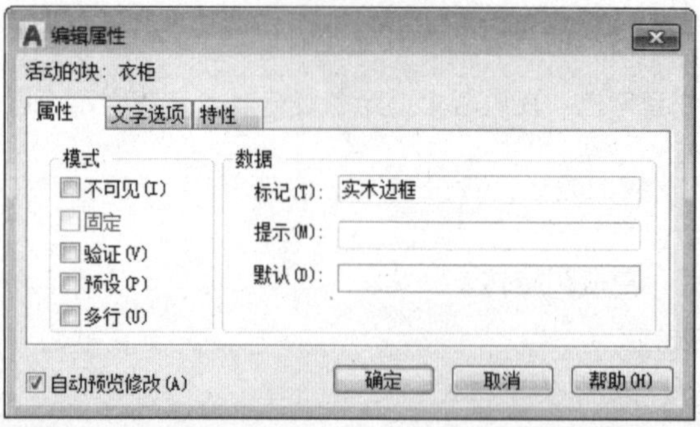

图 6-13 “编辑属性”对话框

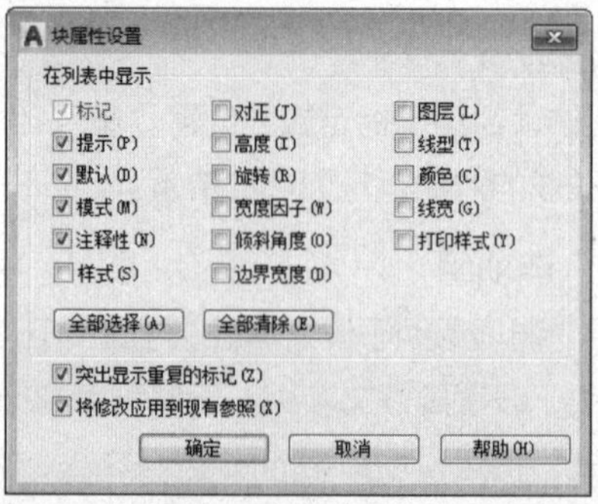

图 6-14 “块属性设置”对话框

工程师点拨：“块属性管理器”对话框

在“默认”选项卡的“块”面板中单击“创建块”按钮，即可打开“块属性管理器”对话框。

2. 增强属性编辑器

增强属性编辑器主要用于编辑块中定义的标记和值属性，与块属性管理器设置方法基本相同。

在“插入”选项卡的“块”面板中单击“编辑属性”下拉按钮，在展开的下拉列表中单击“单个”按钮，然后选择属性块，或者直接双击属性块，均可以打开“增强属性编辑器”对话框，如图6-15所示。

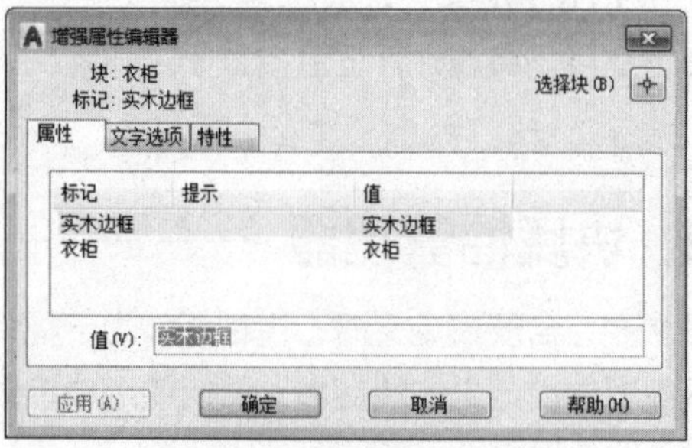

图 6-15 “增强属性编辑器”对话框

在该对话框中可指定属性块标记，在“值”文本框为属性块标记赋予值。此外，还可以分别利用“文字选项”和“特性”选项卡设置图块不同的文字格式和特性，如更改文字的格式、文字的图层、线宽以及颜色等属性。

工程师点拨：“增强属性编辑器”对话框

在“默认”选项卡的“块”面板中单击“编辑属性”下拉按钮，在展开的下拉列表中单击“单个”按钮，即可打开“增强属性编辑器”对话框。

6.4 外部参照的使用

外部参照是指在绘制图形过程中，将其他图形以块的形式插入，并且可以作为当前图形的一部分。外部参照和块不同，外部参照提供了一种更为灵活的图形引用方法。使用外部参照可以将多个图形链接到当前图形中，并且作为外部参照的图形会随着原图形的修改而更新。

6.4.1 附着外部参照

要使用外部参照图形，先要附着外部参照文件。在“插入”选项卡的“参照”面板中单击“附着”按钮，打开“选择参照文件”对话框，选择合适的文件，单击“打开”按钮，即可打开“附着外部参照”对话框，如图6-16所示。从中可将图形文件以外部参照的形式插入到当前图形中。

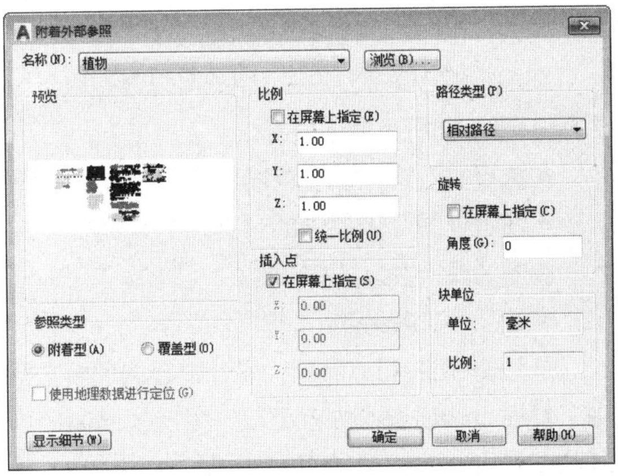

图 6-16 “附着外部参照”对话框

在“附着外部参照”对话框中，各主要选项的含义介绍如下。

- 浏览：单击该按钮将打开“选择参照文件”对话框，从中可以为当前图形选择新的外部参照。
- 参照类型：用于指定外部参照为“附着型”还是“覆盖型”。与附着型的外部参照不同，当覆盖型外部参照的图形作为外部参照附着到另一图形时，将忽略该覆盖型外部参照。
- 比例：用于指定所选外部参照的比例因子。
- 插入点：用于指定所选外部参照的插入点。
- 路径类型：设置是否保存外部参照的完整路径，如果选择该选项，外部参照的路径将保存到数据库中，否则将只保存外部参照的名称而不保存其路径。
- 旋转：为外部参照引用指定旋转角度。

6.4.2 绑定外部参照

将参照图形绑定到当前图形中，可以方便地进行图形发布和传递操作，并且不会出现无法显示参照的错误提示信息。

执行“修改>对象>外部参照>绑定”命令，打开“外部参照绑定”对话框。在该对话框中可以将块、尺寸样式、图层、线型以及文字样式中的依赖符添加到主图形中。绑定依赖符后，它们会永久地加

AutoCAD 2019 中文版基础教程

入到主图形中，且原来依赖符中的“|”符号变为“0”，如图6-17所示。

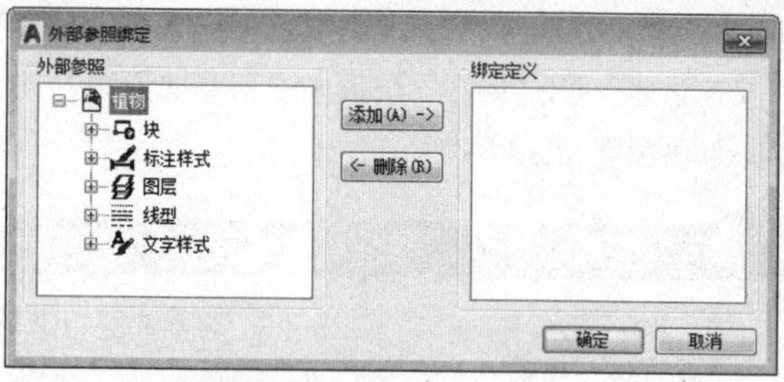

图 6-17 “外部参照绑定”对话框

6.5 设计中心的使用

应用AutoCAD的设计中心，用户可以访问图形、块、图案填充及其他图形内容，可以将原图形中的任何内容拖动到当前图形中使用，还可以在图形之间复制、粘贴对象属性，以避免重复操作。

6.5.1 设计中心选项板

设计中心选项板用于浏览、查找、预览以及插入内容，包括块、图案填充和外部参照。

在AutoCAD 2019中，用户可以通过以下方法打开图6-18所示的选项板。

- 执行“工具>选项板>设计中心”命令。
- 在“视图”选项卡的“选项板”面板中单击“设计中心”按钮▦。
- 按Ctrl+2组合键。

从图6-18中可以看到，设计中心选项板主要由工具栏、选项卡、内容窗口、树状视图窗口、预览窗口和说明窗口6个部分组成。

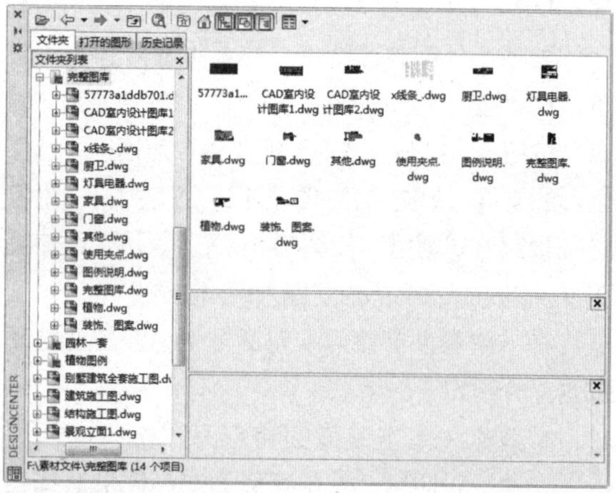

图 6-18 设计中心选项板

1. 工具栏

工具栏控制着树状图和内容区中信息的显示，各选项作用如下。

- 加载：单击该按钮打开“加载”对话框（标准文件选择对话框）。使用“加载”浏览本地和网络驱动器或Web上的文件，然后选择内容加载到内容区域。
- 上一级：单击该按钮，将会在内容窗口或树状视图中显示上一级内容、内容类型、内容源、文件夹、驱动器等内容。
- 主页：将设计中心返回到默认文件夹，用户可以使用树状图中的快捷菜单更改默认文件夹。
- 树状图切换：显示和隐藏树状视图。若绘图区域需要更多的空间，则可以隐藏树状图。树状图隐藏后，可以使用内容区域浏览容器并加载内容。在树状图中使用“历史记录”列表时，“树状图切换”按钮不可用。
- 预览：显示和隐藏内容区域窗格中选定项目的预览。
- 说明：显示和隐藏内容区域窗格中选定项目的文字说明。

2. 选项卡

设计中心共由3个选项卡组成，分别为“文件夹”、“打开的图形”和“历史记录”。

- 文件夹：该选项卡可以方便地浏览本地磁盘或局域网中所有的文件夹、图形和项目内容。
- 打开的图形：该选项卡显示了所有打开的图形，以便查看或复制图形内容。
- 历史记录：该选项卡主要用于显示最近编辑过的图形名称及目录。

6.5.2 插入设计中心内容

通过AutoCAD 2019设计中心，可以很方便地在当前图形中插入图块、引用图像和外部参照，及在图形之间复制图层、图块、线型、文字样式、标注样式和用户定义等内容。

打开设计中心选项板，在“文件夹列表”中查找文件的保存目录，并在内容区域选择需要插入为块的图形并右击，在打开的快捷菜单中选择“插入为块”命令，如图6-19所示。打开“插入”对话框，从中进行相应的设置，单击“确定”按钮即可，如图6-20所示。

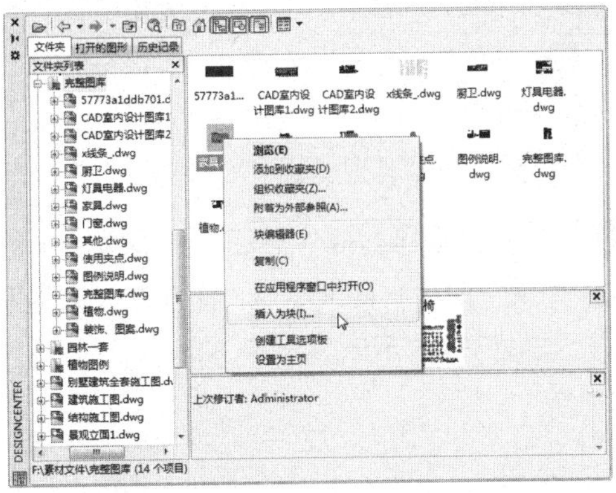

图 6-19 选择“插入为块”命令

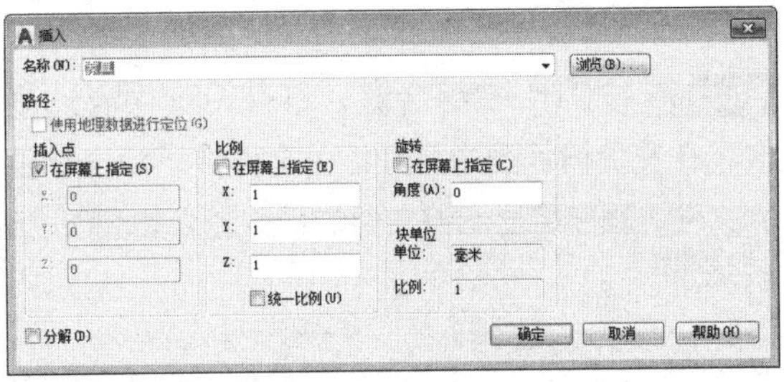

图 6-20 “插入”对话框

上机实践 绘制卧室立面图

实践目的 通过本实训的练习，使用户可以熟练使用“插入”命令插入块或运用设计中心插入块等操作。

实践内容 应用本章所学知识绘制卧室立面图。

实践步骤 首先打开所需的户型图文件，然后使用“插入”命令或设计中心选项板在图形中插入图块。

Step 01 打开素材文件，如图6-21所示。

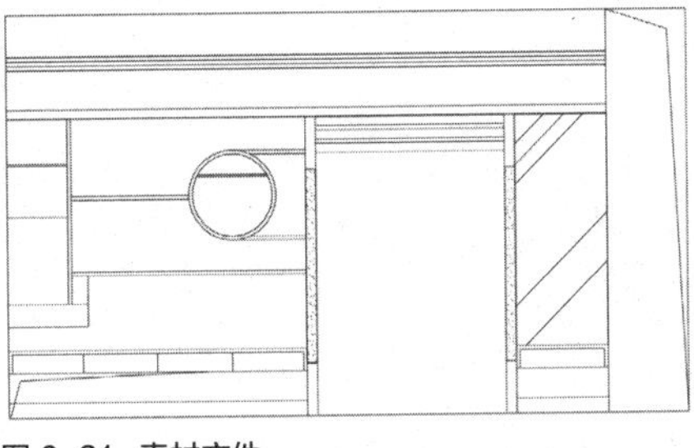

图 6-21 素材文件

Step 02 在“插入”选项卡的“块”面板中单击“插入”按钮，在打开的“插入”对话框中，单击“浏览”按钮，如图6-22所示。

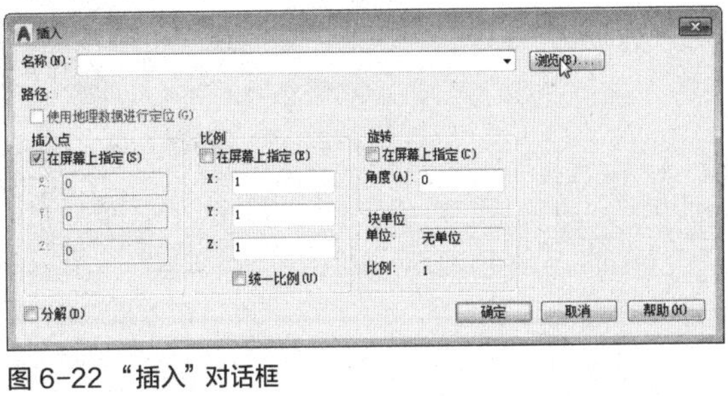

图 6-22 “插入”对话框

AutoCAD 2019 中文版基础教程

Step 03 打开“选择图形文件”对话框，选择“双人床”图形文件，然后单击“打开”按钮，如图6-23所示。

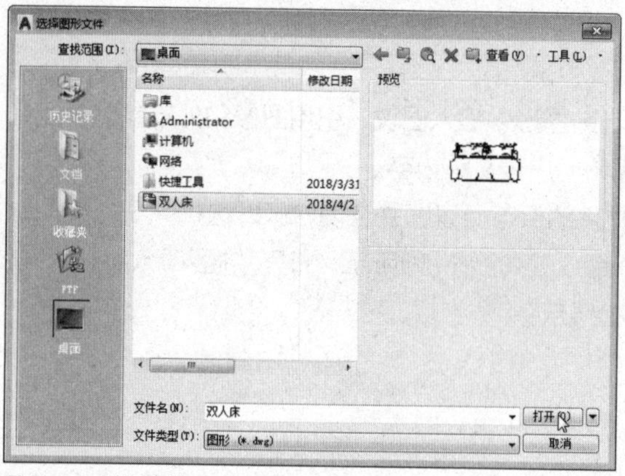

图 6-23　选择文件

Step 04 返回上级对话框，单击“确定”按钮，在绘图区中指定基点，将插入的图形对象放置于合适的位置，如图6-24所示。

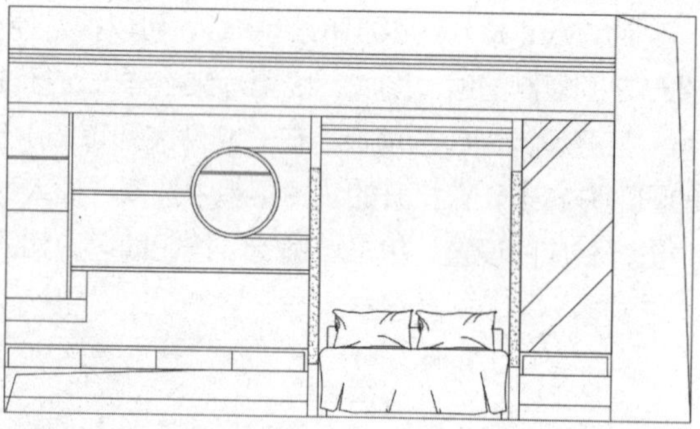

图 6-24　插入双人床

Step 05 按Ctrl+2组合键，打开设计中心选项板，在左侧树状图中打开相关文件夹，单击想要的文件，程序将显示该文件的预览图，如图6-25所示。

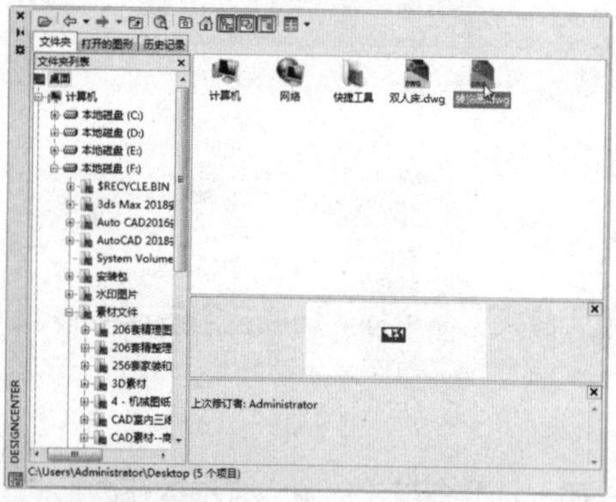

图 6-25　选择文件

Step 06 单击鼠标右键，然后从快捷菜单中选择“插入为块”命令，插入图块，放在双人床图形的上方，如图6-26所示。

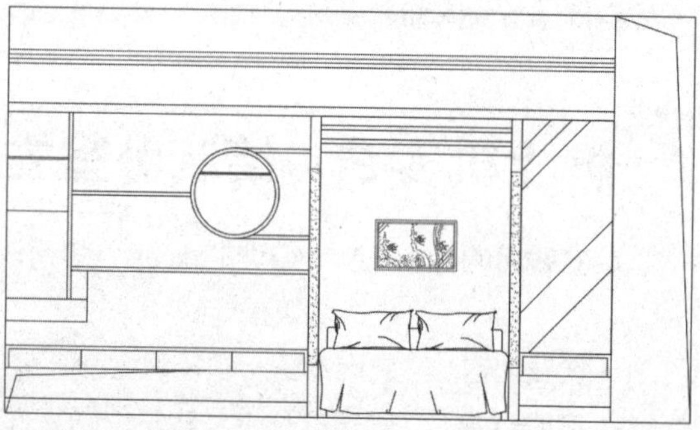

图 6-26　插入图形

Step 07 按照以上操作方法，插入其余装饰品图形，完成图形的绘制，如图6-27所示。

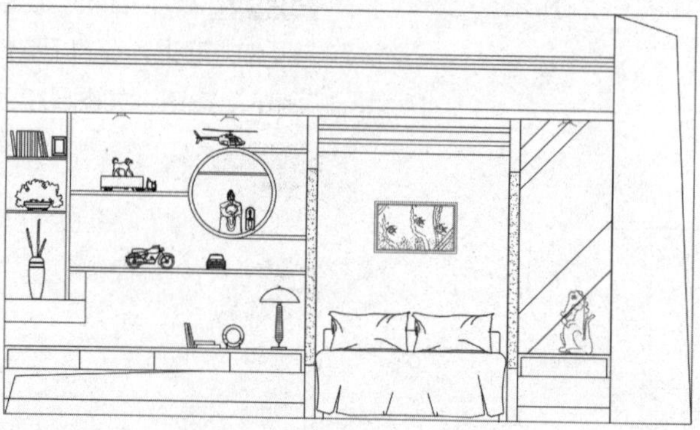

图 6-27　查看卧室立面图的效果

课后练习

在绘图过程中，若经常需要绘制一些重复的、经常使用的图形，为了避免重复绘制图形，提高绘图效率，可以使用AutoCAD的将图形创建成块功能。学习了图块、外部参照和设计中心应用的相关知识后，下面将通过相应的练习习题，巩固所学知识。

一、填空题

1、块是一个或多个对象组成的________，常用于绘制复杂、重复的图形。

2、使用________命令，可以将文件中的块作为单独的对象保存为一个新文件，被保存的新文件可以被其他对象使用。

3、________功能主要用于编辑块中定义的标记和值属性。

二、选择题

1、AutoCAD中块定义属性的快捷键是（　　）。

A、Ctrl+1　　B、W　　C、ATT　　D、B

2、下列（　　）项目不能用块属性管理器进行修改。

A、属性的可见性　　B、属性文字如何显示

C、属性所在的图层和属性行的颜色、宽度及类型　　D、属性的个数

3、创建对象编组和定义块的不同在于（　　）。

A、是否定义名称　　B、是否选择包含对象

C、是否有基点　　D、是否有说明

4、在AutoCAD中，打开设计中心选项板的组合键是（　　）。

A、Ctrl+1　　B、Ctrl+2　　C、Ctrl+3　　D、Ctrl+4

三、操作题

1、块的使用不仅提高了绘图效率，还节省了存储空间，便于修改图形并能够为其添加相应的属性。下面将装饰镜和盆栽图形插入到装饰镜中，如图6-28所示。

2、将窗帘图形创建为块，如图6-29所示。

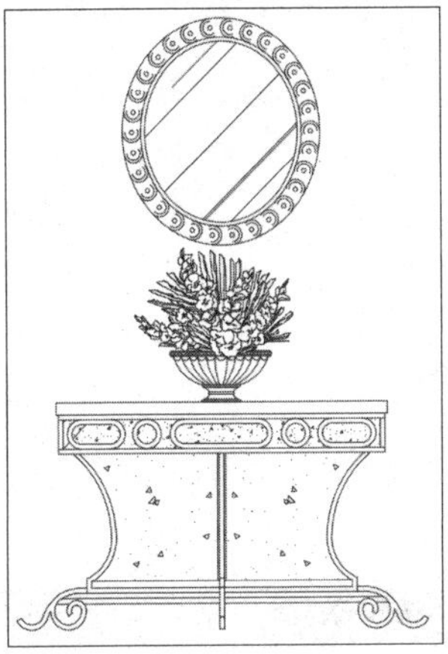

图 6-28　插入块

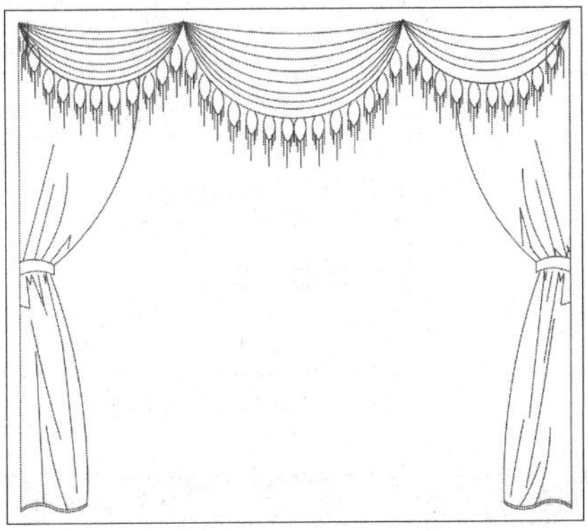

图 6-29　将窗帘创建为块

AutoCAD 2019 中文版基础教程

Chapter 07 文本与表格的应用

课题概述 文字对象是AutoCAD图形中很重要的元素，是各种图纸中不可缺少的组成部分。添加文字标注的目的是为了表达各种信息，如图纸中使用材料列表或添加技术要求等都需要使用文字注释。

教学目标 通过对本章内容的学习，用户可以熟悉并掌握文字标注与编辑、文字样式的设置、单行和多行文本的应用等内容，从而轻松绘制出更加完善的图纸。

章节重点

★★★★ | 编辑多行文本
★★★☆ | 创建多行文本、编辑单行文本
★★☆☆ | 创建单行文本
★★☆☆ | 创建和编辑文字样式

光盘路径

上机实践： 实例文件\第 7 章\上机实践\为户型图添加文字注释

课后练习： 实例文件\第 7 章\课后练习

7.1 创建文字样式

在进行文字标注之前，应先对文字样式进行设置，从而方便、快捷地对图形对象进行标注，得到统一、标准、美观的文字注释。定义文字样式包括选择字体文件、设置文字高度、设置宽度比例等。

在AutoCAD 2019中，可以使用“文字样式”对话框来创建和修改文本样式。用户可以通过以下方法打开“文字样式”对话框。

- 执行“格式>文字样式”命令。
- 在“默认”选项卡的“注释”面板中单击“文字样式”按钮A。
- 在“注释”选项卡的“文字”面板中单击右下角箭头↘。
- 在命令行中输入快捷命令ST，然后按回车键。

执行以上任意一种操作，都将打开“文字样式”对话框，如图7-1所示。在该对话框中，用户可创建新的文字样式，也可对已定义的文字样式进行编辑。

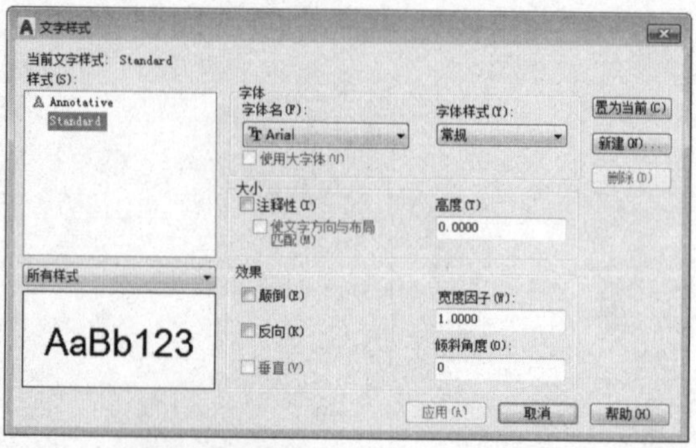

图 7-1 “文字样式”对话框

工程师点拨：为何不能删除Standard文字样式

Standard是AutoCAD 默认的文字样式，既不能删除，也不能重命名。另外，当前图形文件中正在使用的文字样式也不能删除。

7.1.1 设置文字样式名

在AutoCAD 2019中，对文字样式名的设置包括新建文本样式名和对已定义的文字样式更改名称。其中，“新建”和“删除”按钮的作用如下。

- 新建：用于创建新文字样式。单击该按钮，打开“新建文字样式”对话框，如图7-2所示。在该对话框的“样式名”文本框中输入新的样式名，然后单击“确定”按钮。
- 删除：用于删除在样式名下拉列表中所选择的文字样式。单击此按钮，在弹出的对话框中单击“确定”按钮即可，如图7-3所示。

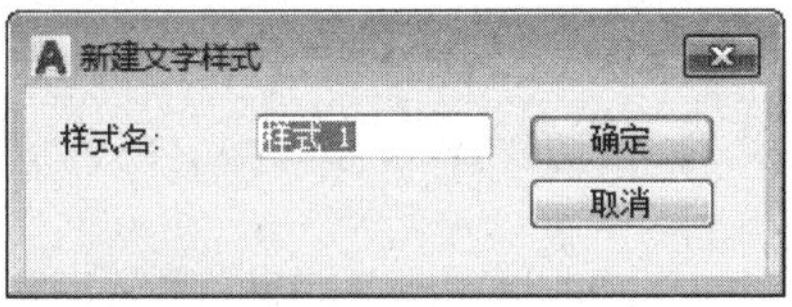

图 7-2 “新建文字样式”对话框

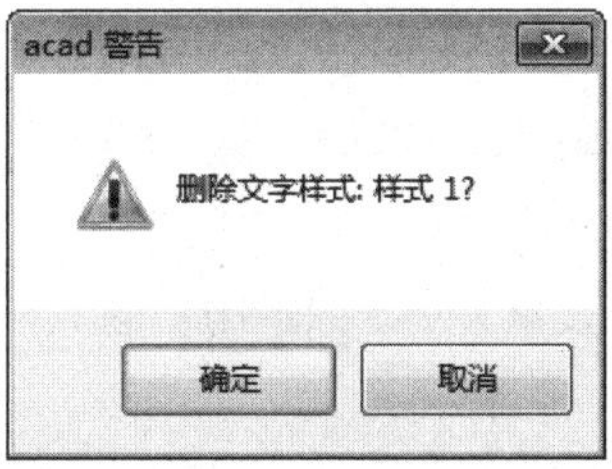

图 7-3 单击“确定”按钮

7.1.2 设置文字字体

在AutoCAD 2019中，对文本字体的设置主要是指选择字体文件和定义文字高度。系统中可使用的字体文件分为两种：一种是普通字体，即TrueType字体文件；另一种是AutoCAD特有的字体文件（.shx）。

在“字体”和“大小”选项组中，各选项功能介绍如下。

- 字体名：在该下拉列表中，列出了Windows注册的TrueType字体文件和AutoCAD特有的字体文件（.shx）。
- 字体样式：指定字体格式，比如斜体、粗体或者常规字体。选定“使用大字体”后，该选项变为“大字体”，用于选择大字体文件。
- 使用大字体：指定亚洲语言的大字体文件。只有（.shx）文件可以创建“大字体”。
- 注释性：指定文字为注释性。
- 使文字方向与布局匹配：指定图纸空间视口中的文字方向与布局方向匹配。如果未勾选“注释性”复选框，则该选项不可用。
- 高度：用于设置文字的高度。AutoCAD 2019的默认值为0，如果设置为默认值，在文本标注时，AutoCAD 2019定义文字高度为2.5mm，用户可重新进行设置。

在字体名中，有一类字体前带有@，如果选择了该类字体样式，则标注的文字效果为向左旋转90°。

工程师点拨：中文标注前提

只有选择了有中文字库的字体文件，如宋体、仿宋体、楷体或大字体中的Hztxt.shx等字体文件，才能正常进行中文标注，否则会出现问号或者乱码。

7.1.3 设置文本效果

在AutoCAD 2019中，用户可以根据需要修改字体的特性，例如高度、宽度因子、倾斜角、是否颠倒显示、反向或垂直对齐。“效果”选项组中各选项功能介绍如下。

AutoCAD 2019 中文版基础教程

- 颠倒：颠倒显示字符，用于将文字旋转180°，如图7-4所示。
- 反向：用于将文字以镜像方式显示，如图7-5所示。

图 7-4　颠倒效果

图 7-5　反向效果

- 垂直：显示垂直对齐的字符。只有在选定字体支持双向时“垂直”才可用。TrueType字体的垂直定位不可用。
- 宽度因子：设置字符间距。输入小于1.0的值将压缩文字，输入大于1.0的值则扩大文字。图7-6所示字体的宽度为1.5。
- 倾斜角度：设置文字的倾斜角，输入-85和85之间的值将使文字倾斜。图7-7所示字体的倾斜角度为30。

图 7-6　宽度为 1.5

图 7-7　倾斜角度为 30

工程师点拨：设置颠倒和反向文字效果范围

在“效果”选项组中进行的颠倒和反向文字效果设置只限于单行文字标注。

7.1.4　预览与应用文本样式

在AutoCAD 2019中，对文字样式的设置效果，可在“文字样式”对话框的相应区域进行预览。单击“应用”按钮，将当前设置的文字样式应用到AutoCAD正在编辑的图形中，作为当前文字样式。

- 应用：用于将当前的文字样式应用到AutoCAD正在编辑的图形中。
- 取消：放弃文字样式的设置，并关闭“文字样式”对话框。
- 关闭：关闭“文字样式”对话框，同时保存对文字样式的设置。

7.2　创建与编辑单行文本

单行文字就是将每一行文字作为一个文字对象，一次性地在图纸中的任意位置添加所需的文本内容，并且可对每个文字对象进行单独修改。下面将向用户介绍单行文本的标注与编辑，以及在文本标注中使用控制符输入特殊字符的方法。

7.2.1　创建单行文本

在AutoCAD 2019中，用户可以通过以下方法执行“单行文字”命令。

- 执行“绘图>文字>单行文字”命令。
- 在“默认”选项卡的“注释”面板中单击“单行文字”按钮A。
- 在“注释”选项卡的“文字”面板中单击“单行文字”按钮A。

- 在命令行中输入命令TEXT，然后按回车键。

执行上述命令后，命令行提示内容如下。

```
指定文字的起点 或 [对正(J)/样式(S)]:
指定高度 <2.5000>:
指定文字的旋转角度 <0>:
```

其中，命令行中各选项的含义介绍如下。

1. 指定文字的起点

在绘图区单击一点，确定文字的高度后，将指定文字的旋转角度，按回车键即可完成创建。

在执行“单行文字”命令过程中，用户可随时通过鼠标确定下一行文字的起点，也可按回车键换行，但输入的文字与前面的文字属于不同的实体。

工程师点拨：设置文字高度

如果用户在当前使用的文字样式中设置文字高度，那么在文本标注时，AutoCAD将不提示“指定高度<2.5000>”。

2.“对正”选项

该选项用于确定标注文本的排列方式和排列方向。AutoCAD 2019用直线确定标注文本的位置，分别是顶线、中线、基线和底线。选择该选项后，命令行提示内容如下。

```
输入选项 [对齐(A)/布满(F)/居中(C)/中间(M)/右对齐(R)/左上(TL)/中上(TC)/右上(TR)/左中(ML)/正中(MC)/
右中(MR)/左下(BL)/中下(BC)/右下(BR)]:
```

- 对齐：通过指定基线端点来指定文字的高度和方向。
- 布满：指定文字按照由两点定义的方向和一个高度值布满一个区域。

7.2.2 使用文字控制符

在文本标注中，经常需要标注一些不能直接利用键盘输入的特殊字符，如直径“Φ”、角度“°”等。AutoCAD 2019为输入这些字符提供了控制符，如下表所示。可以通过输入控制符来输入特殊的字符。在单行文本标注和多行文本标注中，控制符的使用方法有所不同。

表 特殊字符控制符

控制符	对应特殊字符	控制符	对应特殊字符
%%C	直径（Φ）符号	%%D	度（°）符号
%%O	上划线符号	%%P	正负公差（±）符号
%%U	下划线符号	\U+2238	约等于（≈）符号
%%%	百分号（%）符号	\U+2220	角度（∠）符号

1. 在单行文本中使用文字控制符

在需要使用特殊字符的位置直接输入相应的控制符，那么输入的控制符将会显示在图中特殊字符的位置上，当单行文本标注命令执行结束后，控制符将会自动转换为相应的特殊字符。

工程师点拨：%%O和%%U开关上下划线

%%O和%%U是两个切换开关，第一次输入时打开上划线或下划线功能，第二次输入则关闭上划线或下划线功能。

2. 在多行文本中使用文字控制符

标注多行文本时，可以灵活地输入特殊字符，因为其本身具有一些格式化选项。在“多行文字编辑器”选项卡的“插入”面板中单击“符号”下拉按钮，在展开的下拉列表中将会列出特殊字符的控制符选项，如图7-8所示。

另外，在“符号”下拉列表中选择“其他”选项，将弹出“字符映射表”对话框，从中选择所需字符进行输入即可，如图7-9所示。

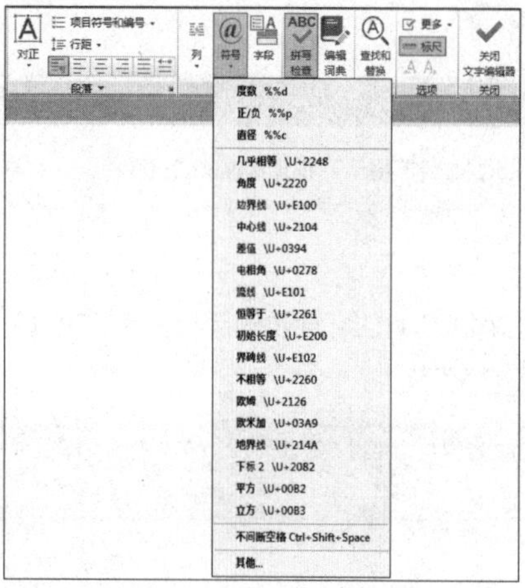

图 7-8 控制符

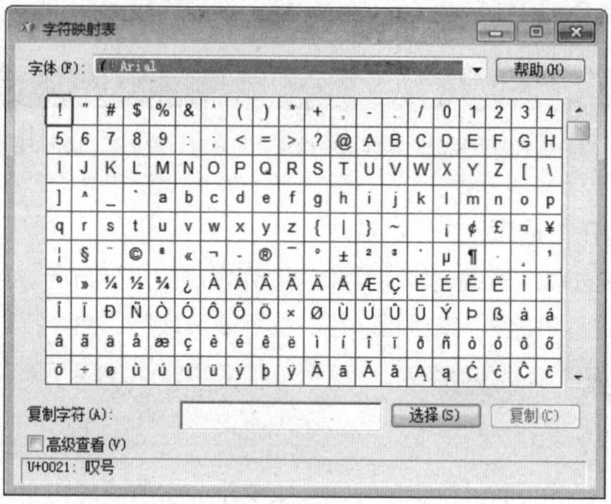

图 7-9 “字符映射表”对话框

在“字符映射表”对话框中，通过“字体”下拉列表选择不同的字体，选择所需字符，如图7-10所示。然后单击“选择”按钮，选中的字符会显示在“复制字符”文本框中，单击“复制”按钮，选中的字符即被复制到剪贴板中，如图7-11所示。最后打开多行文本编辑框的快捷菜单，选择“粘贴”命令，即可插入所选字符。

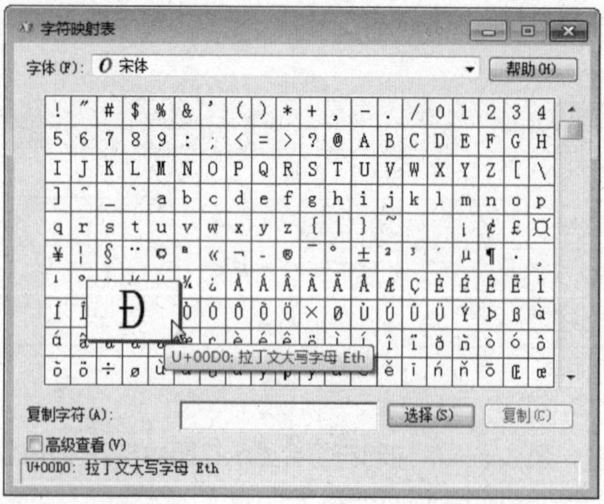

图 7-10 选择字符

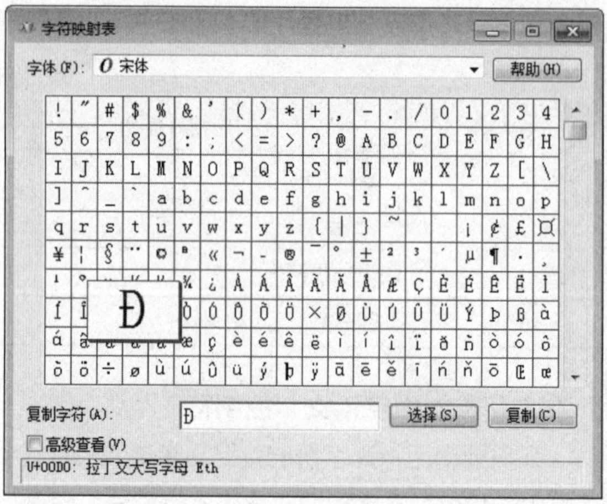

图 7-11 复制字符

7.2.3 编辑单行文本

若对已标注的文本进行修改，如文字的内容、对正方式以及缩放比例等，可应用DDEDIT命令编辑和“特性”选项板进行编辑。

1. 用 DDEDIT 命令编辑单行文本

在AutoCAD 2019中，用户可以通过以下方法执行文本编辑命令。

- 执行“修改>对象>文字>编辑”命令。
- 在命令行中输入DDEDIT，然后按回车键。

执行以上任意一种操作后，在绘图窗口中单击要编辑的单行文字，即可进入文字编辑状态，对文本内容进行相应的修改，如图7-12所示。

图 7-12 文字编辑状态

2. 使用“特性”选项板编辑单行文本

选择要编辑的单行文本，单击鼠标右键，在弹出快捷菜单中选择“特性”命令，打开“特性”选项板，在“文字”展卷栏中，可对文字进行修改，如图7-13所示。

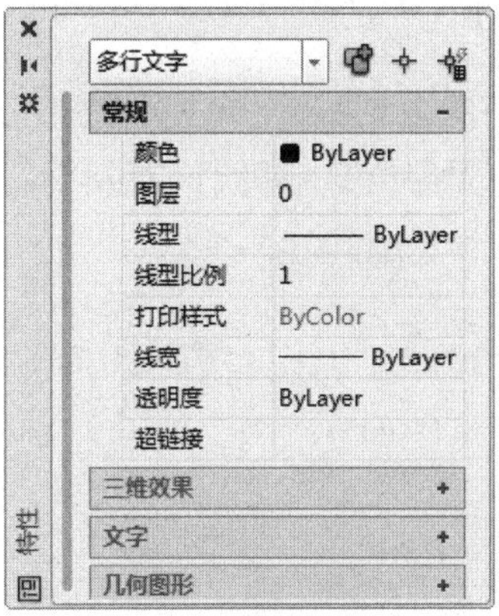

图 7-13 “特性”选项板

该选项板中各选项的作用如下。

- 常规：用于修改文本颜色和所属的图层。
- 三维效果：用于设置三维材质。
- 文字：用于修改文字的内容、样式、对正方式、高度、旋转角度、倾斜角度和宽度比例等。
- 几何图形：用于修改文本的起始点位置。

示例7-1：为组合沙发图形创建文字标注并对其进行编辑。

Step 01 执行“格式>文字样式”命令，打开“文字样式”对话框，单击“新建”按钮，如图7-14所示。

Step 02 打开“新建文字样式”对话框，输入样式名为“文字注释”，如图7-15所示。

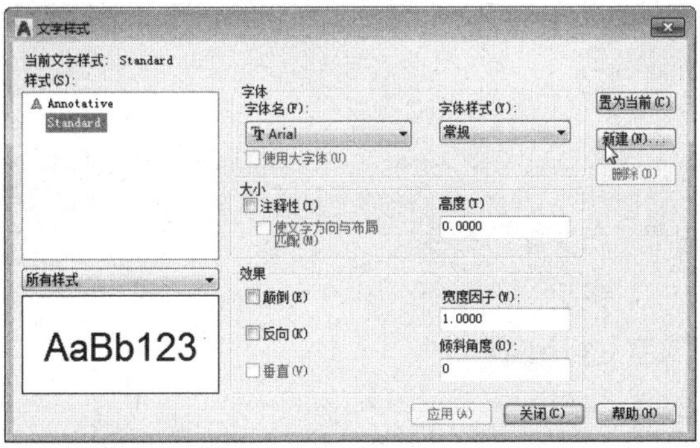

图 7-14 单击“新建”按钮

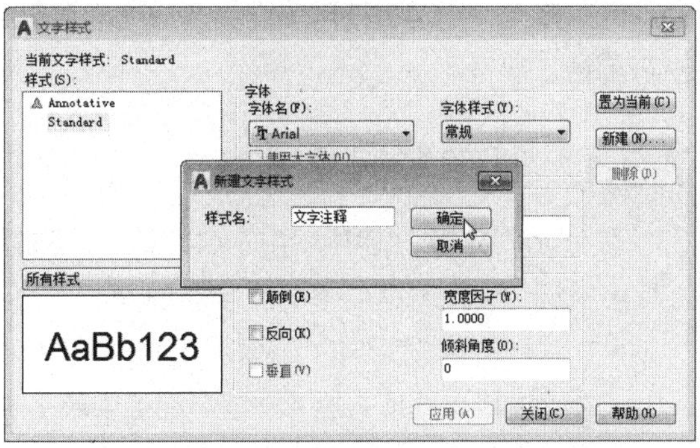

图 7-15 输入样式名

Step 03 单击“确定”按钮返回到上级对话框，在“字体名”下拉列表中选择“宋体”，设置文字高度为200，如图7-16所示。

Step 04 依次单击“应用”、“置为当前”、“关闭”按钮，关闭对话框。执行“单行文字”命令，创建文字注释，如图7-17所示。

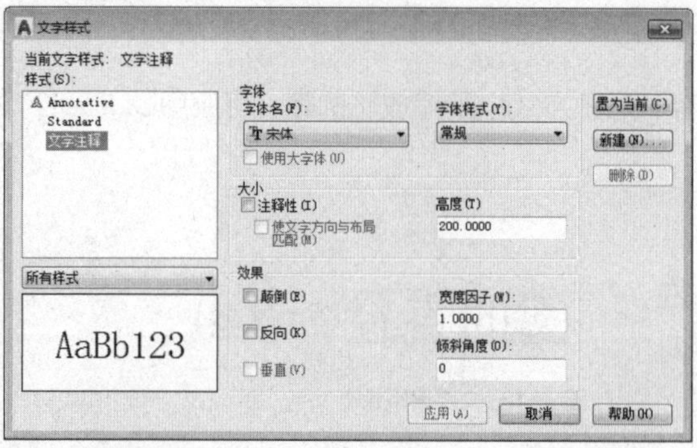

图 7-16 设置参数

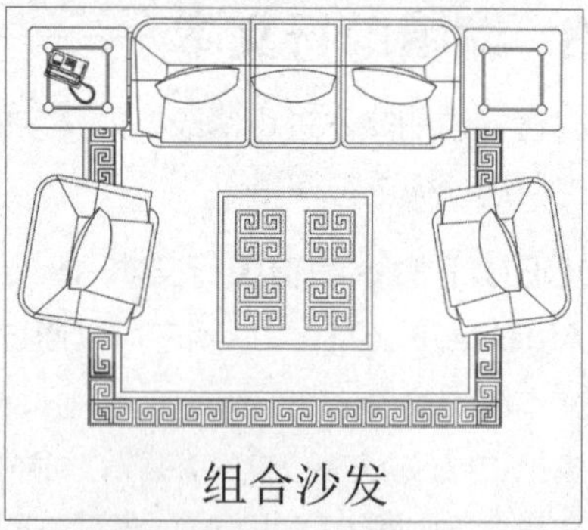

图 7-17 创建文字注释

Step 05 选择创建好的文字注释，单击鼠标右键，在快捷菜单中选择“特性”命令，打开“特性”选项板，设置宽度因子和倾斜角度，如图7-18所示。

Step 06 编辑后的效果如图7-19所示。

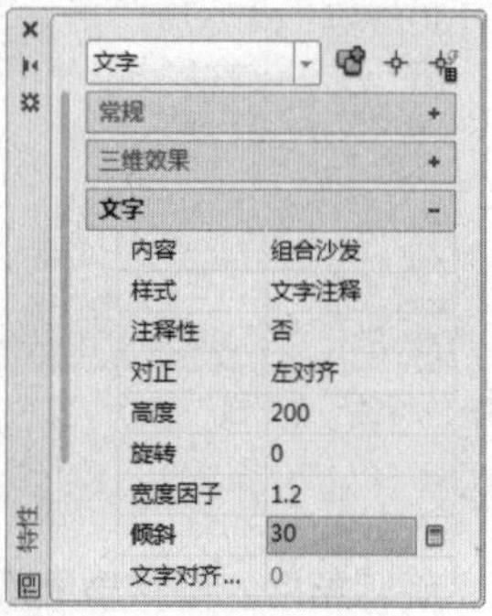

图 7-18 设置参数

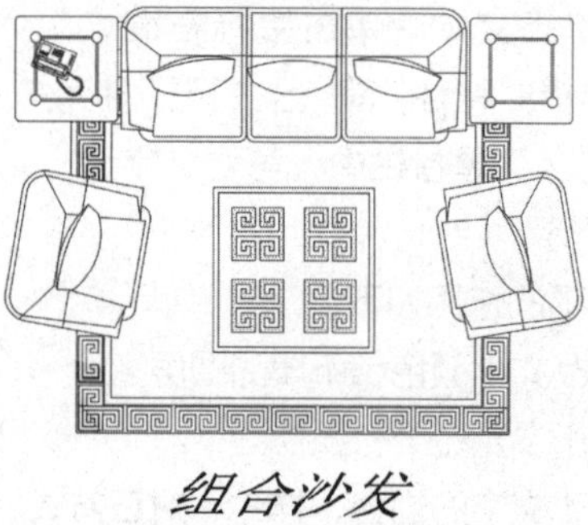

图 7-19 编辑文字注释

7.3 创建与编辑多行文本

多行文本包含一个或多个文字段落，可作为单一的对象处理。在输入文字标注之前需要先指定文字边框的对角点，文字边框用于定义多行文字对象中段落的宽度。多行文本可在“文字编辑器”选项卡中进行编辑。

7.3.1 创建多行文本

在AutoCAD 2019中，用户可以通过以下方法执行“多行文字”命令。

- 执行“绘图>文字>多行文字”命令。
- 在“默认”选项卡的“注释”面板中单击“多行文字”按钮A。
- 在“注释”选项卡的“文字”面板中单击“多行文字”按钮A。
- 在命令行中输入快捷命令T，然后按回车键。

执行“多行文字”命令后，命令行提示内容如下。

```
命令： _mtext
当前文字样式： "Standard"  文字高度： 100  注释性： 否
指定第一角点：
指定对角点或 [高度(H)/对正(J)/行距(L)/旋转(R)/样式(S)/宽度(W)/栏(C)]:
```

其中，命令行中各选项含义介绍如下。

- 对正：用于设置文本的排列方式。
- 行距：指定多行文字对象的行距。行距是一行文字的底部（或基线）与下一行文字底部之间的垂直距离。
- 样式：用于指定多行文字的文字样式。其中“样式名”用于指定文字样式名；“?—列出样式”用于列出文字样式名称和特性。
- 栏：指定多行文字对象的栏选项。“静态”指定总栏宽、栏数、栏间距宽度（栏之间的间距）和栏高；“动态”指定栏宽、栏间距宽度和栏高。动态栏由文字驱动。调整栏将影响文字流，而文字流将导致添加或删除栏；“不分栏”将不分栏模式设置给当前多行文字对象。

在绘图区域中通过指定对角点，框选出文字的输入范围，如图7-20所示。在文本框中输入文字即可，如图7-21所示。

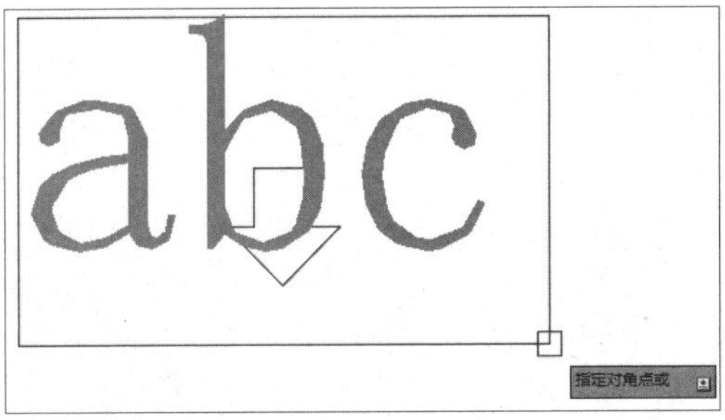

图 7-20　指定对角点

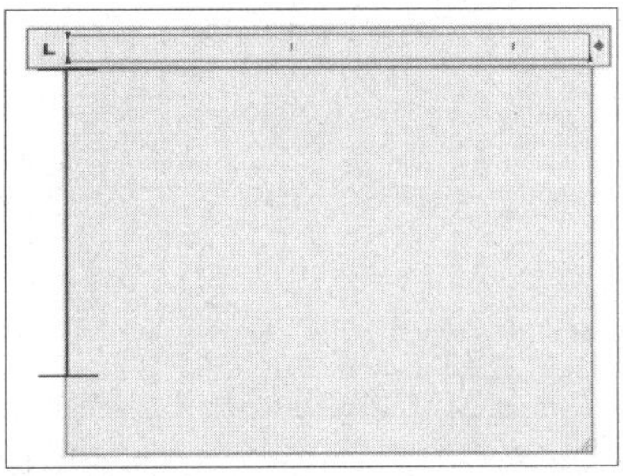
图 7-21　文本框

在系统自动打开的“文本编辑器”选项卡中可对文字的样式、字体、加粗以及颜色等属性进行设置，如图7-22所示。

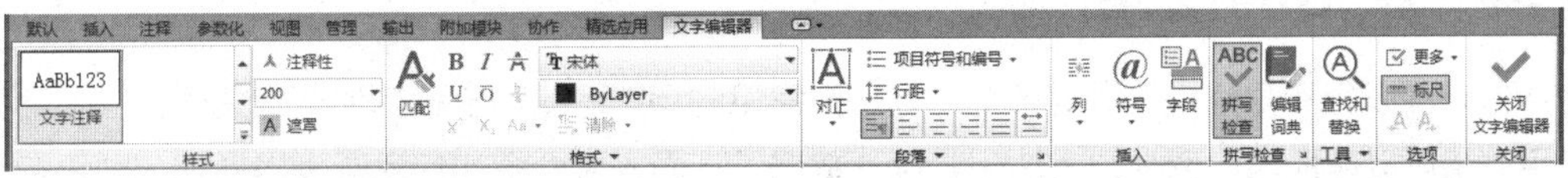

图 7-22　“文字编辑器”选项卡

7.3.2　编辑多行文本

编辑多行文本与编辑单行文本一样，都可以使用DDEDIT命令和“特性”选项板进行多行文字的编辑。

1. 使用 DDEDIT 命令编辑多行文本

执行“修改>对象>文字>编辑”命令，选择多行文本作为编辑对象，将会弹出“文字编辑器”选项卡和文本编辑框。同创建单行文字一样，在“文字编辑器”选项卡中，可对多行文字进行字体属性的设置。

2. 使用“特性”选项板编辑多行文本

选取多行文本后右击，在打开的快捷菜单中选择“特性”命令，打开“特性”选项板，如图7-23所示。

与单行文本的“特性”选项板不同的是，没有“其他”选项组，“文字”选项组中增加了行距比例、行间距、行距样式3个选项。但缺少了“倾斜”和“宽度因子”选项。

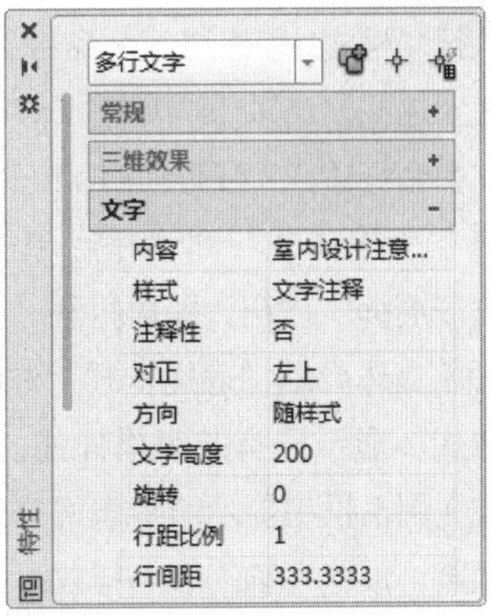

图 7-23　多行文字“特性”选项板

AutoCAD 2019 中文版基础教程

7.3.3 拼写检查

在AutoCAD 2019中，用户可以对当前图形的所有文字进行拼音检查，包括单行文字、多行文本等内容。

执行“工具>拼写检查”命令或在“注释”选项卡的“文字”面板中单击“拼写检查”按钮，都将打开“拼写检查”对话框，如图7-24所示。在“要进行检查的位置”下拉列表中设置要进行检查的位置，单击“开始”按钮，即可进行检查。

执行“编辑>查找”命令，打开“查找和替换”对话框，可以对已输入的一段文本中的部分文字进行查找和替换，如图7-25所示。

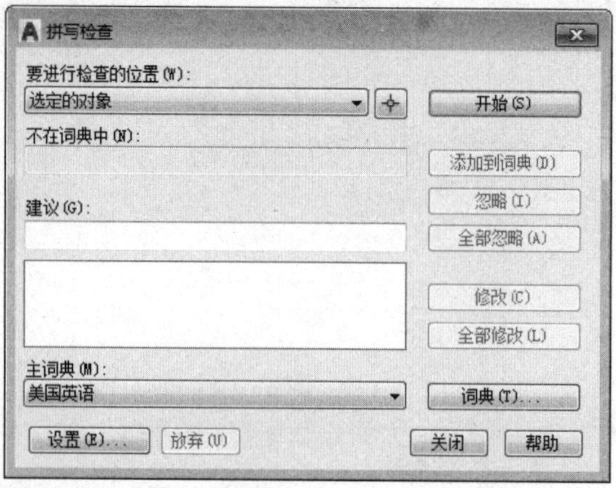

图 7-24 “拼写检查”对话框

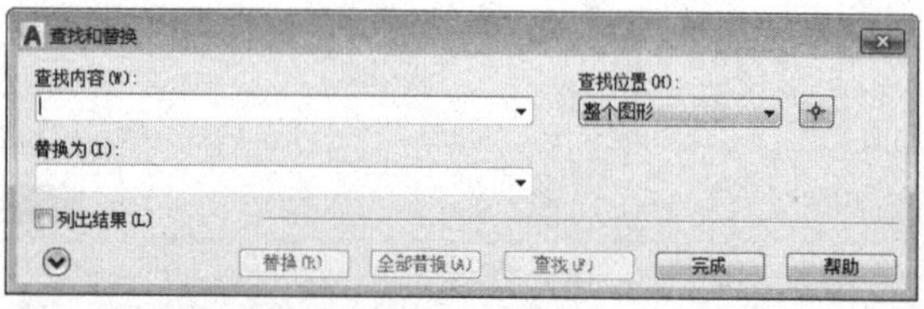

图 7-25 “查找和替换”对话框

7.4 表格的使用

表格是一种以行和列格式提供信息的工具，最常见的用法是门窗表和其他一些关于材料、面积的表格。使用表格可以帮助用户清晰地表达一些统计数据。下面主要介绍如何设置表格样式、创建和编辑表格以及调用外部表格等知识。

7.4.1 设置表格样式

在创建表格前要设置表格样式，方便之后调用。在“表格样式”对话框中可以选择设置表格样式的方式，用户可以通过以下方式打开“表格样式”对话框。

- 执行“格式>表格样式”命令。
- 在“注释”选项卡中单击“表格”面板右下角的对话框启动器按钮。
- 在命令行输入TABLESTYLE命令并按回车键。

打开“表格样式”对话框后单击“新建”按钮，如图7-26所示。在打开的对话框中输入表格名称，单击“继续”按钮，即可打开“新建表格样式”对话框，如图7-27所示。

下面将具体介绍“表格样式”对话框中各选项的含义。

- 样式：显示已有的表格样式。单击“所有样式”下拉按钮，在弹出的下拉列表中可以设置“样式”列表框是显示所有表格样式还是正在使用的表格样式。
- 预览：预览当前的表格样式。
- 置为当前：将选中的表格样式置为当前。

- 新建：单击“新建”按钮，即可新建表格样式。
- 修改：修改已经创建好的表格样式。
- 删除：删除选中的表格样式。

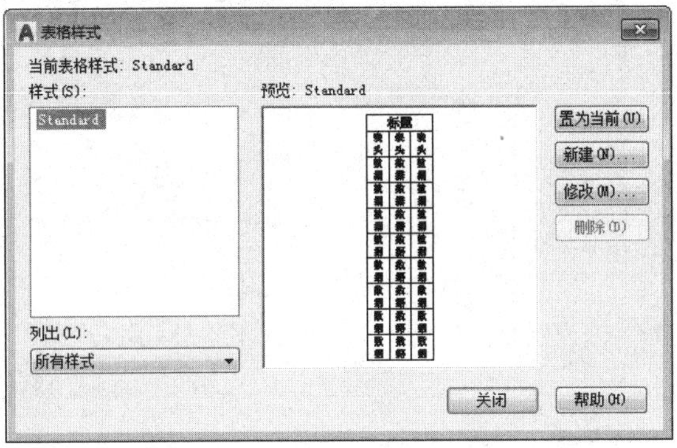

图 7-26 “表格样式”对话框

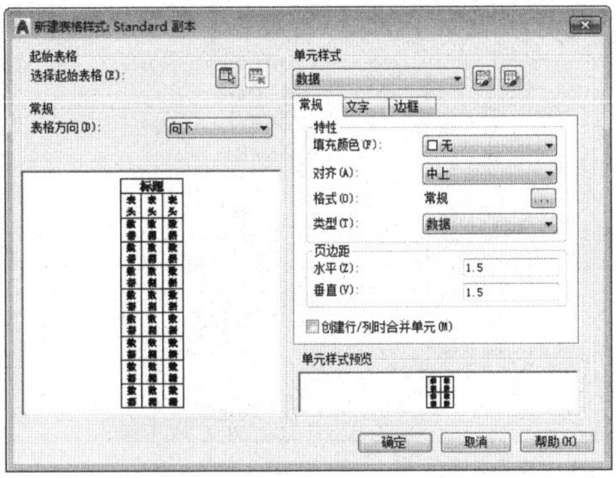

图 7-27 “新建表格样式”对话框

在“新建表格样式”对话框的“单元样式”选项组中，单击“标题”下拉按钮，下拉列表框中包含“数据”、“标题”和“表头”3个选项。在“常规”、“文字”和“边框”3个选项卡中，可以分别设置“数据”、“标题”和“表头”的相应样式。

1.“常规”选项卡

在“常规”选项卡中可以设置表格的颜色、对齐方式、格式、类型和页边距等特性。下面具体介绍该选型卡各选项的含义。

- 填充颜色：设置表格的背景填充颜色。
- 对齐：设置表格文字的对齐方式。
- 格式：设置表格中的数据格式，单击右侧的...按钮，即可打开“表格单元格式”对话框，在对话框中可以设置表格的数据格式，如图7-28所示。
- 类型：设置是数据类型还是标签类型。
- 页边距：设置表格内容距边线的水平和垂直距离，如图7-29所示。

图 7-28 “表格单元格式”对话框

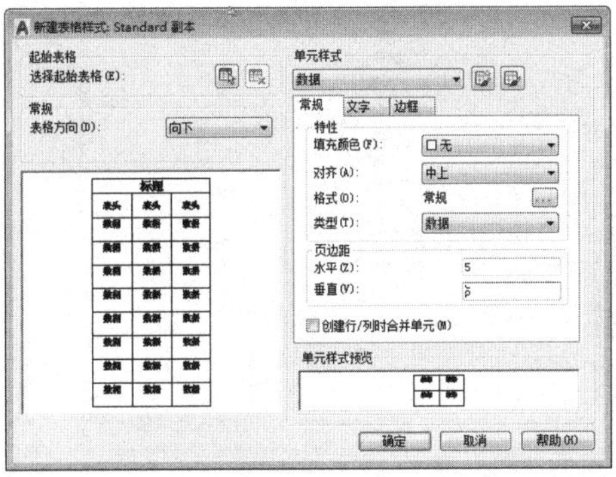

图 7-29 设置页边距效果

2.“文字”选项卡

“文字”选项卡主要用于设置文字的样式、高度、颜色、角度等，如图7-30所示。

3.“边框”选项卡

“边框”选项卡用于设置表格边框的线宽、线型、颜色等属性，此外，还可以设置有无边框或是否为

AutoCAD 2019 中文版基础教程

双线，如图7-31所示。

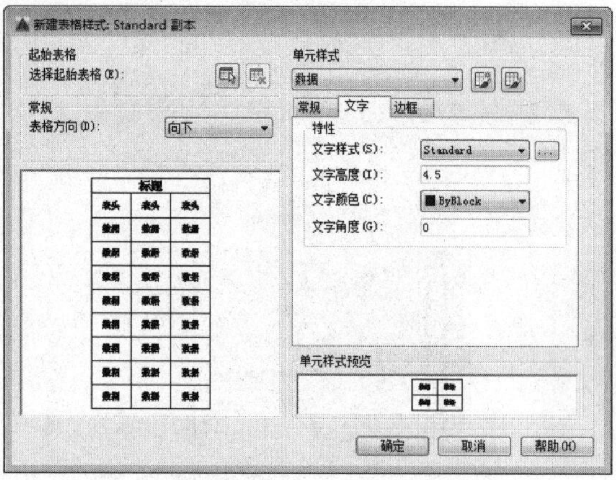

图 7-30 “文字”选项卡

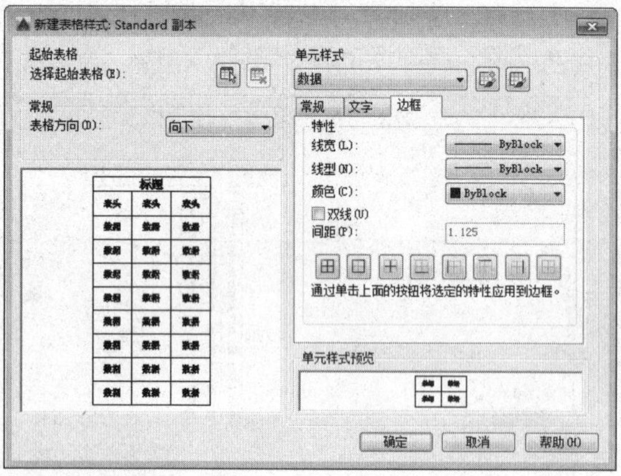

图 7-31 “边框”选项卡

7.4.2 创建表格

在AutoCAD 2019中，用户可以直接创建表格对象，而不需要单独用直线绘制表格，创建表格后可以进行相应的编辑操作。用户可以通过以下方式调用创建表格命令。

- 执行“绘图>表格”命令。
- 在“注释”选项卡“表格”面板中单击“表格”按钮。
- 在命令行输入TABLE命令并按回车键。

打开“插入表格”对话框，从中设置列和行的相关参数，单击“确定”按钮，然后在绘图区指定插入点，即可创建表格。

示例7-2：以创建苗木表为例，介绍创建表格的方法。

Step 01 执行“绘图>表格”命令，打开“插入表格”对话框，如图7-32所示。

Step 02 设置表格列和行的相关参数，如图7-33所示。

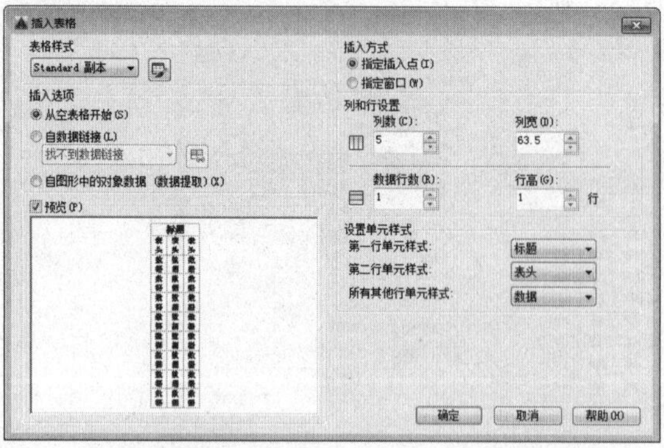

图 7-32 打开“插入表格”对话框

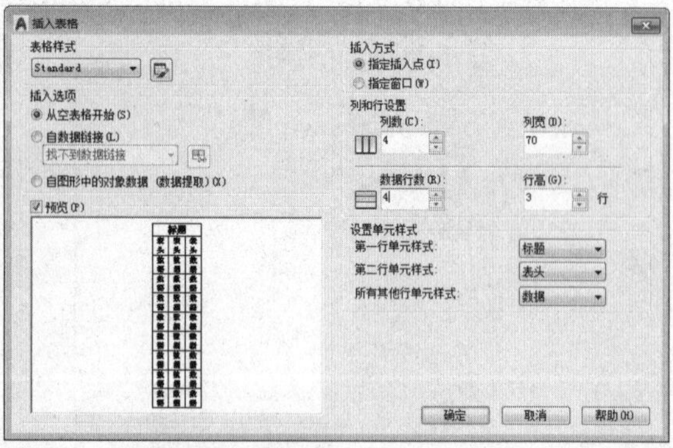

图 7-33 设置列和行的相应参数

Step 03 单击“确定”按钮，在绘图区指定插入点，进入标题单元格的编辑状态，输入标题文字，如图7-34所示。

Step 04 按回车键进入表头单元格的编辑状态，输入表头文字，如图7-35所示。

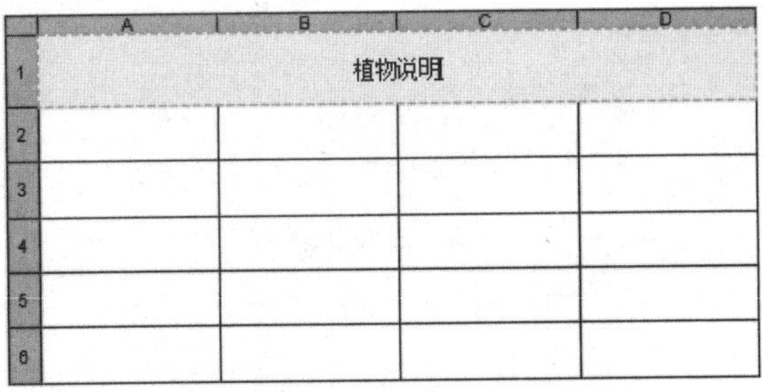

图 7-34 输入标题内容

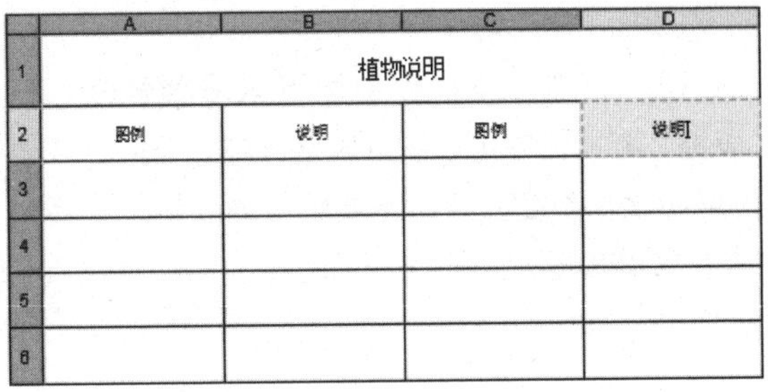

图 7-35 输入表头内容

Step 05 输入表头文字后，按回车键，在下方插入图形并输入相应的文字，单击“关闭文字编辑器”按钮，即可完成表格创建操作，如图7-36所示。

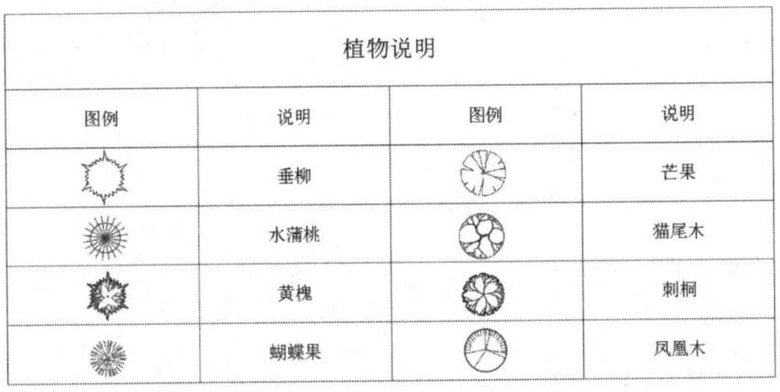

图 7-36 查看创建表格的效果

知识点拨

若剩余不需要的行，则使用窗交方式选中行，单击功能区的“删除行”按钮，即可删除行；若需要合并单元格，则使用窗交方式选中单元格后，在“合并”面板中单击“合并全部”按钮，即可合并单元格。

7.4.3 编辑表格

创建表格后，如果对创建的表格不满意，可以对其进行相应的编辑操作，在AutoCAD中可以使用夹点和选项板进行表格的编辑。

1. 夹点

大多情况下，创建的表格都需要进行编辑才符合图纸的定义标准，在AutoCAD中，不仅可以对表格的整体进行编辑，还可以对单独的单元格进行编辑，用户可以单击并拖动夹点调整宽度或在快捷菜单中进行相应的设置。

单击表格，表格上将出现编辑夹点，如图7-37所示。

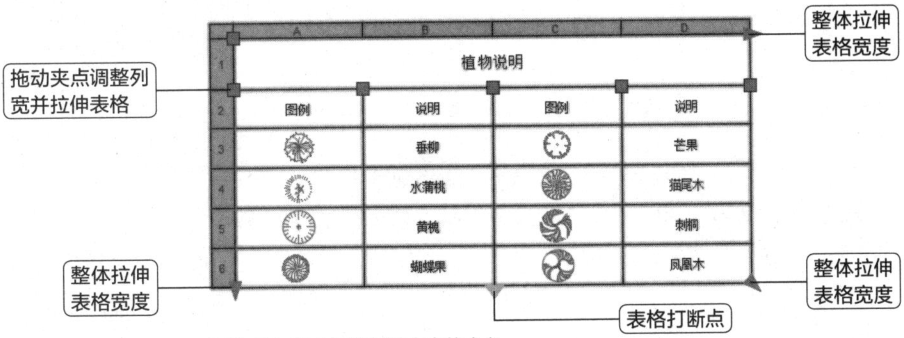

图 7-37 选中表格时各夹点的含义

AutoCAD 2019 中文版基础教程

2. 选项板

在“特性”选项板中也可以编辑表格，在“表格”卷展栏中可以设置表格样式、方向、表格宽度和表格高度。双击需要编辑的表格，会弹出“特性”选项板，如图7-38所示。

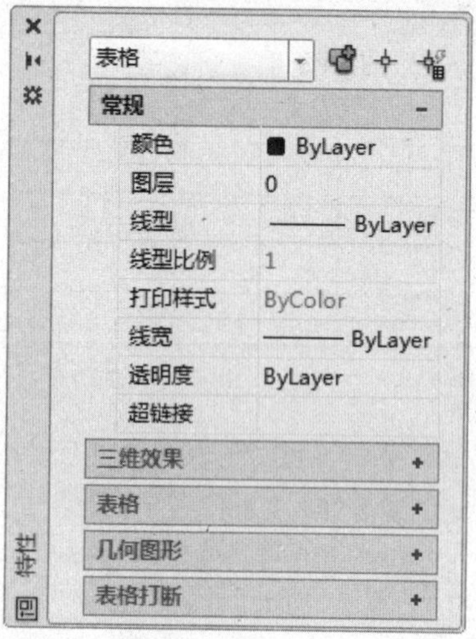

图 7-38 “特性”选项板

上机实践 为户型图添加文字注释

实践目的 通过本实训的练习，可以使作者更好地掌握单行文本的创建与编辑操作。

实践内容 应用本章所学知识在图纸中插入文字注释。

实践步骤 首先打开所需的图形文件，然后使用“单行文字”命令为图形添加文字注释。

Step 01 打开素材文件，如图7-39所示。

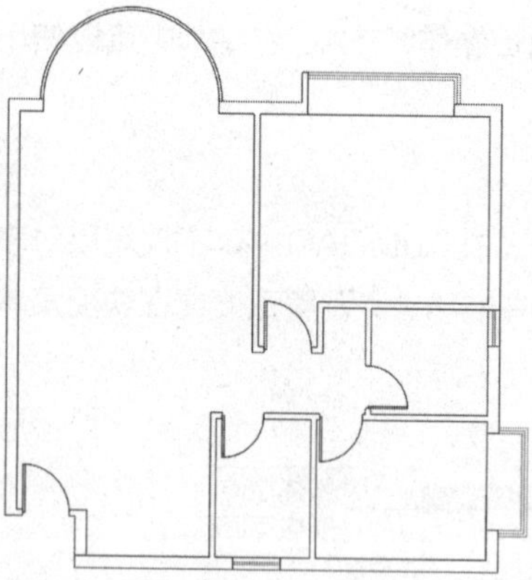
图 7-39 打开素材文件

Step 02 执行“格式>文字样式”命令，打开相应的对话框，单击“新建”按钮，在打开的对话框中输入文字样式名称，如图7-40所示。

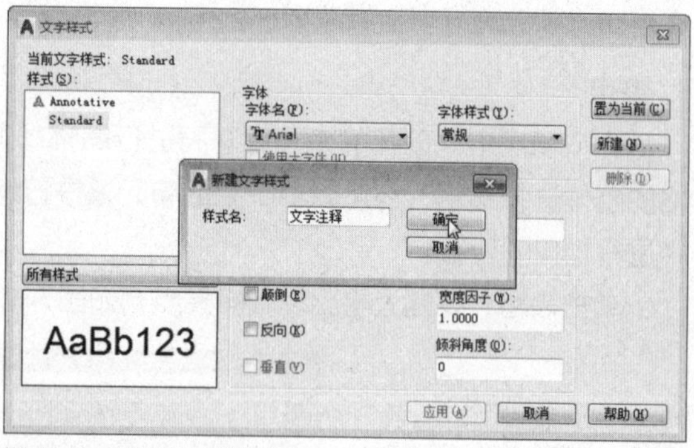

图 7-40 设置文字样式名

Step 03 单击“确定”按钮，返回至“文字样式”对话框，设置字体和大小，然后依次单击“应用”、“置为当前”、“关闭”按钮，关闭对话框，如图7-41所示。

Step 04 执行“单行文字”命令，创建文字注释，如图7-42所示。

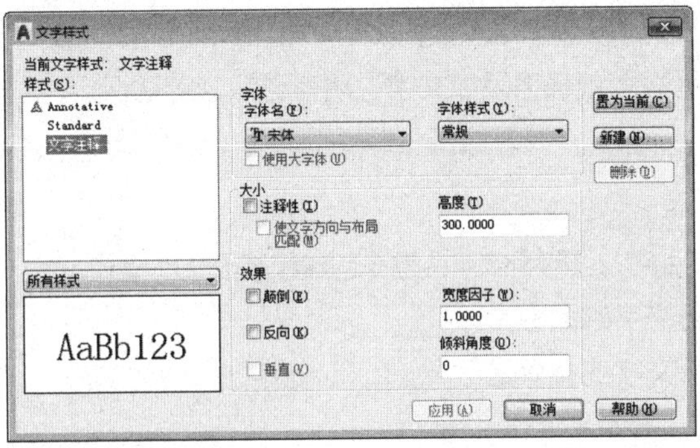

图 7-41 设置字体和高度

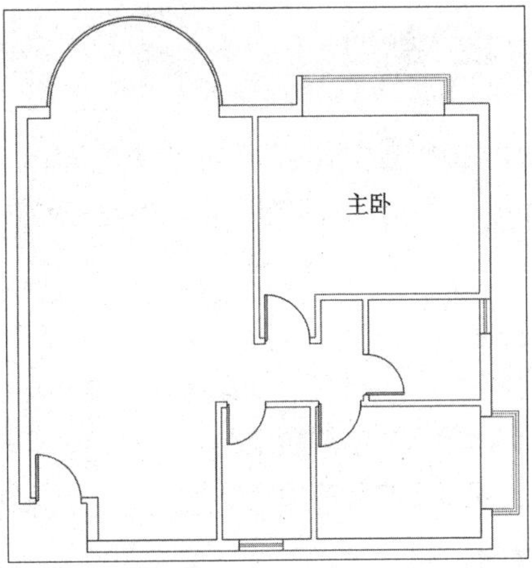

图 7-42 创建文字注释

Step 05 继续执行当前命令，对其余空间进行文字注释，如图7-43所示。

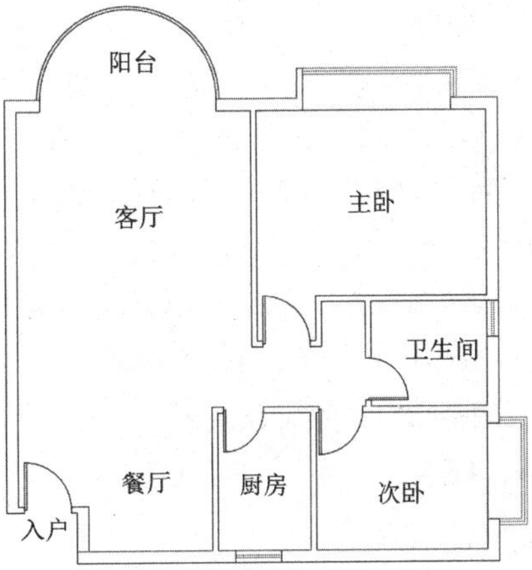

图 7-43 完成文字注释

AutoCAD 2019 中文版基础教程

课后练习

通过本章内容的学习，用户可以进行文本标注的创建与编辑的相关操作，更直观地了解图形文件的表述。通过本练习的巩固，使用户对如何为平面图和表格添加文字说明有更深刻的认识。

一、填空题

1、执行________命令，可以打开“文字样式”对话框，且利用该对话框来创建和修改文本样式。

2、创建单行文字的命令是________，编辑单行文字的命令是________。

3、创建多行文字的命令是________，编辑多行文字的命令是________。

二、选择题

1、在AutoCAD中设置文字样式可以有很多效果，除了（　　）。

A、垂直　B、水平　C、颠倒　D、反向

2、定义文字样式时，符合国标GB要求的大字体是（　　）。

A、gbcbig.shx　B、chineset.shx　C、txt.shx　D、bigfont.shx

3、下列文字特性不能在“文字编辑器”面板中的“特性”选项卡下设置的是（　　）。

A、高度　B、宽度　C、旋转角度　D、样式

4、使用“单行文字”命令书写直径符号时，应使用（　　）。

A、%%d　B、%%p　C、%%c　D、%%u

5、应用多行文字的命令是（　　）。

A、TEXT　B、MTEXT　C、QTEXT　D、WTEXT

三、操作题

1、使用“单行文字”命令，为表格添加文字说明，如图7-44所示。

2、使用“多行文字”命令，为平面图添加空间说明，如图7-45所示。

图纸目录		
序号	图纸名称	图号
1	平面布置图	P-01
2	天花布置图	P-02
3	客厅立面图	E-01
4	卧室立面图	E-02
5	卫生间立面图	E-03
6	大样详图	D-01

图 7-44　为表格添加文字说明

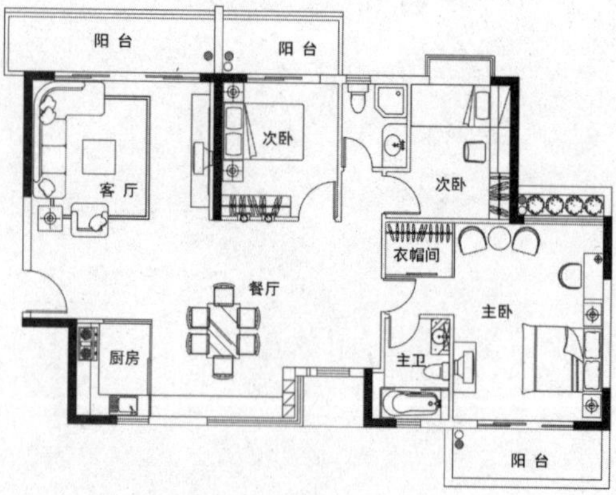

图 7-45　为平面图添加空间说明

Chapter 08

尺寸标注与编辑

课题概述 尺寸标注是绘图设计过程中的一个重要环节，是图形的测量注释。在绘制图形时使用尺寸标注，能够为图形的各个部分添加提示和解释等辅助信息。

教学目标 本章将向用户介绍创建与设置标注样式、多重引线标注、编辑标注对象等内容，掌握好这些操作能够有效地节省绘图时间。

章节重点	光盘路径
★★★★ | 编辑尺寸标注 ★★★☆ | 形位公差标注 ★★★☆ | 长度标注 ★★☆☆ | 尺寸标注关联性 ★☆☆☆ | 创建和设置尺寸标注	上机实践：实例文件 \ 第 8 章 \ 上机实践 \ 为户型图添加尺寸标注 课后练习：实例文件 \ 第 8 章 \ 课后练习

8.1 尺寸标注的规则与组成

尺寸标注是工程绘图设计中的一项重要内容，它描述了图形对象的真实大小、形状和位置，是实际生活和生产中的重要依据。本节将为用户介绍标注的规则、尺寸标注的组成以及尺寸标注的一般步骤。

8.1.1 尺寸标注的规则

国家标准《尺寸注法》（GB/4458.4-1984），对尺寸标注时应遵循的有关规则作了明确规定。

1. 基本规则

在AutoCAD 2019中，对绘制的图形进行尺寸标注时，应遵循以下5个规则。

- 图样上所标注的尺寸数为图形的真实大小，与绘图比例和绘图的准确度无关。
- 图形中的尺寸以系统默认值mm（毫米）为单位时，不需要计算单位代号或名称，如果采用其他单位，则必须注明相应计量的代号或名称，如“度”的符号“°”和英寸“″”等。
- 图样上所标注的尺寸数值应为工程图形完工的实际尺寸，否则需要另外说明。
- 建筑图像中的每个尺寸一般只标注一次，并标注在最能清晰表现该图形结构特征的视图上。
- 尺寸的配置要合理，功能尺寸应该直接标注，尽量避免在不可见的轮廓线上标注尺寸，数字之间不允许有任何图线穿过，必要时可以将图线断开。

2. 尺寸数字

- 线性尺寸的数字一般应注写在尺寸线的上方，也允许注写在尺寸线的中断处。
- 线性尺寸数字的方向，以平面坐标系的Y轴为分界线，左边按顺时针方向标注在尺寸线的上方，右边按逆时针方向标注在尺寸线的上方，但在与Y轴正负方向成30°角的范围内不标注尺寸数字。在不引起误解时，也允许采用引线标注。但在一张图样中，应尽可能采用一种方法。
- 角度的数字一律写成水平方向，一般注写在尺寸线的中断处，必要时也可使用引线标注。
- 尺寸数字不可被任何图线所通过，否则必须将该图线断开。

3. 尺寸线

- 尺寸线用细实线绘制，其终端可以用箭头和斜线两种形式。箭头适用于各种类型的图样，但在实践中多用于机械制图，斜线多用于建筑制图。斜线用细实线绘制，当尺寸线的终端采用斜线形式时，尺寸线与尺寸界线必须相互垂直。
- 当尺寸线与尺寸界线相互垂直时，同一张图样中只能采用一种尺寸线终端的形式。当采用箭头时，在地位不够的情况下，允许用圆点或斜线代替箭头。
- 标注线性尺寸时，尺寸线必须与所标注的线段平行。尺寸线不能用其他图线代替，一般也不得与其他图线重合或画在其延长线上。
- 标注角度时，尺寸线应画成圆弧，其圆心是该角的顶点。
- 当对称机件的图形只画出一半或略大于一半时，尺寸线应略超过对称中心线或断裂处的边界线，此时仅在尺寸线的一端画出箭头。

4. 尺寸界线

- 尺寸界线用细实线绘制，并应由图形的轮廓线、轴线或对称中心线处引出，也可利用轮廓线、轴线或对称中心线作尺寸界线。
- 当表示曲线轮廓上各点的坐标时，可将尺寸线或其延长线作为尺寸界线。
- 尺寸界线一般应与尺寸线垂直，必要时才允许倾斜。在光滑过渡处标注尺寸时，必须用细实线将轮廓线延长，从它们的交点处引出尺寸界线。
- 标注角度的尺寸界线应从径向引出。标注弦长或弧长的尺寸界线应平行于该弦的垂直平分线，当弧度较大时，可沿径向引出。

5. 标注尺寸的符号

- 标注直径时，应在尺寸数字前加注符号“Φ”；标注半径时，应在尺寸数字前加注符号“R”；标注球面的直径或半径时，应在符号“Φ ”或“R”前再加注符号“S”。
- 标注弧长时，应在尺寸数字上方加注符号“⌒ ”。
- 标注参考尺寸时，应将尺寸数字加上圆括弧。
- 当需要指明半径尺寸是由其他尺寸所确定时，应用尺寸线和符号“R”标出，但不要注写尺寸数。

8.1.2 尺寸标注的组成

一个完整的尺寸标注具有尺寸界线、尺寸线、箭头和尺寸数字4个要素，如图8-1所示。

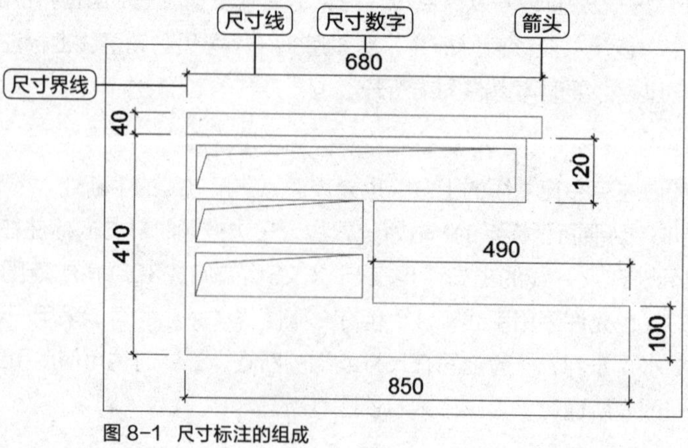

图 8-1 尺寸标注的组成

尺寸标注基本要素的作用与含义如下。

- 尺寸界线：也称为投影线，从被标注的对象延伸到尺寸线。尺寸界线一般与尺寸线垂直，特殊情况下也可以将尺寸界线倾斜。有时也用对象的轮廓线或中心线代替尺寸界线。
- 尺寸线：表示尺寸标注的范围。通常与所标注的对象平行，一端或两端带有终端号，如箭头或斜线，角度标注的尺寸线圆弧线。
- 箭头：位于尺寸线两端，用于标记标注的起始和终止位置。箭头的范围很广，既可以是短划线、点或其他标记，也可以是块，还可以是用户创建的自定义符号。
- 尺寸数字：用于指示测量的字符串，一般位于尺寸线上方或中断处。标注文字可以反映基本尺寸，也可以包含前缀、后缀和公差，还可以按极限尺寸形式标注。如果尺寸界线内放不下尺寸文字，AutoCAD将会自动将其放到外部。

工程师点拨：设置尺寸标注

尺寸标注中的尺寸线、尺寸界线用细实线。尺寸数字中的数据不一定是标注对象的图上尺寸，因为有时使用了绘图比例。

8.1.3 创建尺寸标注的步骤

尺寸标注是一项系统化的工作，涉及尺寸线、尺寸界线、指引线所属的图层，尺寸文本的样式、尺寸样式、尺寸公差样式等。在AutoCAD中对图形进行尺寸标注时，通常按以下步骤进行。

（1）创建或设置尺寸标注图层，将尺寸标注在该图层上。

（2）创建或设置尺寸标注的文字样式。

（3）创建或设置尺寸标注样式。

（4）使用对象捕捉等功能，对图形中的元素进行相应的标注。

（5）设置尺寸公差样式。

（6）标注带公差的尺寸。

（7）设置形位公差样式。

（8）标注形位公差。

（9）修改调整尺寸标注。

8.2 创建与设置标注样式

标注样式可以控制尺寸标注的格式和外观，建立和强制执行图形的绘图标准，便于对标注格式和用途进行修改。在AutoCAD 2019中，利用“标注样式管理器”对话框可创建与设置标注样式。打开该对话框可以通过以下方法。

- 执行“格式>标注样式”命令。
- 在“默认”选项卡的“注释”面板中单击“标注样式”按钮。
- 在“注释”选项卡的“标注”面板中单击右下角箭头。
- 在命令行中输入快捷命令D或DS，然后按回车键。

执行以上任意一种操作后，将打开“标注样式管理器”对话框，如图8-2所示。在该对话框中，用户可以创建新的标注样式，也可以对已定义的标注样式进行设置。

“标注样式管理器”对话框中各选项的含义介绍如下。

- 样式：列出图形中的标注样式。当前样式被亮显。在列表中单击鼠标右键可显示快捷菜单，可用于设定当前标注样式、重命名样式和删除样式。不能删除当前样式或当前图形使用的样式。
- 列出：在“样式”列表中控制样式显示。如果要查看图形中所有的标注样式，请选择“所有样式”选项。如果只希望查看图形中标注当前使用的标注样式，请选择“正在使用的样式”选项。

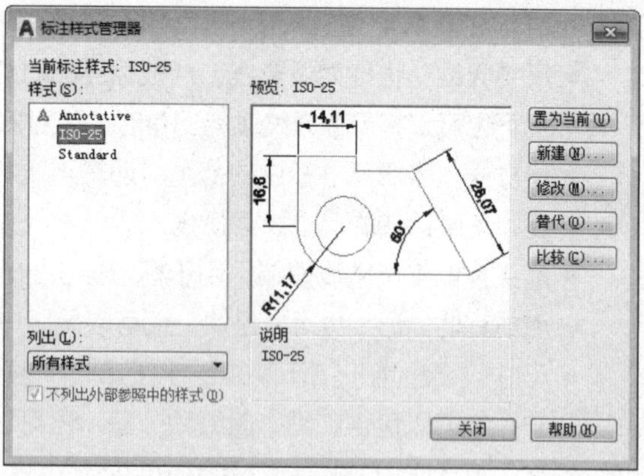

图 8-2 “标注样式管理器”对话框

- 预览：显示“样式”列表中选定样式的图示。
- 置为当前：将“样式”列表框中选定的标注样式设定为当前标注样式。当前样式将应用于所创建的标注。
- 新建：显示“创建新标注样式”对话框，从中可以定义新的标注样式。
- 修改：显示“修改标注样式”对话框，从中可以修改标注样式。对话框选项与“新建标注样式”对话框中的选项相同。
- 替代：显示“替代当前样式”对话框，从中可以设定标注样式的临时替代值。对话框选项与“新建标注样式”对话框中的选项相同。替代将作为未保存的更改结果显示在“样式”列表中的标注样式下。
- 比较：显示“比较标注样式”对话框，从中可以比较两个标注样式或列出一个标注样式的所有特性。

8.2.1 新建标注样式

在“标注样式管理器”对话框中，单击“新建”按钮，可打开“创建新的标注样式”对话框，如图8-3所示。其中各选项的含义介绍如下。

- 新样式名：指定新的标注样式名称。
- 基础样式：设定作为新样式的基础的样式。对于新样式，仅更改那些与基础特性不同的特性。
- 用于：创建一种仅适用于特定标注类型的标注子样式。

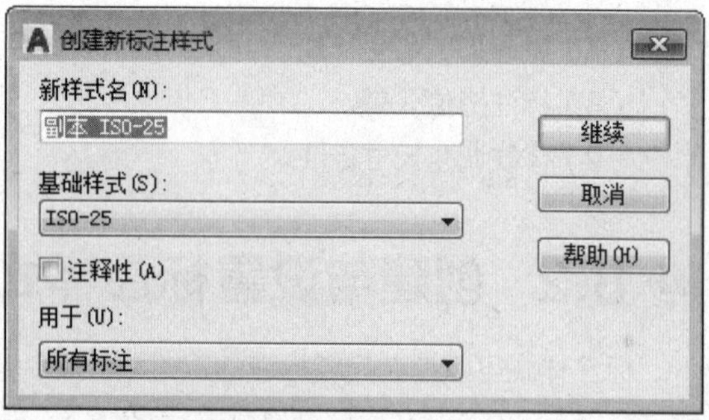

图 8-3 “创建新标注样式”对话框

- 继续：单击该按钮，打开“新建标注样式”对话框，从中设置新的标注样式特性。

“新建标注样式”对话框中包含了6个选项卡，在各个选项卡中可对标注样式进行相关设置，如图8-4、8-5所示。

其中，各选项卡的功能介绍如下。

- 线：主要用于设置尺寸线、尺寸界线的相关参数。
- 箭头和符号：主要用于设置设定箭头、圆心标记、弧长符号和折弯半径标注的格式和位置。
- 文字：主要用于设置文字的外观、文字位置和文字的对齐方式。
- 调整：主要用于控制标注文字、箭头、引线和尺寸线的放置。

- 主单位：主要用于设定主标注单位的格式和精度，并设定标注文字的前缀和后缀。
- 换算单位：主要用于指定标注测量值中换算单位的显示并设定其格式和精度。
- 公差：主要用于指定标注文字中公差的显示及格式。

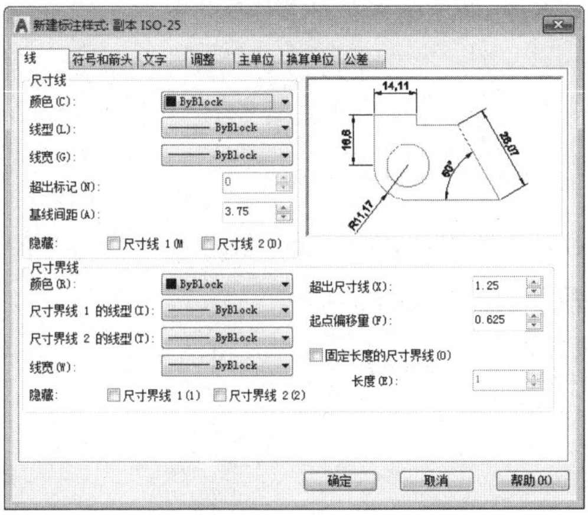

图 8-4 “线”选项卡

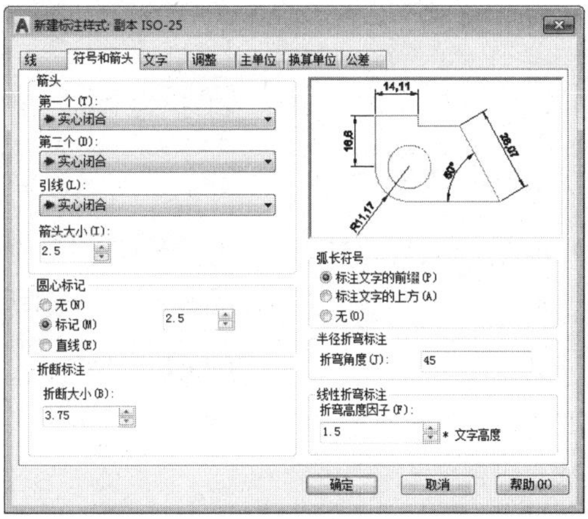

图 8-5 “符号和箭头”选项卡

8.2.2 设置直线和箭头

在“新建标注样式”对话框的“线”和“符号和箭头”选项卡中，用户可以设置尺寸标注的尺寸线、尺寸界线、圆心标记和箭头等内容。

1.“尺寸线”选项组

该选项组用于设置尺寸线的特性，如颜色、线宽、基线间距等特征参数，还可以控制是否隐藏尺寸线。

- 颜色：显示并设定尺寸线的颜色。在列表中选择“选择颜色”选项，将打开“选择颜色”对话框。
- 线型：设定尺寸线的线型。
- 线宽：设定尺寸线的线宽。

工程师点拨：设置尺寸线颜色和线宽

一般情况下将尺寸线（包括尺寸界线和尺寸文本）的颜色和线宽设置为ByBlock，便于图层控制。

- 超出标记：指定当箭头使用倾斜、建筑标记、积分和无标记时尺寸线超过尺寸界线的距离。图8-6为尺寸线没有超出标记，图8-7为超出标记。

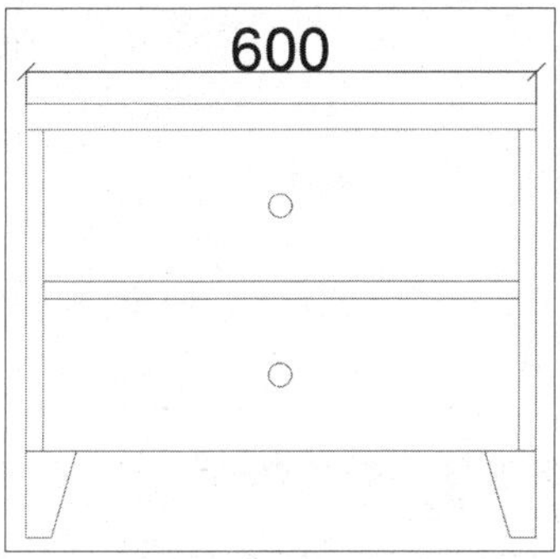

图 8-6 没有超出标记

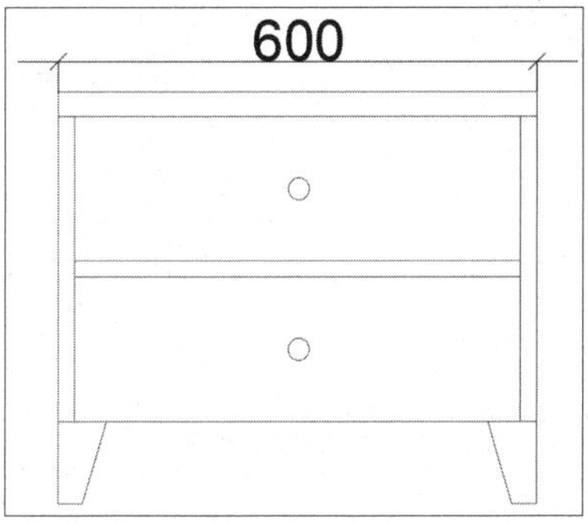

图 8-7 超出标记

- 基线间距：设定基线标注的尺寸线之间的距离。图8-8、8-9所示不同基线间距的效果。

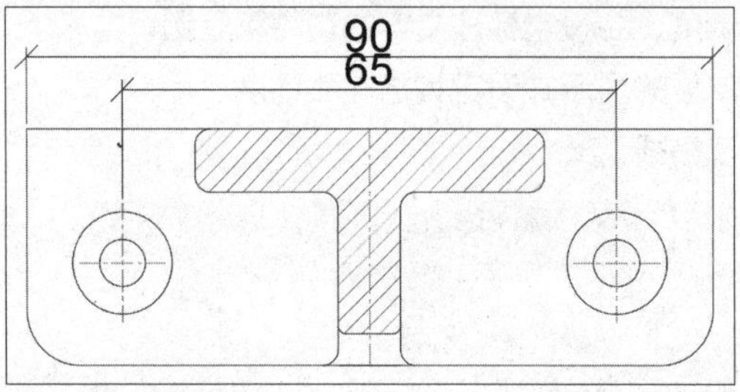

图 8-8 基线间距为 50

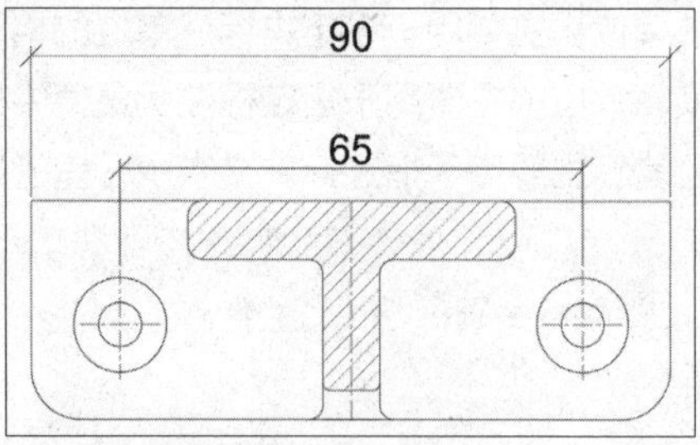

图 8-9 基线间距为 150

- 隐藏：不显示尺寸线，勾选“尺寸线1”复选框则不显示第一条尺寸线，勾选“尺寸线2”复选框则不显示第二条尺寸线。图8-10、8-11所示隐藏不同尺寸线的效果。

图 8-10 隐藏尺寸线 1

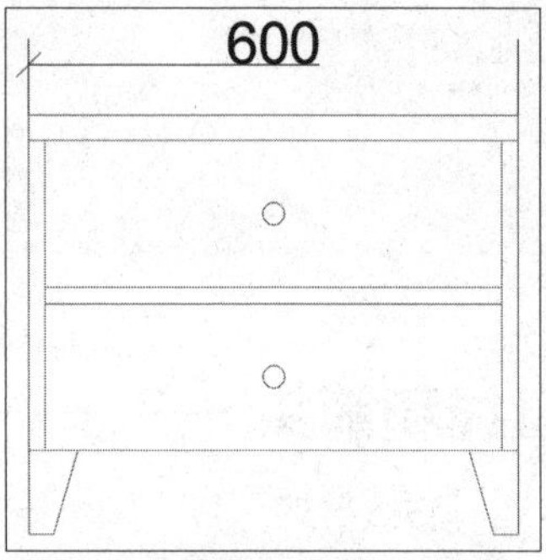

图 8-11 隐藏尺寸线 2

2.“尺寸界线”选项组

该选项组用于控制尺寸界线的外观。可以设置尺寸界线的颜色、线宽、超出尺寸线、起点偏移量等特征参数。

- 尺寸界线线1的线型：设定第一条尺寸界线的线型。
- 尺寸界线线2的线型：设定第二条尺寸界线的线型。
- 隐藏：不显示尺寸界线，勾选“尺寸界线1”复选框则不显示第一条尺寸界线，勾选“尺寸界线2”复选框则不显示第二条尺寸界线。图8-12、8-13为隐藏不同尺寸界线的效果。

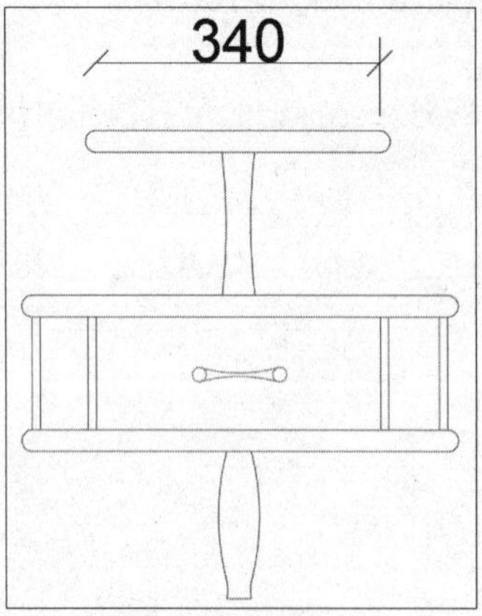

图 8-12 隐藏尺寸界线 1

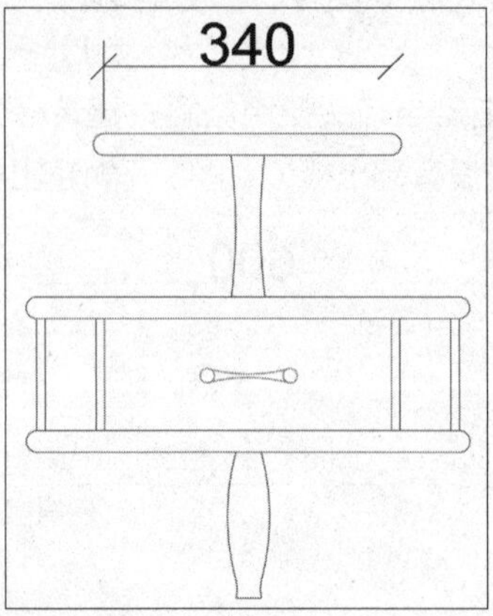

图 8-13 隐藏尺寸界线 2

- 超出尺寸线：指定尺寸界线超出尺寸线的距离。图8-14所示没有超出尺寸线效果，图8-15所示超出尺寸线效果。

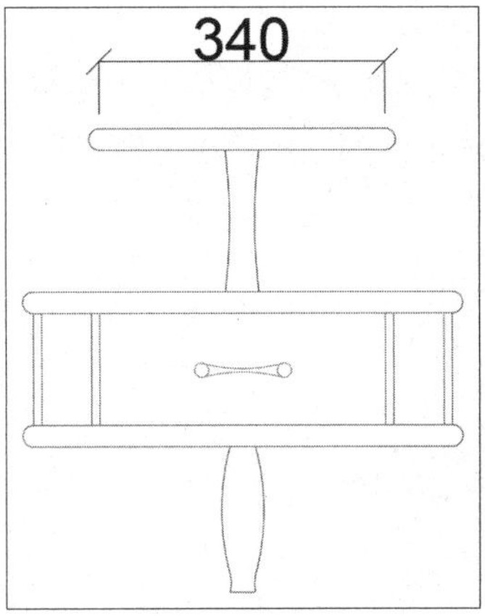

图 8-14 没有超出尺寸线

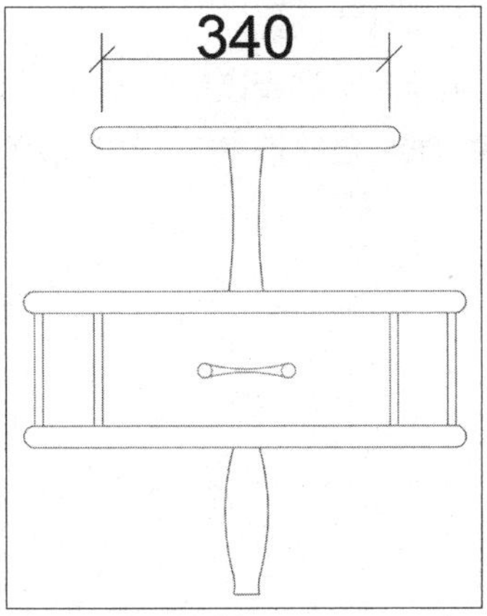

图 8-15 超出尺寸线

- 起点偏移量：设定自图形中定义标注的点到尺寸界线的偏移距离。图8-16所示起点偏移量为10，图8-17所示的起点偏移量为50。

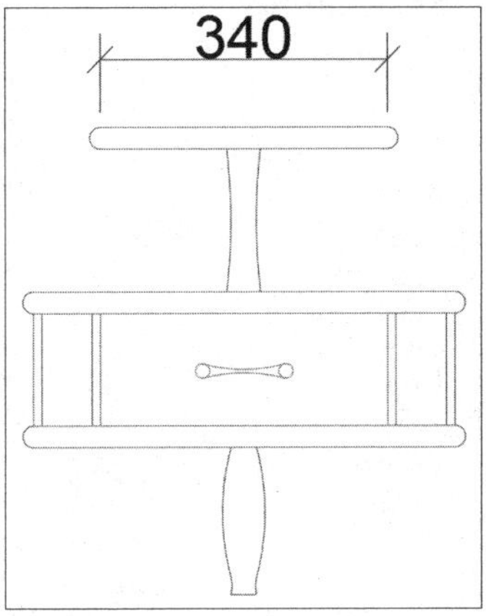

图 8-16 起点偏移量为 10

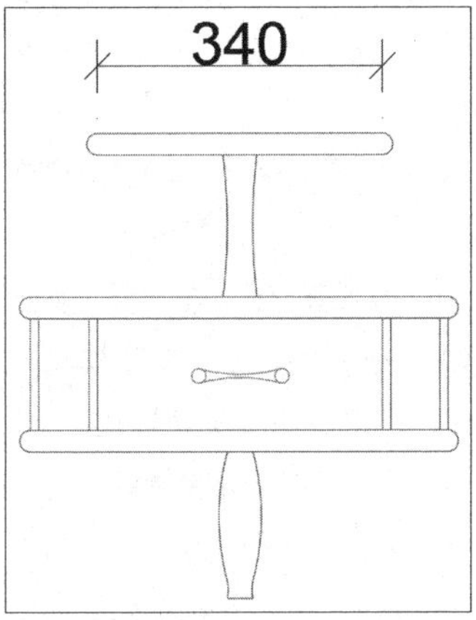

图 8-17 起点偏移量为 50

- 固定长度的尺寸界线：启用固定长度的尺寸界线，可激活“长度”选项，设定尺寸界线的总长度，起始于尺寸线，直到标注原点。

3.“箭头”选项组

在“符号和箭头”选项卡的“箭头”选项组中，用户可以选择尺寸线和引线标注的箭头形式，还可以设置箭头的大小。AutoCAD 2019提供的箭头种类如图8-18所示。

- 第一个：设定第一条尺寸线的箭头。当改变第一个箭头的类型时，第二个箭头将自动改变以同第一个箭头相匹配。
- 第二个：设定第二条尺寸线的箭头。
- 引线：设定引线箭头。

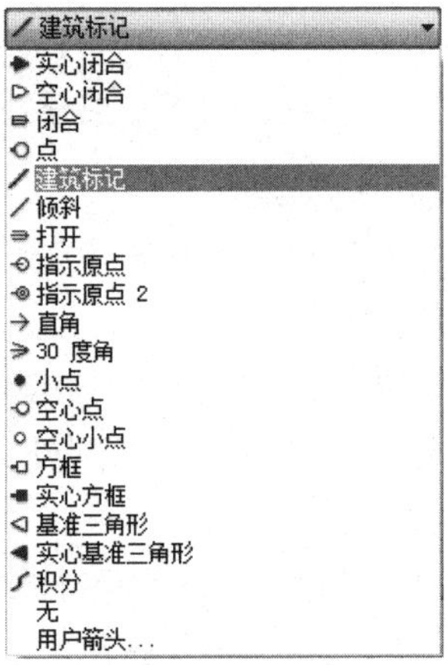

图 8-18 箭头种类

4.“圆心标记”选项组

该选项组用于控制直径标注和半径标注的圆心标记和中心线的外观。

- 无：创建圆心标记或中心线。
- 标记：创建圆心标记。选择该单选按钮，圆心标记为圆心位置的小十字线，如图8-19所示。
- 直线：创建中心线。选择该单选按钮，表示圆心标记的标注线将延伸到圆外，如图8-20所示。

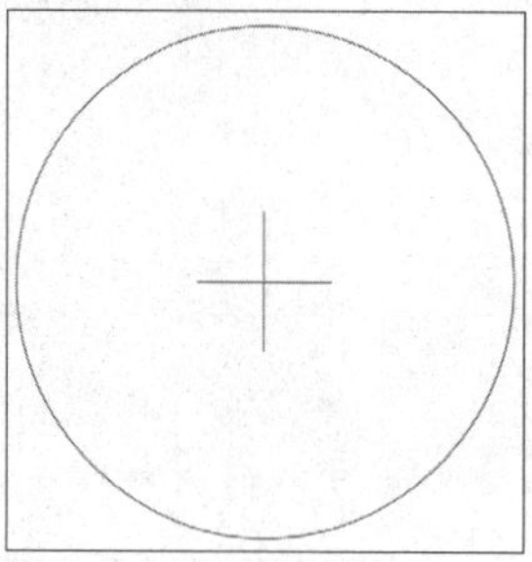

图 8-19 “标记”效果

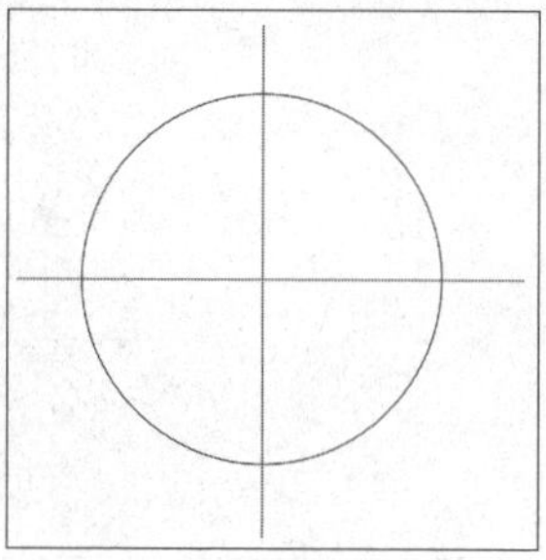

图 8-20 “直线”效果

8.2.3 设置文本

在“新建标注样式”对话框的“文字”选项卡中，用户可以设置标注文字的格式、位置和对齐，如图8-21所示。

“文字外观”选项组用于控制标注文字的样式、颜色、高度等属性。

- 文字样式：显示可用的文本样式。单击“文字样式”右侧按钮，可显示“文字样式”对话框，从中可以创建或修改文字样式。
- 填充颜色：设定标注中文字背景颜色。
- 分数高度比例：设定相对于标注文字的分数比例。在此处输入的值乘以文字高度，可确定标注分数相对于标注文字的高度。

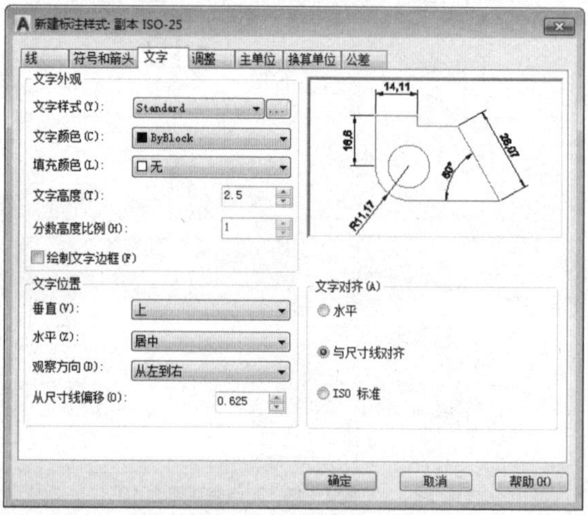

图 8-21 “文字”选项卡

8.2.4 设置调整

“新建标注样式”对话框的“调整”选项卡用于设置文字、箭头、尺寸线的标注方式、文字的标注位置和标注的特征比例等，如图8-22所示。

1.“调整选项”选项组

该选项组用于控制基于尺寸界线之间可用空间的文字和箭头的位置。

- 文字或箭头（最佳效果）：按照最佳效果将文字或箭头移动到尺寸界线外，如图8-23所示。
- 箭头：先将箭头移动到尺寸界线外，然后移动文字，如图8-24所示。

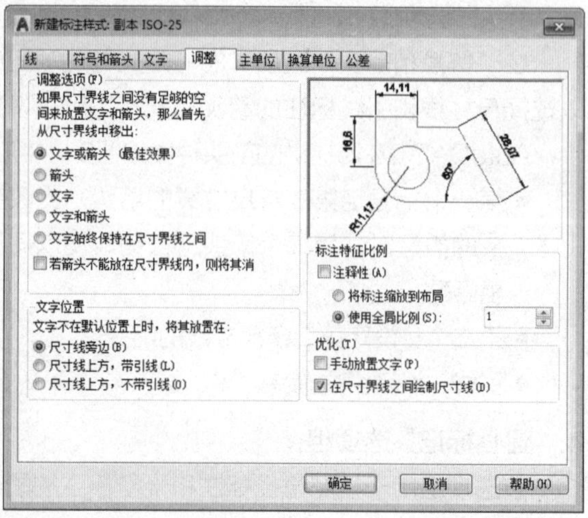

图 8-22 “调整”选项卡

- 文字：先将文字移动到尺寸界线外，然后移动箭头，如图8-25所示。

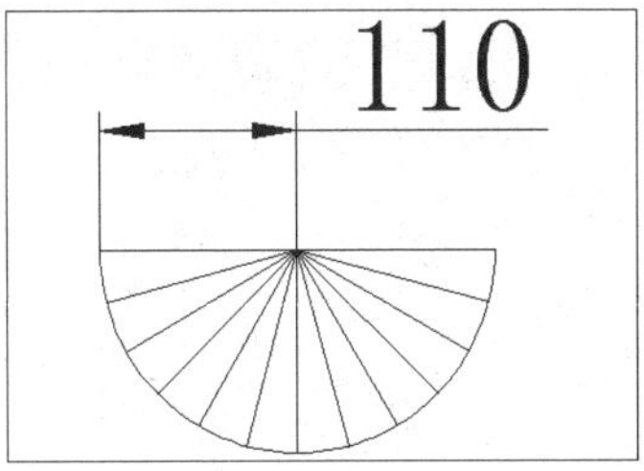

图 8-23 最佳效果

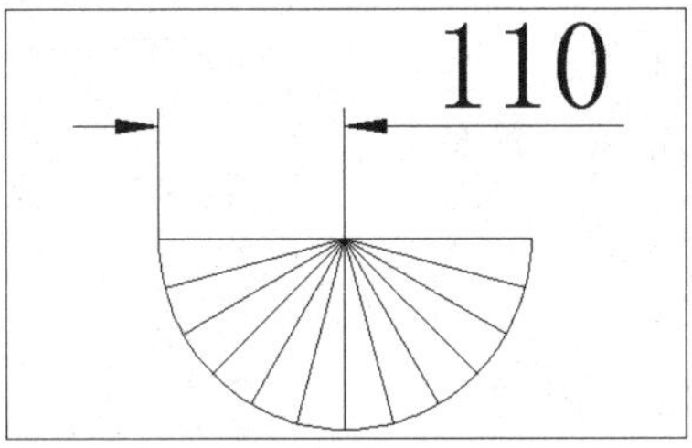

图 8-24 箭头

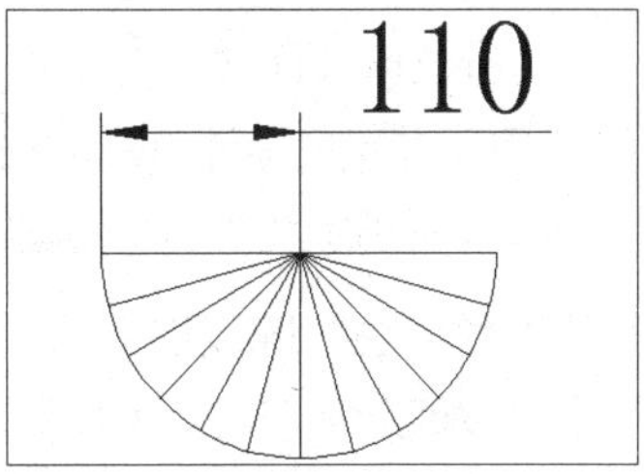

图 8-25 文字

- 文字和箭头：当尺寸界线间距离不足以放下文字和箭头时，文字和箭头都移到尺寸界线外，如图8-26所示。
- 文字始终保持在尺寸界线之间：始终将文字放在尺寸界线之间，如图8-27所示。
- 若不能放在尺寸界线内，则不显示箭头：如果尺寸界线内没有足够的空间，则不显示箭头，如图8-28所示。

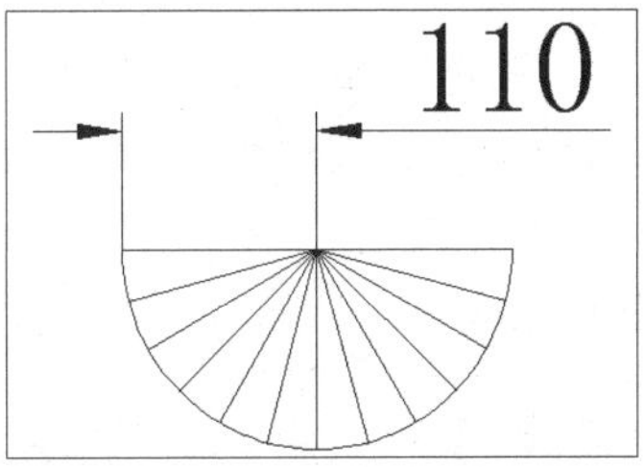

图 8-26 文字和箭头

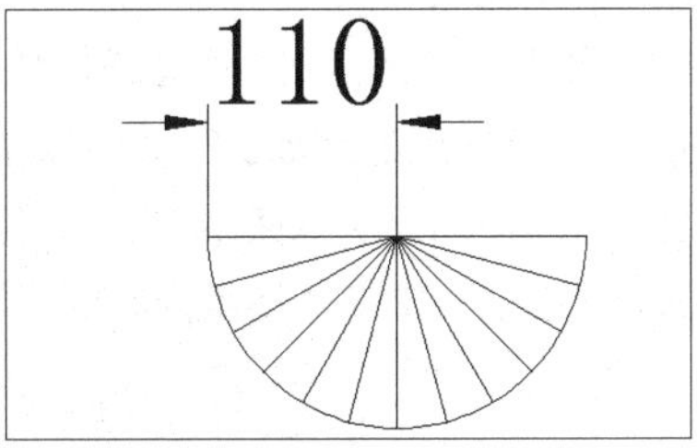

图 8-27 尺寸界线之间

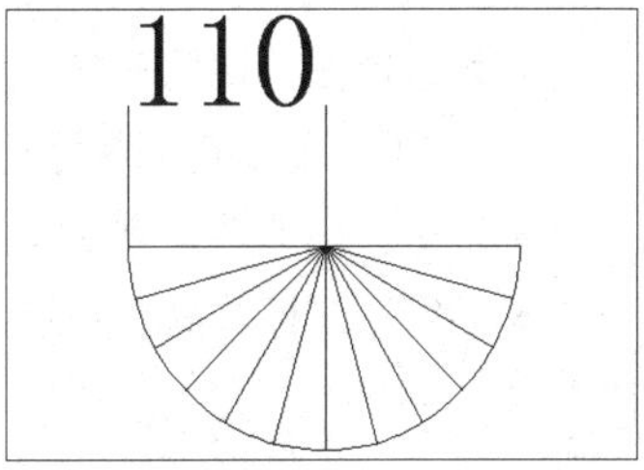

图 8-28 不显示箭头

2.“文字位置”选项组

该选项组用于设定标注文字从默认位置（由标注样式定义的位置）移动时标注文字的位置。

- 尺寸线旁边：该选项表示只要移动标注文字尺寸线就会随之移动，如图8-29所示。
- 尺寸线上方，加引线：该选项表示移动文字时尺寸线不会移动。如果将文字从尺寸线上移开，将创建一条连接文字和尺寸线的引线。当文字非常靠近尺寸线时，将省略引线，如图8-30所示。
- 尺寸线上方，不加引线：该选项表示移动文字时尺寸线不会移动。远离尺寸线的文字不与带引线的尺寸线相连，如图8-31所示。

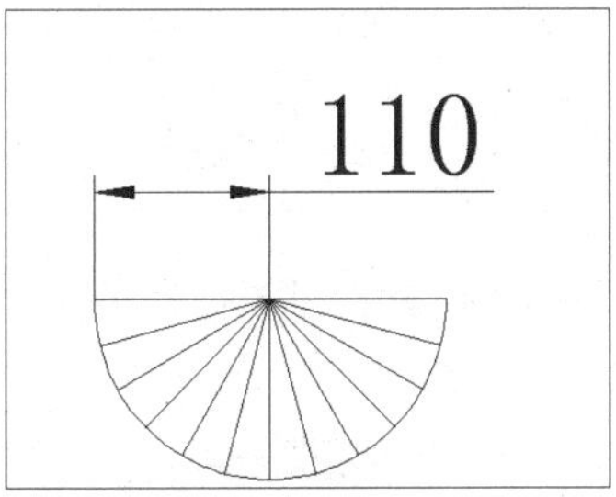

图 8-29 尺寸线旁边

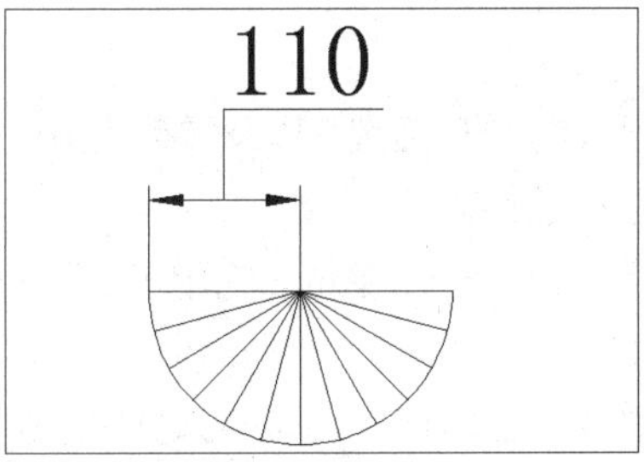

图 8-30 加引线

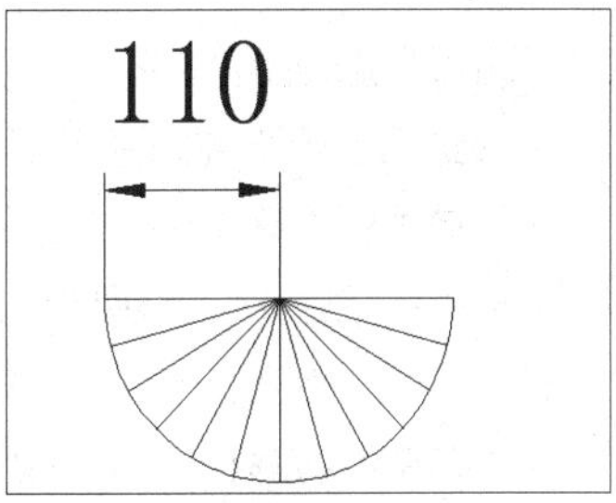

图 8-31 不加引线

3.“标注特征比例”选项组

该选项组用于设定全局标注比例值或图纸空间比例。

4.“优化”选项组

该选项组提供了用于放置标注文字的其他选项。

8.2.5 设置主单位

“新建标注样式”对话框的“主单位”选项卡，用于设定主标注单位的格式和精度，并设定标注文字的前缀和后缀，如图8-32所示。

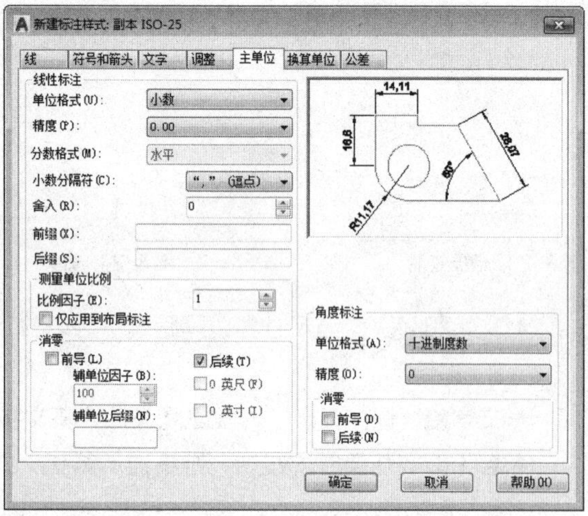

图 8-32 “主单位”选项卡

1.“线性标注”选项组

该选项组用于设定线性标注的格式和精度。

- 单位格式：设定除角度之外的所有标注类型的当前单位格式。
- 精度：显示和设定标注文字中的小数位数，如图8-33、8-34所示。
- 分数格式：设定分数的格式。只有当单位格式为“分数”时，此选项才可用。
- 舍入：为除“角度”之外的所有标注类型设置标注测量值的舍入规则。如果输入0.25，则所有标注距离都以0.25为单位进行舍入。如果输入1.0，则所有标注距离都将舍入为最接近的整数。小数点后显示的位数取决于“精度”设置。
- 前缀：在标注文字中包含前缀。可以输入文字或使用控制代码显示特殊符号。
- 后缀：在标注文字中包含后缀。可以输入文字或使用控制代码显示特殊符号。

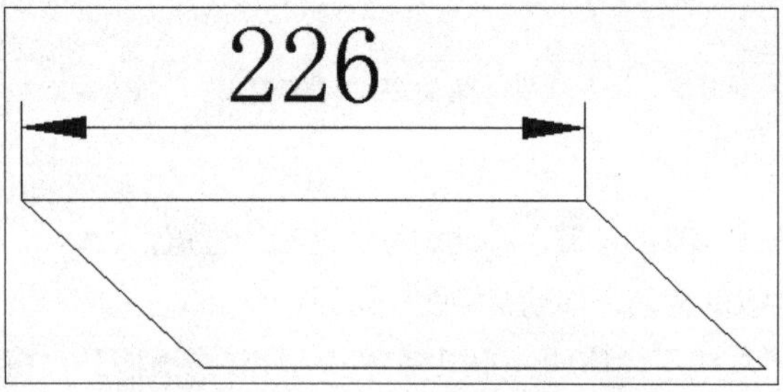

图 8-33 精度为 0

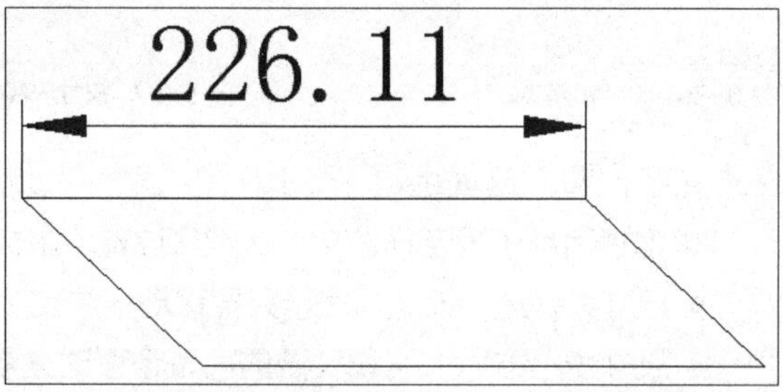

图 8-34 精度为 0.00

2.“测量单位比例”选项组

该选项组用于定义线性比例选项，并控制该比例因子是否仅用于布局标注。

3.“消零”选项组

该选项组用于控制是否禁止输出前导零和后续零以及零英尺和零英寸部分。

- 前导：不输出所有十进制标注中的前导零。
- 辅单位因子：将辅单位的数量设定为一个单位。它用于在距离小于一个单位时以辅单位为单位计算标注距离。
- 辅单位后缀：在标注值子单位中包含后缀。可以输入文字或使用控制代码显示特殊符号。
- 0英尺：如果长度小于一英尺，则消除英尺-英寸标注中的英尺部分。
- 0英寸：如果长度为整英尺数，则消除英尺-英寸标注中的英寸部分。

4.“角度标注”选项组

该选项组用于显示和设定角度标注的当前角度格式。

8.2.6 设置换算单位

在“新建标注样式”对话框的“换算单位”选项卡中，用户可以设置换算单位的格式，如图8-35所示。设置换算单位的单元格式、精度、前缀、后缀和消零的方法，与设置主单位的方法相同，但该选项卡中有两个选项是独有的。

- 换算单位倍数：指定一个乘数，作为主单位和换算单位之间的转换因子使用。例如，要将英寸转换为毫米，请输入25.4。此值对角度标注没有影响，而且不会应用于舍入值或者正、负公差值。
- 位置：该选项组用于控制标注文字中换算单位的位置。其中“主值后”选项用于将换算单位放在标注文字中的主单位之后。“主值下”用于将换算单位放在标注文字中的主单位下面。

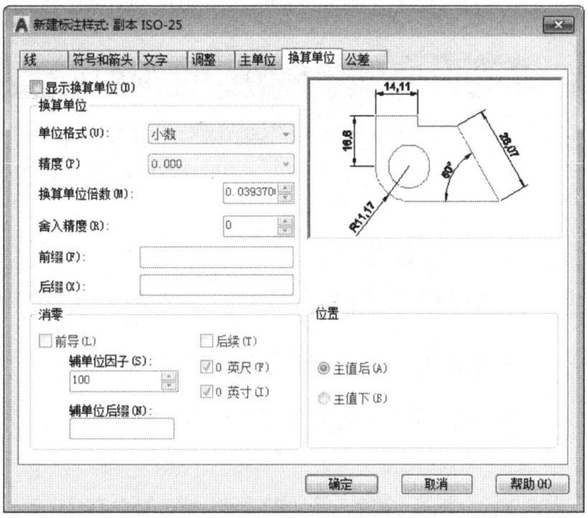

图 8-35 “换算单位”选项卡

8.2.7 设置公差

在“新建标注样式”对话框的“公差”选项卡中，用户可以设置指定标注文字中公差的显示及格式，如图8-36所示。

1.“公差格式”选项组

该选项组用于设置公差的方式、精度、公差值、公差文字的高度与对齐方式等。

- 方式：设定计算公差的方法。其中，“无”表示不添加公差。“对称”表示公差的正负偏差值相同，如图8-37所示。“极限偏差”表示公差的正负偏差值不相同，如图8-38所示。“极限尺寸”表示公差值合并到尺寸值中，并且将上界显示在下界的上方，如图8-39所示。“基本尺寸”表示创建基本标注，这将在整个标注范围周围显示一个框，如图8-40所示。

图 8-36 “公差”选项卡

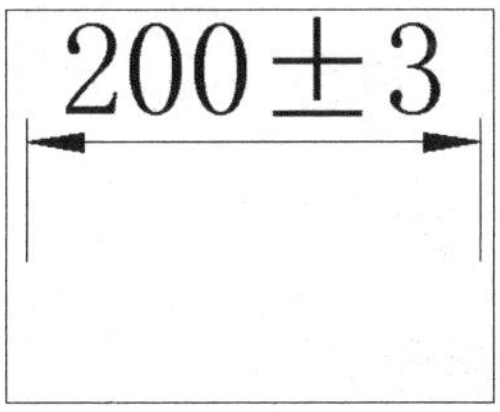

图 8-37 对称

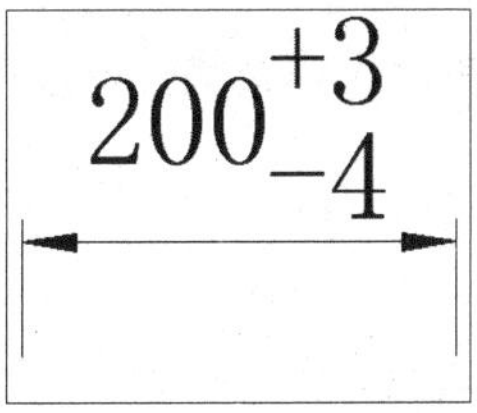

图 8-38 极限偏差

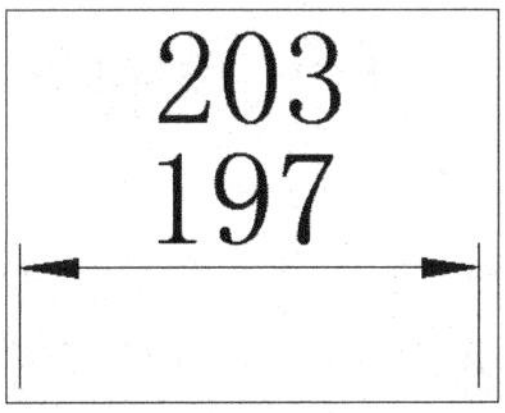

图 8-39 极限尺寸

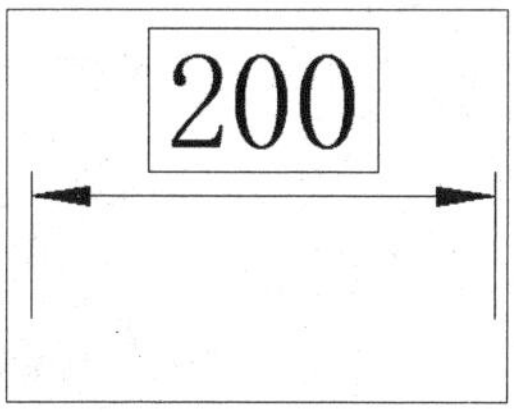

图 8-40 基本尺寸

- 精度：设定小数位数。
- 上偏差：设定最大公差或上偏差。如果在“方式”中选择“对称”，则此值将用于公差。

● 下偏差：设定最小公差或下偏差。

● 垂直位置：控制对称公差和极限公差的文字对正。

工程师点拨："公差"选项卡

该选项卡中的"高度比例"与"文字"选项卡中的"分数高度比例"是相关联的，设置其中的任一处，另一处将会自动与之相同。

2."消零"选项组

该选项组用于控制是否显示公差文字的前导零和后续零。

3."换算单位公差"选项组

该选项组用于设置换算单位公差的精度和消零。

8.3 尺寸标注的类型

在AutoCAD 2019中，系统提供了多种尺寸标注类型，它们可以在图形中标注任意两点间的距离、圆或圆弧的半径和直径、圆心位置、圆弧或相交直线的角度等。下面介绍其中常用的8种类型。

1. 线性标注

线性标注是最基本的标注类型，它可以在图形中创建水平、垂直或倾斜的尺寸标注。线性标注有3种类型，具体如下。

● 水平：标注平行于X轴的两点之间的距离，如图8-41所示。

● 垂直：标注平行于Y轴的两点之间的距离，如图8-42所示。

● 旋转：标注指定方向上两点之间的距离，如图8-43所示。

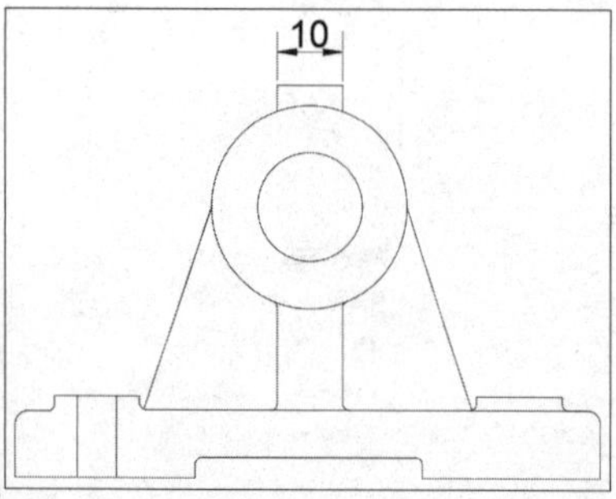

图 8-41 水平标注

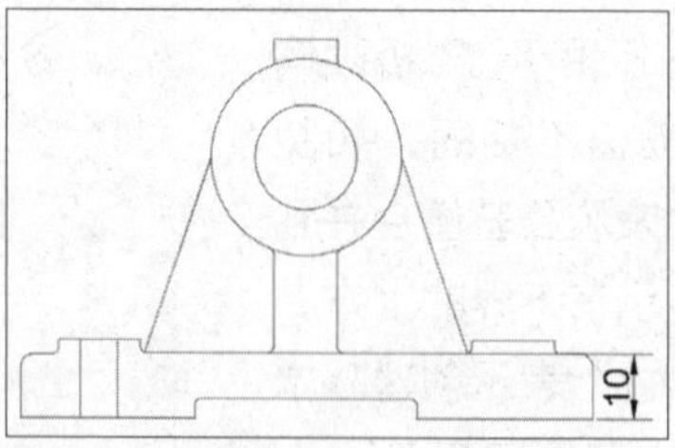

图 8-42 垂直标注

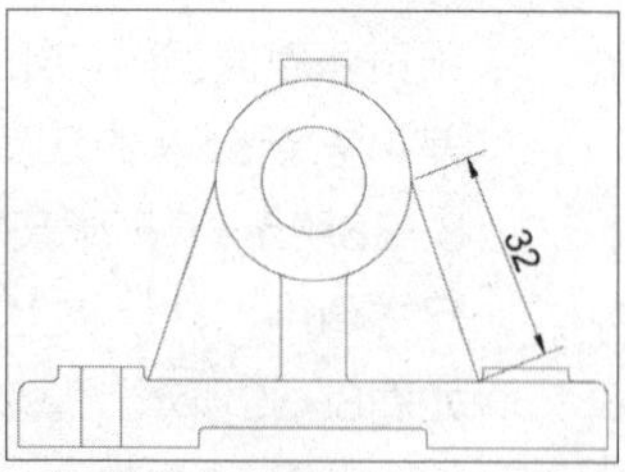

图 8-43 旋转标注

2. 对齐标注

对齐标注是指尺寸线平行于尺寸界线原点连成的直线，它是线性标注尺寸的一种特殊形式，如图8-44所示。

3. 坐标标注

坐标标注指的是标注指定点的坐标。执行该命令并选择标注点后，沿X轴方向移动光标将标注Y标注，如图8-45所示。

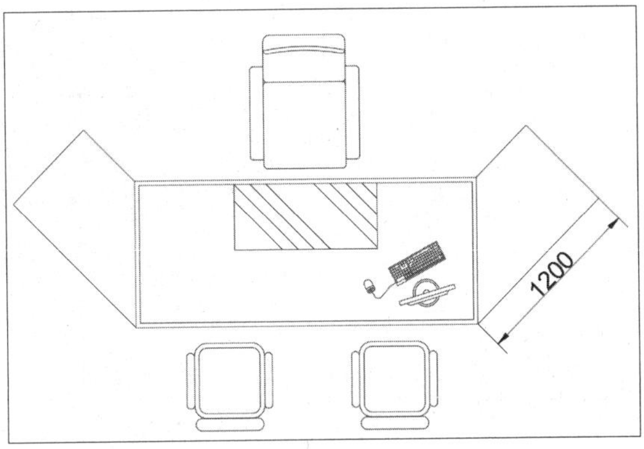

图 8-44 对齐标注

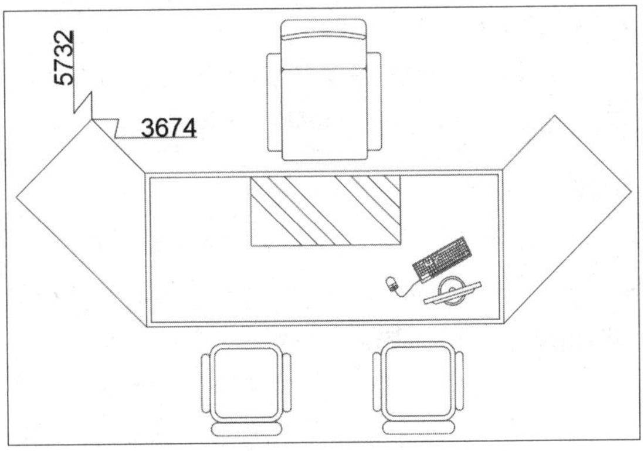

图 8-45 坐标标注

4. 半径、直径和圆心标注

半径和直径标注用于标注圆或圆弧的半径和直径，使用圆心标注可以标注圆或圆弧的圆心，如图8-46、8-47、8-48所示。

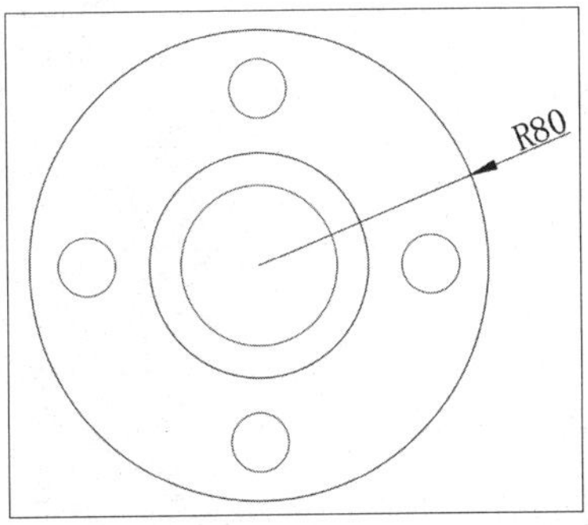

图 8-46 半径标注

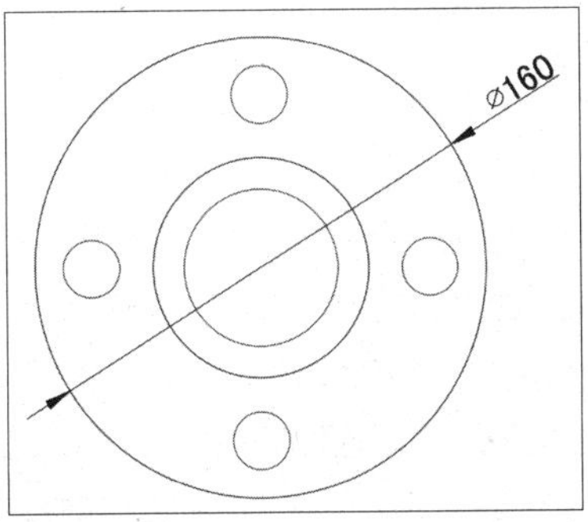

图 8-47 直径标注

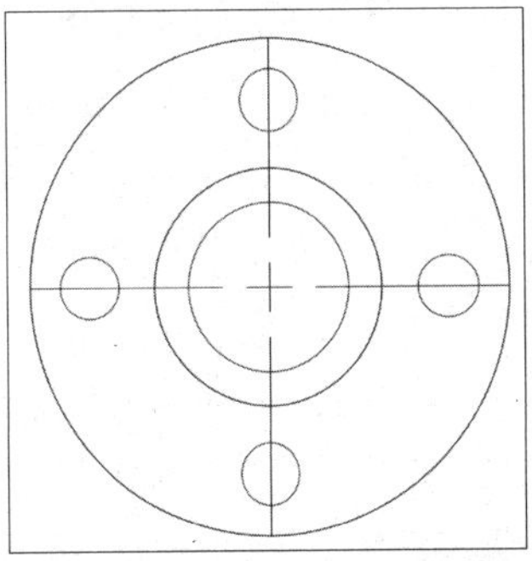
图 8-48 圆心标注

5. 角度标注

角度标注用于标注圆或圆弧的角度,如图8-49所示。

6. 基线标注

基线标注是从一个标注或选定标注的基线各创建线性、角度或坐标标注。系统会使每一条新的尺寸线偏移一段距离，以避免与前一段尺寸线重合，如图8-50所示。

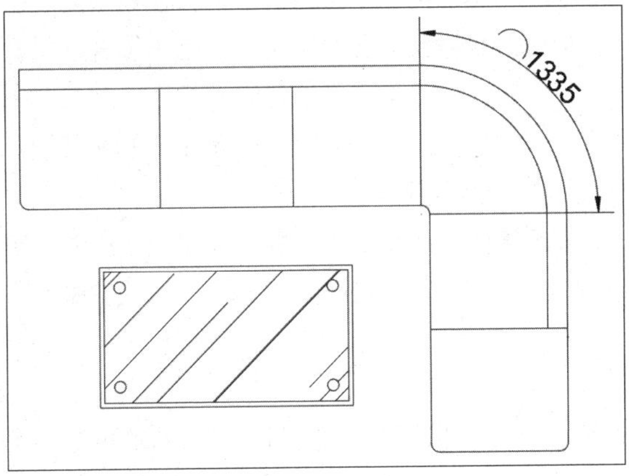

图 8-49 圆弧标注

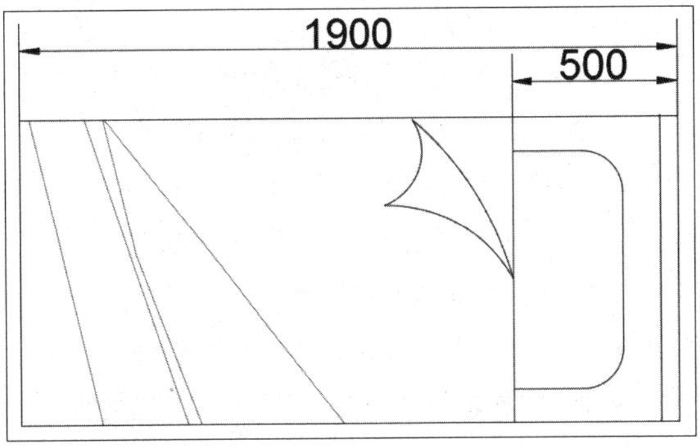

图 8-50 基线标注

7. 连续标注

连续标注可以创建一系列连续的线性、对齐、角度或坐标标注，如图8-51所示。

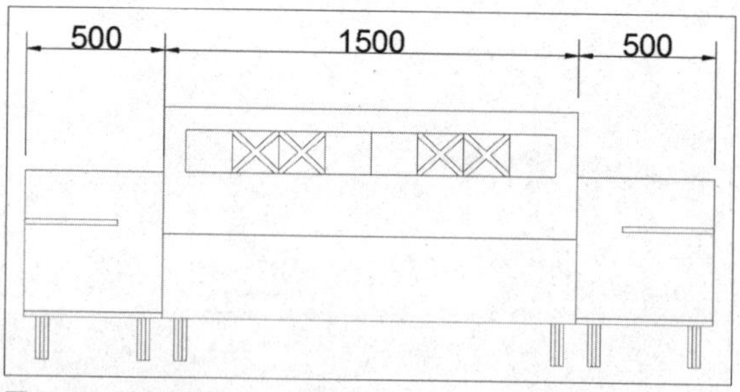

图 8-51 连续标注

8. 快速标注

使用快速标注可以快速创建成组的基线、连续、阶梯和坐标标注，快速标注多个圆、圆弧及编辑现有标注的布局。

8.4 长度尺寸标注

长度尺寸标注包括线性标注、对齐标注、基线标注和连续标注4种方式，本节将分别进行介绍。

8.4.1 线性标注

在AutoCAD 2019中，用户可以通过以下方法执行“线性”标注命令。

- 执行“标注>线性”命令。
- 在“默认”选项卡的“注释”面板中单击“线性”按钮⊢。
- 在“注释”选项卡的“标注”面板中单击“线性”按钮⊢。
- 在命令行中输入快捷命令DIM，然后按回车键。

执行“线性”标注命令后，命令行提示内容如下。

```
命令： _dimlinear
指定第一个尺寸界线原点或 <选择对象>:
指定第二条尺寸界线原点：
指定尺寸线位置或
[多行文字(M)/文字(T)/角度(A)/水平(H)/垂直(V)/旋转(R)]:
标注文字 =
```

其中，命令行中各选项的含义介绍如下。

- 第一条尺寸界线原点：指定第一条尺寸界线的原点之后，将提示指定第二条尺寸界线的原点。
- 尺寸线位置：AutoCAD 使用指定点定位尺寸线并且确定绘制尺寸界线的方向。指定位置之后，将绘制标注。
- 多行文字：显示在位文字编辑器，可用它来编辑标注文字。用尖括号 (< >) 表示生成的测量值。要给生成的测量值添加前缀或后缀，请在尖括号前后输入前缀或后缀。
- 文字：在命令提示下，自定义标注文字。生成的标注测量值显示在尖括号中。要包括生成的测量值，请用尖括号(< >)表示生成的测量值。如果标注样式中未打开换算单位，可以通过输入方括号([ ])来显示换算单位。
- 角度：用于设置标注文字（测量值）的旋转角度。
- 水平/垂直：用于标注水平尺寸和垂直尺寸。选择该选项时，用户可以直接确定尺寸线的位置，也可以选择其他选项来指定标注的标注文字内容或者标注文字的旋转角度。

8.4.2 对齐标注

在AutoCAD 2019中，用户可以通过以下方法执行“对齐”标注命令。

- 执行“标注>对齐”命令。
- 在“默认”选项卡的“注释”面板中单击“对齐”按钮。
- 在“注释”选项卡的“标注”面板中单击“对齐”按钮。
- 在命令行中输入快捷命令DAL，然后按回车键。

执行“对齐”标注命令后，在绘图窗口中分别指定要标注的第一个点和第二个点，并指定好标注尺寸位置，即可完成对齐标注。

示例8-1：使用“对齐”命令，对台灯立面图进行对齐标注。

Step 01 执行“对齐”命令，指定第一个尺寸界线原点，如图8-52所示。

Step 02 再指定第二个尺寸界线原点和尺寸线的位置，效果如图8-53所示。

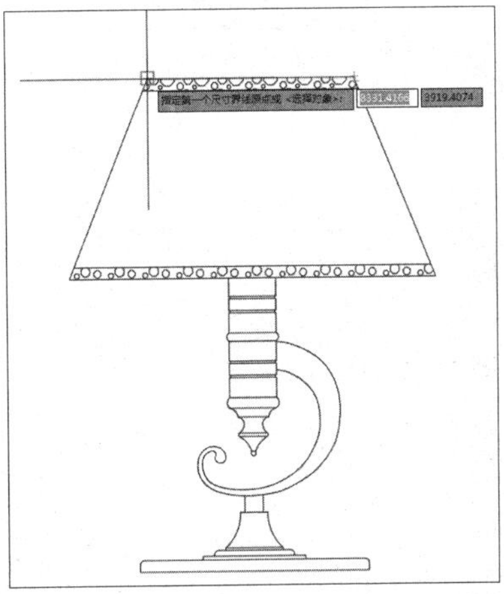

图 8-52 指定第一个尺寸界线

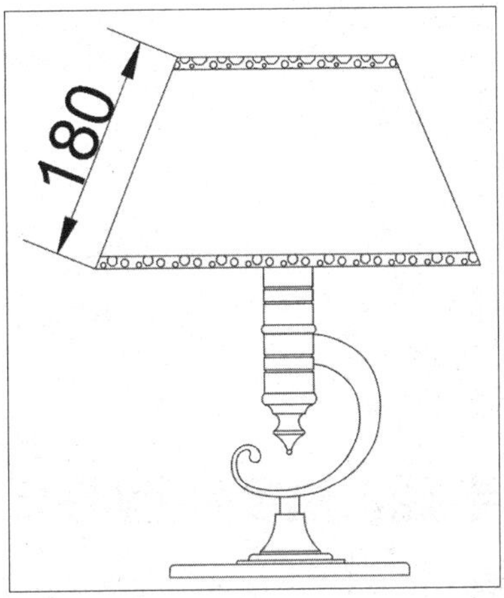

图 8-53 完成标注

8.4.3 基线标注

在AutoCAD 2019中，用户可以通过以下方法执行“基线”标注命令。

- 执行“标注>基线”命令。
- 在“注释”选项卡的“标注”面板中单击“基线”按钮。
- 在命令行中输入快捷命令DBA，然后按回车键。

执行以上任意一种操作后，系统将自动指定基准标注的第一条尺寸界线作为基线标注的尺寸界线原点，然后用户根据命令行的提示指定第二条尺寸界线原点。选择第二点之后，将绘制基线标注并再次显示“指定第二条尺寸界线原点”提示。

工程师点拨：基线标注的原则

基线标注要先选取一个基准标注，该尺寸只能是线性标注、角度标注或坐标标注。

8.4.4 连续标注

在AutoCAD 2019中，用户通过下列方法执行“连续”标注命令。

- 执行“标注>连续”命令。
- 在“注释”选项卡的“标注”面板中单击“连续”按钮。
- 在命令行中输入快捷命令DCO，然后按回车键。

连续标注用于绘制一连串尺寸，每一个尺寸的第二个尺寸界线的原点是下一个尺寸的第一个尺寸界线的原点，在使用“连续”标注之前要标注的对象必须有一个尺寸标注。

工程师点拨：连续标注的原则

连续标注要先选取一个基准标注，该尺寸只能是线性标注、角度标注或坐标标注。

示例8-2：执行“连续”标注命令，对双人床立面图进行连续标注。

Step 01 执行“线性”标注命令，对床头柜立面图进行尺寸标注，如图8-54所示。

Step 02 执行“连续”标注命令，继续对图形进行尺寸标注，效果如图8-55所示。

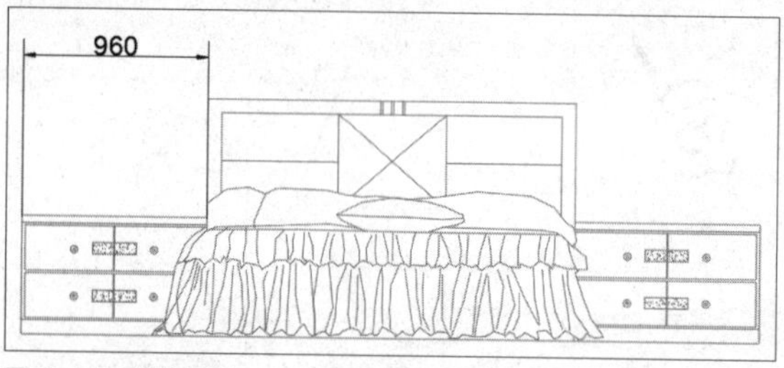

图 8-54 线性标注

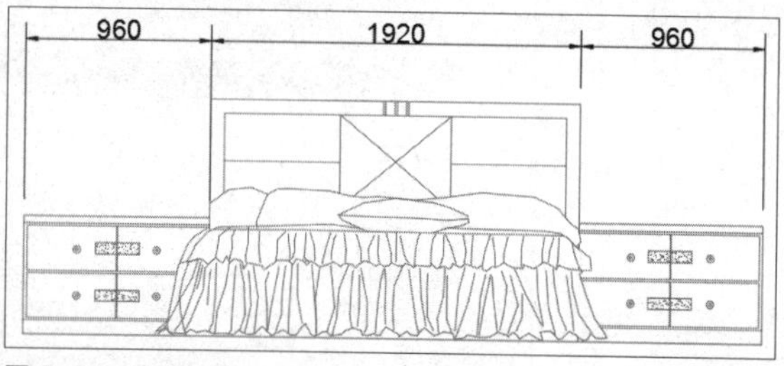

图 8-55 连续标注

8.5 半径、直径和圆心标注

半径标注主要用于标注图形中的圆或圆弧半径，直径标注的操作方法与圆弧半径的操作方法相同，圆心标注主要是用于标注圆弧或圆的圆心。

8.5.1 半径标注

在AutoCAD 2019中，用户可以通过以下方法执行“半径”标注命令。

- 执行“标注>半径”命令。
- 在“注释”选项卡的“标注”面板中单击“半径”按钮。
- 在命令行中输入快捷命令DRA，然后按回车键。

执行“半径”标注命令后，在绘图窗口中选择所需标注的圆或圆弧，并指定好标注尺寸位置，即可完成半径标注。

8.5.2 直径标注

在AutoCAD 2019中，用户可以通过以下方法执行“直径”标注命令。

- 执行“标注>直径”命令。
- 在“注释”选项卡的“标注”面板中单击“直径”按钮。
- 在命令行中输入快捷命令DDI，然后按回车键。

执行“直径”标注命令后，在绘图窗口中,选择要进行标注的圆或圆弧，并指定尺寸标注位置，即可创建出直径标注。

示例8-3：执行“直径”标注命令，对图形进行尺寸标注。

Step 01 执行“标注>直径”命令，选择圆图形，如图8-56所示。

Step 02 移动光标，指定尺寸线的位置，如图8-57所示。

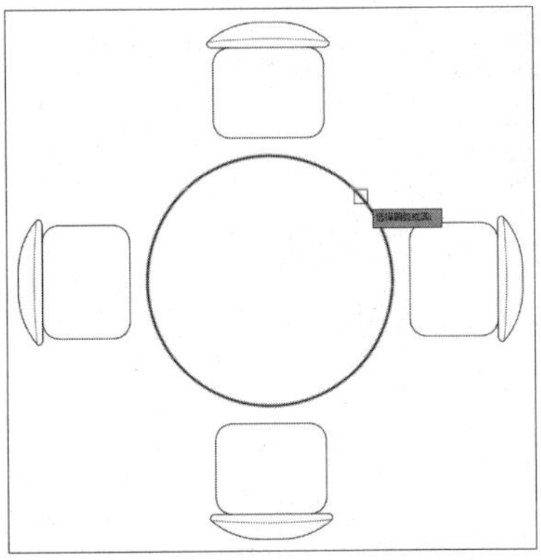

图 8-56 选择圆图形

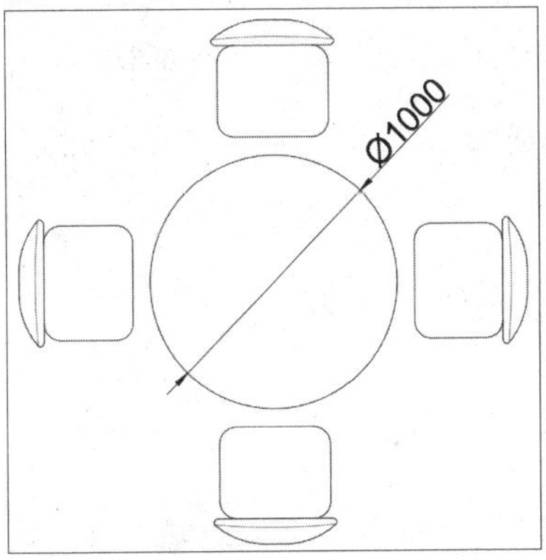

图 8-57 直径标注

工程师点拨：尺寸变量DIMFIT取值

当尺寸变量DIMFIT取默认值3时，半径和直径的尺寸线标注在圆外；当尺寸变量DIMFIT的值设置为0时，半径和直径的尺寸线标注在圆内。

8.5.3 圆心标记

在AutoCAD 2019中，用户可以通过以下方法执行“圆心标记”命令。

- 执行“标注>圆心标记”命令。
- 在“注释”选项卡的“标注”面板中单击“圆心标记”按钮⊕。
- 在命令行中输入DIMCENTER，然后按回车键。

在绘图窗口中，选择圆弧或圆形时，圆心位置将自动显示圆心点。

8.5.4 角度标注

在AutoCAD 2019中，用户可以通过以下方法执行“角度”标注命令。

- 执行“标注>角度”命令。
- 在“注释”选项卡的“标注”面板中单击“角度”按钮△。
- 在命令行中输入快捷命令DAN，然后按回车键。

执行“角度”标注命令后，命令行提示内容如下。

```
命令：_dimangular
选择圆弧、圆、直线或 <指定顶点>:
```

- 选择圆弧：使用选定圆弧上的点作为三点角度标注的定义点。圆弧的圆心是角度的顶点，圆弧端点成为尺寸界线的原点。
- 选择圆：系统自动把该拾取点作为角度标注的第二条尺寸界线的起始点。
- 选择直线：用两条直线定义角度。程序通过将每条直线作为角度的矢量，将直线的交点作为角度

AutoCAD 2019 中文版基础教程

顶点来确定角度。尺寸线跨越这两条直线之间的角度，如果尺寸线与被标注的直线不相交，将根据需要添加尺寸界线，以延长一条或两条直线。圆弧总是小于 180 度。

- 指定三点：创建基于指定三点的标注。角度顶点可以同时为一个角度端点、如果需要尺寸界线，那么角度端点可用作尺寸界线的原点。

示例8-4所示：使用“角度”标注命令，对梯形进行角度标注。

Step 01 执行“标注>角度”命令，根据命令提示选择直线，如图8-58所示。

Step 02 选择完成后，指定尺寸线的位置，如图8-59所示。

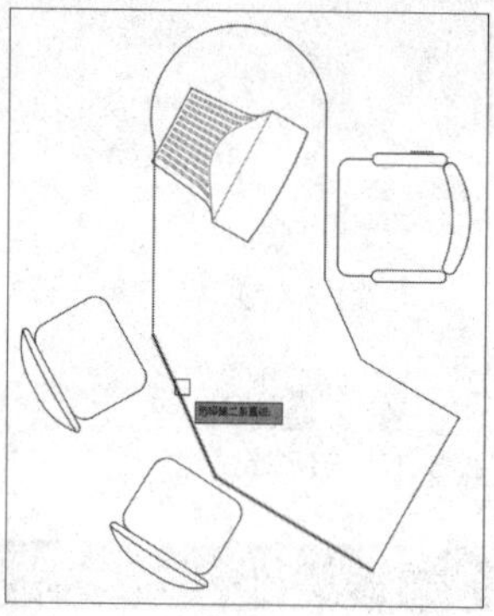

图 8-58 选取直线

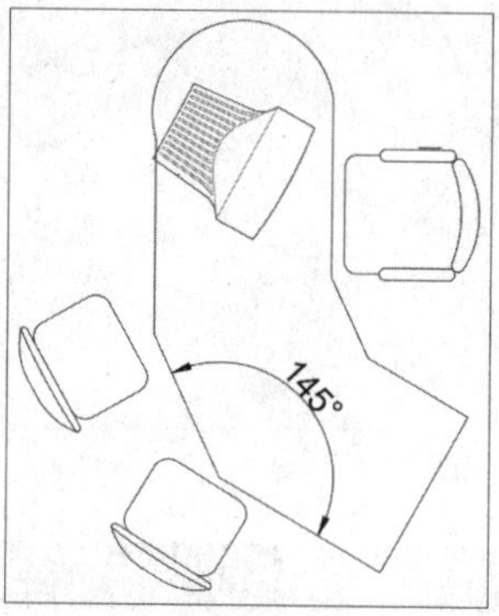

图 8-59 角度标注

8.5.5 坐标标注

在AutoCAD 2019中，用户可以通过以下方法执行“坐标”标注命令。

- 执行“标注>坐标”命令。
- 在“注释”选项卡的“标注”面板中单击“坐标”按钮。
- 在命令行中输入快捷命令DOR，然后按回车键。

执行“坐标”标注命令后，命令行提示内容如下。

```
命令：_dimordinate
指定点坐标：
指定引线端点或 [X 基准(X)/Y 基准(Y)/多行文字(M)/文字(T)/角度(A)]:
标注文字 =
```

其中，命令行中主要选项含义介绍如下。

- 指定引线端点：使用点坐标和引线端点的坐标差可确定它是X坐标标注还是Y坐标标注。如果Y坐标的坐标差较大，标注就测量X坐标，否则就测量Y坐标。
- X基准：测量X坐标并确定引线和标注文字的方向。
- Y基准：测量Y坐标并确定引线和标注文字的方向。

8.5.6 快速标注

在AutoCAD 2019中，用户可以通过以下方法执行“快速标注”命令。

- 执行“标注>快速标注”命令。
- 在“注释”选项卡的“标注”面板中单击“快速标注”按钮。
- 在命令行中输入QDIM，然后按回车键。

执行“快速标注”命令后，命令行提示内容如下。

```
选择要标注的几何图形：
指定尺寸线位置或 [连续(C)/并列(S)/基线(B)/坐标(O)/半径(R)/直径(D)/基准点(P)/编辑(E)/设置(T)] <半径>:
```

其中，命令行中各选项的含义介绍如下。

- 连续：创建一系列连续标注，其中线性标注线端对端地沿同一条直线排列。
- 并列：创建一系列并列标注，其中线性尺寸线以恒定的增量相互偏移。
- 基线：创建一系列基线标注，其中线性标注共享一条公用尺寸界线。
- 半径：创建一系列半径标注，其中将显示选定圆弧和圆的半径值。
- 直径：创建一系列直径标注，其中将显示选定圆弧和圆的直径值。
- 基准点：为基线和坐标标注设置新的基准点。
- 编辑：在生成标注之前，删除出于各种考虑而选定的点位置。

8.6 多重引线标注

引线标注是一条线或样条曲线，其一端带有箭头或设置没有箭头，另一端带有多行文字对象或块。多重引线标注命令常用于对图形中的某些特定对象进行说明，使图形表达更清楚。

在向AutoCAD图形添加多重引线时，单一的引线样式往往不能满足设计的要求，这就需要预先定义新的引线样式，即指定基线、引线、箭头和注释内容的格式，用于控制多重引线对象的外观。

在AutoCAD 2019中，通过“多重引线样式管理器”对话框可创建并设置多重引线样式，用户可以通过以下方法打开该对话框。

- 执行“格式>多重引线样式”命令。
- 在“默认”选项卡的“注释”面板中单击“多重引线样式”按钮。
- 在“注释”选项卡的“引线”面板中单击右下角箭头。
- 在命令行中输入MLEADERSTYLE命令并按回车键。

执行以上任意一种操作后，可打开“多重引线样式管理器”对话框，如图8-60所示。单击“新建”按钮，打开“创建新多重引线样式”对话框，从中输入样式名并选择基础样式，如图8-61所示。单击“继续”按钮，即可在打开的“修改多重引线样式”对话框中对各选项卡进行详细的设置。

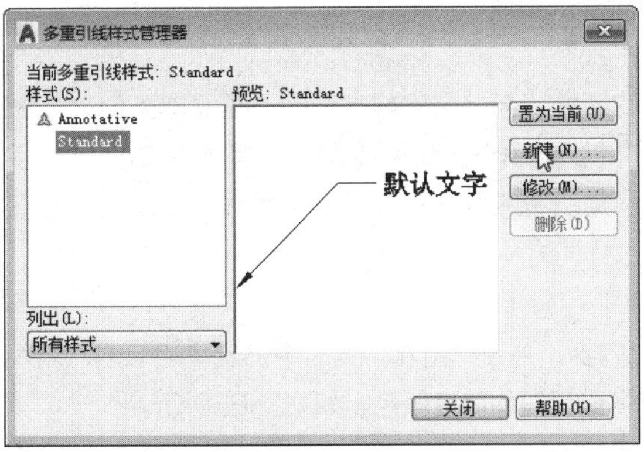

图 8-60 “多重引线样式管理器”对话框

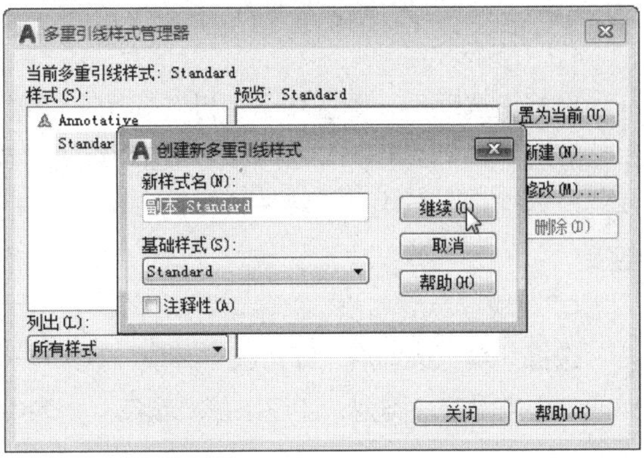

图 8-61 输入新样式名

1.“引线格式”选项卡

在“修改多重引线样式”对话框中，“引线格式”选项卡用于设置引线的类型及箭头的形状，如图8-62所示。其中各选项组的作用介绍如下。

- 常规：主要用来设置引线的类型、颜色、线型、线宽等。其中在下拉列表中可以选择直线、样条曲线或无选项。
- 箭头：主要用来设置箭头的形状和大小。
- 引线打断：主要用来设置引线打断大小参数。

2.“引线结构”选项卡

在“引线结构”选项卡中可以设置引线的段数、引线每一段的倾斜角度及引线的显示属性，如图8-63所示。其中各选项组的作用介绍如下。

- 约束：该选项组中启用相应的复选框可指定点数目和角度值。
- 基线设置：可以指定是否自动包含基线及多重引线的固定距离。
- 比例：启用相应的复选框或选择相应单选按钮，可以确定引线比例的显示方式。

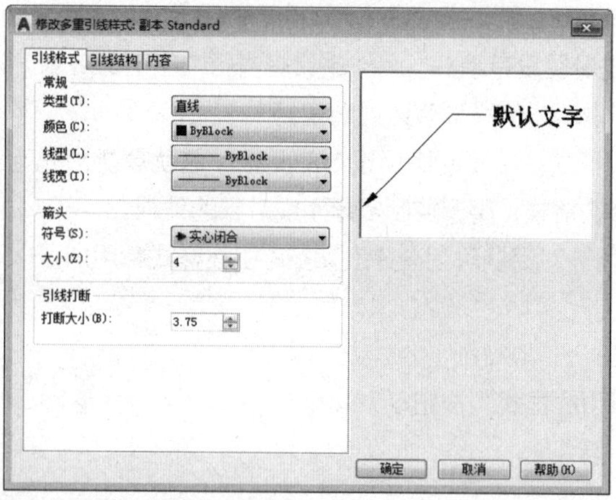

图 8-62 “引线格式”选项卡

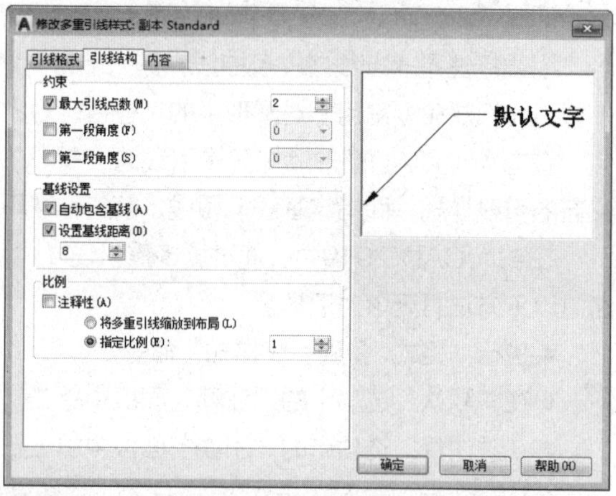

图 8-63 “引线结构”选项卡

3.“内容”选项卡

“内容”选项卡用于设置引线标注的文字属性。在引线中既可以标注多行文字，也可以在其中插入块，这两个类型的内容主要通过“多重引线类型”下拉列表来切换。

（1）多行文字

选择该选项后，则选项卡中各选项用来设置文字的属性，与“文字样式”对话框基本类似，如图8-64所示。然后单击“文字选项”选项组中“文字样式”列表框右侧的按钮...，可直接访问“文字样式”对话框。其中“引线连接”选项组，用于控制多重引线的引线连接设置。引线可以水平或垂直连接。

（2）块

选择“块”选项后，即可在“源块”列表中指定块内容，并在“附着”列表中指定块的范围、插入点或中心点附着块类型，还可以在“颜色”列表中指定多重引线块内容颜色，如图8-65所示。

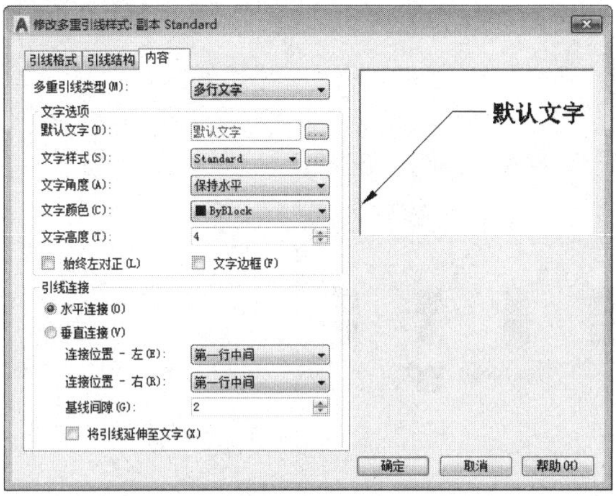

图 8-64 引线类型为“多行文字”选项

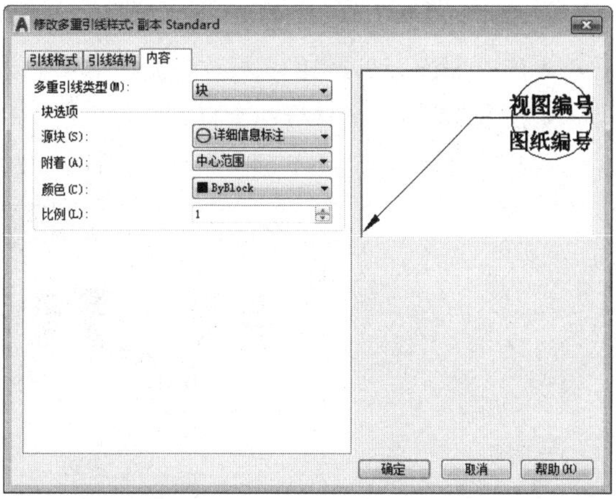

图 8-65 引线类型为“块”选项

8.7 形位公差标注

下面将为用户介绍公差标注的应用，其中包括符号表示和使用对话框标注公差等内容。

8.7.1 形位公差的符号表示

在AutoCAD中，可通过特征控制框来显示形位公差信息，如图形的形状、轮廓、方向、位置和跳动的偏差等，几种常用公差符号如下表所示。

表 公差符号

符号	含义	符号	含义
⌖	定位	▱	平坦度
◎	同心 / 同轴	○	圆或圆度
⌯	对称	—	直线度
//	平行	⌓	平面轮廓
⊥	垂直	⌒	直线轮廓
∠	角	↗	圆跳动
⌭	柱面性	⌰	全跳动
∅	直径	Ⓛ	最小包容条件（LMC）
Ⓟ	投影公差	Ⓢ	不考虑特征尺寸（RFS）
		Ⓜ	最大包容条件（MMC）

8.7.2 使用对话框标注形位公差

在AutoCAD 2019中，用户可以通过以下方法执行“公差”标注命令。

AutoCAD 2019 中文版基础教程

- 执行“标注>公差”命令
- 在“注释”选项卡的“标注”面板中单击“公差”按钮。
- 在命令行中输入快捷命令TOL，然后按回车键。

执行“公差”标注命令后，系统将打开“形位公差”对话框，如图8-66所示。

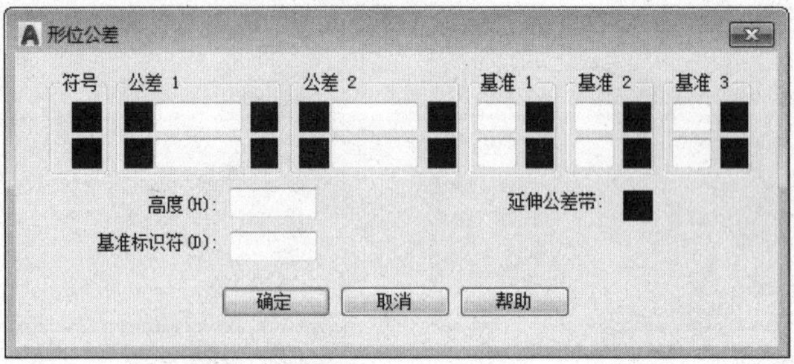

图 8-66 “形位公差”对话框

在“形位公差”对话框中，各选项的功能介绍如下。

1.“符号”选项组

该选项组用于显示从“特征符号”对话框中选择的几何特征符号。单击“符号”图标时，显示“特征符号”对话框，如图8-67所示。

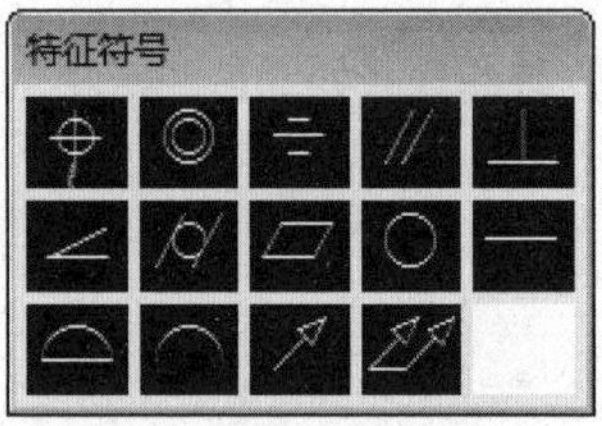

图 8-67 “特征符号”对话框

图 8-68 “附加符号”对话框

2.“公差 1”选项组

该选项组用于创建特征控制框中的第一个公差值。公差值指明了几何特征相对于精确形状的允许偏差量。可在公差值前插入直径符号，在其后插入包容条件符号。

- 第一个框：在公差值前面插入直径符号，单击该框即可插入直径符号。
- 第二个框：创建公差值，在框中输入值。
- 第三个框：显示“附加符号”对话框，从中选择修饰符号，如图8-68所示。这些符号可以作为几何特征和大小可改变的特征公差值的修饰符。在“形位公差”对话框中，将符号插入到第一个公差值的“附加符号”框中。

3.“公差 2”选项组

该选项组用于在特征控制框中创建第二个公差值。以与第一个相同的方式指定第二个公差值。

4.“基准 1”选项组

该选项组用于在特征控制框中创建第一级基准参照。基准参照由值和修饰符号组成。基准是理论上精确的几何参照，用于建立特征的公差带。

- 第一个框：创建基准参照值。
- 第二个框：显示“附加符号”对话框，从中选择修饰符号。这些符号可以作为基准参照的修饰符。在“形位公差”对话框中，将符号插入到的第一级基准参照的“附加符号”框中。

5、“基准 2”选项组

在特征控制框中创建第二级基准参照，方式与创建第一级基准参照相同。

6、“基准 3”选面组

在特征控制框中创建第三级基准参照，方式与创建第一级基准参照相同。

7、“高度”数值框

创建特征控制框中的投影公差零值。投影公差带控制固定垂直部分延伸区的高度变化，并以位置公差控制公差精度。

8、延伸公差带

在延伸公差带值的后面插入延伸公差带符号。

9、“基准标识符”数值框

创建由参照字母组成的基准标识符。基准是理论上精确的几何参照，用于建立其他特征的位置和公差带。点、直线、平面、圆柱或者其他几何图形都能作为基准。

示例8-5：执行“公差”命令，对图形进行形位公差标注。

Step 01 执行“线性”标注命令，对图形进行尺寸标注，效果如图8-69所示。

Step 02 执行“标注>公差”标注命令，打开“形位公差”对话框，单击“符号”选项组下的第一个黑色方框，如图8-70所示。

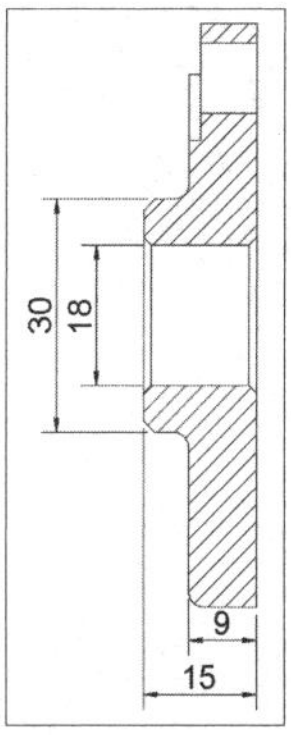

图 8-69 线性标注

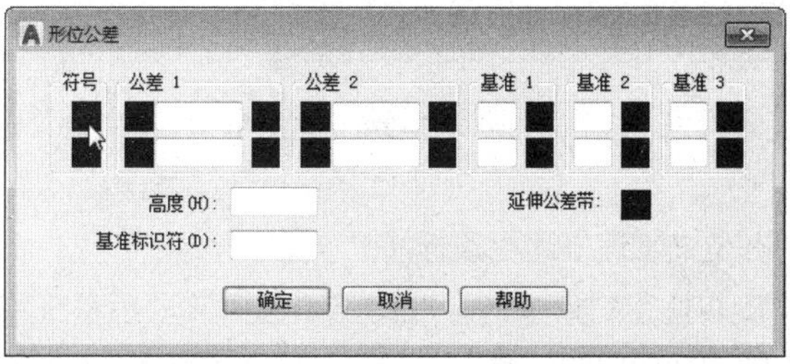

图 8-70 设置符号

Step 03 打开“特征符号”对话框，选择“同轴度”符号，如图8-71所示。

Step 04 返回上级对话框，在公差1文本框中输入0.01，在“基准1”选项组的第一个文本框中输入A，如图8-72所示。

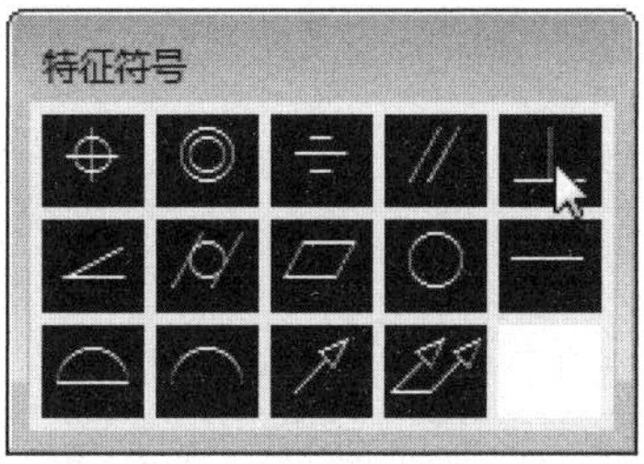

图 8-71 选择“同轴度”符号

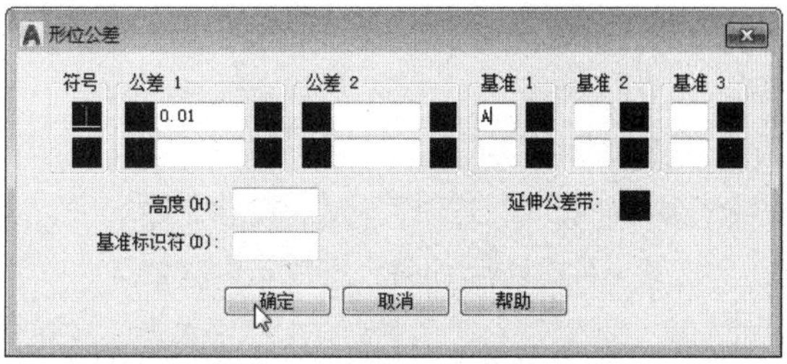

图 8-72 设置公差 1

Step 05 继续创建公差参数，并单击“确定”按钮，如图8-73所示。

Step 06 在图形的合适位置放置形位公差标注，并执行“多重引线”命令，绘制形位公差的引线，如图8-74所示。

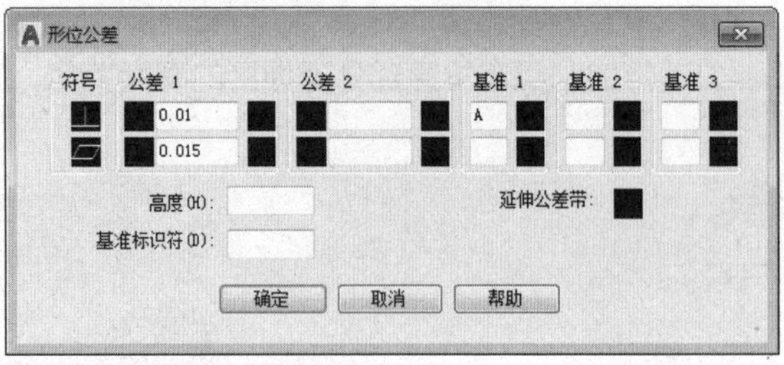

图 8-73　设置基准 1

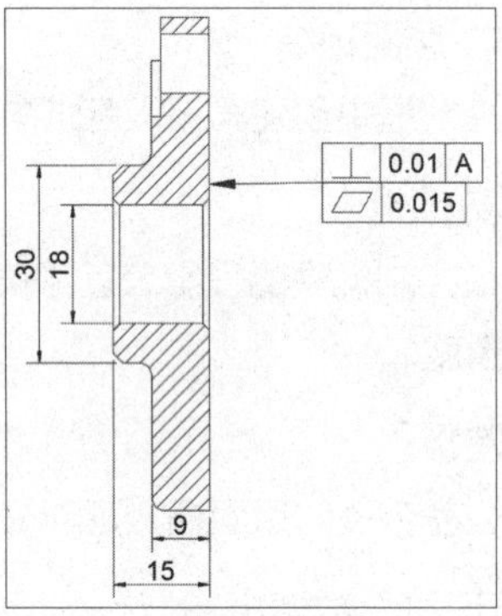

图 8-74　形位公差标注

8.8 编辑标注对象

下面将为用户介绍标注对象的编辑方法，包括编辑标注、替代标注、更新标注等内容。

8.8.1 编辑标注

使用编辑标注命令可以改变尺寸文本，或者强制尺寸界线旋转一定的角度。在命令行中输入快捷命令DED并按回车键，根据命令提示进行编辑标注操作，命令行提示内容如下。

```
命令： DED DIMEDIT
输入标注编辑类型 [ 默认 (H)/ 新建 (N)/ 旋转 (R)/ 倾斜 (O)] < 默认 >:
```

- 默认：将旋转标注文字移回默认位置。选定的标注文字移回到由标注样式指定的默认位置和旋转角。
- 新建：使用在位文字编辑器更改标注文字。
- 旋转：用于旋转指定对象中的标注文字，选择该项后系统将提示用户指定旋转角度，如果输入0则把标注文字按缺省方向放置。
- 倾斜：调整线性标注尺寸界线的倾斜角度，选择该项后系统将提示用户选择对象并指定倾斜角度。当尺寸界线与图形的其他要素冲突时，“倾斜”选项将很有用处。

8.8.2 编辑标注文本的位置

编辑标注文字命令可以改变标注文字的位置或者放置标注文字，用户可以通过下列方法执行编辑标注文字命令。

- 执行“标注>对齐文字”命令下的子命令。
- 在命令行中输入DIMTEDIT，然后按回车键。

执行以上任意一种操作后，命令行提示内容如下。

```
命令： DIMTEDIT
选择标注：
为标注文字指定新位置或 [ 左对齐 (L)/ 右对齐 (R)/ 居中 (C)/ 默认 (H)/ 角度 (A)]:
```

其中，上述命令行中各选项的含义介绍如下。

- 标注文字的位置：移动光标更新标注文字的位置。
- 左对齐：沿尺寸线左对正标注文字。
- 右对齐：沿尺寸线右对正标注文字。
- 居中：将标注文字放在尺寸线的中间。
- 默认：将标注文字移回默认位置。
- 角度：修改标注文字的角度，文字的圆心并没有改变。

8.8.3 替代标注

当少数尺寸标注与其他大多数尺寸标注在样式上有差别时，若不想创建新的标注样式，可以创建标注样式替代。

在“标注样式管理器”对话框中，单击“替代”按钮，打开“替代当前样式”对话框，如8-75所示。从中可对所需的参数进行设置，然后单击“确定”按钮即可。返回到上一对话框，在“样式”列表框中显示“样式替代”选项，如图8-76所示。

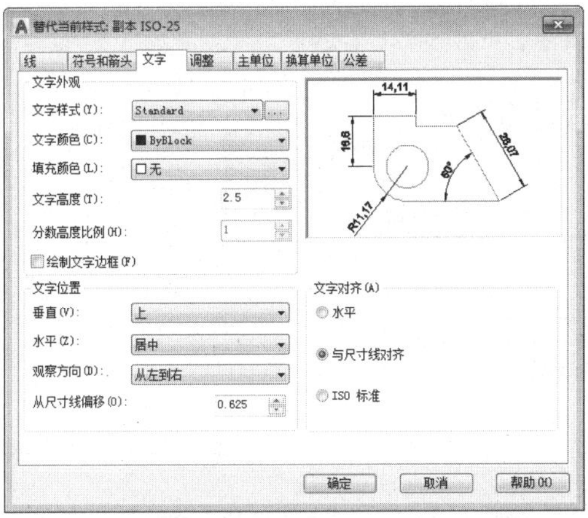

图 8-75 “替代当前样式”对话框

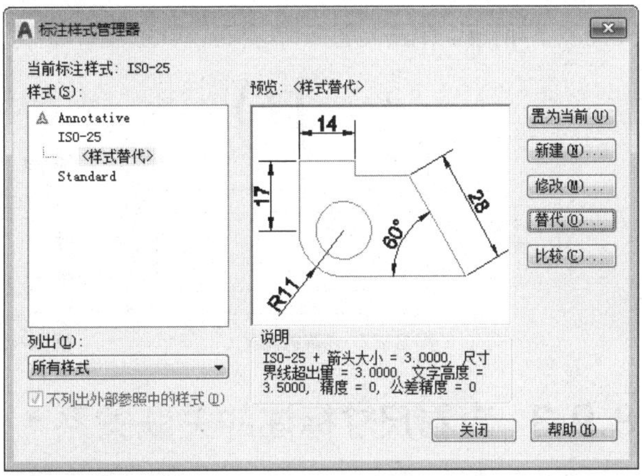

图 8-76 “样式替代”选项

工程师点拨：创建样式替代

用户只能为当前的样式创建样式替代，当用户将其他标注样式置为当前样式后，样式替代自动删除。

8.8.4 更新标注

在标注建筑图形中，可以使用更新标注功能，使其采用当前的尺寸标注样式。在AutoCAD 2019中，用户可以通过以下方法调用更新尺寸标注命令。

- 执行“标注>更新”命令。
- 在“注释”选项卡的“标注”面板中单击“更新”按钮。

8.9 尺寸标注的关联性

下面将为用户介绍尺寸标注的关联性，包括设置关联标注模式、重新关联、查看尺寸标注的关联关系等内容。

8.9.1 设置关联标注模式

在AutoCAD 2019中，尺寸标注各组成元素之间的关系有两种，一种是所有组成元素构成一个块实体，另一种是各组成元素构成各自的单独实体。

作为一个块实体的尺寸标注与所标注对象之间的关系也有两种，一种是关联标注，一种是无关联标注。在关联标注模式下，尺寸标注随被标注对象的变化而自动改变。

AutoCAD用系统变量DIMASSOC来控制尺寸标注的关联性。DIMASSOC=2，为关联性标注；DIMASSOC=1，为无关联性标注；DIMASSOC=0，为分解的尺寸标注，即各组成元素构成单独的实体。

8.9.2 重新关联

在AutoCAD 2019中，用户可以通过以下方法执行“重新关联标注”命令。

- 执行“标注>重新关联标注”命令。
- 在“注释”选项卡的“标注”面板中单击“重新关联”按钮。
- 在命令行中输入DIMREASSOCIATE，然后按回车键。

在状态栏中单击“注释监测器”按钮，可跟踪关联标注，并亮显任何无效的或解除关联的标注，如图8-77所示。单击此图标，可打开快捷菜单，进行关联设置，如图8-78所示。

图 8-77　注释监测器

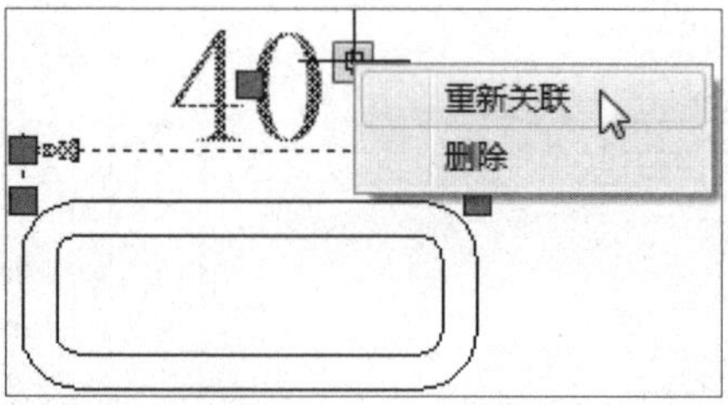

图 8-78　快捷菜单

8.9.3 查看尺寸标注的关联关系

选中尺寸标注后，打开“特性”选项板，可查看尺寸标注的关联关系。在“特性”选项板的“常规”展卷栏中，有一个关联项，如果是关联性尺寸标注，其后显示“是”，如图8-79所示。如果是非关联尺寸标注，显示“否”，如图8-80所示。如果是分解的尺寸标注，则没有关联项。

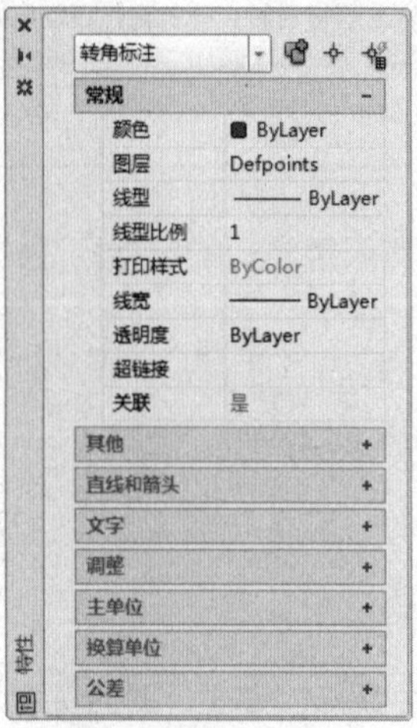

图 8-79　关联性尺寸标注

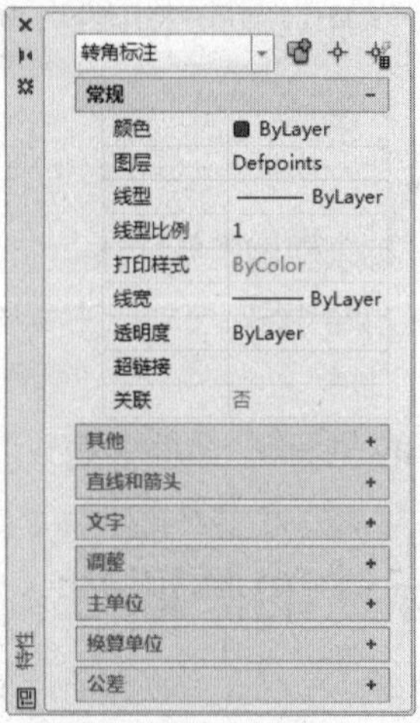

图 8-80　非关联性尺寸标注

上机实践　为户型图添加尺寸标注

- **实践目的**　帮助用户掌握尺寸标注样式的创建与管理，以及各类尺寸标注的标注方法。
- **实践内容**　应用本章所学知识在为户型图添加尺寸标注。
- **实践步骤**　首先打开所需的图形文件，然后新建尺寸标注样式，最后运用尺寸标注命令对图形进行标注。

Step 01 打开素材文件，如图8-81所示。

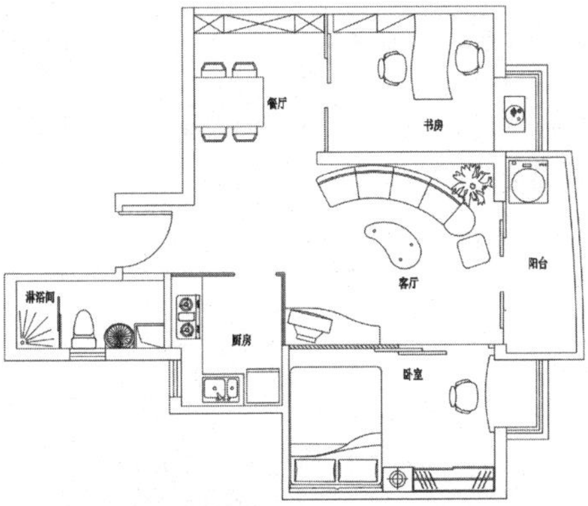

图 8-81　打开素材文件

Step 02 执行“格式>标注样式”命令，打开“标注样式管理器”对话框。单击“新建”按钮，打开相应的对话框，输入新样式名，如图8-82所示。

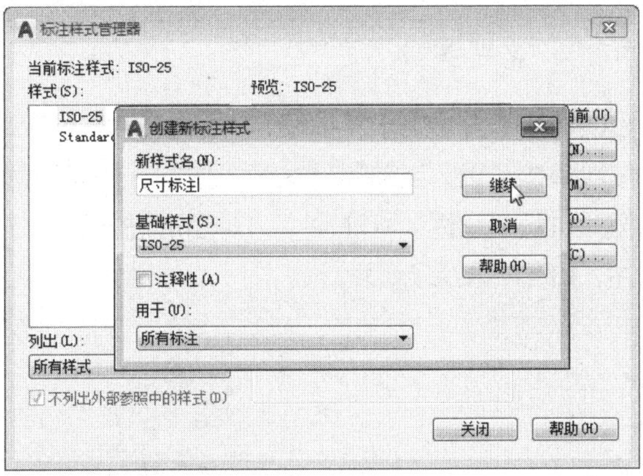

图 8-82　新建标注样式

Step 03 单击“继续”按钮，打开“新建标注样式”对话框，在“线”选项卡中，设置超出尺寸线为160，如图8-83所示。

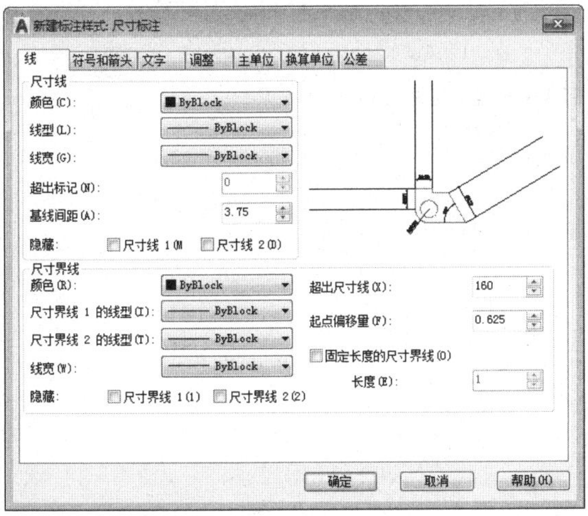

图 8-83 “线”选项卡

Step 04 在“符号和箭头”选项卡中，设置箭头样式为“建筑标记”、大小为150，如图8-84所示。

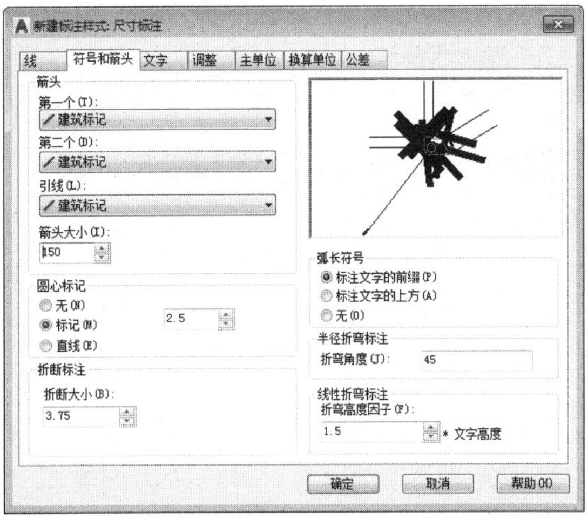

图 8-84 “符号和箭头”选项卡

Step 05 在“文字”选项卡中，设置文字高度为220，如图8-85所示。

Step 06 在“主单位”选项卡中，设置精度为0，如图8-86所示。

AutoCAD 2019 中文版基础教程

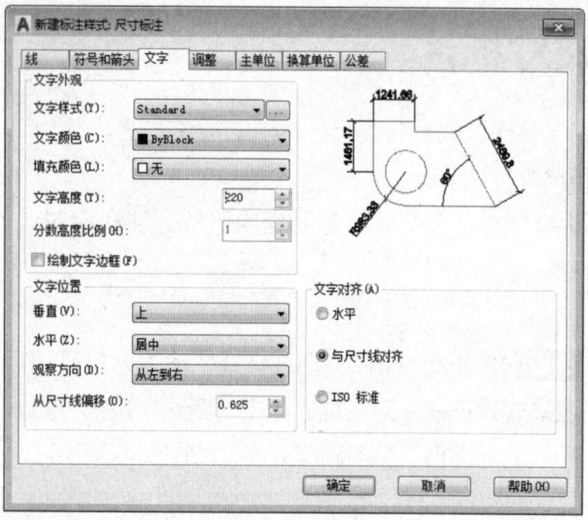

图 8-85 “文字”选项卡

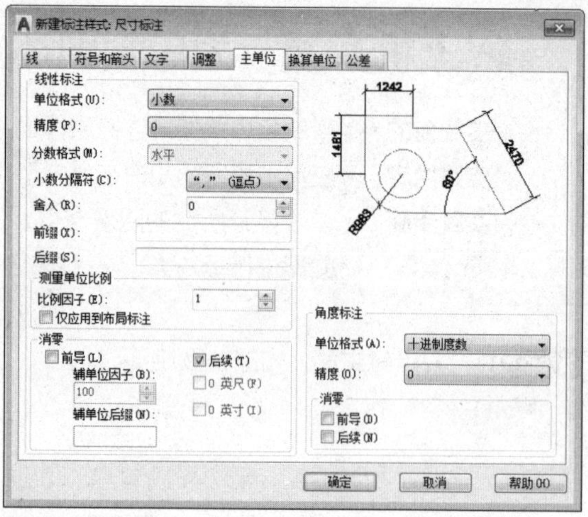

图 8-86 “主单位”选项卡

Step 07 单击“确定”按钮，返回上一对话框，依次单击“置为当前”、“关闭”按钮，关闭对话框。执行“线性”标注命令，对图形进行线性标注，如图8-87所示。

Step 08 执行“连续”标注命令，进行连续标注操作，如图8-88所示。

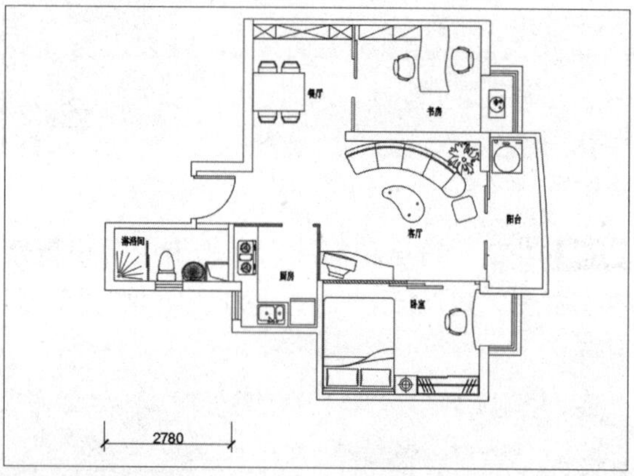

图 8-87 线性标注

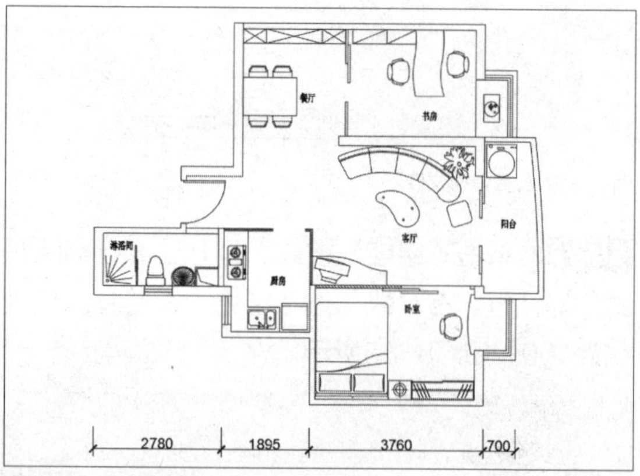

图 8-88 连续标注

Step 09 按照相同的方法，继续进行尺寸标注，如图8-89所示。

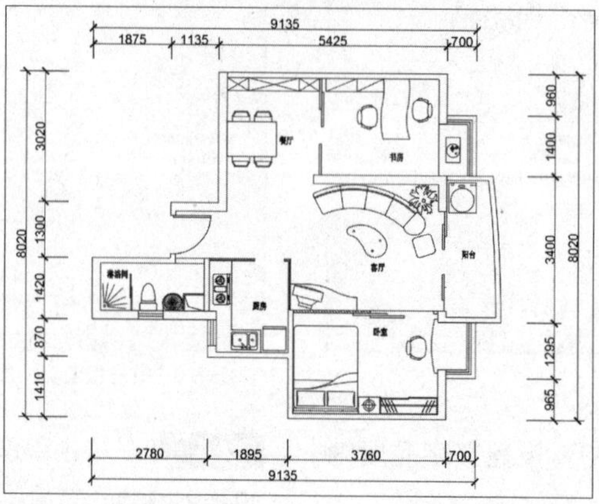

图 8-89 完成尺寸标注

课后练习

本章主要介绍了各种尺寸标注的概念、用途以及标注方法。熟练掌握尺寸标注操作，在绘图中是十分必要的。

一、填空题

1、在AutoCAD 2019中，使用________命令，可以打开“标注样式管理器”对话框中，利用该对话框可以创建、设置和修改标注样式。

2、在工程制图时，一个完整的尺寸标注应该由________、尺寸线、箭头和尺寸数字4个要素组成。

3、在标注建筑图形中，用户可以使用________功能，使其采用当前的尺寸标注样式。

二、选择题

1、在“新建标注样式”对话框中，“文字”选项卡下的“分数高度比例”选项只有设置了（　　）选项后才可生效。

A、单位精度　　B、公差　　C、换算单位　　D、使用全局比例

2、在AutoCAD 2019中，使用以下（　　）命令，可以立刻标注多个圆、圆弧或编辑现有标注的布局。

A、引线标注　　B、坐标标注　　C、快速标注　　D、折弯标注

3、尺寸标注的快捷键是（　　）。

A. DOC　　B. DLI　　C. D　　D. DIM

4、使用“快速标注”命令标注圆或圆弧时，不能自动标注的选项为（　　）。

A. 半径　　B. 基线　　C. 圆心　　D. 直径

三、操作题

1、使用“线性”、“角度”、“半径”和“直径”标注命令，为机械零件图添加尺寸标注，如图8-90所示。

2、使用“线性”、“连续”、“多重引线”命令，对立面图进行标注，如图8-91所示。

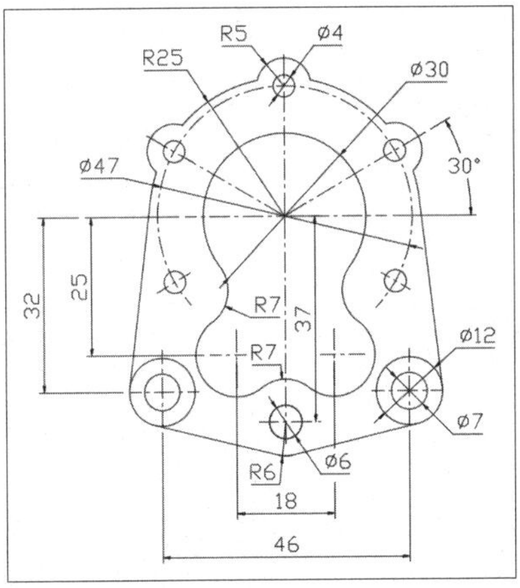

图 8-90　标注机械零件图

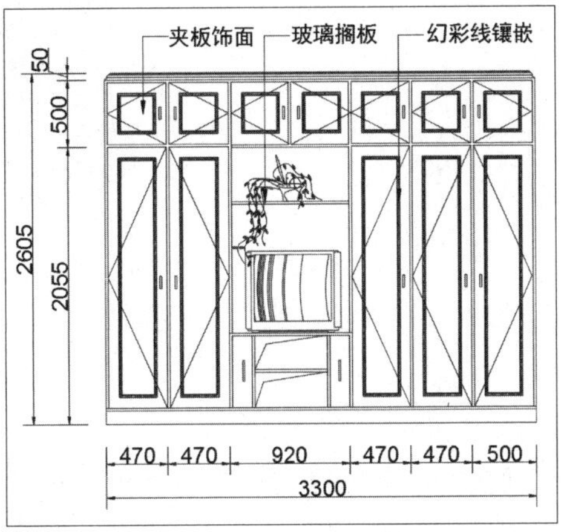

图 8-91　标注立面图

Chapter 09 绘制三维图形

课题概述 使用AutoCAD 2019创建三维模型需要在三维建模空间中进行，与传统的二维草图空间相比，三维建模空间可以看作坐标系的Z轴。二维图形只能显示平面效果，三维实体模型则可以还原真实的模型效果。三维实体模型可以通过二维模型来创建，也可以直接使用三维模型命令来创建。

教学目标 熟悉并掌握三维绘图的基础知识，如三维视图、坐标系、视觉样式的使用，以及三维实体的绘制、二维图形生成三维实体的方法等内容。

章节重点

★★★★ | 二维图形生成三维图形
★★★★ | 绘制三维实体
★★★☆ | 布尔运算
★★☆☆ | 设置视觉样式
★★☆☆ | 三维绘图基础

光盘路径

上机实践：实例文件 \ 第 9 章 \ 上机实践 \ 绘制烟灰缸模型
课后练习：实例文件 \ 第 9 章 \ 课后练习

9.1 三维绘图基础

使用AutoCAD 2019进行三维模型的绘制时，首先要掌握三维绘图的基础知识，如三维视图、三维坐标系和动态UCS等，然后才能快速、准确地完成三维模型的绘制。

要在AutoCAD 2019中绘制三维模型，首先应将工作空间切换为“三维建模”工作空间，如图9-1所示。

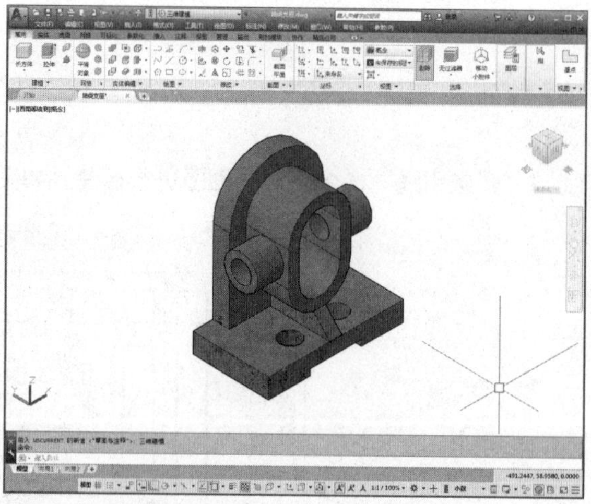

图 9-1 “三维建模”工作界面

用户可以通过以下方法切换工作空间。

- 执行“工具>工作空间>三维建模”命令，即可切换至“三维建模”工作空间。
- 单击快速访问工具栏中的“工作空间”下拉按钮草图与注释，在打开的下拉列表中选择“三维建模”选项，即可切换至“三维建模”工作空间。

● 单击状态栏中的“切换工作空间”按钮，在弹出的列表中选择“三维建模”选项，即可切换至“三维建模”工作空间。

9.1.1 设置三维视图

绘制三维模型时，由于模型有多个面，仅从一个角度不能观看到模型的其他面，因此，应根据情况选择相应的观察点。三维视图样式有多种，其中包括俯视、仰视、左视、右视、前视、后视、西南等轴测、东南等轴测、东北等轴测和西北等轴测。

在AutoCAD 2019中，用户可以通过以下方法设置三维视图。

● 执行“视图>三维视图”命令中的子命令，如图9-2所示。

● 在“常用”选项卡的“视图”面板中单击“三维导航”下拉按钮，在打开的下拉列表中选择相应的视图选项即可，如图9-3所示。

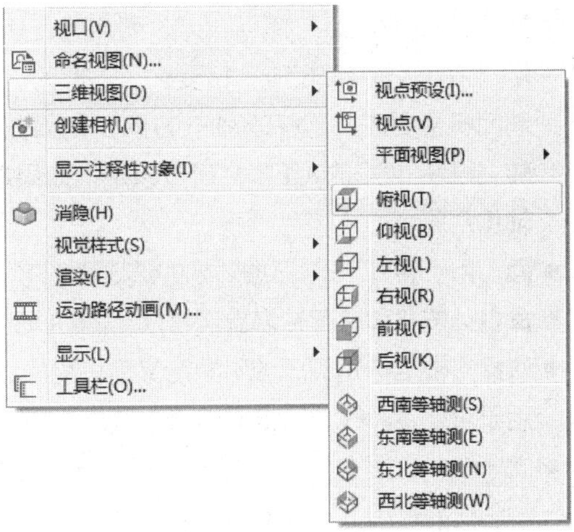

图 9-2 “三维视图”命令

● 在“视图”选项卡的“视图”面板中，选择相应的视图选项即可，如图9-4所示。

● 在绘图区中单击“视图控件”图标，在快捷菜单中选择相应的视图选项即可，如图9-5所示。

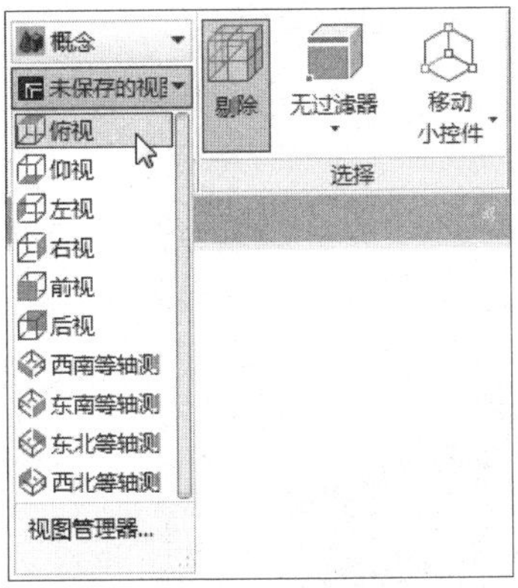

图 9-3 “三维导航”下拉列表

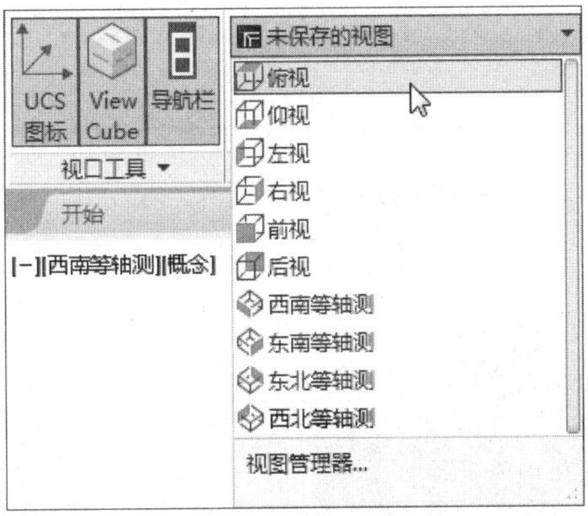

图 9-4 “视图”面板

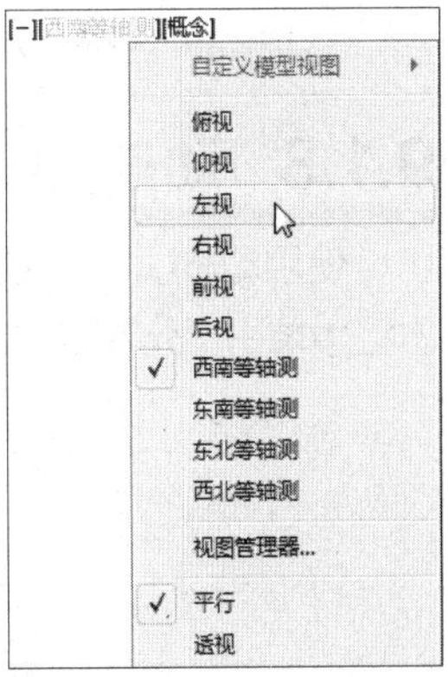

图 9-5 “视图控件”快捷菜单

9.1.2 三维坐标系

三维坐标分为世界坐标系和用户坐标系两种。其中世界坐标系为系统默认坐标系，它的坐标原点和方向为固定不变的。用户坐标系则可根据绘图需求，改变坐标原点和方向，其使用较为灵活。

在AutoCAD 2019中，使用UCS命令可创建用户坐标系，用户可以通过以下方法执行UCS命令。

● 执行“工具>新建UCS”命令子列表中的命令。

● 在“常用”选项卡的“坐标”面板中单击相关新建UCS按钮。

● 在命令行中输入UCS，然后按回车键。

执行UCS命令后，命令行提示内容如下。

```
命令： UCS
当前 UCS 名称： *世界*
指定 UCS 的原点或 [面(F)/命名(NA)/对象(OB)/上一个(P)/视图(V)/世界(W)/X/Y/Z/Z 轴(ZA)] <世界>:
```

在命令行中，各选项的含义介绍如下。

- 指定UCS的原点：使用一点、两点或三点定义一个新的UCS。指定单个点后，命令提示行将提示“指定X轴上的点或<接受>：”，此时，按回车键选择“接受”选项，当前UCS的原点将会移动而不会更改X、Y和Z轴的方向；如果在此提示下指定第二个点，UCS将绕先前指定的原点旋转，以使UCS的X正半轴通过该点；如果指定第三点，UCS将绕X轴旋转，以使UCS的Y的正半轴包含该点。
- 面：用于将UCS与三维对象的选定面对齐，UCS的X轴将与找到的第一个面上最近的边对齐。
- 命名：按名称保存并恢复通常使用的UCS坐标系。
- 对象：根据选定的三维对象定义新的坐标系。新UCS的拉伸方向为选定对象的方向。此选项不能用于三维多段线、三维网格和构造线。
- 上一个：恢复上一个UCS坐标系。程序会保留在图纸空间中创建的最后10个坐标系和在模型空间中创建的最后10个坐标系。
- 视图：以平行于屏幕的平面为XY平面建立新的坐标系，UCS原点保持不变。
- 世界：将当前用户坐标系设置为世界坐标系。UCS是所有用户坐标系的基准，不能被重新定义。
- X/Y/Z：绕指定的轴旋转当前UCS坐标系。通过指定原点和正半轴绕X、Y或Z轴旋转。
- Z轴：用指定Z的正半轴定义新的坐标系。选择该选项后，可以指定新原点和位于新建Z轴正半轴上的点；或选择一个对象，将Z轴与离选定对象最近的端点的切线方向对齐。

9.1.3 动态 UCS

使用动态UCS功能，可以在创建对象时使UCS的XY平面自动与实体模型上的平面临时对齐。在状态栏中单击“允许/禁止动态UCS”按钮，即打开或关闭动态UCS功能，如图9-6、9-7所示。

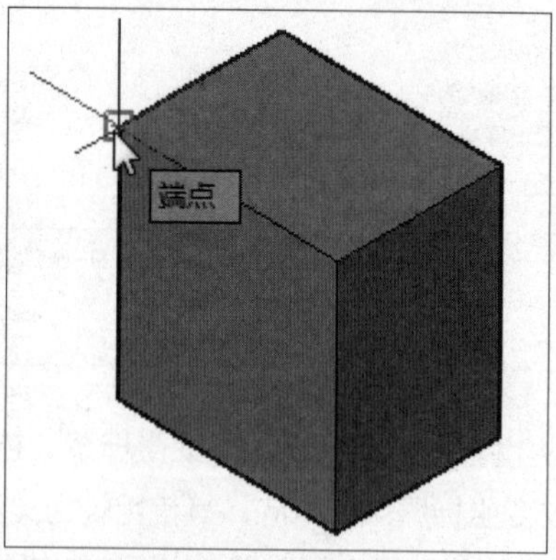

图 9-6 禁止动态 UCS 模式

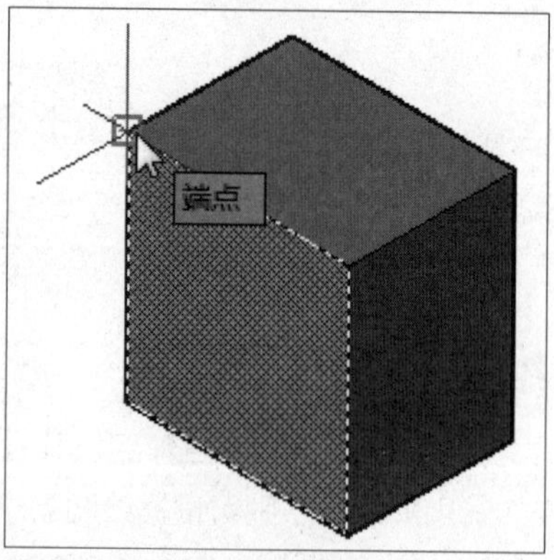

图 9-7 启动动态 UCS 模式

9.2 设置视觉样式

在等轴测视图中绘制三维模型时，默认状况下是以线框方式显示的。用户可以使用多种不同的视图方式来观察三维模型，如真实、隐藏等。在AutoCAD 2019中，用户可以通过以下方法执行视觉样式命令。

- 执行“视图>视觉样式”命令子列表中的命令。
- 在“常用”选项卡的“视图”面板中单击“视觉样式”下拉按钮，在打开的下拉列表中选择相应的视觉样式选项。
- 在绘图区中单击“视图样式控件”按钮，在打开的列表中选择相应的视图样式选项。

9.2.1 二维线框样式

二维线框视觉样式使用表现实体边界的直线和曲线来显示三维对象。在该模式中，光栅和嵌入对象、线型及线宽均是可见的，并且线与线之间都是重复叠加的，如图9-8所示。

9.2.2 概念样式

概念视觉样式显示着色后的多边形平面间的对象，并使对象的边平滑化。该视觉样式缺乏真实感，但可以方便用户查看模型的细节，如图9-9所示。

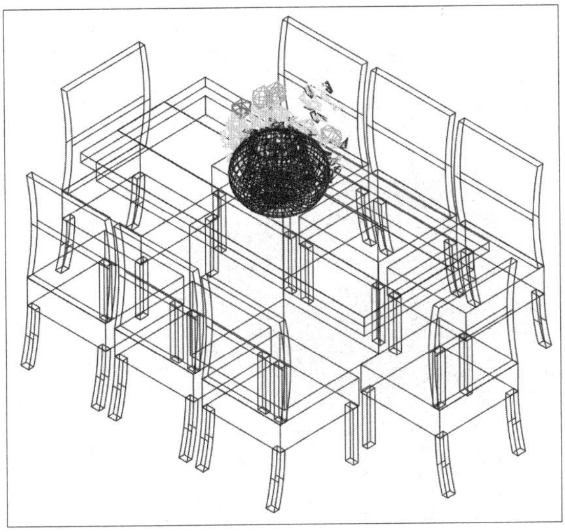

图 9-8 二维线框样式

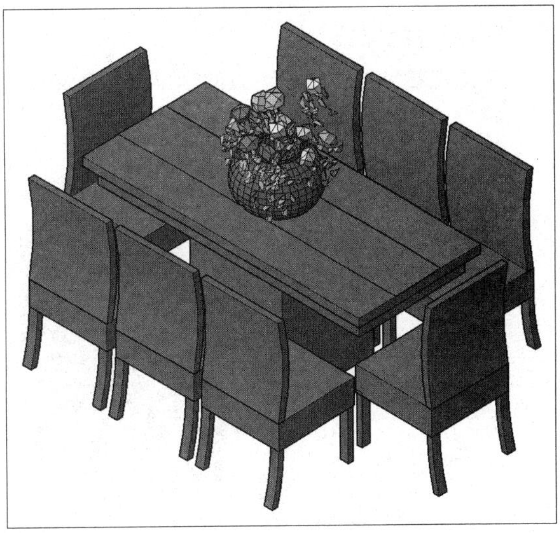

图 9-9 概念样式

9.2.3 真实样式

真实视觉样式显示着色后的多边形平面间的对象，对可见的表面提供平滑的颜色过渡，其表达效果进一步提高，同时显示已经附着到对象上的材质效果，如图9-10所示。

9.2.4 其他样式

在AutoCAD 2019中还包括隐藏、着色、带边框着色、灰度和线宽等视觉样式。

1. 隐藏样式

隐藏视觉样式与概念视觉样式相似，但是概念样式是以灰度显示，并略带有阴影光线，而隐藏样式则以白色显示，如图9-11所示。

图 9-10 真实样式

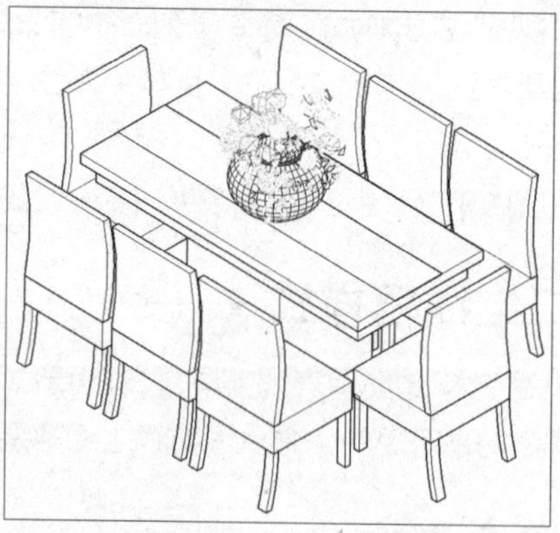

图 9-11 隐藏样式

2. 着色样式

着色视觉样式可使实体产生平滑的着色模型效果，如图9-12所示。

3. 带边缘着色样式

带边缘着色视觉样式可以使用平滑着色和可见边显示对象，如图9-13所示。

图 9-12 着色样式

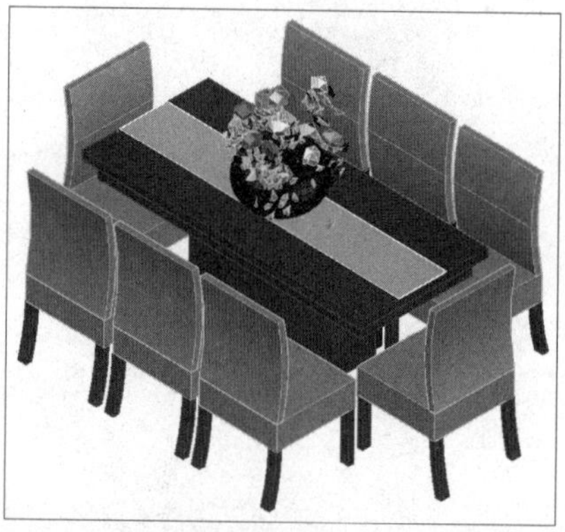

图 9-13 带边框着色样式

4. 灰度样式

灰度视觉样式使用平滑着色和单色灰度显示对象，如图9-14所示。

5. 勾画样式

勾画视觉样式使用线延伸和抖动边修改器显示手绘效果的对象，如图9-15所示。

图 9-14 灰度样式

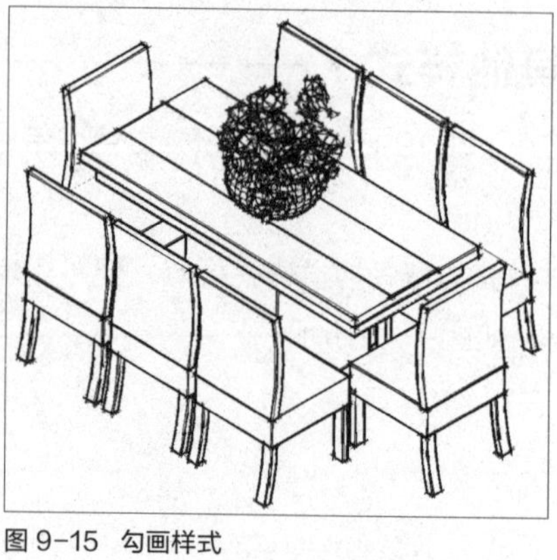

图 9-15 勾画样式

6、线框样式

线框视觉样式通过使用直线和曲线表示边界的方式显示对象，如图9-16所示。

7、X 射线样式

X射线视觉样式可更改面的不透明度使整个场景变成部分透明，如图9-17所示。

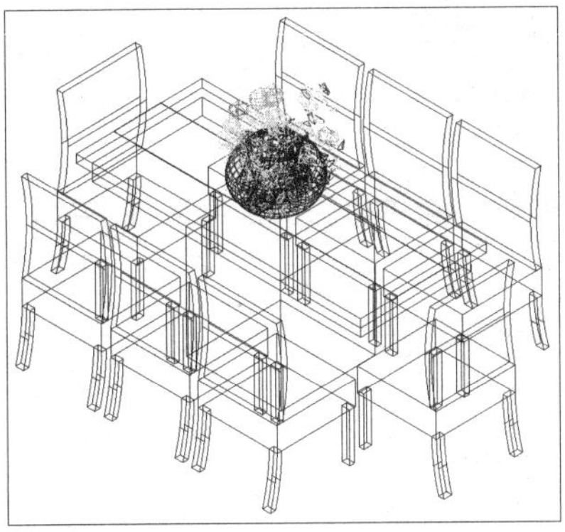

图 9-16 线框样式

图 9-17 X 射线样式

工程师点拨：了解视觉样式

视觉样式只是在视觉上产生了变化，实际上模型并没有改变。

9.3 绘制三维实体

基本的三维实体主要包括长方体、球体、圆柱体、圆锥体和圆环体等，下面将介绍这些实体的绘制方法。

9.3.1 长方体的绘制

长方体是最基本的实体对象，用户可以通过以下方法执行“长方体”命令。

- 执行“绘图>建模>长方体”命令。
- 在“常用”选项卡的“建模”面板中单击“长方体”按钮。
- 在“实体”选项卡的“图元”面板中单击“长方体”按钮。
- 在命令行中输入BOX命令，然后按回车键。

执行“长方体”命令后，根据命令行提示指定角点，再指定长方体高度，创建长方体，如图9-18、9-19所示。

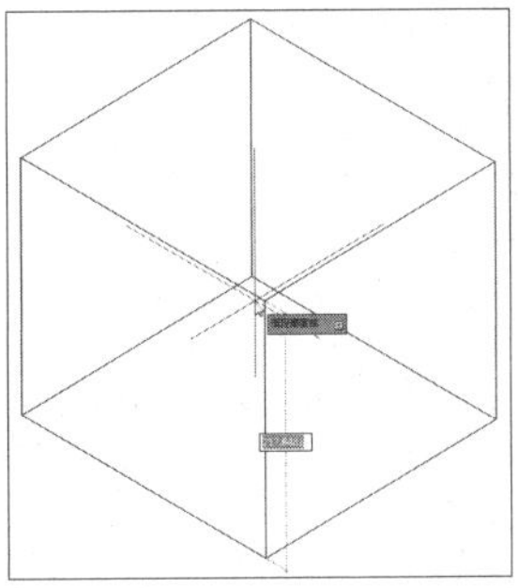

图 9-18 指定高度

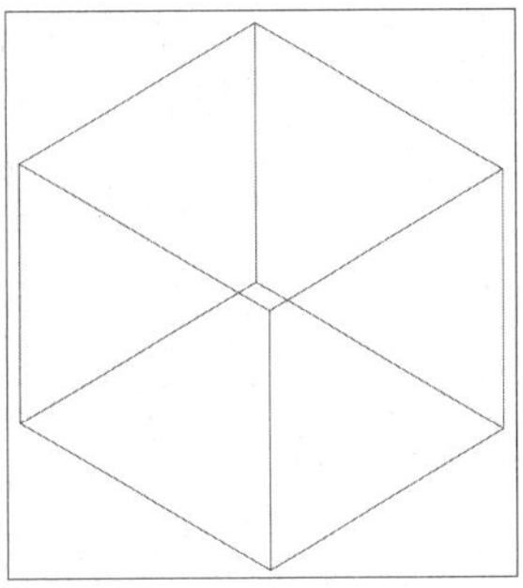

图 9-19 长方体

9.3.2 圆柱体的绘制

圆柱体是以圆或椭圆为截面形状，沿该截面法线方向拉伸所形成的实体特征。用户可以通过以下方法执行“圆柱体”命令。

- 执行“绘图>建模>圆柱体”命令。
- 在“常用”选项卡的“建模”面板中单击“圆柱体”按钮。
- 在“实体”选项卡的“图元”面板中单击“圆柱体”按钮。
- 在命令行中输入快捷命令CYL，然后按回车键。

执行“圆柱体”命令后，根据命令行提示指定圆柱体底面中心点，输入底面半径，再输入柱体高度，创建圆柱体，如图9-20、9-21所示。

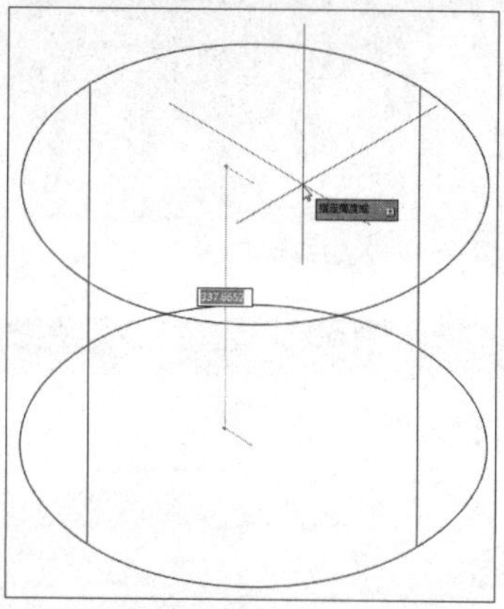

图 9-20 指定高度

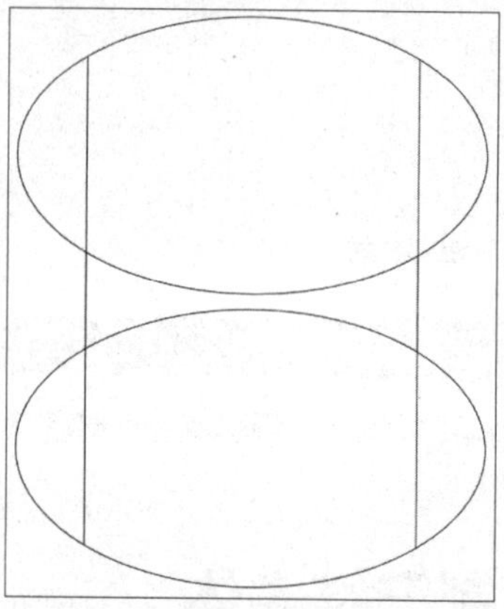

图 9-21 圆柱体

9.3.3 楔体的绘制

楔体可以看做是以矩形为底面，其一边沿法线方向拉伸所形成的具有楔状特征的实体，也就是1/2长方体。其表面总是平行于当前的UCS，其斜面沿Z轴倾斜。用户可以通过以下方法执行“楔体”命令。

- 执行“绘图>建模>楔体”命令。
- 在“常用”选项卡的“建模”面板中单击“楔体”按钮。
- 在命令行中输入快捷命令WE，然后按回车键。

执行“楔体”命令后，根据命令行提示，指定楔体底面方形起点，指定方形的长、宽值，然后再指定楔体高度值，即可完成楔体的创建，如图9-22、9-23所示。

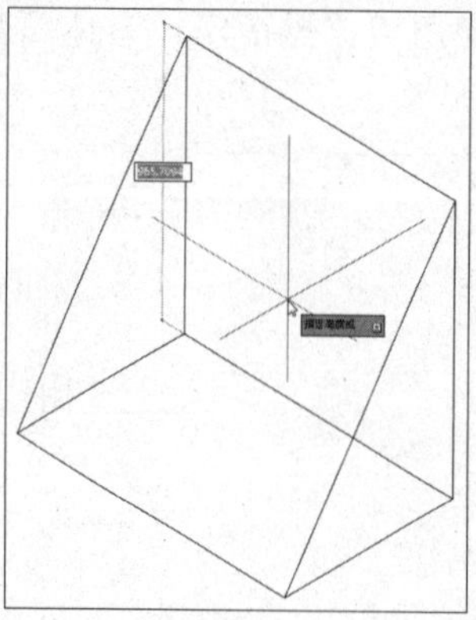

图 9-22 指定高度

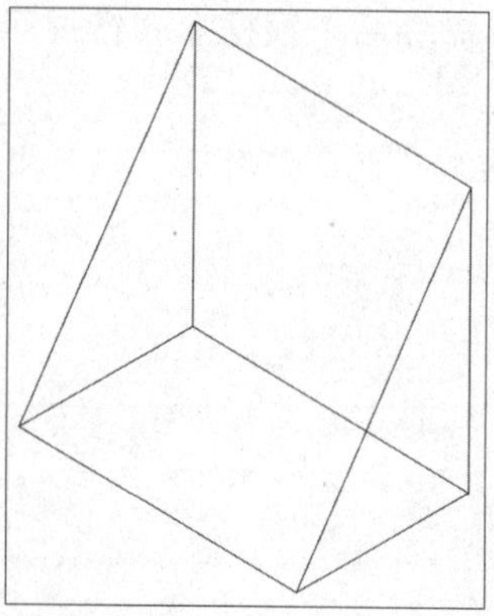

图 9-23 楔体

9.3.4 球体的绘制

球体是到一个点即球心距离相等的所有点的集合所形成的实体。用户可以通过以下方法执行“球体”命令。

- 执行“绘图>建模>球体”命令。
- 在“常用”选项卡的“建模”面板中单击“球体”按钮。
- 在命令行中输入命令SPHERE，然后按回车键。

执行“球体”命令后，根据命令行提示，指定球体的中心点并指定半径值，创建球体，如图9-24、9-25所示。

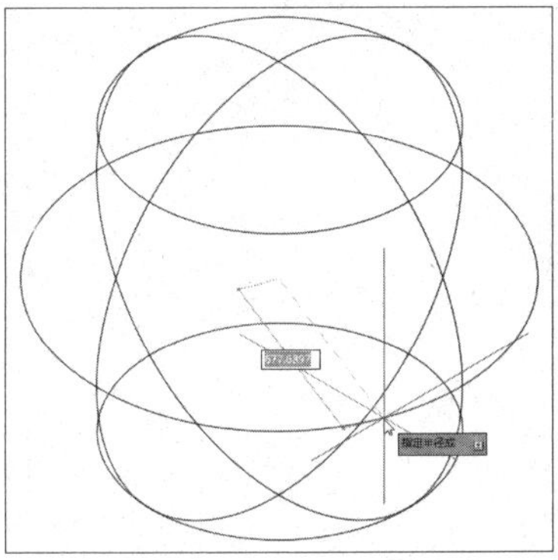
图 9-24 指定半径

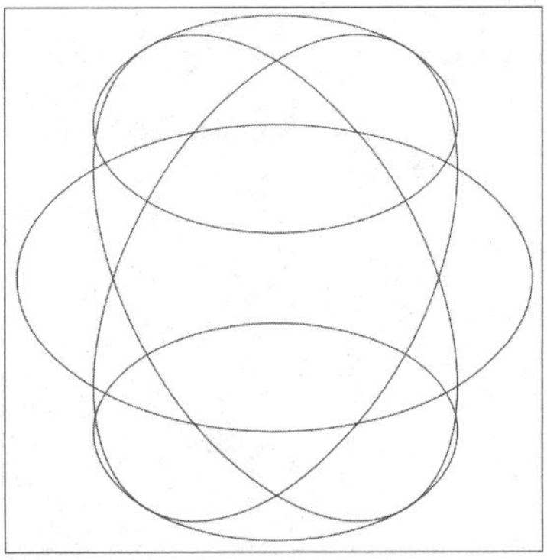
图 9-25 球体

9.3.5 圆环体的绘制

圆环体可以看作是绕圆轮廓线与其共面的直线旋转所形成的实体特征，用户可以通过以下方法执行“圆环体”命令。

- 执行“绘图>建模>圆环体”命令。
- 在“常用”选项卡的“建模”面板中单击“圆环体”按钮。
- 在“视图”选项卡的“图元”面板中单击“圆环体”按钮。
- 在命令行中输入快捷命令TOR，然后按回车键。

执行“圆环体”命令后，根据命令行提示，指定圆环的中心点再指定圆环和圆管的半径，创建圆环体，如图9-26、9-27所示。

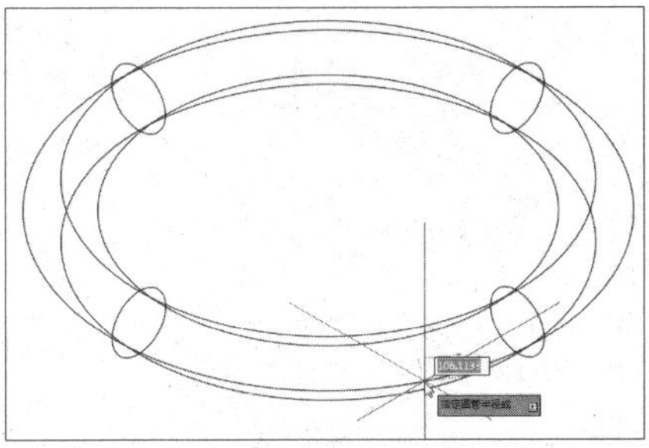
图 9-26 指定圆管半径

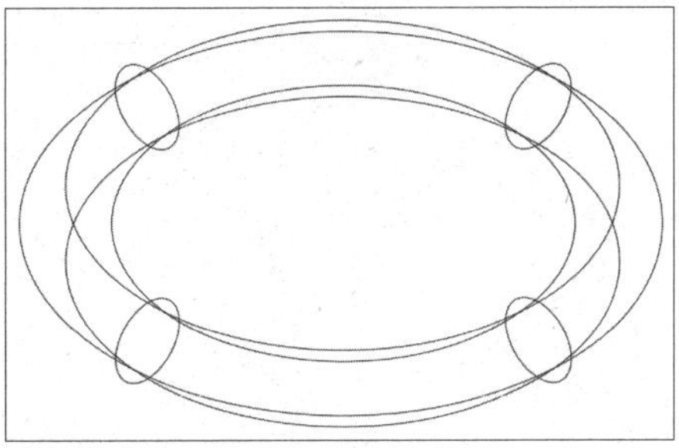
图 9-27 圆环体

9.3.6 棱锥体的绘制

棱锥体可以看作是以一个多边形面为底面，其余各面有一个公共顶点的具有三角形特征的面所构成的实体。用户可以通过以下方法执行“棱锥体”命令。

- 执行“绘图>建模>棱锥体”命令。
- 在“常用”选项卡的“建模”面板中单击“棱锥体”按钮。
- 在“实体”选项卡的“图元”面板中单击“棱锥体”按钮。
- 在命令行中输入快捷命令PYR，然后按回车键。

执行“棱锥体”命令后，根据命令行提示，指定棱锥体的底面中心点，再输入底面多边形的半径，向上移动光标指定其高度创建棱锥体，如图9-28、9-29所示。

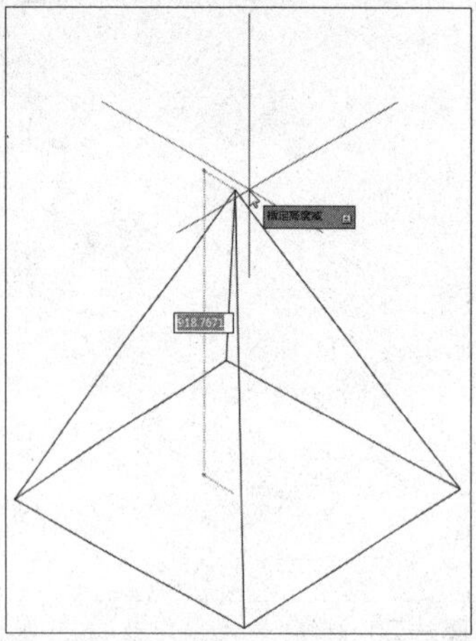

图 9-28 指定高度

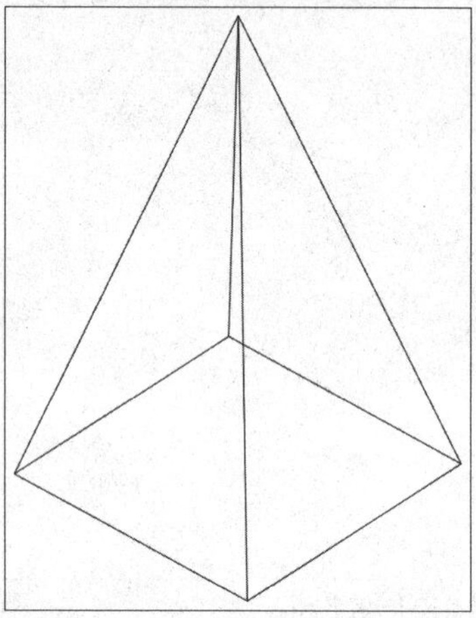

图 9-29 棱锥体

9.3.7 多段体的绘制

在默认情况下，多段体始终带有一个矩形轮廓，可以指定轮廓高度和宽度，用户可以通过以下方法执行“多段体”命令。

- 执行“绘图>建模>多段体”命令。
- 在“常用”选项卡的“建模”面板中单击“多段体”按钮。
- 在“实体”选项卡的“图元”面板中单击“多段体”按钮。
- 在命令行中输入POLYSOLID，然后按回车键。

执行“多段体”命令后，根据命令行提示，设置多段体的高度、宽度以及对正方式，指定起点、转折点及终点，创建多段体，如图9-30、9-31所示。

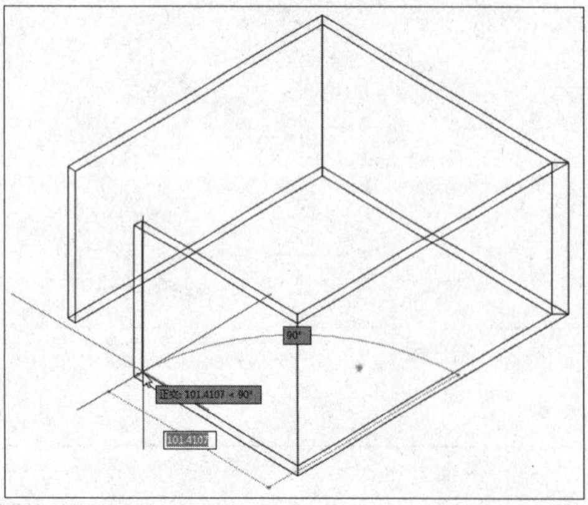

图 9-30 指定点

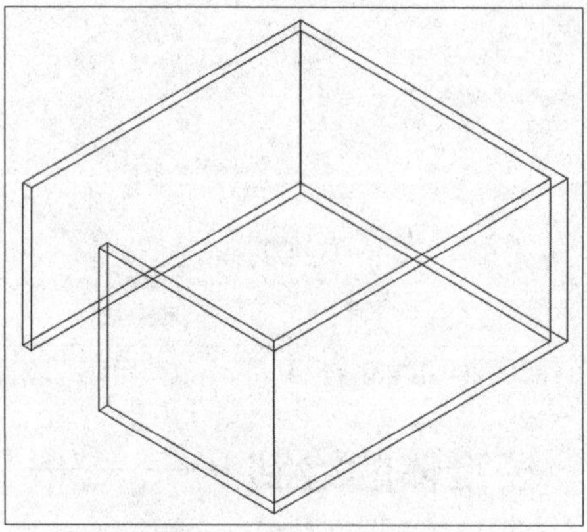

图 9-31 多段体

9.4 二维图形生成三维实体

在AutoCAD 2019中，除了使用三维绘图命令绘制实体模型外，还可以将绘制的二维图形进行拉伸、旋转、放样和扫掠等操作，转换为三维实体模型。

9.4.1 拉伸实体

使用“拉伸”命令，可以绘制各种柱体、台形体和沿指定路径拉伸形成的拉伸实体，用户可以通过以下方法执行“拉伸”命令。

- 执行“绘图>建模>拉伸”命令。
- 在“常用”选项卡的“建模”面板中单击“拉伸”按钮。
- 在“实体”选项卡的“实体”面板中单击“拉伸”按钮。
- 在命令行中输入快捷命令EXT，然后按回车键。

示例9-1：使用“拉伸”命令，通过指定拉伸对象和高度拉伸实体。

Step 01 将当前视图转换为西南等轴测视图，在绘图区中绘制一个六边形，如图9-32所示。

Step 02 执行“拉伸”命令，根据提示选择拉伸对象，如图9-33所示。

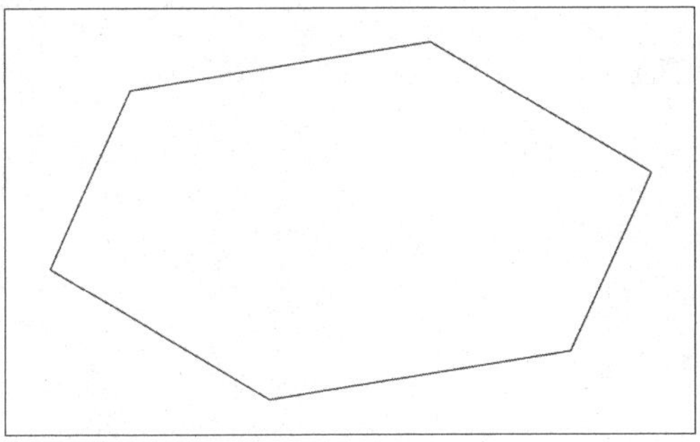

图 9-32 绘制图形

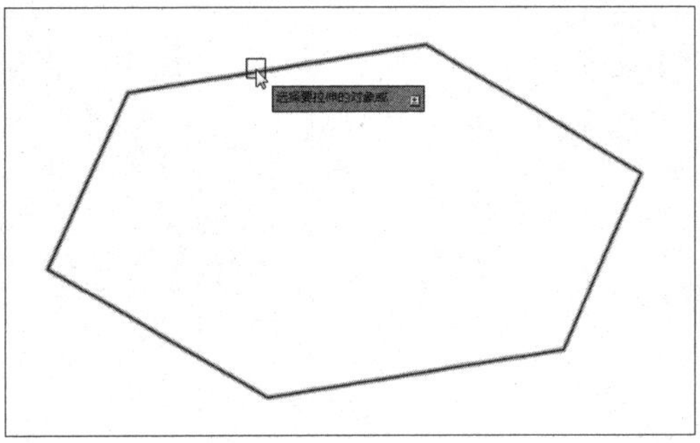

图 9-33 选择对象

Step 03 按回车键并设置高度值，如图9-34所示。

Step 04 设置完成后按回车键，即可拉伸实体，如图9-35所示。

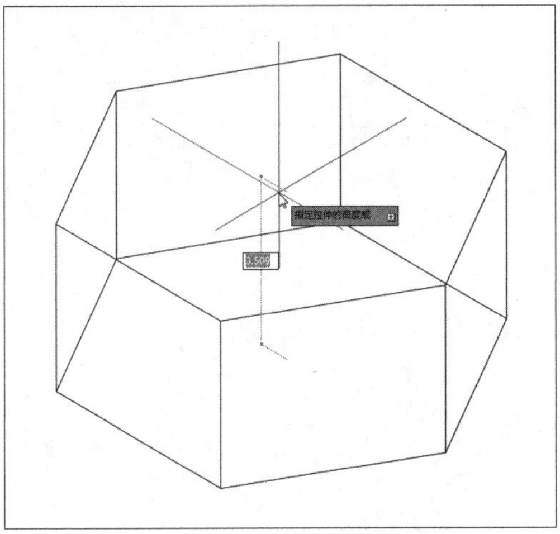

图 9-34 指定高度

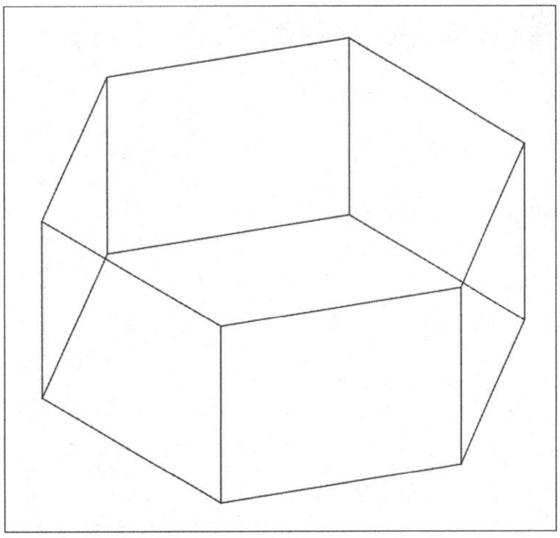

图 9-35 拉伸实体效果

9.4.2 旋转实体

使用“旋转”命令，可将二维闭合的图形以中心轴为旋转中心进行旋转，从而形成三维实体模型，用户可以通过以下方法执行“旋转”命令。

- 执行“绘图>建模>旋转”命令。
- 在“常用”选项卡的“建模”面板中单击“旋转”按钮。
- 在“实体”选项卡的“实体”面板中单击“旋转”按钮。
- 在命令行中输入快捷命令REV，然后按回车键。

示例9-2：使用“旋转”命令，创建花瓶模型。

Step 01 在左视图中绘制两条线段，如图9-36所示。

Step 02 执行“旋转”命令，根据提示选择需要旋转的对象，如图9-37所示。

Step 03 按回车键后，根据提示指定轴起点和轴端点，如图9-38所示。

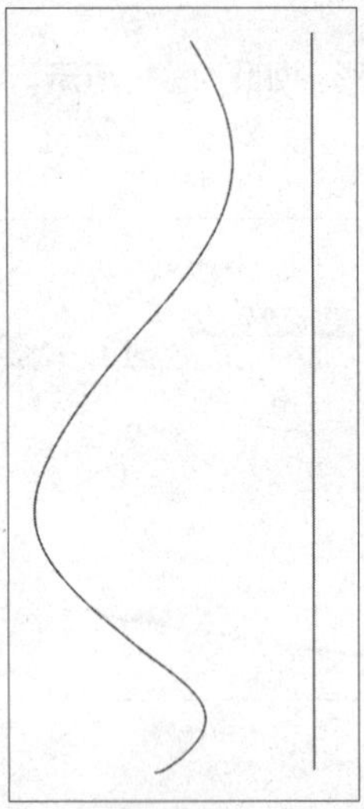

图 9-36 绘制图形

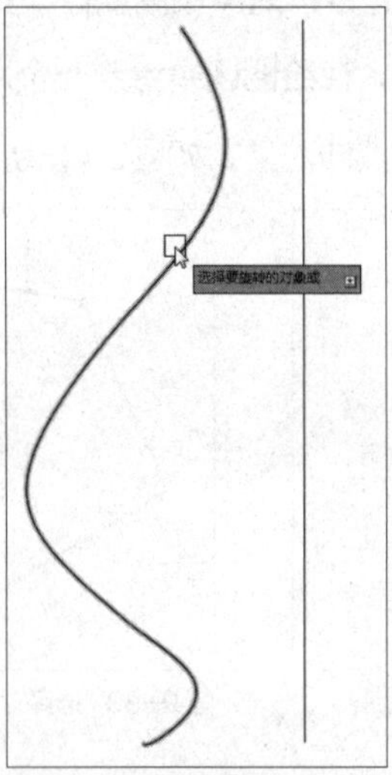

图 9-37 选择旋转对象

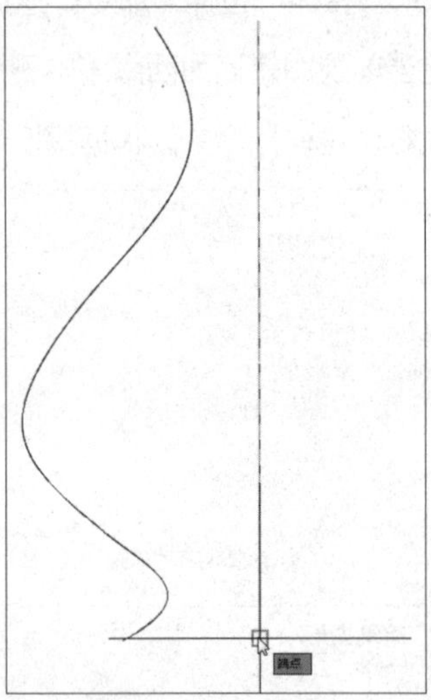

图 9-38 指定旋转轴

Step 04 设置旋转角度为360°，如图9-39所示。

Step 05 观察旋转后的效果，如图9-40所示。

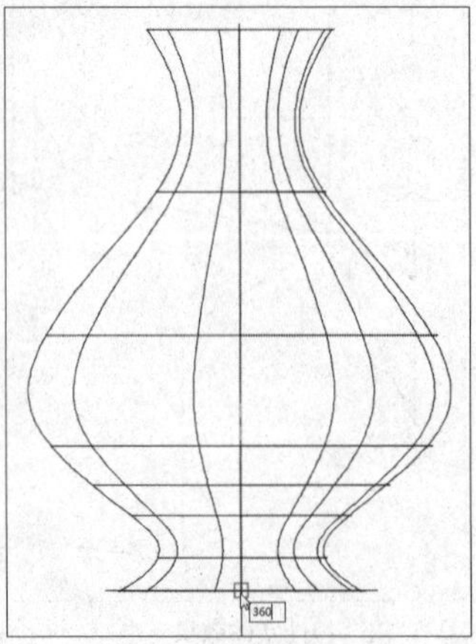

图 9-39 输入旋转角度

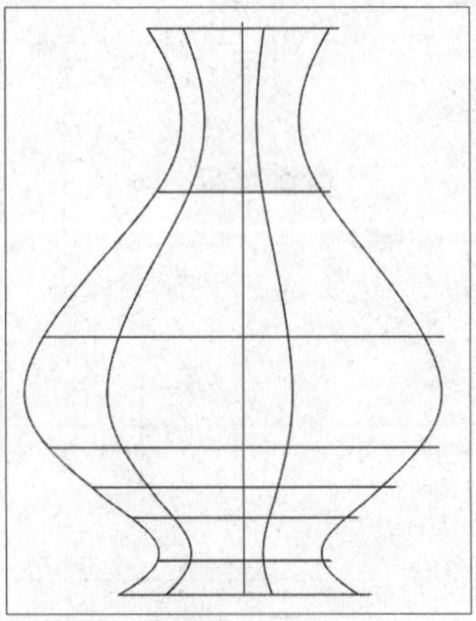

图 9-40 查看旋转效果

Step 06 将视图切换为西南等轴测视图，如图9-41所示。

Step 07 将视觉样式控件转换为概念，效果如图9-42所示。

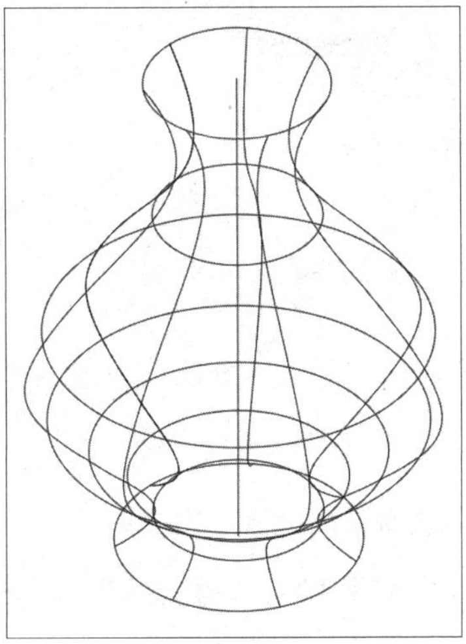

图 9-41 西南等轴测视图

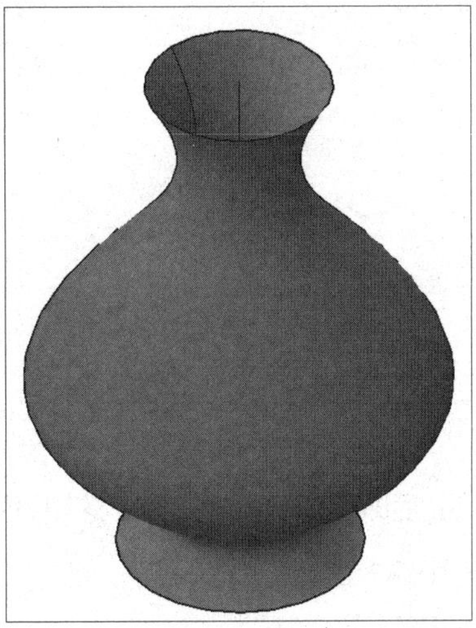

图 9- 42 概念视觉样式

9.4.3 放样实体

“放样”命令用于在横截面之间的空间内绘制实体或曲面。使用“放样”命令时，至少必须指定两个横截面，用户可以通过以下方法执行“放样”命令。

- 执行“绘图>建模>放样”命令。
- 在“常用”选项卡的“建模”面板中单击“放样”按钮。
- 在命令行中输入LOFT命令，然后按回车键。

示例9-3：使用“放样”命令，创建陶罐模型。

Step 01 在俯视图中绘制半径为5mm、8mm、15mm的同心圆图形，如图9-43所示。

Step 02 将视图切换到左视图，调整圆的高度，如图9-44所示。

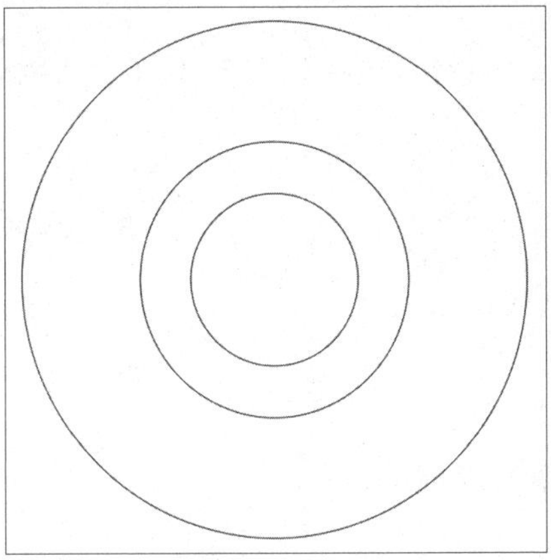

图 9-43 绘制圆图形

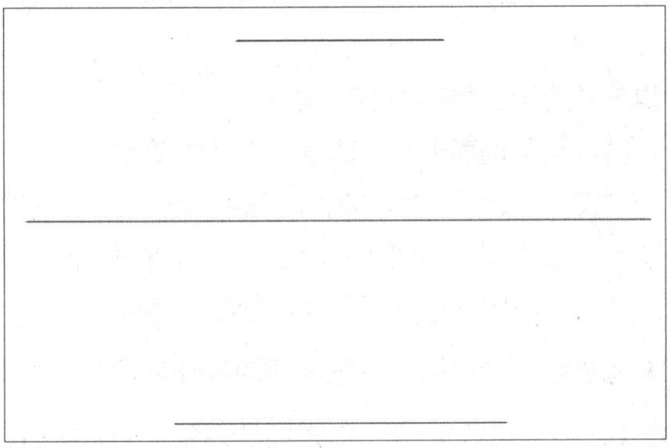

图 9- 44 调整圆高度

Step 03 切换到西南等轴测视图，观察效果，如图9-45所示。

Step 04 执行“放样”命令，根据提示依次选择圆形作为横截面，如图9-46所示。

AutoCAD 2019 中文版基础教程

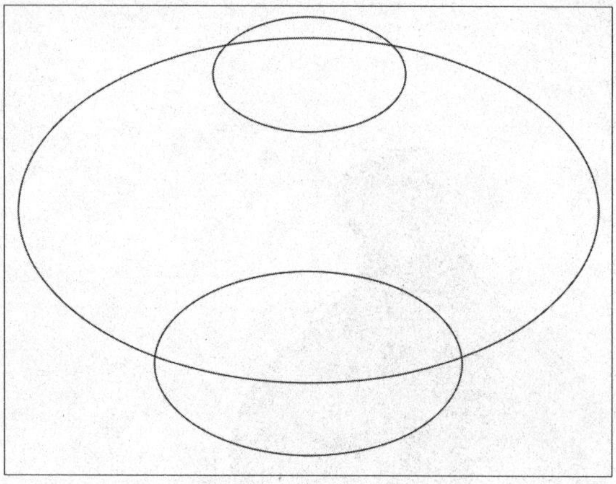
图 9-45　西南等轴测视图

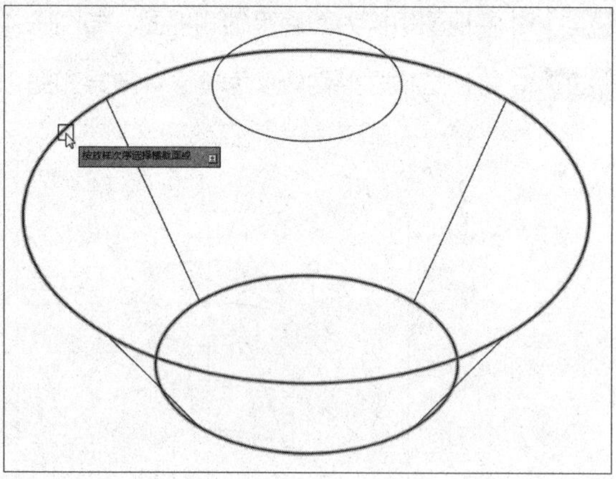
图 9- 46　选择圆形作为横截面

Step 05 选择横截面后即可创建放样实体，这里看到模型轮廓精度很低，如图9-47所示。

Step 06 在命令行中输入命令ISOLINES，按回车键后设置精度为8，再执行“视图>全部重生成”命令，效果如图9-48所示。

Step 07 将视觉样式控件转换为概念，即可观察实体效果，如图9-49所示。

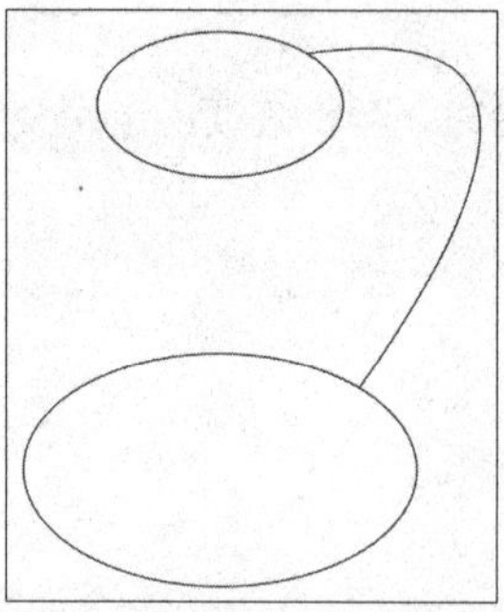
图 9-47　放样效果

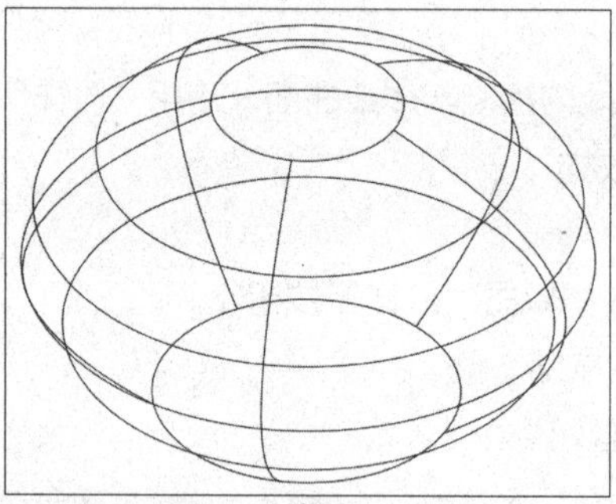
图 9- 48　设置精度后效果

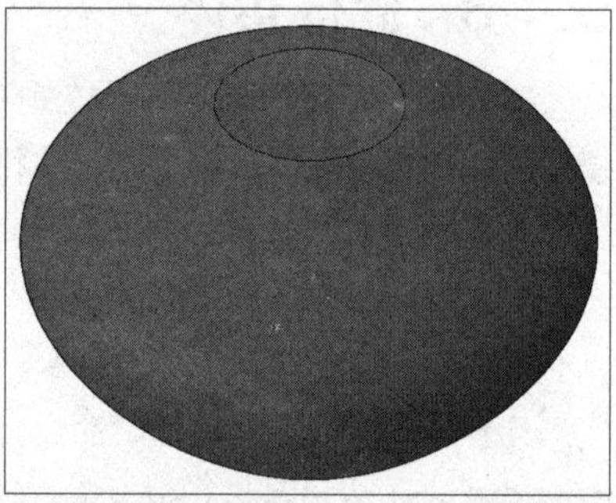
图 9-49　概念显示效果

9.4.4　扫掠实体

“扫掠”命令用于沿指定路径以指定轮廓的形状绘制实体或曲面，用户可以通过以下方法执行“扫掠”命令。

- 执行“绘图>建模>扫掠”命令。
- 在“常用”选项卡的“建模”面板中单击“扫掠”按钮。
- 在“实体”选项卡的“实体”面板中单击“扫掠”按钮。
- 在命令行中输入SWEEP命令，然后按回车键。

示例9-4：使用“扫掠”命令，创建卡槽模型。

Step 01 首先绘制二维图形，图为西南等轴测视图效果，如图9-50所示。

Step 02 执行“扫掠”命令，指定扫掠对象，如图9-51所示。

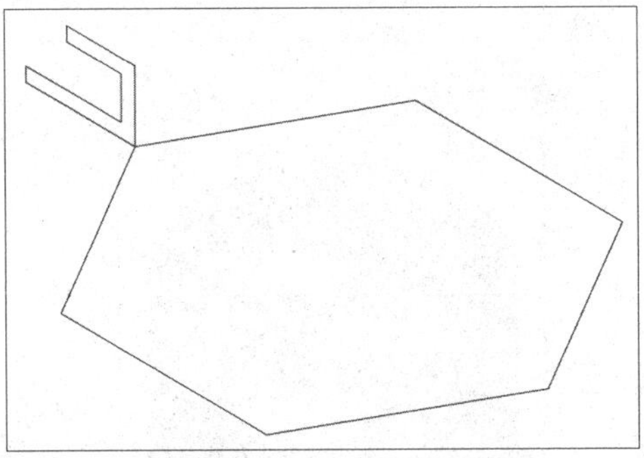

图 9-50 绘制图形

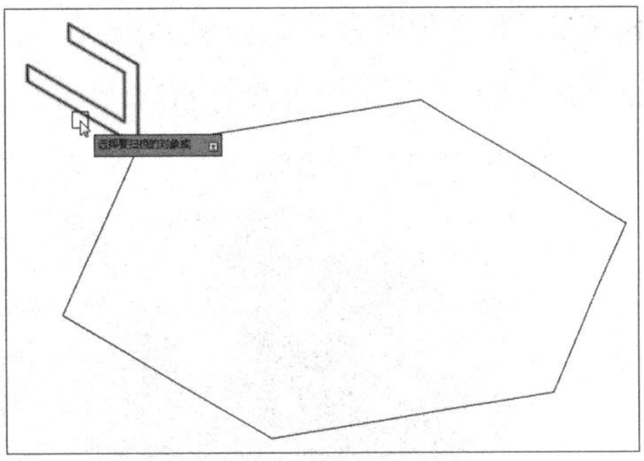

图 9-51 选择扫掠对象

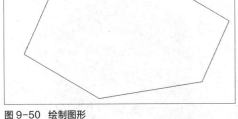

Step 03 按回车键指定路径，并生成扫掠实体，如图9-52所示。

Step 04 将视觉样式控件转换为概念，即可预览效果，如图9-53所示。

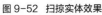

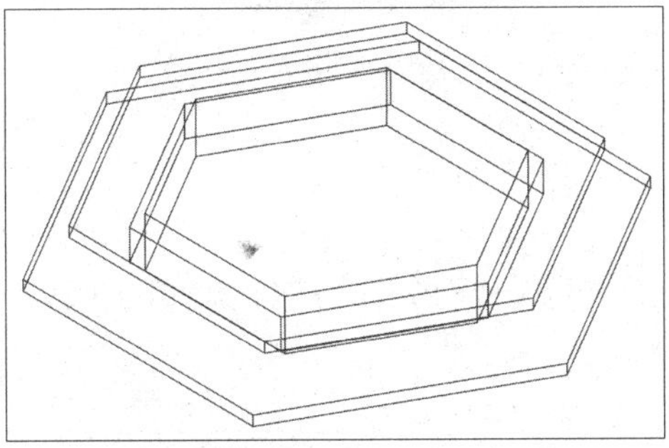

图 9-52 扫掠实体效果

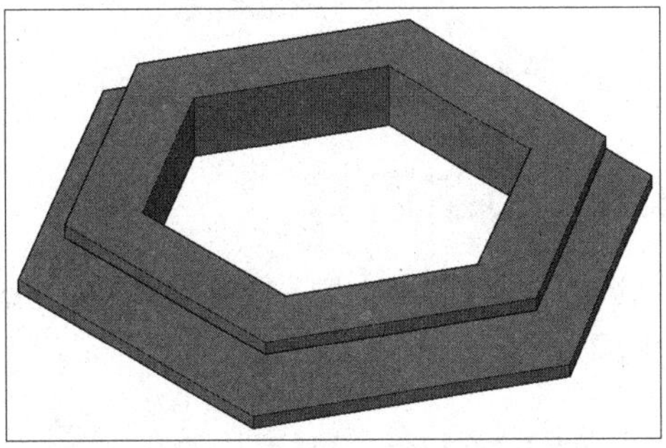

图 9-53 概念显示效果

9.4.5 按住并拖动实体

“按住并拖动”命令通过选中有限区域，然后按住该区域并输入拉伸值或拖动边界区域将选择的边界区域进行拉伸。用户可以通过以下方法执行“按住并拖动”命令。

- 在“常用”选项卡的“建模”面板中单击“按住并拖动”按钮。
- 在“实体”选项卡的“实体”面板中单击“按住并拖动”按钮。
- 在命令行中输入PRESSPULL命令，然后按回车键。

示例9-5：使用“按住并拖动”命令，创建卷纸模型。

Step 01 执行“螺旋”命令，绘制螺旋线，绘制内半径为20mm、外半径为60mm、圈数为20、高度为0的螺旋线，如图9-54所示。

Step 02 执行“按住并拖动”命令，选择对象，如图9-55所示。

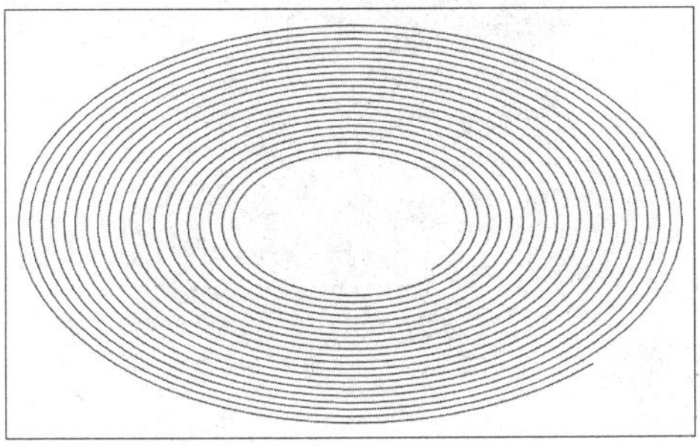

图 9-54 绘制图形

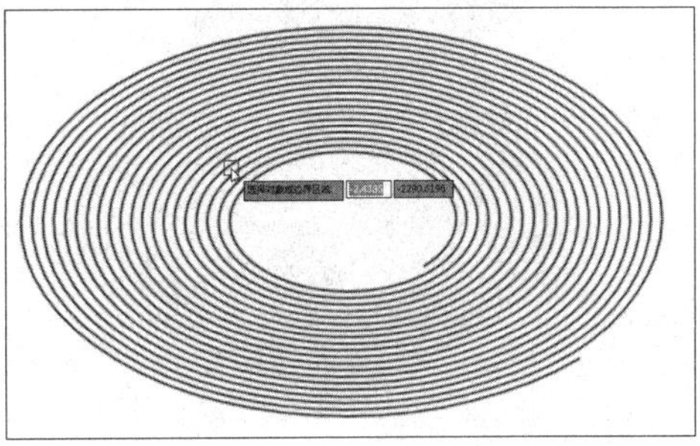

图 9-55 选择对象

AutoCAD 2019 中文版基础教程

Step 03 拖动鼠标，根据提示输入拖动高度值，如图9-56所示。

Step 04 按回车键完成操作，设置视觉样式控件为概念，如图9-57所示。

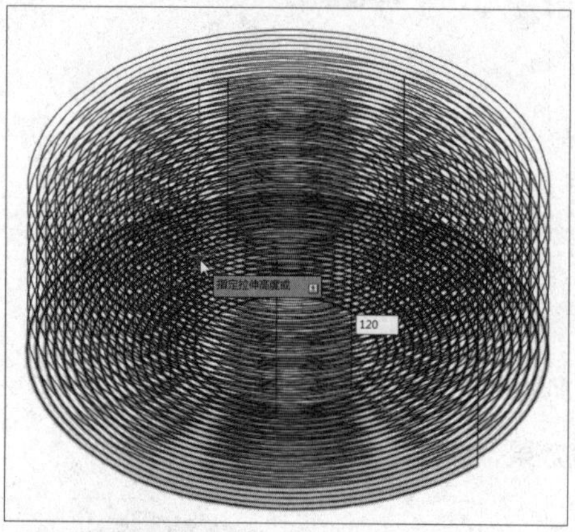

图 9-56　拉伸高度

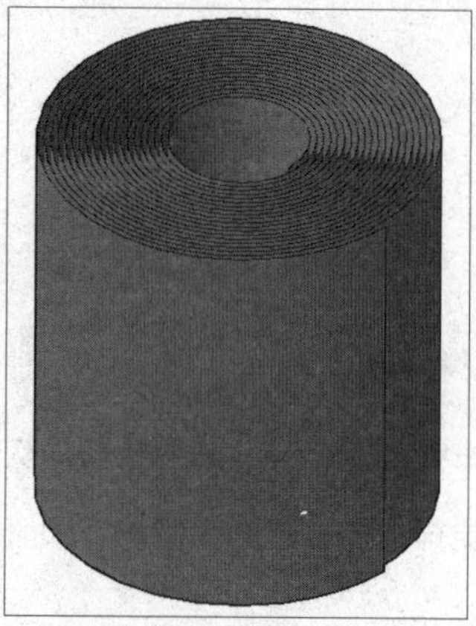
图 9- 57　概念显示效果

9.5　布尔运算

布尔运算在三维建模中是一项较为重要的功能，它是将两个或两个以上的图形，通过加减方式结合而生成的新实体。

9.5.1　并集操作

“并集”命令是将两个或多个实体对象合并成一个新的复合实体，新实体由各个组成对象的所有部分组成，没有相重合的部分。用户可以通过以下方法执行“并集”命令。

- 执行“修改>实体编辑>并集”命令。
- 在“常用”选项卡的“实体编辑”面板中单击“并集”按钮。
- 在“实体”选项卡的“布尔值”面板中单击“并集”按钮。
- 在命令行中输入快捷命令UNI，然后按回车键。

执行“并集”命令后，选中所有需要合并的实体，按回车键即可完成操作，如图9-58、9-59所示。

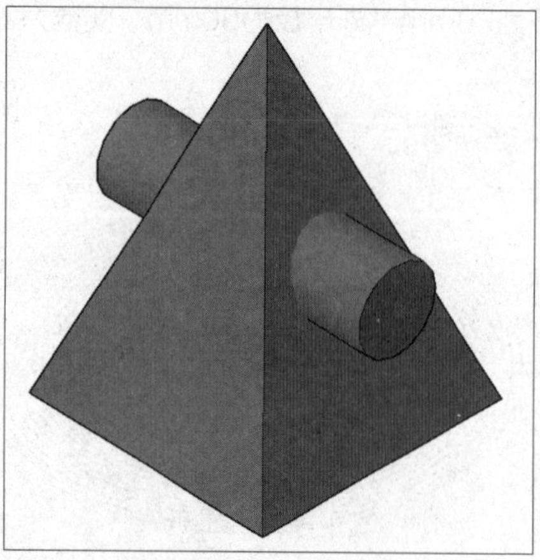
图 9-58　并集前效果

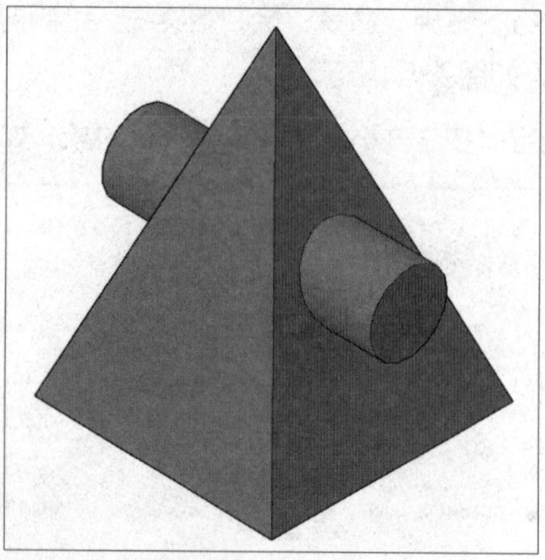
图 9-59　并集后效果

9.5.2 差集操作

“差集”命令是从一个或多个实体中减去其中之一或若干部分，得到一个新的实体，用户可以通过以下方法执行“差集”命令。

- 执行“修改>实体编辑>差集”命令。
- 在“常用”选项卡的“实体编辑”面板中单击“差集”按钮。
- 在“实体”选项卡的“布尔值”面板中单击“差集”按钮。
- 在命令行中输入快捷命令SU，然后按回车键。

执行“差集”命令后，选择对象，然后选择要从中减去的实体、曲面和面域，按回车键即可得到差集效果，如图9-60、9-61所示。

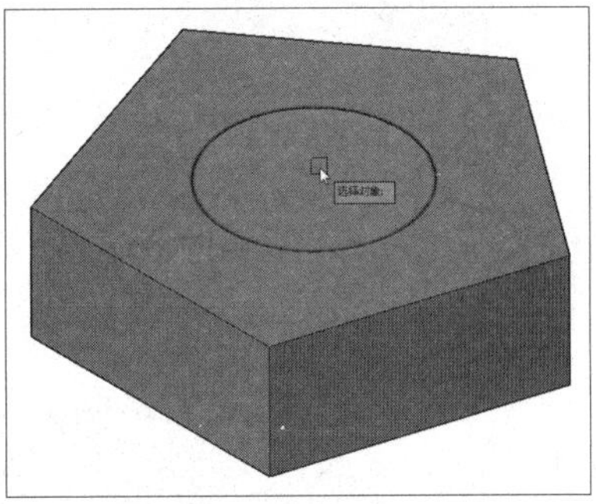

图 9-60 选择要减去的实体

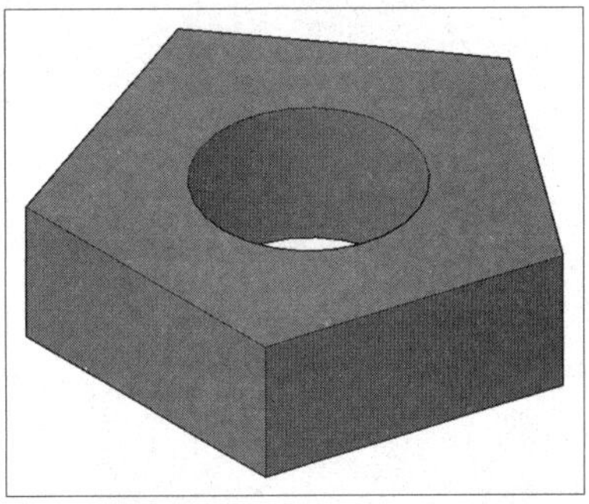

图 9-61 差集效果

9.5.3 交集操作

“交集”命令可以从两个以上重叠实体的公共部分创建复合实体，用户可以通过以下方法执行“交集”命令。

- 执行“修改>实体编辑>交集”命令。
- 在“常用”选项卡的“实体编辑”面板中单击“交集”按钮。
- 在“实体”选项卡的“布尔值”面板中单击“交集”按钮。
- 在命令行中输入快捷命令IN，然后按回车键。

执行“交集”命令后，根据命令行的提示，选中所有实体并按回车键，即可完成交集操作，如图9-62、9-63所示。

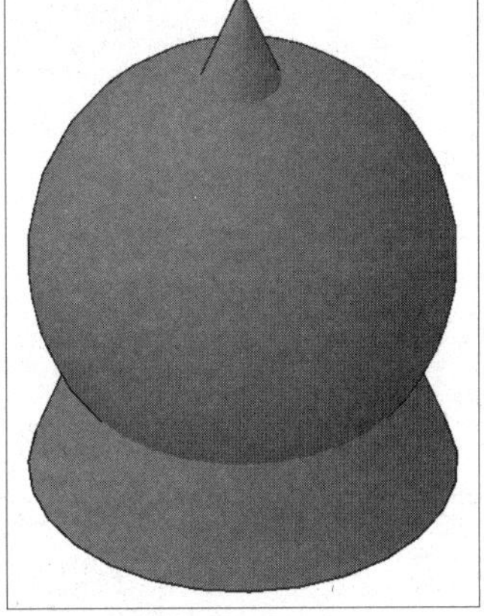

图 9-62 交集前效果

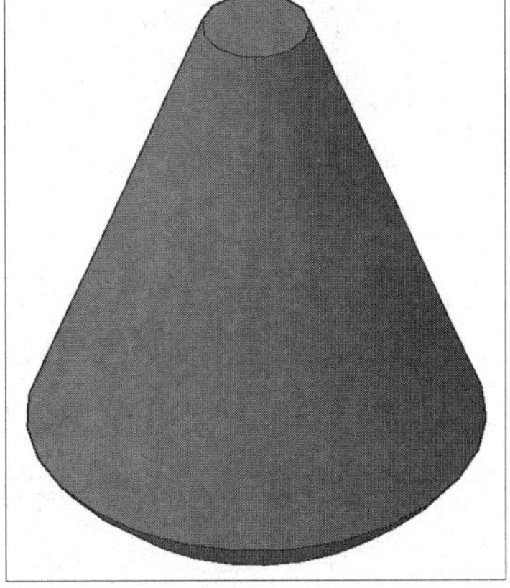

图 9-63 交集后效果

9.6 控制实体的显示

在AutoCAD 2019中，控制三维模型显示的系统变量有ISOLINES、DISPSILH和FACETRES，这三个系统变量影响着三维型显示的效果。用户在绘制三维实体之前首先应设置好这三个变量参数。

9.6.1 ISOLINES 系统变量

使用ISOLINES系统变量可以控制对象上每个曲面的轮廓线数目，数目越多，模型精度越高，但渲染时间也越长，有效取值范围为0~2047，默认值为4。图9-64、9-65中ISOLINES的值分别为4和10的球体效果。

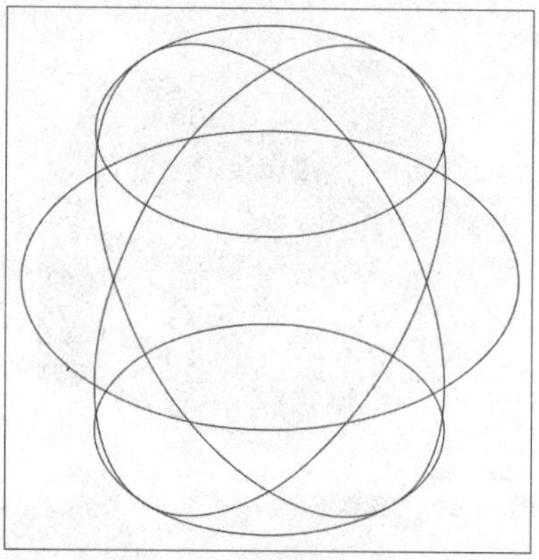

图 9-64 ISOLINES 值为 4

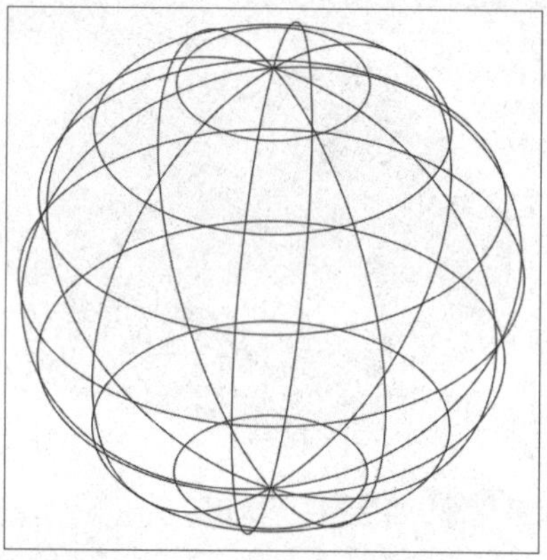

图 9-65 ISOLINES 值为 10

9.6.2 DISPSILH 系统变量

使用DISPSILH系统变量可以控制实体轮廓边的显示，其取值为0或1，当取值为0时，不显示轮廓边，取值为1时，则显示轮廓边，如图9-66、9-67所示。

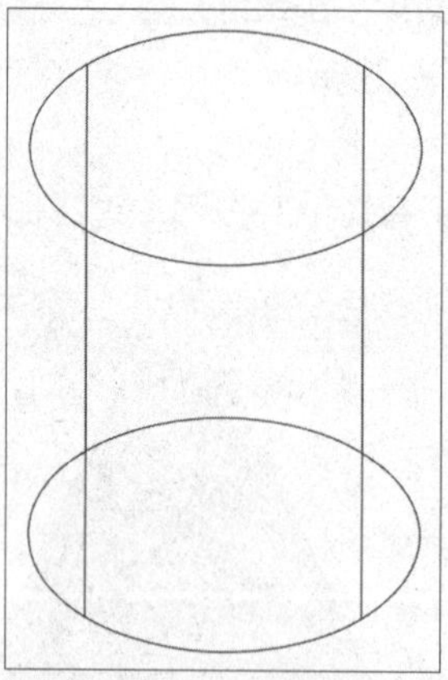

图 9-66 DISPSILH 值为 0

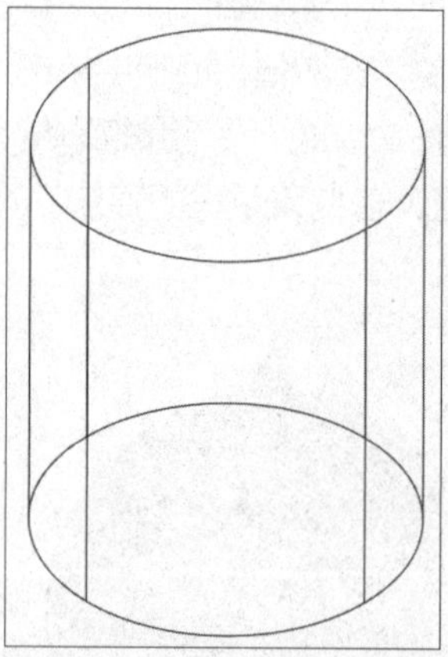

图 9-67 DISPSILH 值为 1

9.6.3 FACETRES 系统变量

使用FACETRES系统变量可以控制三维实体在消隐、渲染时表面的棱面生成密度，其值越大，生成的图像越光滑，有效的取值范围为0.01~10，默认值为0.5。图9-68、9-69中FACETRES的值分别为0.1和6时的模型显示效果。

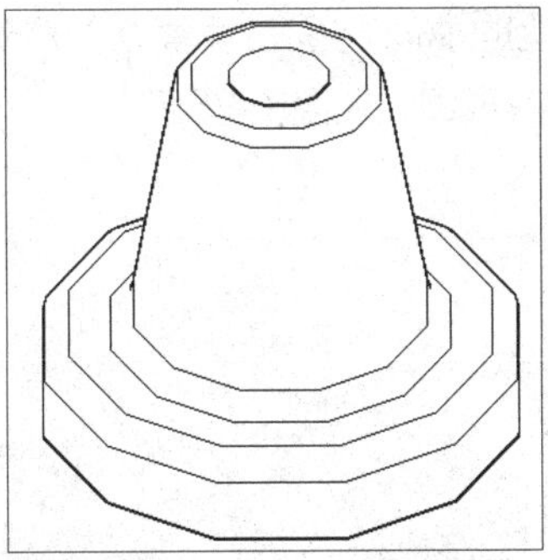

图 9-68 FACETRES 值为 0.1

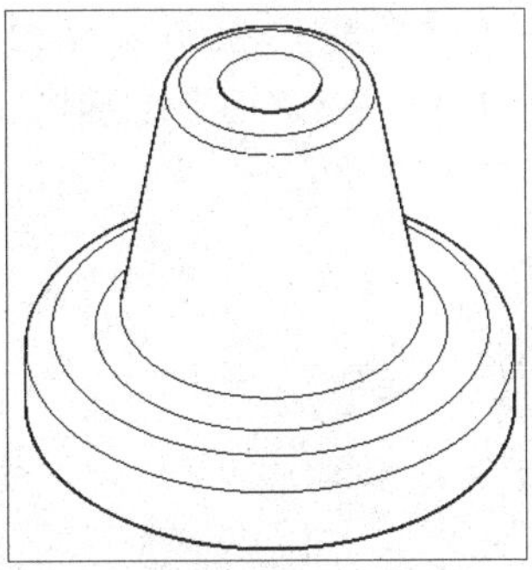

图 9-69 FACETRES 值为 6

上机实践 绘制烟灰缸模型

实践目的 通过本实训的练习，复习本章学习的知识，掌握三维图形的绘制方法。

实践内容 应用本章所学知识绘制烟灰缸模型。

实践步骤 利用“长方体”、“拉伸”、“差集”等命令，绘制出烟灰缸模型。

Step 01 执行“长方体”命令，绘制长和宽为36mm，高为6mm的长方体，如图9-70所示。

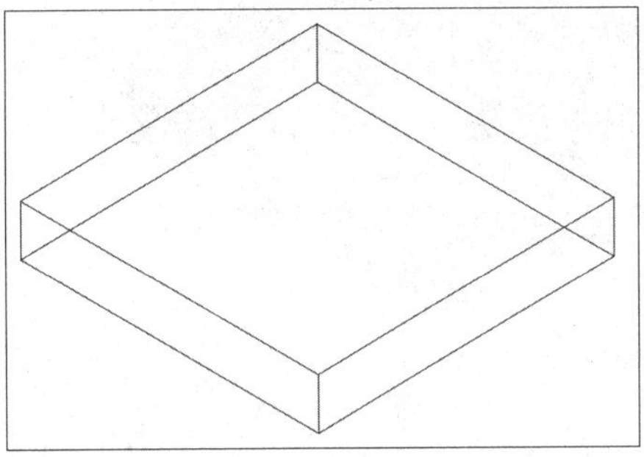

图 9-70 绘制长方体

Step 02 执行“直线”命令，绘制长方体端点连线，并执行“圆”命令，以线段的交点为圆心，绘制半径为15mm的圆形，如图9-71所示。

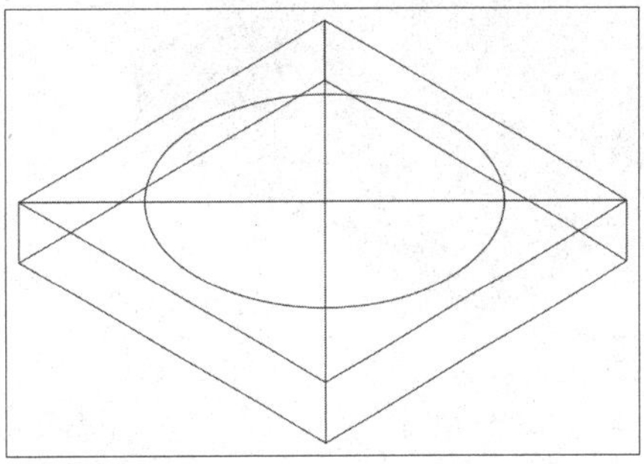

图 9-71 绘制圆形

Step 03 执行“拉伸”命令，设置拉伸圆的倾斜角度为30°，拉伸高度为4mm，向下拉伸图形，并删除辅助线，效果如图9-72所示。

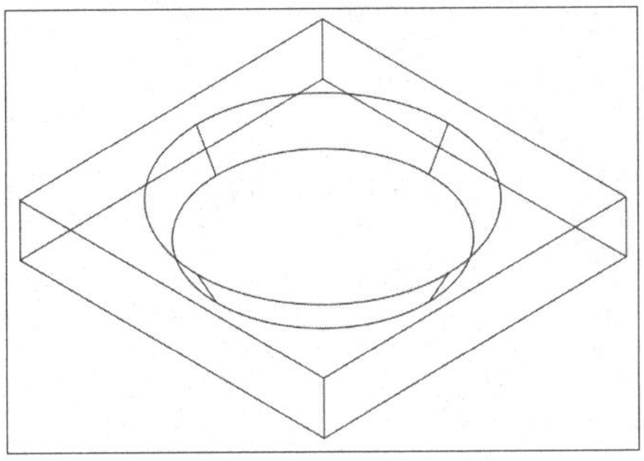

图 9-72 拉伸图形

Step 04 更改视图样式为概念，执行“差集”命令，将刚拉伸的圆柱体从整个实体中删除，效果如图9-73所示。

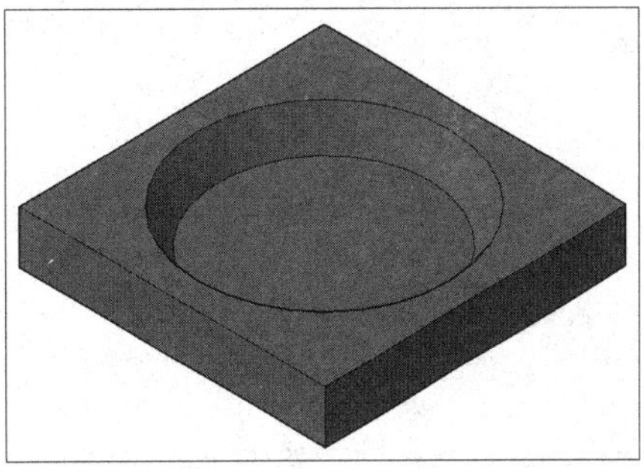

图 9-73 差集操作

Step 05 执行“圆柱体”命令，绘制半径为2mm，高为8mm的圆柱体，并沿X轴旋转90°，放在合适位置，如图9-74所示。

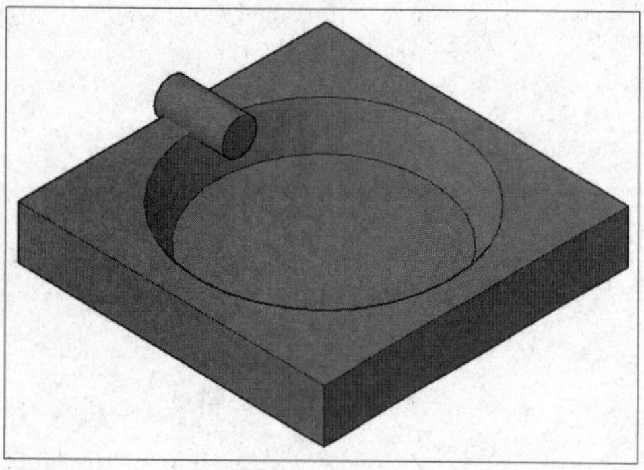

图 9-74 绘制圆柱体

Step 06 将圆柱体复制并移到合适位置，然后将其成组，如图9-75所示。

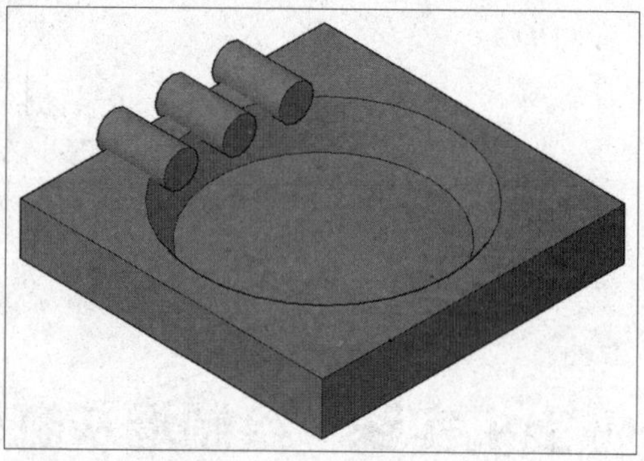

图 9-75 复制圆柱体

Step 07 执行“环形阵列”命令，指定圆心为阵列中心点，并设置阵列项目数为4，如图9-76所示。

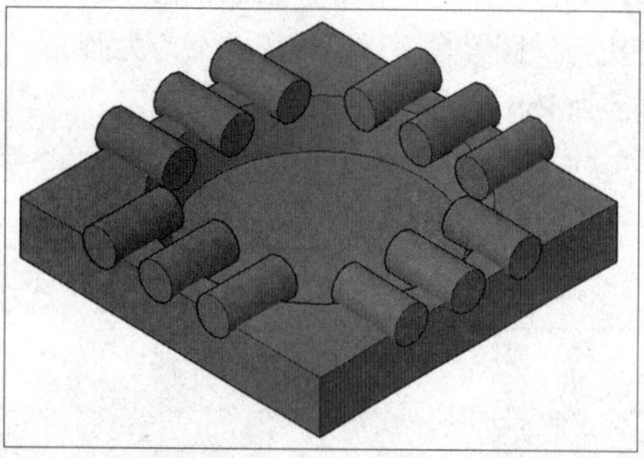

图 9-76 阵列图形

Step 08 分解阵列后的图形，执行“分解”命令，将圆柱体从烟灰缸中减去，再将四个边进行圆角边操作，设置圆角半径为5mm，即可绘制出烟灰缸模型，如图9-77所示。

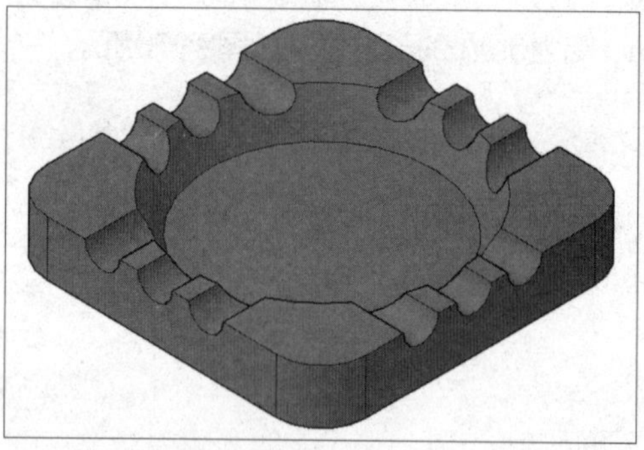

图 9-77 查看烟灰缸模型效果

课后练习

本章围绕基础的三维绘制命令展开讲解，通过本章内容的学习，用户将对AutoCAD的三维绘图功能有一定的了解，下面通过一些练习来温习所学知识。

一、填空题

1、AutoCAD中三维坐标分为________和用户坐标系两种。

2、________可以看做是以矩形为底面，其一边沿法线方向拉伸所形成的具有楔状特征的实体，也就是1/2长方体。

3、________命令可以从两个以上重叠实体的公共部分创建复合实体。

二、选择题

1、在AutoCAD 2019中，使用（　　）命令可创建用户坐标系。

A. U　　B. UCS　　C. S　　D. W

2、使用（　　）命令，可将二维闭合的图形以中心轴为旋转中心进行旋转，从而形成三维实体模型。

A. 拉伸　　B. 放样　　C. 扫掠　　D. 旋转

3、从两个或多个实体或面域的交集创建复合实体或面域，并删除交集以外的部分应该选用（　　）命令。

A. 干涉　　B. 交集　　C. 差集　　D. 并集

4、（　　）命令可以将两个或多个实体对象合并成一个新的复合实体，新实体由各个组成对象的所有部分组成，没有相重合的部分。

A. 差集　　B. 交集　　C. 并集　　D. 剖切

三、操作题

1、使用“拉伸”、“球体”、“差集”等命令绘制出滚动轴承零件模型，如图9-78所示。

2、使用“长方体”和“并集”命令绘制床头柜模型，如图9-79所示。

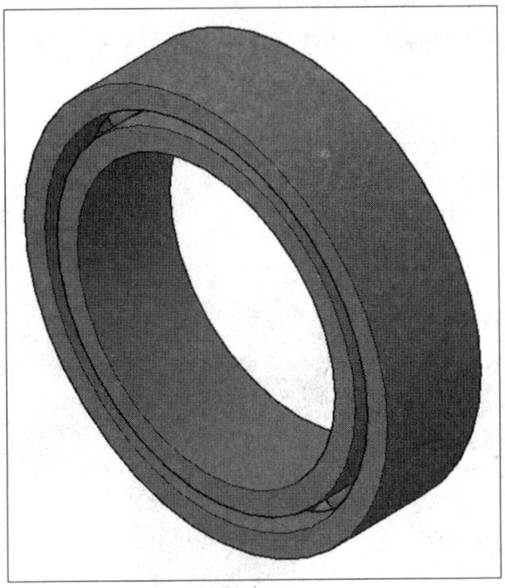

图 9-78　滚动轴承零件模型

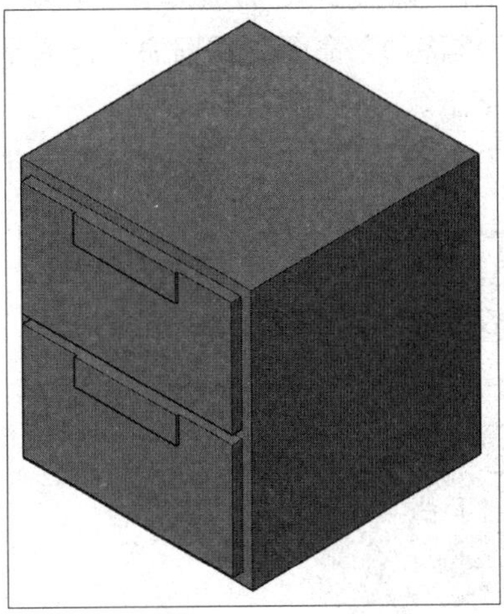

图 9-79　床头柜模型

AutoCAD 2019 中文版基础教程

Chapter 10

编辑三维模型

课题概述 用户可以使用三维编辑命令，在三维空间中移动、复制、镜像、对齐以及阵列三维对象，或者剖切实体以获取实体的截面并编辑它们的面、边或体。此外，还可以添加光源、贴图材质，最终对模型进行渲染，达到更加真实的效果。

教学目标 通过了解三维实体的编辑命令，如三维移动、旋转、镜像等，可以快速绘制出复杂的三维实体。模型的贴图与灯光的添加，也是本章学习的重点。

章节重点

★★★★ | 添加基本光源
★★★☆ | 更改三维模型形状
★★★☆ | 编辑三维模型
★★☆☆ | 设置材质和贴图
★☆☆☆ | 渲染三维模型

光盘路径

上机实践：实例文件 \ 第 10 章 \ 上机实践 \ 渲染餐厅效果图
课后练习：实例文件 \ 第 10 章 \ 课后练习

10.1 编辑三维模型

若创建的三维对象不能满足用户的要求，就需要对三维对象进行编辑操作，例如对三维模型进行移动、旋转、对齐、镜像、阵列等操作。

10.1.1 三维移动

“三维移动”命令可将实体在三维空间中移动，在移动时，指定一个基点，然后指定一个目标空间点即可。用户可以通过以下方法执行“三维移动”命令。

- 执行“修改>三维操作>三维移动”命令。
- 在“常用”选项卡的“修改”面板中单击“三维移动”按钮。
- 在命令行中输入3DMOVE命令，然后按回车键。

执行“三维移动”命令，根据命令行提示，指定基点，然后指定第二点即可移动实体，如图10-1、10-2所示。

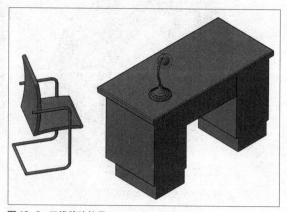

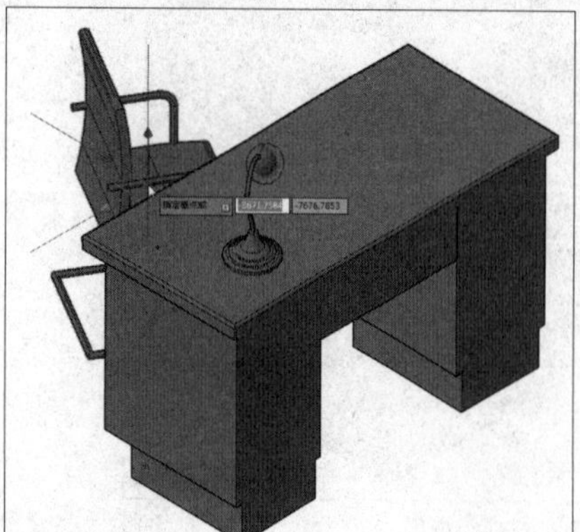

图 10-1 指定基点

图 10-2 三维移动效果

10.1.2 三维旋转

“三维旋转”命令可以将选择的对象绕三维空间定义的任何轴（X轴、Y轴、Z轴）按照指定的角度进行旋转，用户可以通过以下方法执行“三维旋转”命令。

- 执行“修改>三维操作>三维旋转”命令。
- 在“常用”选项卡的“修改”面板中单击“三维旋转”按钮。
- 在命令行中输入3DROTATE命令，然后按回车键。

执行“三维旋转”命令，根据命令行提示，指定基点，拾取旋转轴，然后指定角的起点或输入角度值，即可完成旋转操作，如图10-3、10-4所示。

图 10-3 拾取旋转轴

图 10-4 三维旋转效果

10.1.3 三维对齐

“三维对齐”命令可将源对象与目标对象对齐，用户可以通过以下方法执行“三维对齐”命令。

- 执行“修改>三维操作>三维对齐”命令。
- 在“常用”选项卡的“修改”面板中单击“三维对齐”按钮。
- 在命令行中输入3DALIGN命令，然后按回车键。

执行“三维对齐”命令，选中棱锥体，依次指定点A、点B、点C，然后再依次指定目标点1、2、3，即可按要求将两实体对齐，如图10-5、10-6所示。

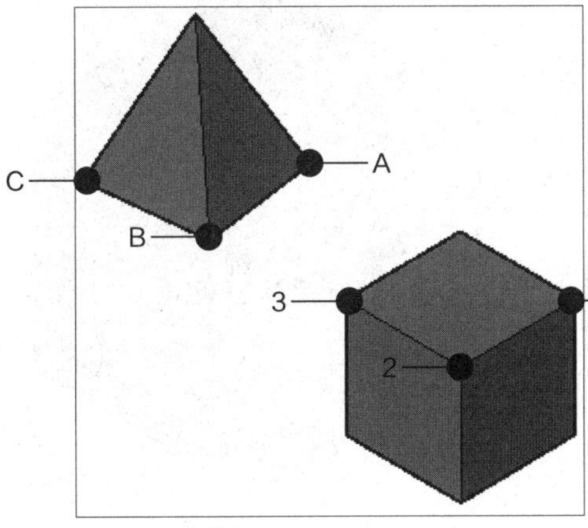

图 10-5 指定点

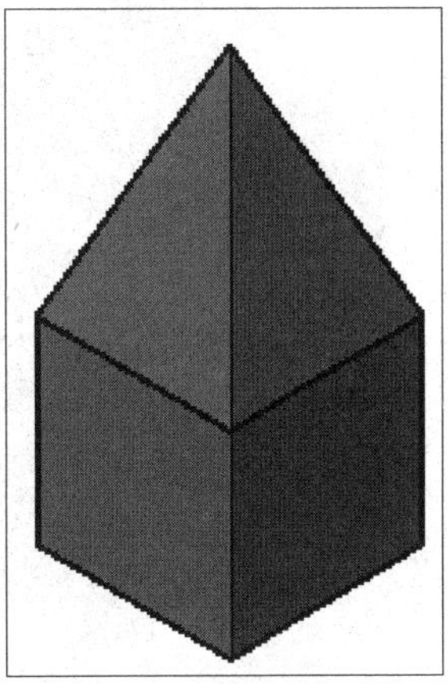

图 10-6 三维对齐效果

AutoCAD 2019 中文版基础教程

10.1.4 三维镜像

“三维镜像”命令可以用于绘制以镜像平面为对称面的三维对象，用户可以通过以下方法执行“三维镜像”命令。

- 执行“修改>三维操作>三维镜像”命令。
- 在“常用”选项卡的“修改”面板中单击“三维镜像”按钮。
- 在命令行中输入MIRROR3D命令，然后按回车键。

执行“三维镜像”命令，根据命令行提示，选取镜像对象按回车键，然后指定在实体上指定三个点，将实体镜像，如图10-7、10-8所示。

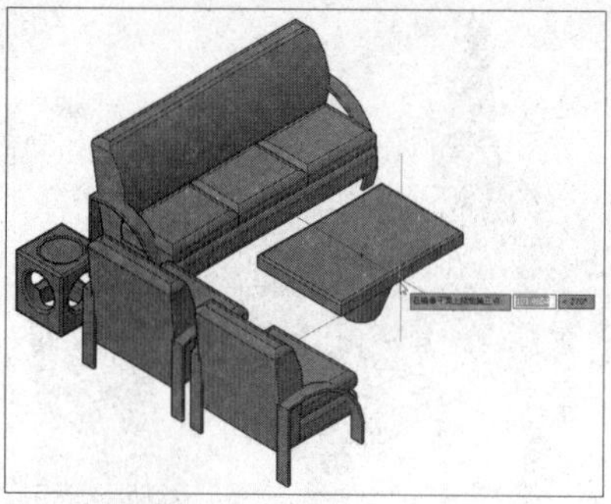

图 10-7 指定点

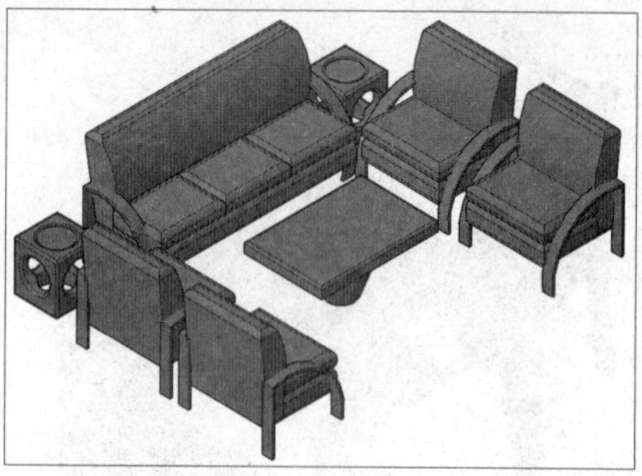

图 10-8 三维镜像效果

10.1.5 三维阵列

“三维阵列”命令可以在三维空间绘制对象的矩形阵列或环形阵列，用户可以通过以下方法执行“三维阵列”命令。

- 执行“修改>三维操作>三维阵列”命令。
- 在命令行中输入快捷命令3A，然后按回车键。

1. 矩形阵列

三维矩形阵列是在行（X轴）、列（Y轴）和层（Z轴）矩形阵列中复制对象。执行“三维阵列”命令，根据命令行提示，选择要阵列的对象，按回车键选择“矩形阵列”类型，然后根据命令行提示，依次指定阵列的行数、列数、层数、行间距、列间距及层间距，效果如图10-9、10-10示。

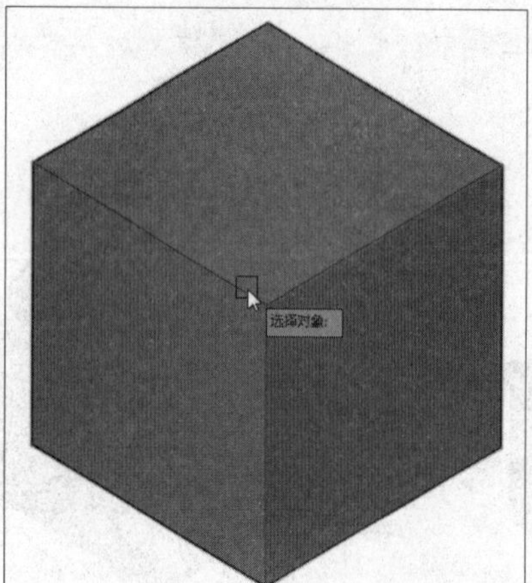

图 10-9 选择对象

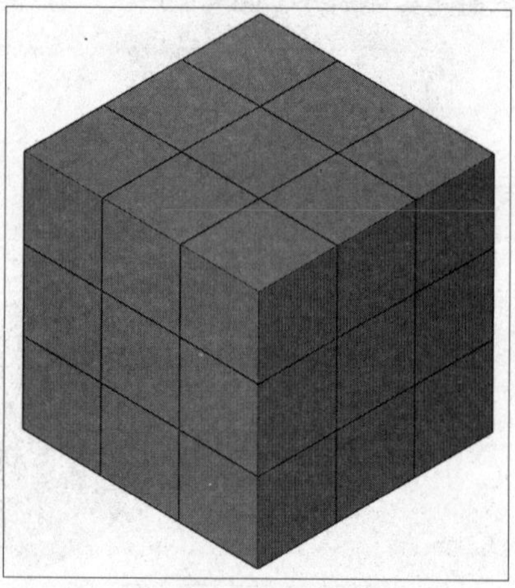

图 10-10 矩形阵列效果

2. 环形阵列

三维环形阵列是围绕旋转轴按逆时针或顺时针方向来阵列复制选择对象。执行“三维阵列”命令，选择要阵列的对象，按回车键选择“环形阵列”类型，然后根据命令行提示，指定阵列的项目个数和填充角度，确认是否要进行自身旋转后，指定阵列的中心点及旋转轴上的第二点，即可完成环形阵列操作，效果如图10-11、10-12所示。

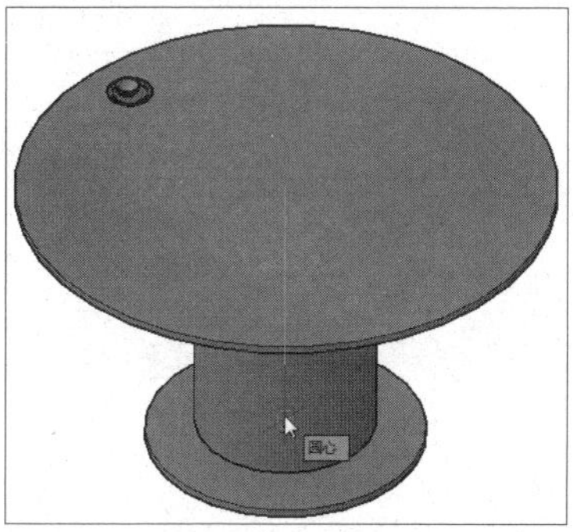

图 10-11 指定旋转轴

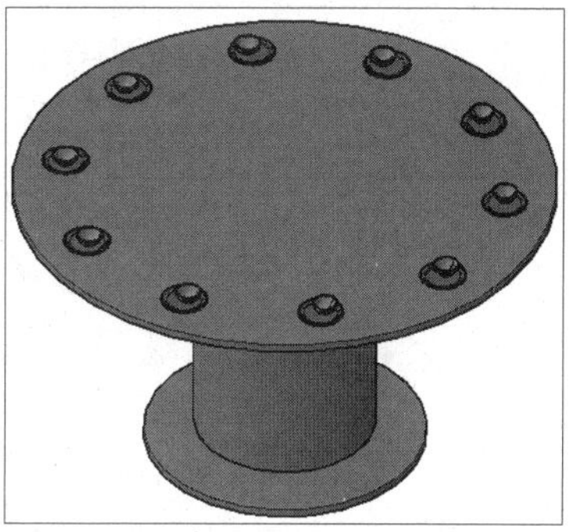

图 10-12 环形阵列效果

10.1.6 编辑三维实体边

在AutoCAD 2019中，用户可以改变边的颜色或复制三维实体对象的各个边，所有三维实体的边都可复制为直线、圆弧、圆、椭圆或样条曲线对象。

1. 着色边

若要为实体边改变颜色，可以从“选择颜色”对话框中选取颜色，设置边的颜色将替代实体对象所在图层的颜色设置。用户可以通过以下方法执行“着色边”命令。

- 执行“修改>实体编辑>着色边”命令。
- 在“常用”选项卡的“实体编辑”面板中单击“着色边”按钮。
- 在命令行中输入SOLIDEDIT命令并按回车键，然后依次选择“边”、“着色”选项。

执行“着色边”命令，根据命令行的提示，选取需要着色的边并按回车键，然后在打开的“选择颜色”对话框中选取所需颜色，单击“确定”按钮即可，如图10-13、10-14所示。

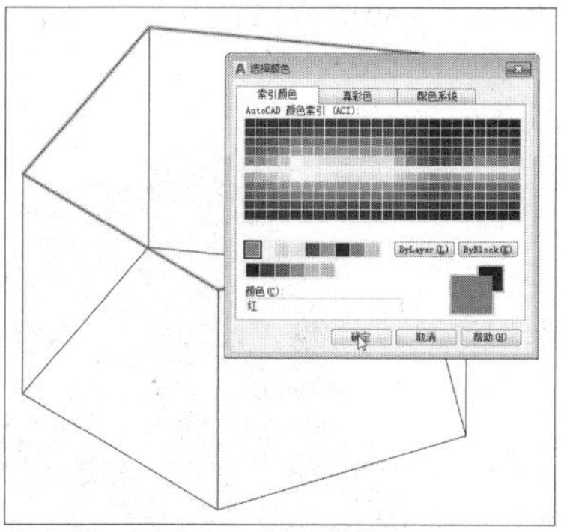

图 10-13 打开“选择颜色”对话框

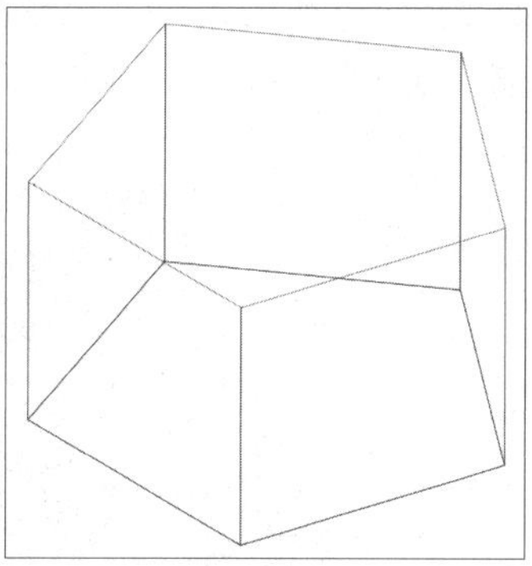

图 10-14 实体边着色效果

2. 复制边

该命令可将现有的实体模型上单个或多个边偏移其他位置，从而利用这些边线创建出新的图形对象，用户可以通过以下方法执行“复制边”命令。

- 执行“修改>实体编辑>复制边”命令。
- 在“常用”选项卡的“实体编辑”面板中单击“复制边”按钮。
- 在命令行中输入SOLIDEDIT命令并按回车键，然后依次选择“边”、“复制”选项。

执行上述命令，根据命令行的提示，选取边并按回车键，然后指定基点与第二点，即可将复制的边放置指定的位置，如图10-15、10-16所示。

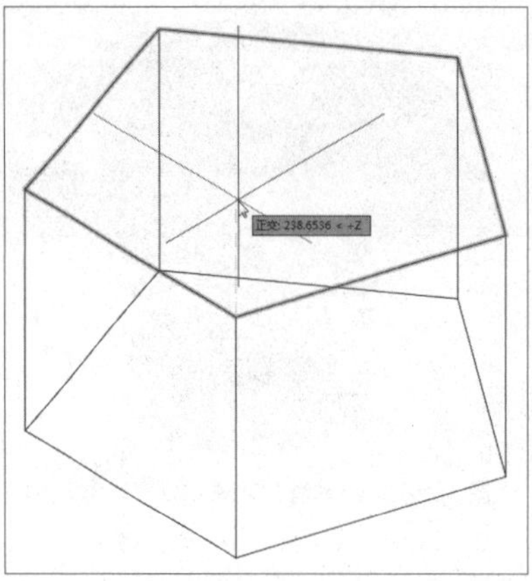

图 10-15　输入移动距离值

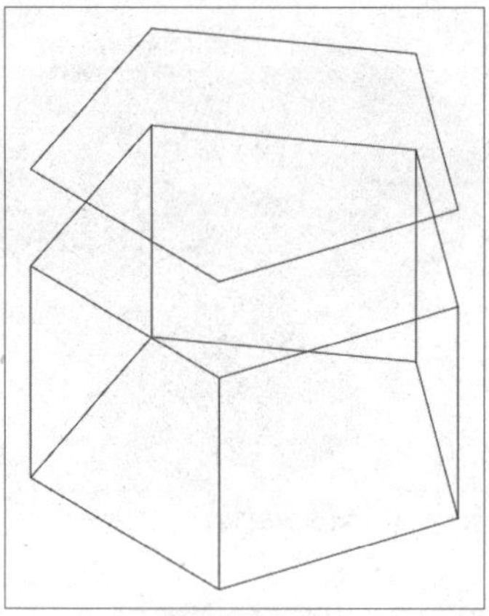

图 10-16　实体边复制效果

10.1.7　编辑三维实体面

在对三维实体进行编辑时，能够通过表面拉伸、移动、旋转等命令改变实体模型的尺寸和形状等。

1. 拉伸面

使用“拉伸面”命令，可以将选定的三维实体对象表面拉伸到指定高度，或沿一条路径进行拉伸。此外，还可以将实体对象面按一定的角度进行拉伸。用户可以通过以下方法执行“拉伸面”命令。

- 执行“修改>实体编辑>拉伸面”命令。
- 在“常用”选项卡的“实体编辑”面板中单击“拉伸面”按钮。
- 在“实体”选项卡的“实体编辑”面板中单击“拉伸面”按钮。
- 在命令行中输入SOLIDEDIT命令并按回车键，然后依次选择“面”、“拉伸”选项。

执行“拉伸面”命令，根据命令行提示，选择要拉伸的实体面并按回车键，然后指定拉伸高度，即可对实体面进行拉伸，如图10-17、10-18所示。

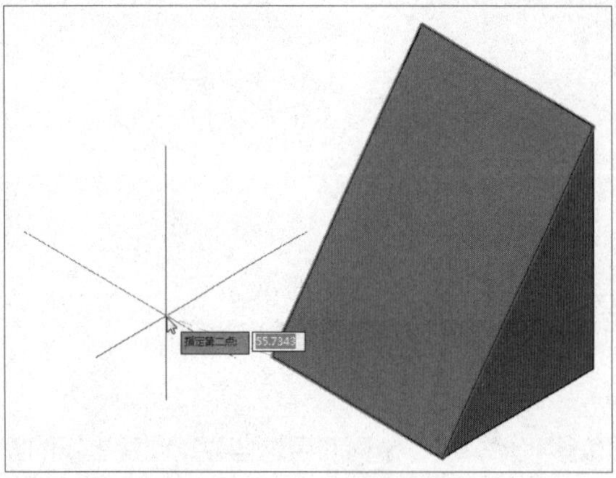

图 10-17　输入倾斜角度

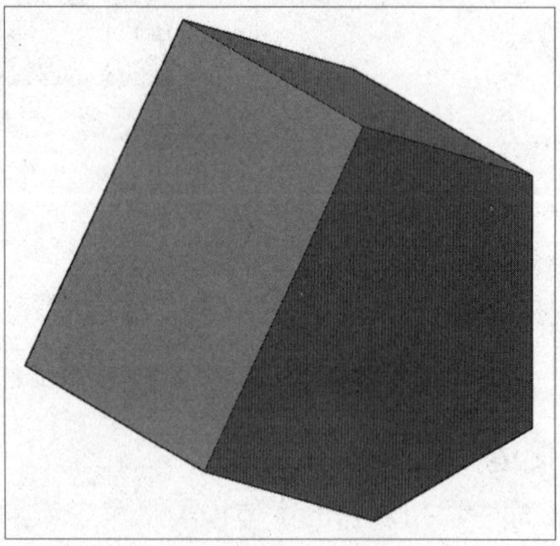

图 10-18　拉伸面

2. 移动面

使用“移动面”命令，可以沿着指定的高度或距离移动三维实体的选定面，用户可以一次移动一个或多个面。该操作只是对面的位置进行调整，并不能更改面的方向，用户可以通过以下方法执行“移动面”命令。

- 执行“修改>实体编辑>移动面”命令。
- 在“常用”选项卡的“实体编辑”面板中单击“移动面”按钮。
- 在命令行中输入SOLIDEDIT命令并按回车键，然后依次选择“面”、“移动”选项。

执行“拉伸面”命令，根据命令行提示，选择要移动的实体面并按回车键，然后指定基点和位移的第二点，即可对实体面进行移动，如图10-19、10-20所示。

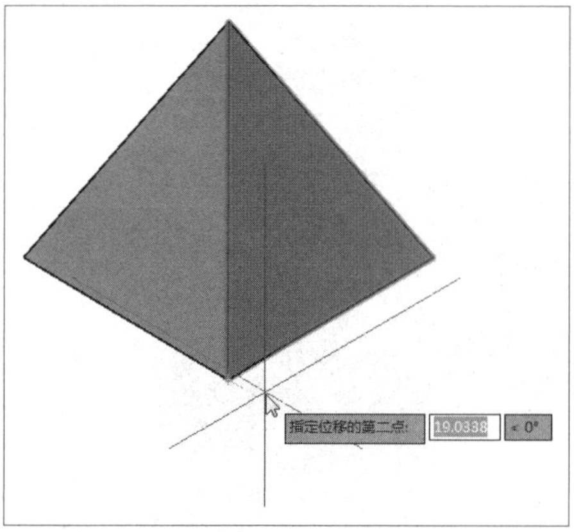

图 10-19 输入移动距离值

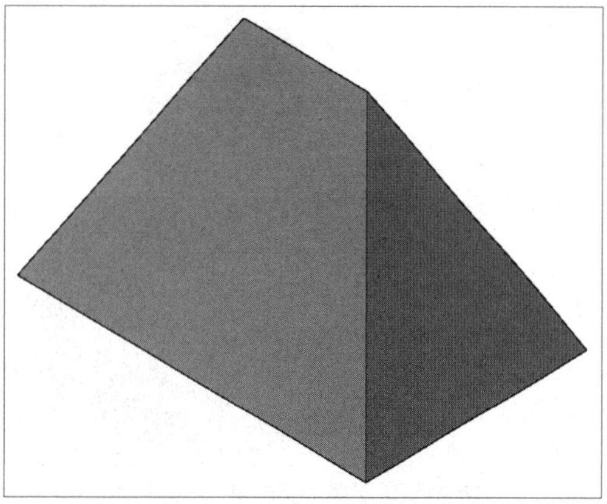
图 10-20 移动面

3. 旋转面

使用“旋转面”命令，可以从当前位置起使对象绕选定的轴旋转指定的角度，用户可以通过以下方法执行“旋转面”命令。

- 执行“修改>实体编辑>旋转面”命令。
- 在“常用”选项卡的“实体编辑”面板中单击“旋转面”按钮。
- 在命令行中输入SOLIDEDIT命令并按回车键，然后依次选择“面”、“旋转”选项。

执行“旋转面”命令，根据命令行的提示，选择要旋转的实体面并按回车键，然后依次指定旋转轴上的两个点并输入旋转角度，即可对实体面进行旋转，如图10-21、10-22所示。

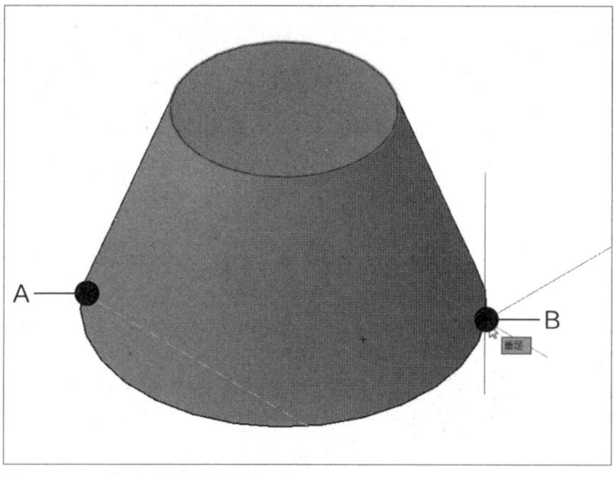

图 10-21 指定旋转轴上的两点

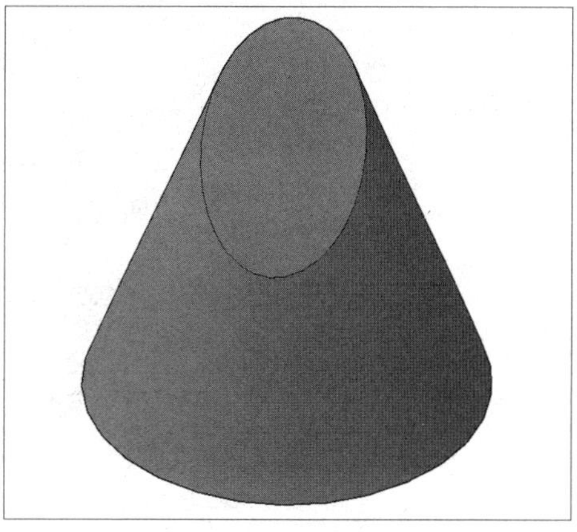
图 10-22 旋转 30°

AutoCAD 2019 中文版基础教程

4. 偏移面

使用“偏移面”命令，可以按指定的距离或通过指定点均匀地偏移面。正值增大实体尺寸或体积，负值减小实体尺寸或体积，用户可以通过以下方法执行“偏移面”命令。

- 执行“修改>实体编辑>偏移面”命令。
- 在“常用”选项卡的“实体编辑”面板中单击“偏移面”按钮。
- 在“实体”选项卡的“实体编辑”面板中单击“偏移面”按钮。
- 在命令行中输入SOLIDEDIT命令并按回车键，然后依次选择“面”、“偏移”选项。

执行“偏移面”命令，根据命令行提示，选择要偏移的实体面并按回车键，然后指定偏移距离，即可对实体面进行偏移，如图10-23、10-24所示。

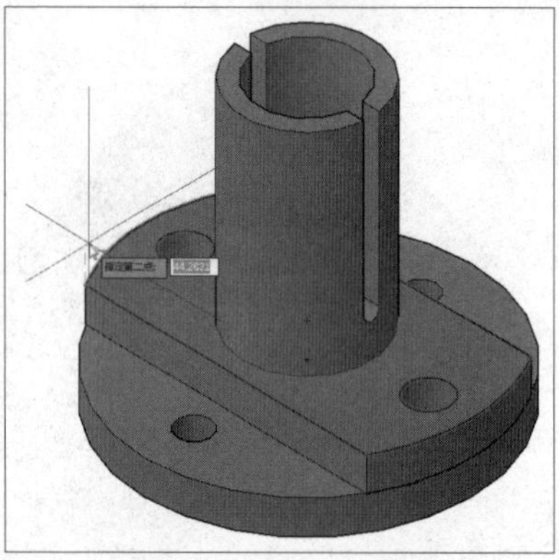

图 10-23　指定偏移距离

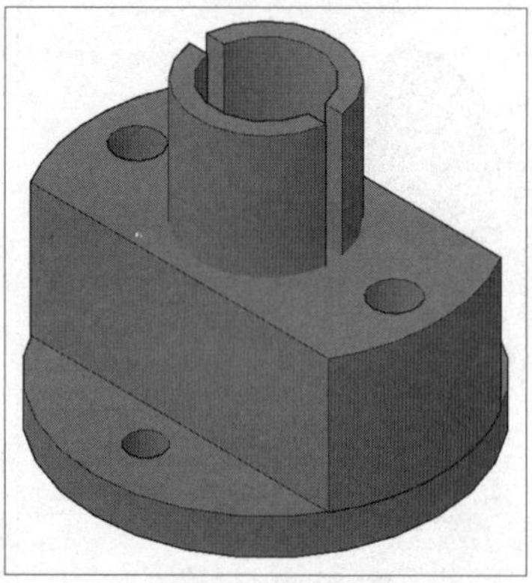

图 10-24　偏移面

5. 倾斜面

使用“倾斜面”命令，可以按指定的角度倾斜三维实体上的面。倾斜角的旋转方向由选择基点和第二点的顺序决定，用户可以通过以下方法执行“倾斜面”命令。

- 执行“修改>实体编辑>倾斜面”命令。
- 在“常用”选项卡的“实体编辑”面板中单击“倾斜面”按钮。
- 在“实体”选项卡的“实体编辑”面板中单击“倾斜面”按钮。
- 在命令行中输入SOLIDEDIT命令并按回车键，然后依次选择“面”、“倾斜”选项。

执行“倾斜面”命令，根据命令行提示，选择要倾斜的实体面并按回车键，然后依次指定倾斜轴上的两个点并输入倾斜角度，即可对实体面进行倾斜，如图10-25、10-26所示。

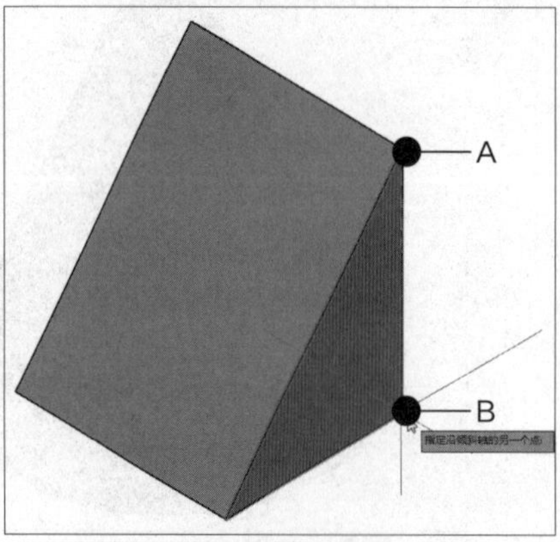

图 10-25　依次指定倾斜轴上的两点 A 和 B

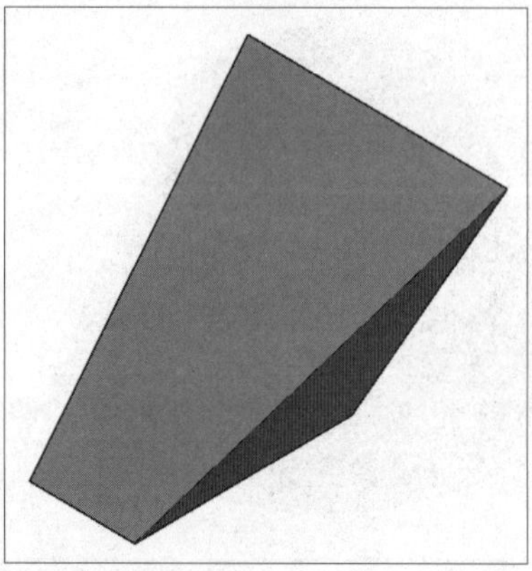

图 10-26　倾斜 30°

6. 复制面

使用“复制面”命令，可以将实体中指定的三维面复制出来成为面域或体，用户可以通过以下方法执行“复制面”命令。

- 执行“修改>实体编辑>复制面”命令。
- 在“常用”选项卡的“实体编辑”面板中单击“复制面”按钮。
- 在命令行中输入SOLIDEDIT命令并按回车键，然后依次选择“面”、“复制”选项。

执行“复制面”命令，根据命令行提示，选择要复制的实体面并按回车键，然后依次指定基点和位移的第二点，即可对实体面进行复制，如图10-27、10-28所示。

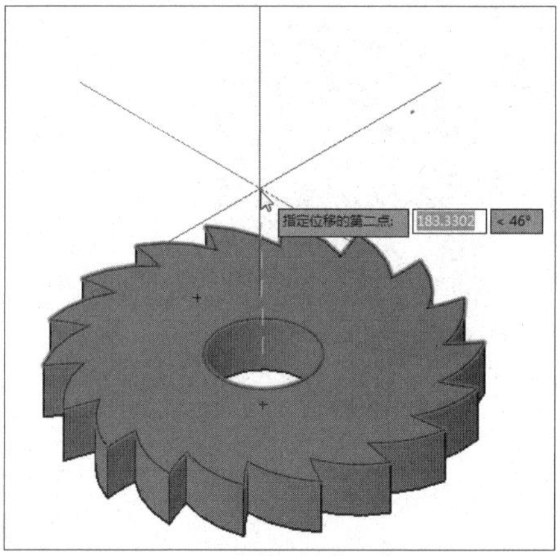

图 10-27　输入移动距离值

图 10-28　复制面

7. 着色面

在创建和编辑实体模型过程中，为了更方便地观察实体或选取实体各部分，可以使用“着色面”命令修改单个或多个实体面的颜色，以取代该实体面所在图层的颜色。用户可以通过以下方法执行“着色面”命令。

- 执行“修改>实体编辑>着色面”命令。
- 在“常用”选项卡的“实体编辑”面板中单击“着色面”按钮。
- 在命令行中输入SOLIDEDIT命令并按回车键，然后依次选择“面”、“颜色”选项。

执行“着色面”命令，根据命令行提示，选择要着色的实体面并按回车键，然后在打开的“选择颜色”对话框中选择需要的颜色，单击“确定”按钮，即可对实体面进行着色，如图10-29、10-30所示。

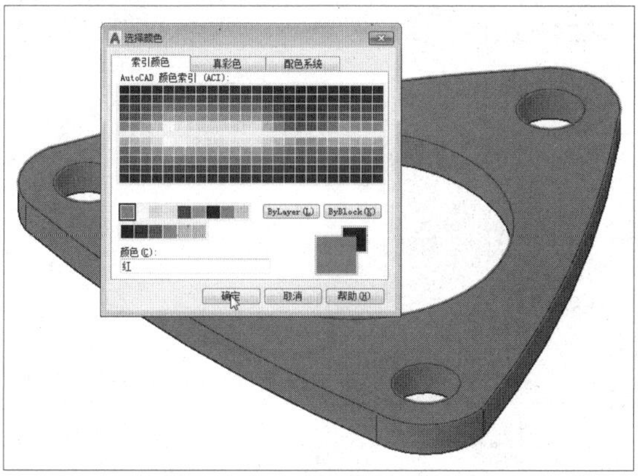

图 10-29　选择颜色

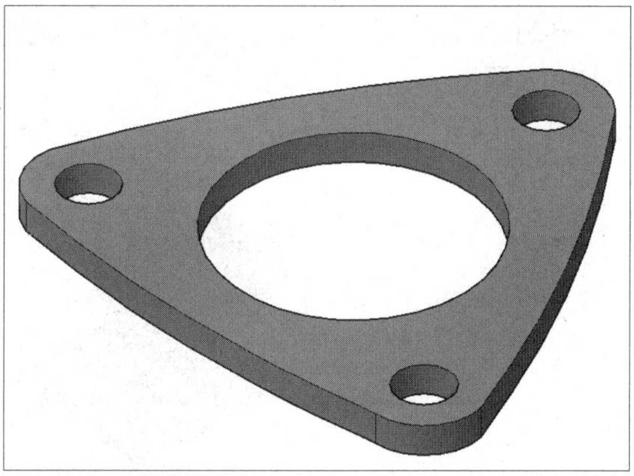
图 10-30　着色面

AutoCAD 2019 中文版基础教程

8. 删除面

使用“删除面”命令，可以删除三维实体上的面，包括圆角或倒角，用户可以使用以下方法执行“删除面”命令。

- 执行“修改>实体编辑>删除面”命令。
- 在“常用”选项卡的“实体编辑”面板中单击“删除面”按钮。
- 在命令行中输入SOLIDEDIT命令并按回车键，然后依次选择“面”、“删除”选项。

执行“删除面”命令，根据命令行提示，选择要删除的实体面，然后按回车键，即可将所选的面删除，如图10-31、10-32所示。

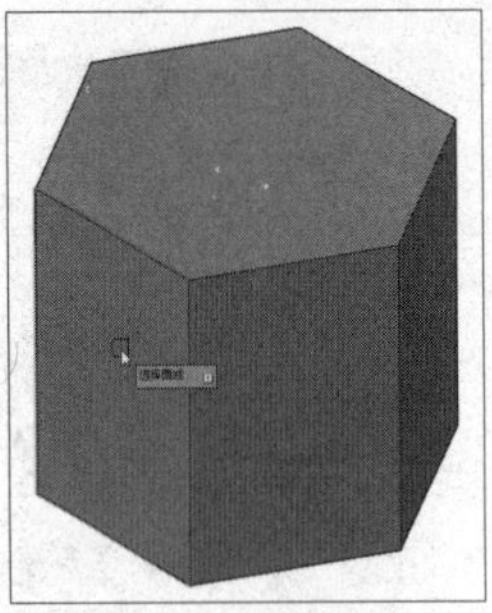
图 10-31　选择面

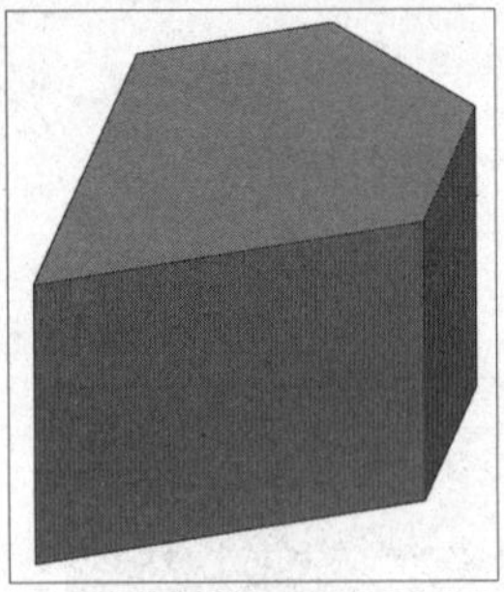
图 10-32　删除面

10.2　更改三维模型形状

在绘制三维模型时，不仅可以对整个三维实体对象进行编辑，还可以单独对三维实体进行剖切、抽壳、倒直角、倒圆角等操作。

10.2.1　剖切

该命令通过剖切现有实体来创建新实体，可以通过多种方式定义剪切平面，包括指定点或者选择曲面或平面对象，用户可以通过以下方法执行“剖切”命令。

- 执行“修改>三维操作>剖切”命令。
- 在“常用”选项卡的“实体编辑”面板中单击“剖切”按钮。
- 在“实体”选项卡的“实体编辑”面板中单击“剖切”按钮。
- 在命令行中输入快捷命令SL，然后按回车键。

执行“剖切”命令，根据命令行提示，选择对象，然后在实体上依次指定A、B两点，即可将模型剖切，如图10-33、10-34所示。

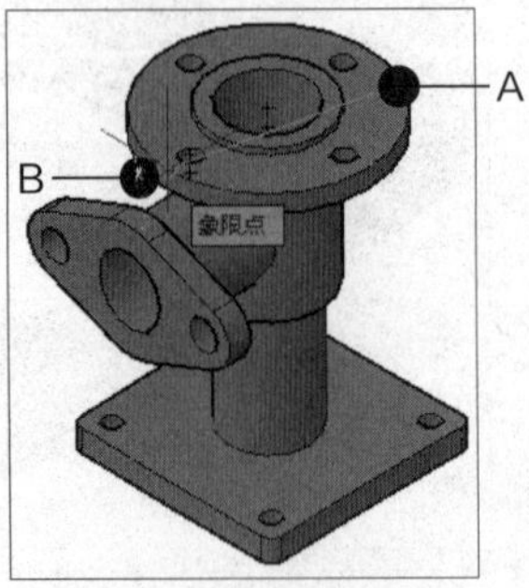

图 10-33　依次指定点 A、B

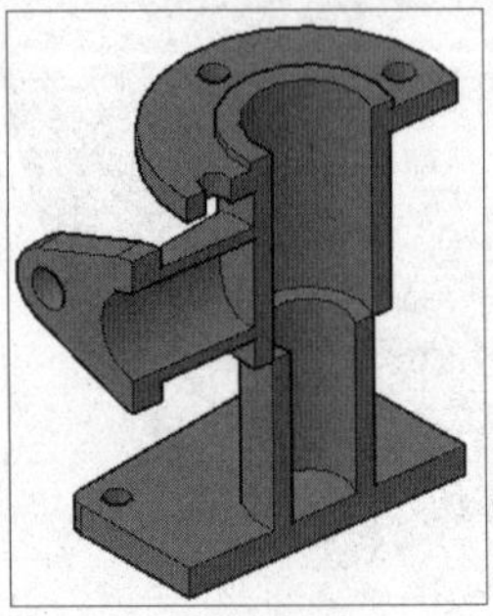
图 10-34　剖切效果

其中，命令行中各选项含义介绍如下。

- 指定剖切平面的起点：用于定义剖切平面的角度的两个点中的第一点。剖切平面与当前UCS的XY平面垂直。
- 平面对象：将剪切平面与包含选定的圆、椭圆、圆弧、椭圆弧、二维样条曲线或二维多段线线段的平面对齐。
- 曲面：将剪切平面与曲面对齐。
- Z轴：通过平面上指定一点和在平面的Z轴上指定另一点来定义剪切平面。
- 视图：将剪切平面与当前视口的视图平面对齐。指定一点定义剪切平面的位置。
- XY：将剪切平面与当前用户坐标系(UCS)的XY平面对齐。指定一点定义剪切平面的位置。
- YZ：将剪切平面与当前UCS的YZ平面对齐。指定一点定义剪切平面的位置。
- ZX：将剪切平面与当前UCS的ZX平面对齐。指定一点定义剪切平面的位置。

10.2.2 抽壳

该命令可以将三维实体转换为中空薄壁或壳体。将实体对象转换为壳体时，可以通过将现有面朝其原始位置的内部或外部偏移来创建新面，用户可以通过以下方法执行“抽壳”命令。

- 执行“修改>实体编辑>抽壳”命令。
- 在“常用”选项卡的“实体编辑”面板中单击“抽壳”按钮。
- 在“实体”选项卡的“实体编辑”面板中单击“抽壳”按钮。

执行“抽壳”命令，根据命令行提示，选择抽壳对象，然后选择删除面并按回车键，输入偏移距离值，即可对实体抽壳，如图10-35、10-36所示。

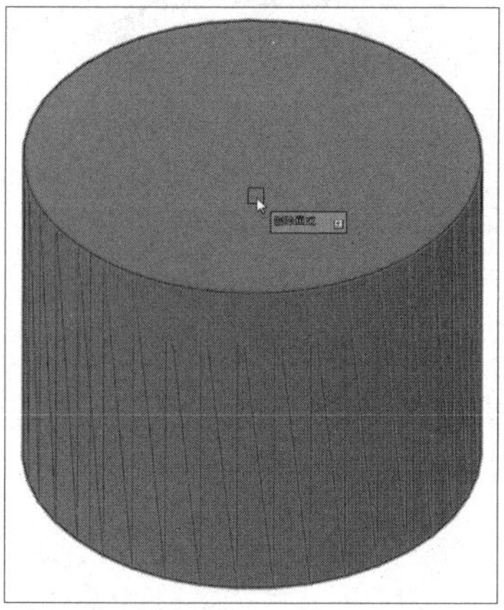
图 10-35 输入抽壳偏移距离

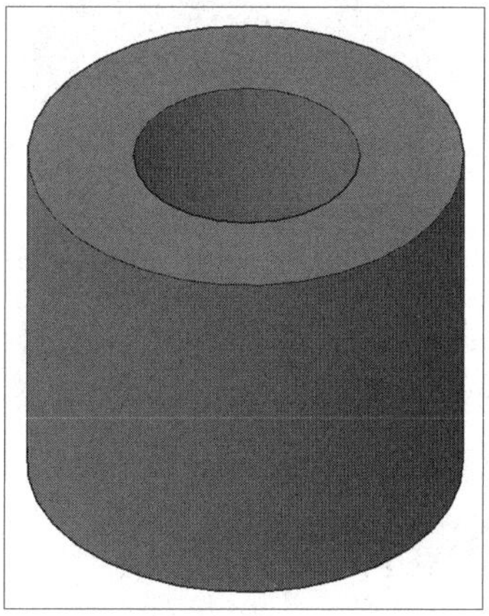
图 10-36 抽壳效果

10.2.3 圆角边

使用“圆角边”命令可以为实体对象边建立圆角，用户可以通过以下方法执行“圆角边”命令。

- 执行“修改>实体编辑>圆角边”命令。
- 在“实体”选项卡的“实体编辑”面板中单击“圆角边”按钮。
- 在命令行中输入FILLETEDGE命令，然后按回车键。

执行“圆角边”命令，根据命令行提示，选择“半径”选项，输入半径值并按回车键，然后选择边，即可对实体边进行圆角边操作，如图10-37、10-38所示。

AutoCAD 2019 中文版基础教程

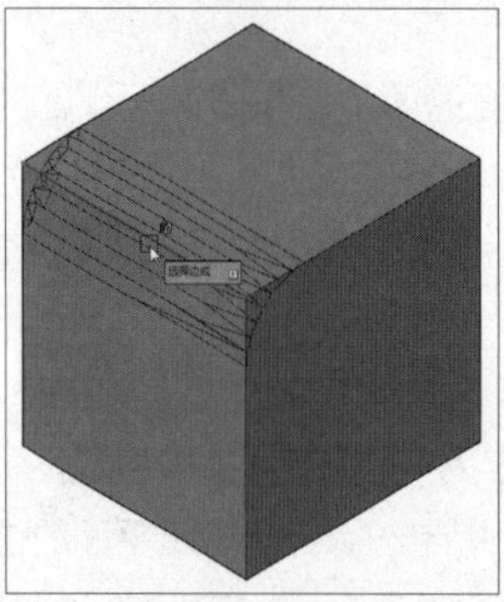

图 10-37　选择边

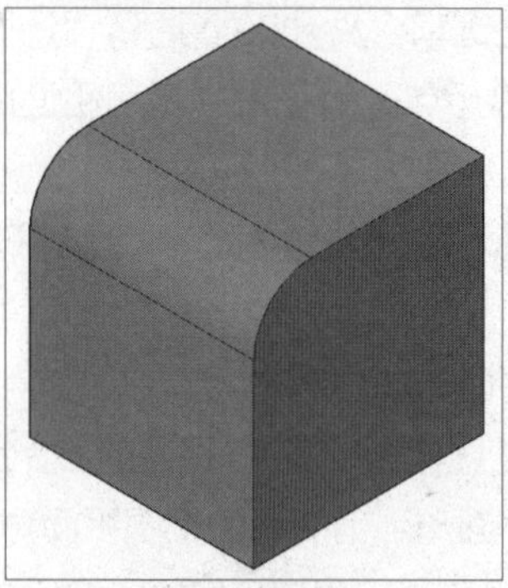

图 10-38　圆角边效果

10.2.4　倒角边

使用“倒角边”命令，可以对三维实体以一定距离进行倒角，即在一条边中再创建一个面。在AutoCAD 2019中，用户可以通过以下方法执行“倒角边”命令。

- 执行“修改>实体编辑>倒角边”命令。
- 在“实体”选项卡的“实体编辑”面板中单击“倒角边”按钮。
- 在命令行中输入CHAMFEREDGE命令，然后按回车键。

执行“倒角边”命令，根据命令行提示，选择“距离”选项，指定距离1和距离2的数值，选择边，即可对实体进行倒角边操作，如图10-39、10-40所示。

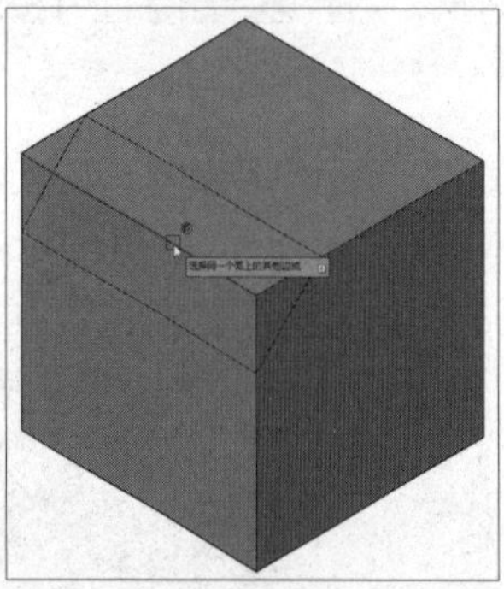

图 10-39　选择边

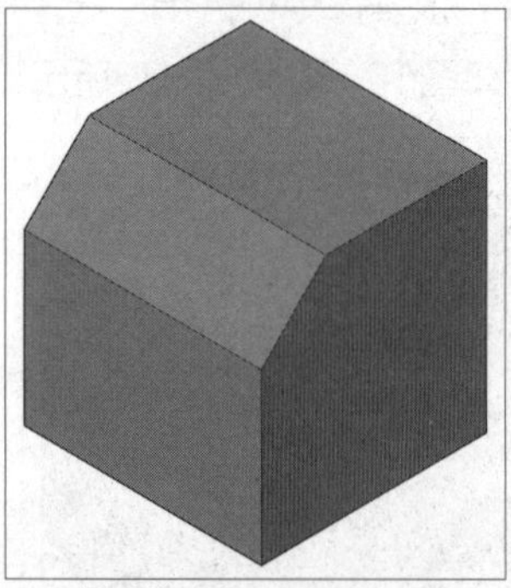

图 10-40　倒角边效果

10.3　设置材质和贴图

在AutoCAD中，利用贴图可以模拟纹理、凹凸、反射或折射效果，向三维模型添加材质会显著增强模型的真实感。

10.3.1　材质浏览器

使用“材质浏览器”选项板可导航和管理用户的材质，以组织、分类、搜索和选择要在图形中使用的材质。在AutoCAD 2019中，用户可以通过以下方法打开“材质游览器”选项板，如图10-41所示。

- 执行“视图>渲染>材质浏览器”命令。
- 在“视图”选项卡的“选项板”面板中单击“材质浏览器”按钮。
- 在命令行中输入快捷命令MAT，然后按回车键。

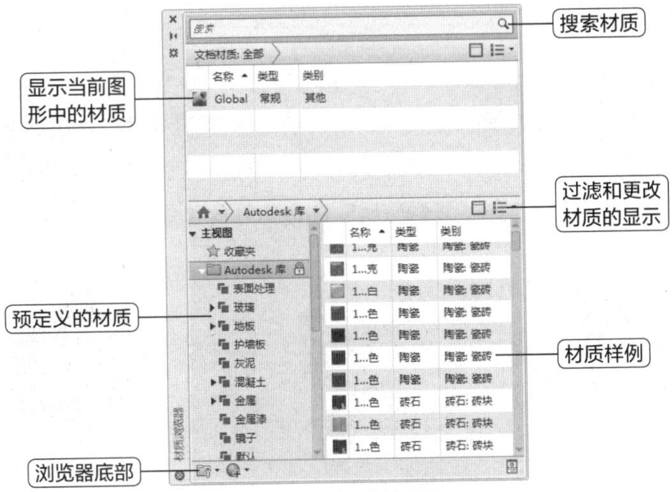

图 10-41 “材质浏览器”选项板

下面将对该选项板中常用选项的含义进行介绍。

- 搜索：在多个库中搜索材质外观。
- “文档材质”面板：显示随打开的图形保存的材质。
- 主页：单击该按钮，在库面板的右侧内容窗格中显示库的文件夹视图。单击文件夹以打开库列表。
- “库”面板：列出当前可用的“材质”库中的类别。选定类别中的材质将显示在右侧。将光标悬停在材质样例上时，用于应用或编辑材质的按钮将变为可用。

此外，浏览器底部还包含管理库按钮、创建材质按钮以及材质编辑器按钮。

10.3.2 材质编辑器

在“材质编辑器”选项板中可以创建新材质，或设置材质的颜色、反射率、透明度、凹凸等属性。用户可以通过以下方法打开“材质编辑器”选项板，该选项板如图10-42所示。

- 执行“视图>渲染>材质编辑器”命令。
- 在“视图”选项卡的“选项板”面板中单击“材质编辑器”按钮。
- 在命令行中输入MATEDITOROPEN命令，然后按回车键。

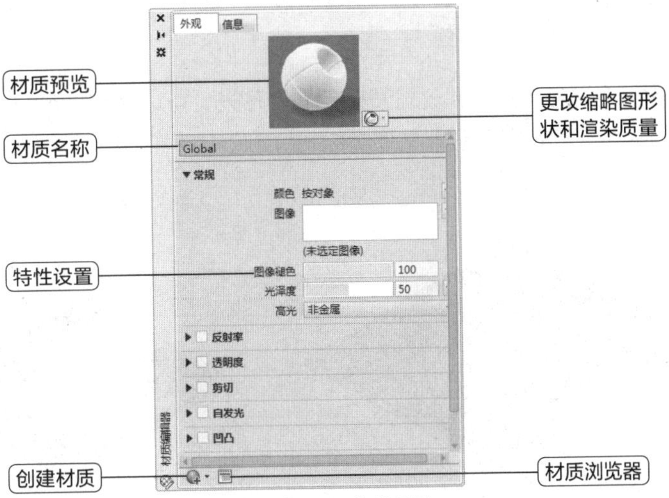

图 10-42 “材质编辑器”选项板

AutoCAD 2019 中文版基础教程

10.3.3 创建新材质

若要创建新材质，可执行“视图>渲染>材质浏览器”命令，在打开的“材质浏览器”选项板中单击“创建材质”按钮，然后选择合适的材质，如图10-43所示。然后打开“材质编辑器”选项板，可输入名称，指定材质颜色选项，并设置反光度、不透明度、折射、半透明度等的特性，如图10-44所示。

返回至“材质浏览器”选项板，在“文档材质”面板中拖曳创建好的材质，赋予到实体模型上，如图10-45所示。

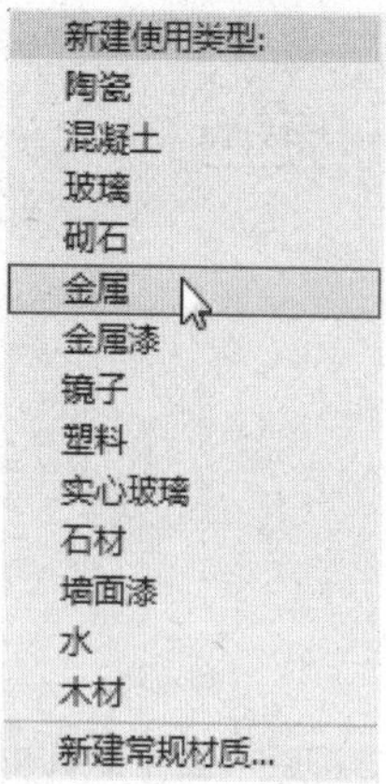

图10-43 选择材质类型

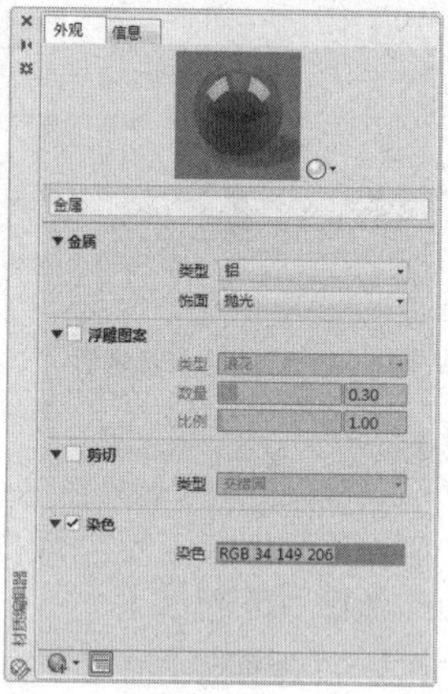

图10-44 设置属性

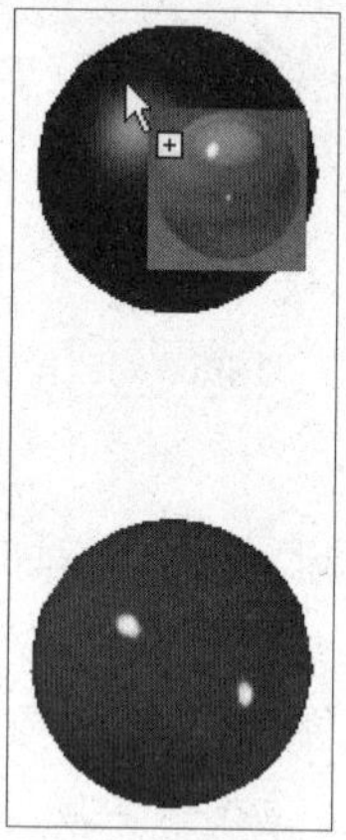
图10-45 新建材质效果

10.4 添加基本光源

在默认情况下，场景中是没有光源的，用户可以通过向场景中添加灯光创建真实的立体场景效果。

10.4.1 光源的类型

在AutoCAD 2019中，光源的类型有4种，其中包括点光源、聚光灯、平行光以及光域网灯光。

1. 点光源

该光源从其所在位置向四周发射光线，它与灯泡发出的光源类似。根据点光线的位置，模型将产生较为明显的阴影效果，使用点光源以达到基本的照明效果，如图10-46所示。

2. 聚光灯

该光源分布投射一个聚焦光束。聚光灯发射定向锥形光，可以控制光源的方向和圆锥体的尺寸。聚光灯的衰减由聚光灯的聚光角角度和照射角角度控制，如图10-47所示。

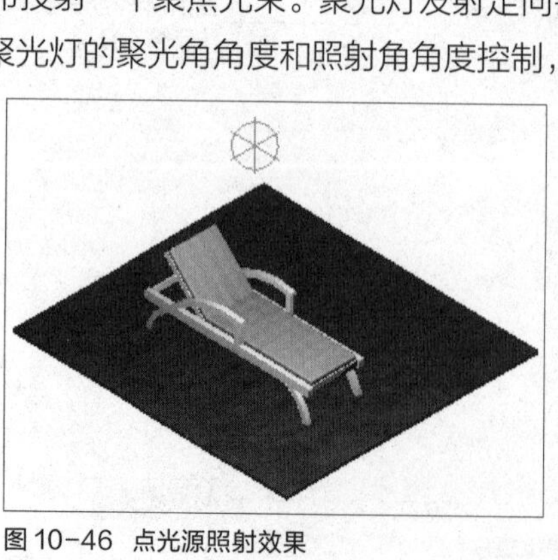
图10-46 点光源照射效果

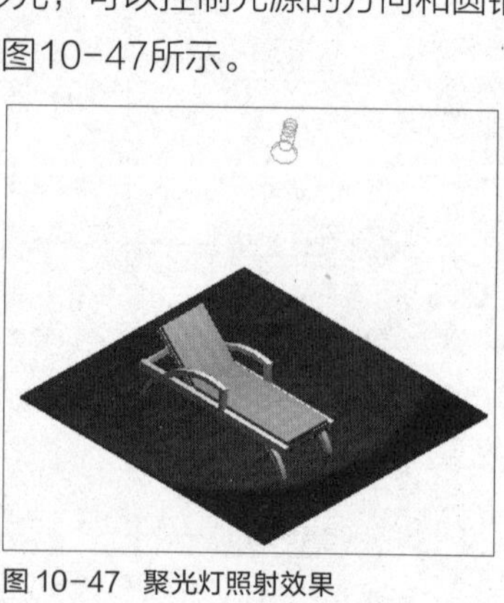
图10-47 聚光灯照射效果

3. 平行光

该光源仅向一个方向发射统一的平行光光线。它需要指定光源的起始位置和发射方向，从而以定义光线的方向。平行光的强度并不随着距离的增加而衰减，如图10-48所示。

4. 光域网灯光

该光源是具有现实中的自定义光分布的光度控制光源。它同样也需指定光源的起始位置和发射方向，任何给定方向中的照度与光域网和光度控制中心之间的距离成比例，沿离开中心的特定方向的直线进行测量，如图10-49所示。

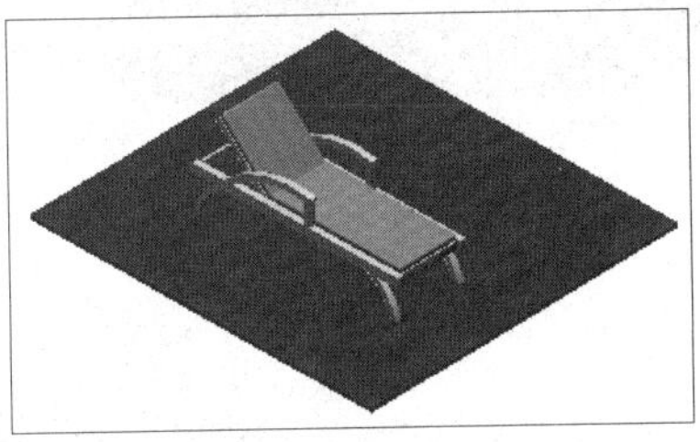

图10-48 平行光照射效果

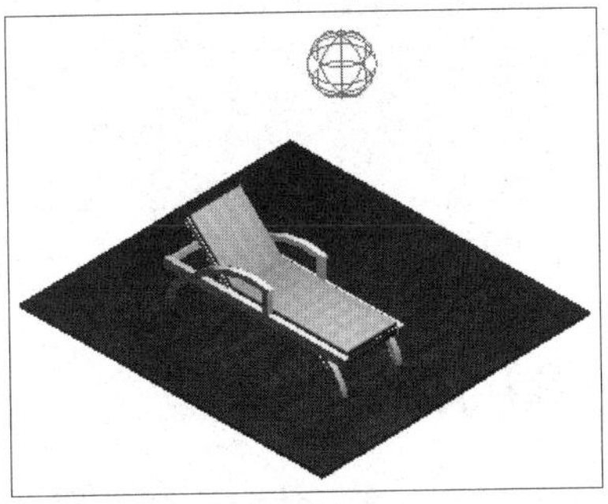

图10-49 光域网照射效果

10.4.2 创建光源

添加光源可为场景提供真实效果，并增强场景的清晰度和三维性。在AutoCAD 2019中，为图形添加光源主要有以下几种方法。

- 执行“视图>渲染>光源”命令中的子命令。
- 单击“光源”面板中相应命令按钮。

执行“聚光灯”命令，在绘图区中指定聚光灯的源位置和目标位置，再根据命令行提示选择相关选项。

10.4.3 设置光源

创建光源后，若光源效果不能满足用户的需求，可对创建的光源进行设置，下面分别对其设置方法进行介绍。

1. 设置光源参数

若当前光源强度感觉太弱时，用户可适当增加光源强度值。选中所需光源，在绘图区单击鼠标右键，在快捷菜单中选择“特性”命令，在打开的“特性”选项板中，选择“强度因子”选项，并在其后的文本框中，输入合适的参数，如图10-50所示。

2. 阳光状态设置

阳光与天光是AutoCAD中自然照明的主要来源。用户若在“视图”选项卡的“选项板”面板中的单击“阳光特性选项板”按钮，系统会模拟太阳照射的效果，来渲染当前模型。图10-51为阳光状态效果。

工程师点拨：设置光源的颜色、阴影等参数

在“特性”选项板中，除了可以更改灯光强度值外，还可对其光源颜色、阴影以及灯光类型进行更改设置。

AutoCAD 2019 中文版基础教程

图 10-50　设置强度因子

图 10-51　阳光状态效果

10.5　渲染三维模型

对材质、贴图等进行设置，并将其应用到实体后，可通过渲染查看即将生产的产品的真实效果，渲染是运用光源和材质将三维实体渲染为最具真实感的图像。

10.5.1　全屏渲染

在“可视化”选项卡的“渲染”面板中单击“渲染”按钮，即可对当前模型进行渲染，如图10-52所示。在“渲染”窗口中，用户可以读取到当前渲染模型的一些相关信息，例如材质参数、阴影参数、光源参数、渲染时间以及占用的内存等。

10.5.2　区域渲染

在“可视化”选项卡的“渲染”面板中单击“面域”按钮，在绘图区中按住鼠标左键，框选出所需的渲染窗口，释放鼠标，即可进行创建，如图10-53所示。

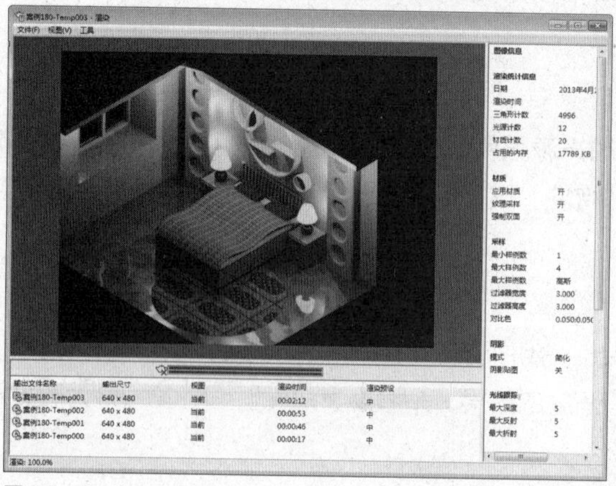
图 10-52　全屏渲染

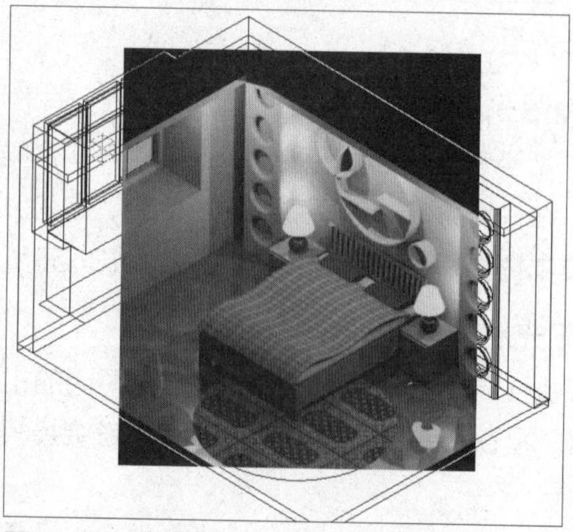
图 10-53　区域渲染

10.5.3 高级渲染设置

“渲染预设管理器”选项板包含渲染器的主要控件，可以选择预定义的渲染设置，也可以进行自定义设置。

在AutoCAD 2019中，在“可视化”选项卡的“渲染”面板中单击右下角的对话框启动器按钮，打开“渲染预设管理器”选项板，在该选项板中，用户可根据需要设置渲染参数，如图10-54所示。

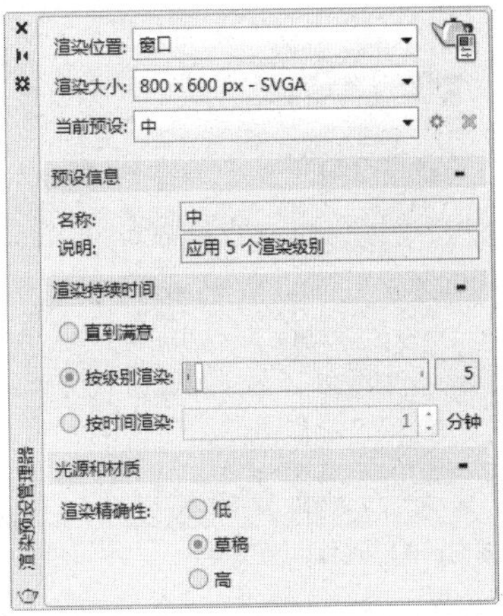

图10-54 “渲染预设管理器”选项板

工程师点拨：“光源-视口光源模型”对话框

在执行创建光源命令后，系统将打开“光源-视口光源模型”对话框，单击“关闭默认光源”按钮，即可进行光源的创建。

上机实践 渲染餐厅效果图

实践目的 掌握三维图形的编辑方法，熟悉为三维模型赋予材质及渲染模型的方法。

实践内容 应用本章所学知识渲染餐厅效果图。

实践步骤 先为墙面、地面创建材质，然后插入餐桌椅等场景模型并为场景创建灯光，最后进行渲染。

Step 01 打开素材文件，如图10-55所示。

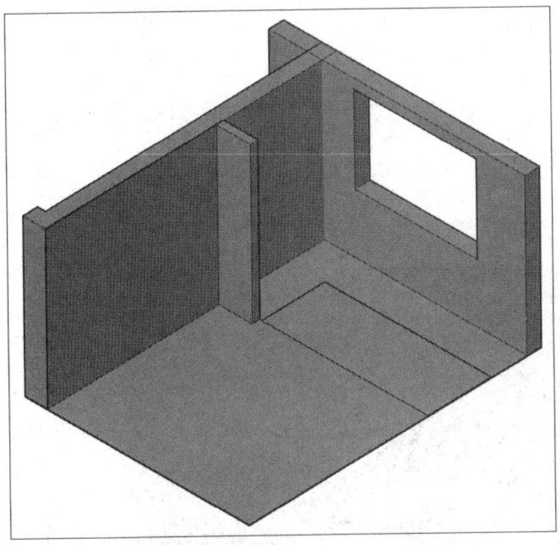

图10-55 打开素材文件

Step 02 执行“材质浏览器”命令，打开“材质浏览器”选项板，选择需要的材质并拖动到餐厅墙面，如图10-56所示。

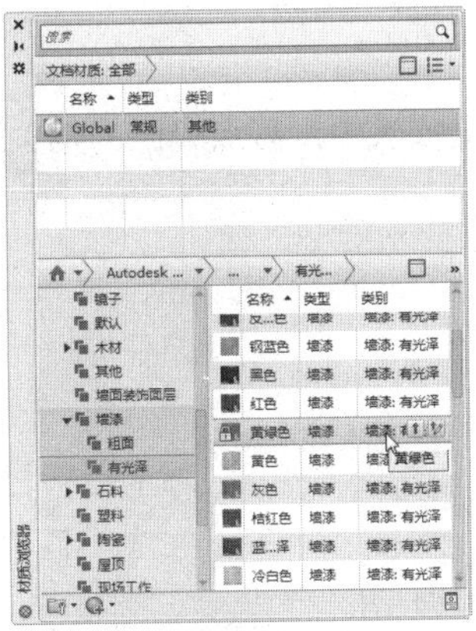

图10-56 选择材质

Step 03 继续选择厨房墙面材质为6英寸方形-米色、餐厅地面材质为镶板-褐色、以及厨房地面的材质为2英寸方形-米色，将选择好的材质拖动到模型上，如图10-57所示。

Step 04 执行“插入”命令，插入餐桌、橱柜灯图形插入到模型中，如图10-58所示。

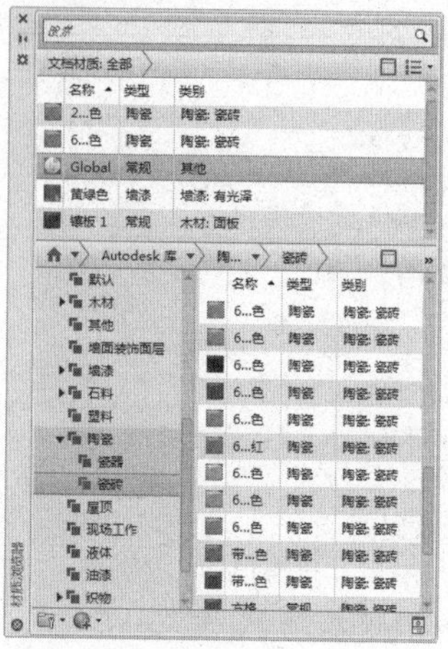

图 10-57　选择材质

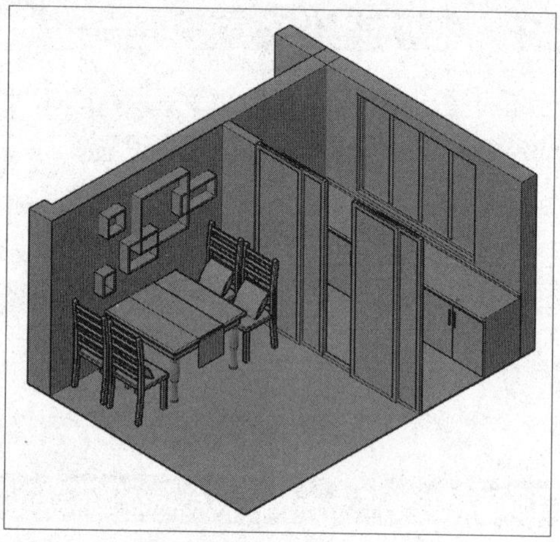

图 10-58　插入图块

Step 05 将视觉样式控件转换为“真实”，效果如图10-59所示。

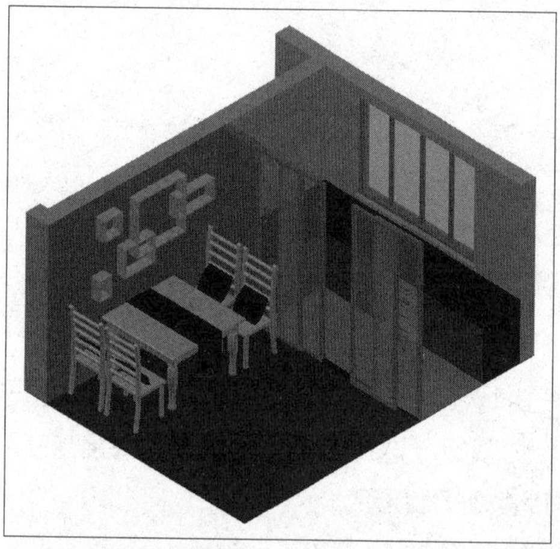

图 10-59　转换视觉样式

Step 06 执行“点光源”命令，创建点光源，放在餐厅和厨房合适位置，如图10-60所示。

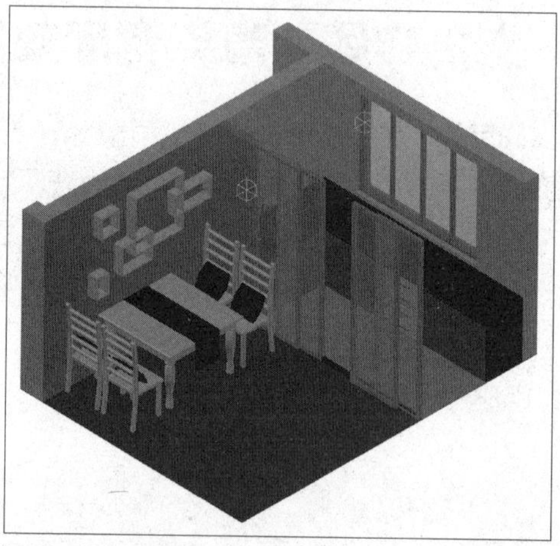

图 10-60　插入点光源

Step 07 在“特性”选项板中设置点光源的相关参数，如图10-61所示。

图 10-61　设置点光源参数

Step 08 执行“渲染”命令，渲染场景，效果如图10-62所示。

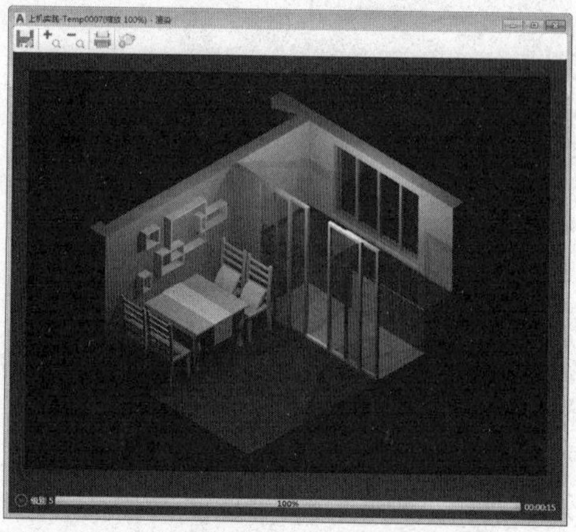

图 10-62　渲染效果

课后练习

通过对本章三维实体编辑内容的学习，用户可熟悉三维实体的编辑、材质和贴图的应用、光源的应用、设置光源环境以及渲染出图等内容。下面将通过一些练习题来回顾所学知识。

一、填空题

1、 ________命令可以在三维空间中创建对象的矩形阵列和环形阵列，使用该命令时用户除了需要指定列数和行数外，还要指定阵列的________。

2、 ________命令可将现有实体模型上单个或多个边偏移其他位置，从而利用这些边线创建出新的图形对象。

3、在AutoCAD软件中，有两种渲染方式，分别为渲染和________。

二、选择题

1、在对三维实体进行圆角操作时，如果希望同时选择一组相切的边进行圆角，应该选择以下哪个选项（　　）。

A. 半径（R）　B. 链（C）　C. 多段线（P）　D. 修剪（T）

2、下列命令不属于三维实体编辑的是（　　）。

A. 三维镜像　B. 抽壳　C. 切割　D. 三维阵列

3、使用（　　）命令，可以将三维实体转换为中空薄壁或壳体。

A. 抽壳　B. 剖切　C. 倒角边　D. 圆角边

4、实体旋转时，选定了图形后显示无法旋转的原因有可能是（　　）（多选）。

A. 不是封闭的一条线　B. 显示问题

C. 不是封闭的线段　D. 不是面域，且不平行于回转轴

三、操作题

1、为书房场景赋予材质、创建灯光并进行渲染，如图10-63所示。

2、使用“圆柱体”、“差集”和“阵列”等命令，绘制传动轴套模型，如图10-64所示。

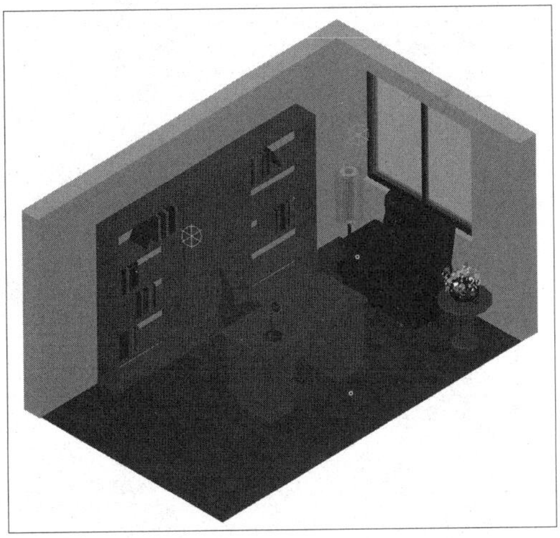

图10-63 书房模型图

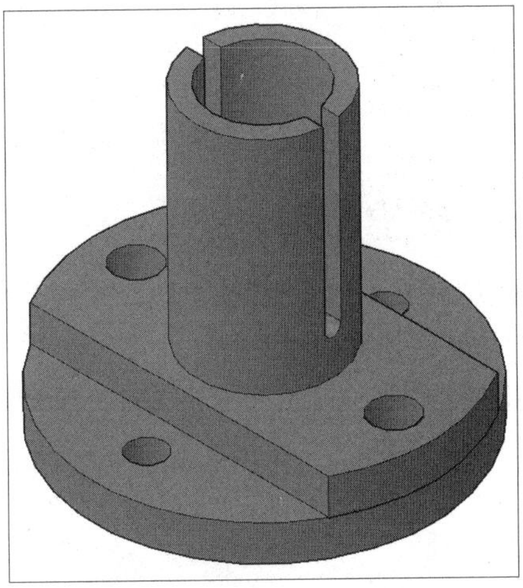

图10-64 传动轴套模型

Chapter 11 输出与打印图形

课题概述 图形的输出是整个设计过程的最后一步，即将设计的成果显示在图纸上。将图纸打印出来后，图纸内容可清晰地呈现在用户面前，便于调阅查看。

教学目标 本章主要介绍在AutoCAD中图形的输入与输出，以及在打印图纸时的布局设置操作。

章节重点	光盘路径
★★★★ | 打印页面设置	上机实践：实例文件 \ 第 11 章 \ 上机实践 \ 从图纸空间打印图纸
★★★★ | 布局的创建与管理	课后练习：实例文件 \ 第 11 章 \ 课后练习
★★★☆ | 模型空间与图形空间	
★★★☆ | 图形的输入与输出	
★★☆☆ | 打印图形	

11.1 图形的输入 / 输出

实际工作中，使用AutoCAD提供的输入与输出功能，不仅可以将其他应用软件中的数据导入到AutoCAD中，还可以将AutoCAD中绘制好的图形输出成其他格式的图形。

11.1.1 导入图形

在AutoCAD 2019中，用户可以将各种格式的文件输入到当前图形中。在“插入”选项卡的“输入”面板中单击“输入”按钮，打开“输入文件”对话框，如图11-1所示。从中选择相应的文件，然后单击“打开”按钮，即可将文件插入。

图 11-1 “输入文件”对话框

11.1.2 输出图形

用户要将AutoCAD图形对象保存为其他需要的文件格式以供其他软件调用，只需将对象以指定的文件格式输出即可。执行“文件>输出”命令，打开“输出数据”对话框，如图11-2所示。在“文件类型”下拉列表中，可以选择需要导出文件的类型。

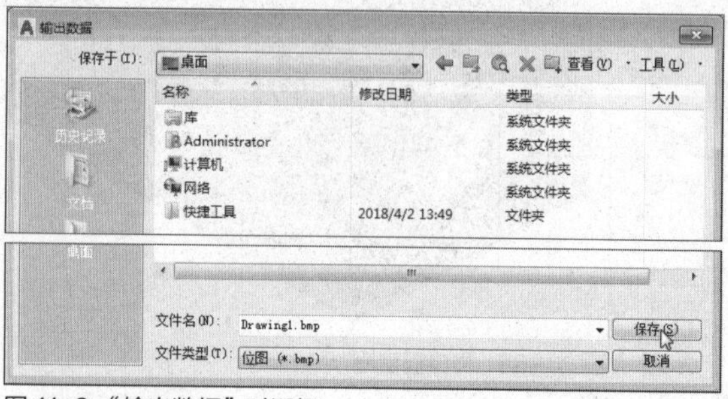

图 11-2 “输出数据”对话框

11.1.3 插入OLE对象

OLE是指对象链接与嵌入，用户可以将其他Windows应用程序的对象链接或嵌入到AutoCAD图形中，或在其他程序中链接或嵌入AutoCAD图形。插入OLE文件可以避免图片丢失这些问题，所以使用起来非常方便，在“插入”选项卡“数据”面板中单击“OLE对象”按钮，打开“插入对象”对话框，如图11-3所示。

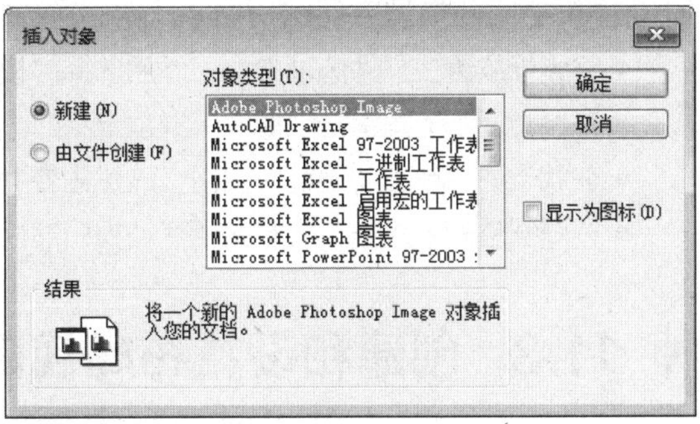

图 11-3 “插入对象”对话框

11.2 模型空间与图纸空间

AutoCAD为用户提供了两种工作空间，即模型空间和图纸空间。模型空间是可以绘制二维和三维图形的空间，即一种造型工作空间。图纸空间是二维空间，下面将详细介绍模型空间与图纸空间的应用。

11.2.1 模型空间与图纸空间概念

模型空间与图纸空间是两种不同的屏幕工作空间。其中，模型空间用于建立物体模型，而图纸空间则用于将模型空间中生成的三维或二维物体按用户指定的观察方向正投射为二维图形，并且允许用户按需要的比例将图摆放在图形界限内的任何位置，如图11-4、11-5所示。

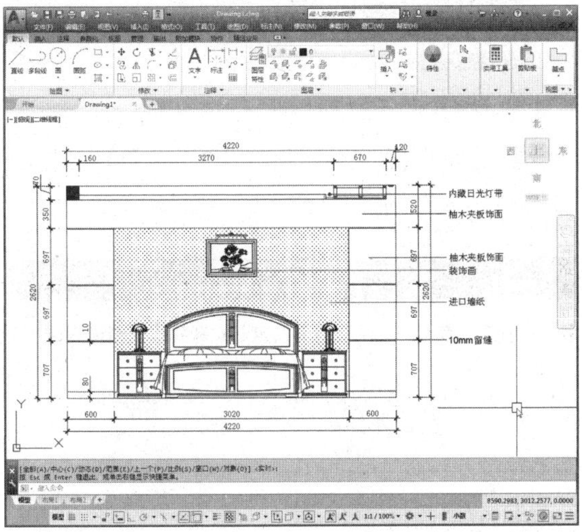

图 11-4 模型空间

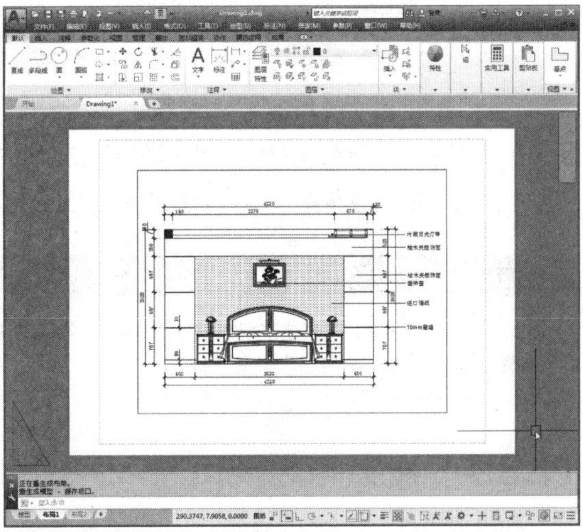

图 11-5 图纸空间

11.2.2 模型空间与图纸空间切换

下面将为用户介绍模型空间与图纸空间的切换方法。

1. 从模型空间向图纸的空间的切换

- 将光标放置在文件选项卡上，然后选择“布局1”或“布局2”选项。
- 在绘图区左下角单击“布局1”或“布局2”选项卡。

● 在状态栏中单击“模型”按钮模型，该按钮会变为“图纸”按钮图纸。

2. 从图纸空间向模型空间的切换

● 将光标放置在文件选项卡上，然后选择“模型”选项。

● 在绘图区左下角单击“模型”选项卡。

● 在状态栏中单击“图纸”按钮，该按钮变为“模型”按钮。

● 在图纸空间中双击，此时激活活动视口然后进入模型空间。

11.3 创建和设置布局视口

布局空间用于设置在模型空间中绘制图形的不同视图，主要是为了在输出图形时进行布置。通过布局空间可以同时输出该图形的不同视口，满足各种不同出图的要求。

11.3.1 创建布局视口

在图纸布局中可以指定图纸大小、添加标题栏、显示模型的多个视图以及创建图形标注和注释。用户可以利用绘图区左下角的布局选项卡来创建布局，也可以执行“插入>布局>新建布局”命令来创建布局。

在绘图区左下角的“模型”选项卡中单击鼠标右键，将弹出快捷菜单，如图11-6所示。

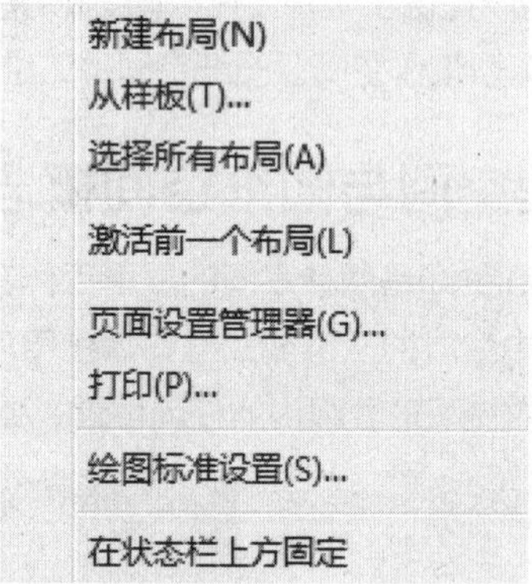

图 11-6　快捷菜单

用户可以使用以下方法创建新的布局选项卡。

● 添加新布局选项卡，在“页面设置管理器”对话框中进行各个设置。

● 从使用“创建布局向导”来创建布局选项卡并进行设置，当前图形文件复制布局选项卡及其设置。

● 从现有的图形样板（DWT）文件或图形（DWG）文件导入布局选项卡。

工程师点拨：创建布局视口

在“布局”空间中还可以创建不规则视口，即执行“视图 > 视口 > 多边形视口”命令，在图纸空间指定起点和端点，创建封闭的图形，按回车键，即可创建不规则视口。

11.3.2 设置布局视口

创建视口后，如果对创建的视口不满意，可以根据需要对布局视口进行调整。

1. 更改视口大小和位置

如果创建的视口不符合用户的需求，用户可以利用视口边框的夹点来更改视口的大小和位置，如图11-7、11-8所示。

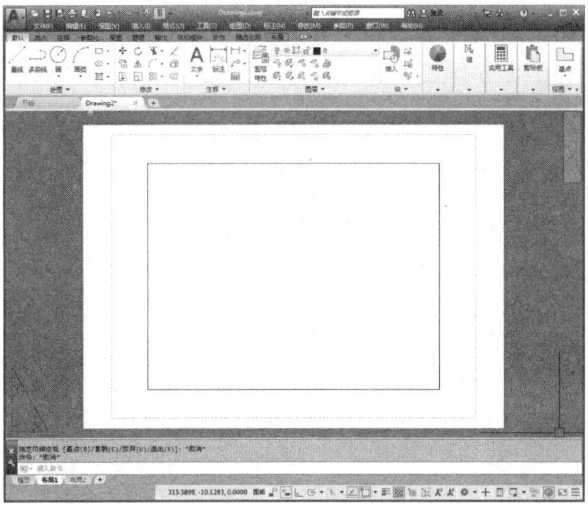

图 11-7　更改视口前效果

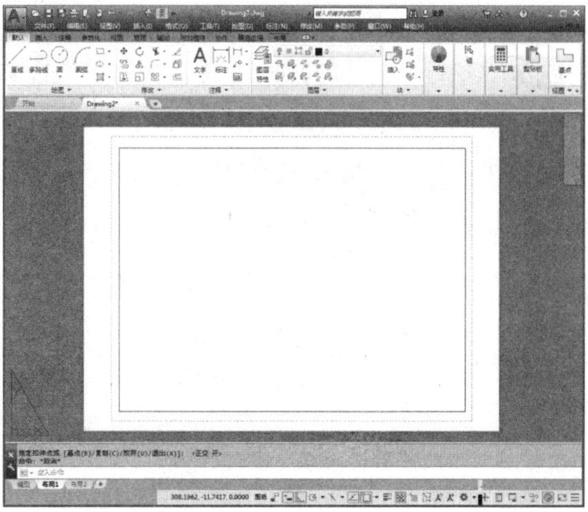

图 11-8　更改视口后效果

2. 删除和复制布局视口

用户可通过Ctrl+C和Ctrl+V组合键进行视口的复制粘贴，按Delete键即可删除视口，也可以通过单击鼠标右键，在弹出的快捷菜单进行该操作。

3. 设置视口中的视图和视觉样式

在“布局”空间模式中可以更改视图和视觉样式，并编辑模型显示大小。双击视图即可激活视图，使其窗口边框变为粗黑色，如图11-9所示。单击视口左上角的视图控件图标和视觉样式控件图标，即可更改视图及视觉样式，如图11-10所示。

图 11-9　激活视图

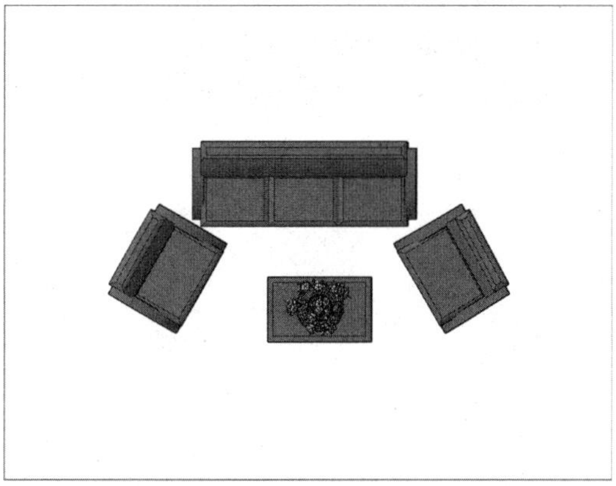

图 11-10　更改视图及视觉样式

11.4 AutoCAD 网络功能的应用

在AutoCAD中，用户可以在Internet上预览建筑图纸，为图纸插入超链接、将图纸以电子形式进行打印，并将设计好的图纸发布到Web供用户浏览。

11.4.1 在 Internet 上使用图形文件

AutoCAD中的“输入”和“输出”命令可以识别任何指向AutoCAD文件的有效URL路径。因此，用户可以使用AutoCAD在Internet上执行打开和保存文件的操作。

AutoCAD 2019 中文版基础教程

示例11-1：使用AutoCAD在Internet上执行打开和保存文件。

Step 01 执行“文件>打开”命令，打开“选择文件”对话框，单击“工具”下拉按钮，选择“添加/修改FTP位置”选项，如图11-11所示。

Step 02 打开“添加/修改FTP位置”对话框，根据需要设置FTP站点名称、登录名及密码，并单击“添加”按钮，如图11-12所示。

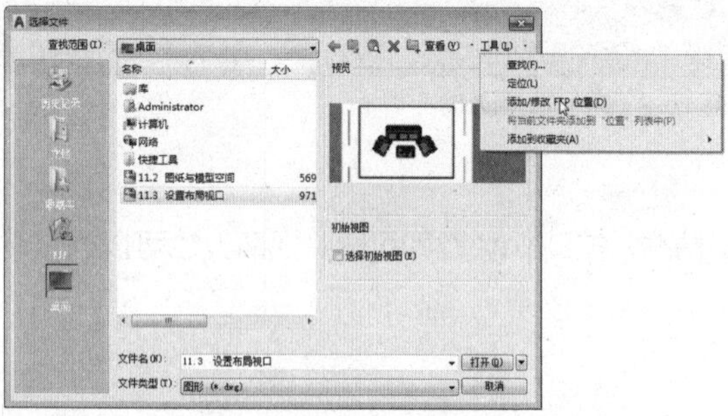

图 11-11　选择“添加 / 修改 FTP 位置”选项

图 11-12　设置相关参数

Step 03 设置完成后，单击“确定”按钮，返回“选择文件”对话框，在左侧列表中选择FTP选项，在右侧列表框中选择FTP站点文件，并单击“打开”按钮即可，如图11-13所示。

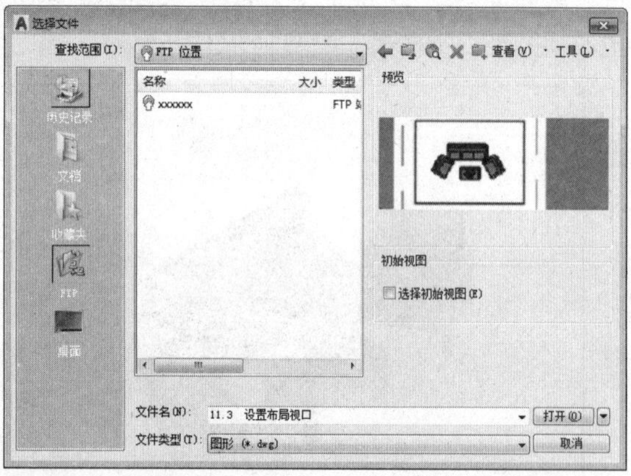

图 11-13　选择站点文件

14.4.2　超链接管理

超链接就是将AutoCAD软件中的图形对象与其他数据、信息、动画、声音等建立链接关系。利用超链接可实现由当前图形对象到关联图形文件的跳转。其链接的对象可以是现有的文件或Web页，也可以是电子邮件地址等。

1. 链接文件或网页

执行“插入>超链接”命令，在绘图区中，选择要进行链接的图形，按回车键后打开“插入超链接”对话框，如图11-14所示。

单击“文件”按钮，打开“浏览Web-选择超链接”对话框，如图11-15所示。在此选择要链接的文件并单击“打开”按钮，返回到上一层对话框，单击“确定”按钮完成链接操作。

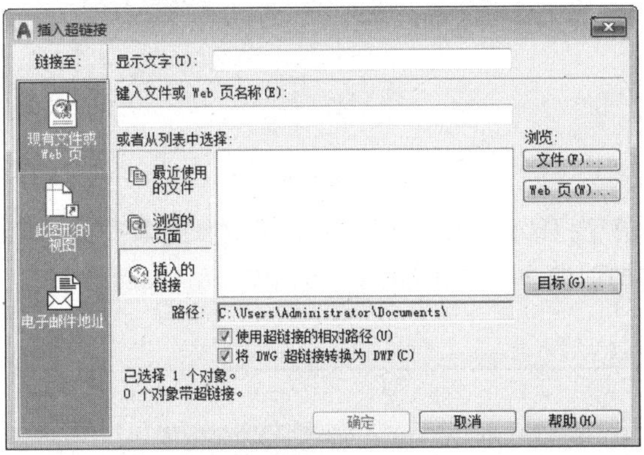

图 11-14 “插入超链接”对话框

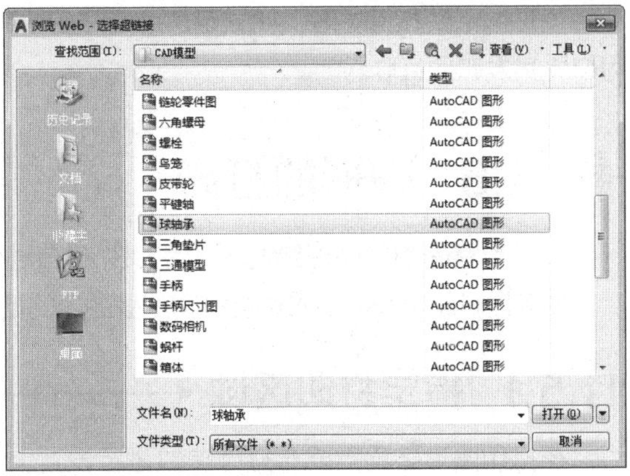

图 11-15 选择文件

在带有超链接的图形文件中，将光标移至带有链接的图形对象上时，光标右侧则会显示超链接符号，并显示链接文件名称。此时按住Ctrl键并单击该链接对象，即可按照链接网址切转到相关联的文件中。

2. 链接电子邮件地址

执行“插入>超链接”命令，在绘图区中，选中要链接的图形对象，按回车键后在“插入超链接”对话框中，切换至“电子邮件地址”选项卡，然后在“电子邮件地址”文本框中输入邮件地址，并在“主题”文本框中输入邮件消息主题内容，单击“确定”按钮即可，如图11-16所示。

在打开电子邮件超链接时，默认电子邮件应用程序将创建新的电子邮件消息。在此填好邮件地址和主题，最后输入消息内容并通过电子邮件发送。

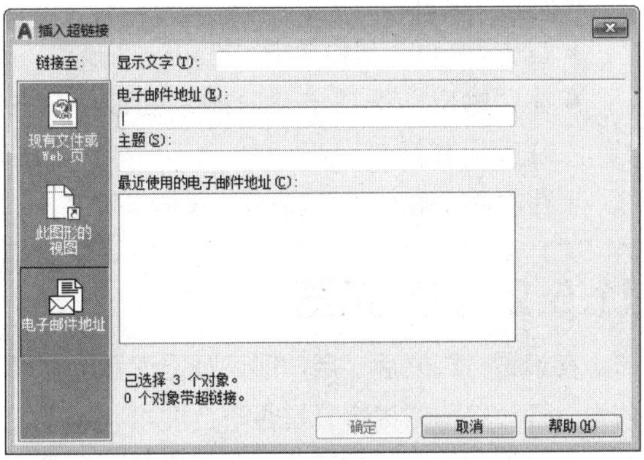

图 11-16 输入电子邮件地址

11.4.3 设置电子传递

在将图形发送给其他人时，常见的一个问题是忽略了图形的相关文件，如字体和外部参照。在某些情况下，没有这些关联文件将会使接收者无法使用原来的图形。使用电子传递功能，可自动生成包含设计文档及其相关描述文件的数据包，然后将数据包粘贴到E-mail的附件中进行发送。这样就大大简化了发送操作，并且保证了发送的有效性。

用户可以将传递集在Internet上发布或作为电子邮件附件发送给其他人，系统将会自动生成一个报告文件，其中传递集包括的文件和必须对这些文件所做的处理的详细说明，也可以在报告中添加注释或指定传递集的口令保护。用户可以指定一个文件夹来存放传递集中的各个文件，也可以创建自解压执行文件或Zip文件。

11.4.4 Web 网上发布

用户在Web网上发布可以将图形发布到互联网上，供更多的用户方便查看。网上发布向导可以创建DWF、JPEG、PNG等格式的图像样式。

使用网上发布向导时，如果不熟悉HTML编码，也可以创建出优秀的格式化网页。创建网页之后，可以将其发布到互联网上。

11.5 图形的打印

在模型空间中将图形绘制完毕后，并在布局中设置了打印设备、打印样式、图样尺寸等打印内容后，便可以打印出图。如果重复打印一些图形的话，还可以保存打印并调用打印设置。

11.5.1 指定打印区域

在打印图形之前需要对打印参数进行设置，如图纸尺寸、打印方向、打印区域、打印比例等。在“打印”对话框中可以设置各打印参数，如图10-17所示。

用户可以通过以下方式打开“打印”对话框。

- 执行“文件>打印”命令。
- 在快速访问工具栏单击“打印”按钮。
- 在“输出”选项卡“打印”面板中单击“打印”按钮。
- 在命令行输入PLOT命令并按回车键。

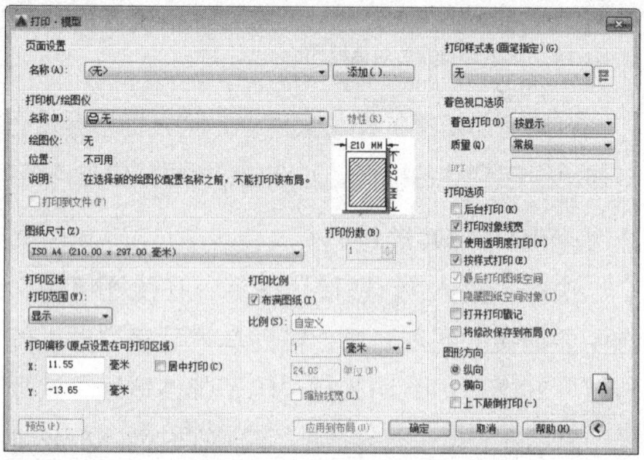

图 11-17 “打印”对话框

11.5.2 打印预览

在设置打印之后，用户即可预览设置的打印效果，通过打印效果查看是否符合要求，如果不符合要求关闭预览再进行更改，如果符合要求即可继续进行打印。

用户可以通过以下方式实施打印预览。

- 执行“文件>打印预览”命令。
- 在“打印”对话框中设置“打印参数”后，单击左下角的“预览”按钮。
- 指定图形后，在“输出”选项卡中单击“打印”按钮。

执行以上操作命令后，AutoCAD即可进入预览模式，如图11-18所示。

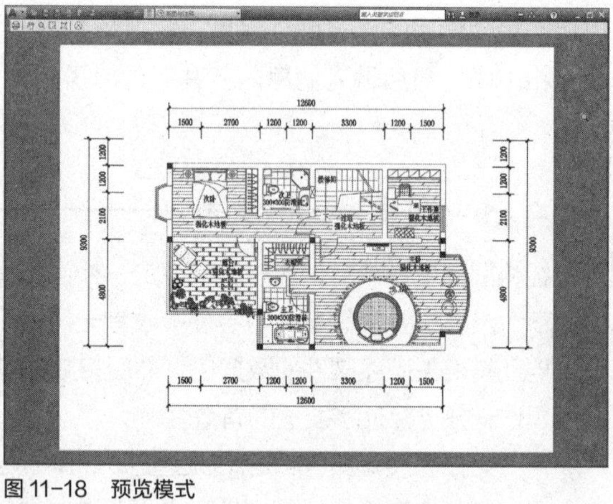

图 11-18 预览模式

工程师点拨：打印预览设置

打印预览是将图形在打印机上打印到图纸之前，在屏幕上显示打印输出图形后的效果，其主要包括图形线条的线宽、线型和填充图案等。预览后，若需进行修改，则可关闭该视图，进入设置页面再次进行修改。

上机实践　从图纸空间打印图纸

- **实践目的**　通过本实训练习，可以掌握配置绘图设备和输出图形的方法及操作技巧。
- **实践内容**　利用当前学习的基本知识配置绘图设备并输出图形。
- **实践步骤**　首先打开要打印的图形文件，然后在“打印”对话框中设置相关的打印参数，完成打印设置后，预览图形的打印输出效果并对其实施打印。

Step 01 打开素材文件，在状态栏单击“布局1”按钮，打开布局空间，如图11-19所示。

图 11-19　打开素材文件

Step 02 选择并删除视口边框，即可取消当前视口效果，如图11-20所示。

图 11-20　删除视口边框

Step 03 执行“视图>视口>四个视口”命令，在图纸空间中指定对角点，如图11-21所示。

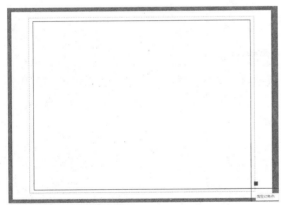

图 11-21　指定对角点

Step 04 单击鼠标左键即可创建四个视口，如图11-22所示。

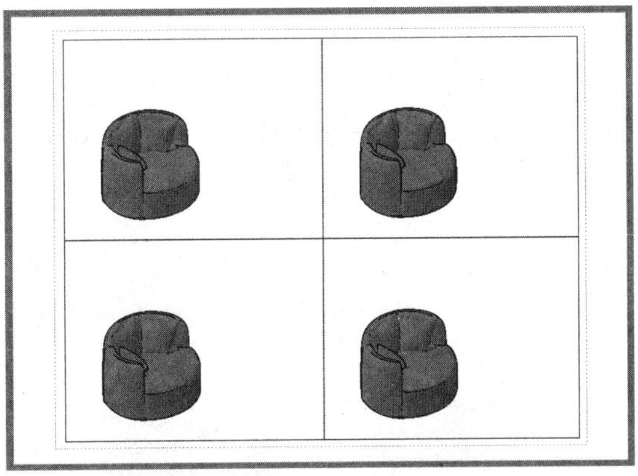

图 11-22　创建视口

Step 05 双击一个视口进入编辑状态，如图7-23所示。

Step 06 调整图形大小，然后双击空白处退出编辑状态，如图7-24所示。

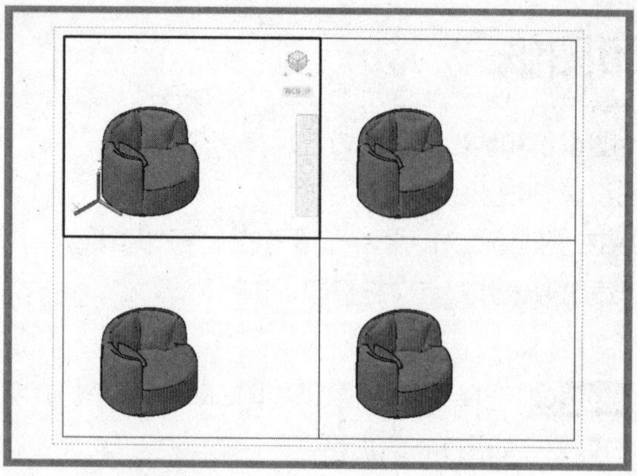

图 11-23　编辑视口

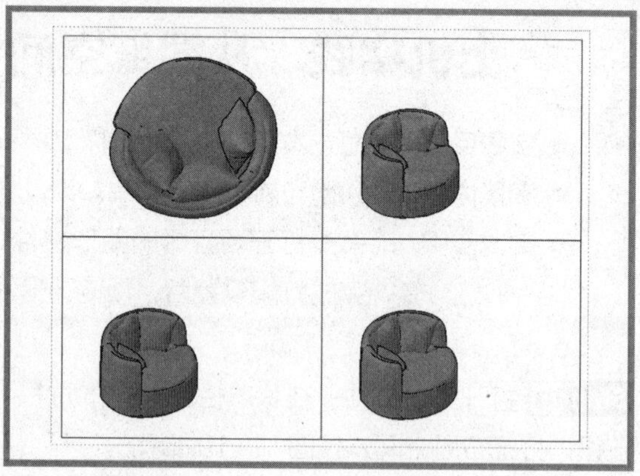

图 11-24　调整图形

Step 07 按照同样的方法，调整其余视口，如图11-25所示。

Step 08 执行“文件>打印”命令，打开“打印-布局1”对话框，并选择需要的打印机名称，如图11-26所示。

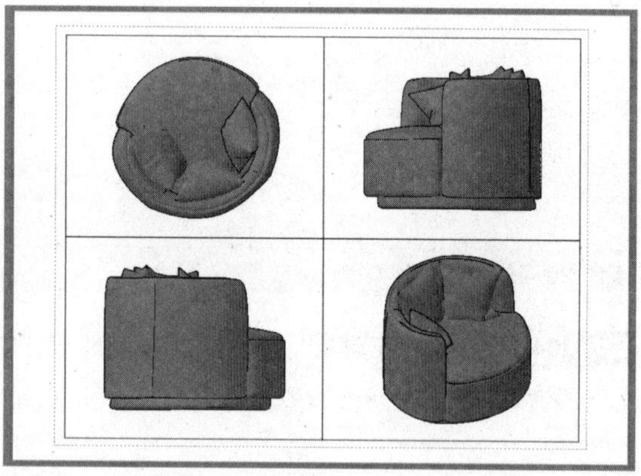

图 11-25　调整图形

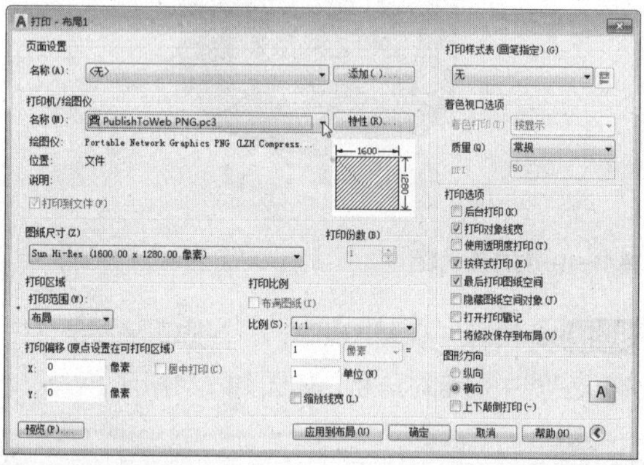

图 11-26　选择打印机名称

Step 09 设置打印范围为“窗口”，在布局1中框选打印范围，如图11-27所示。

Step 10 单击返回上级对话框，在“打印偏移”选项组中勾选“居中打印”复选框，在“打印比例”选项组中勾选“布满图纸”复选框，如图11-28所示。

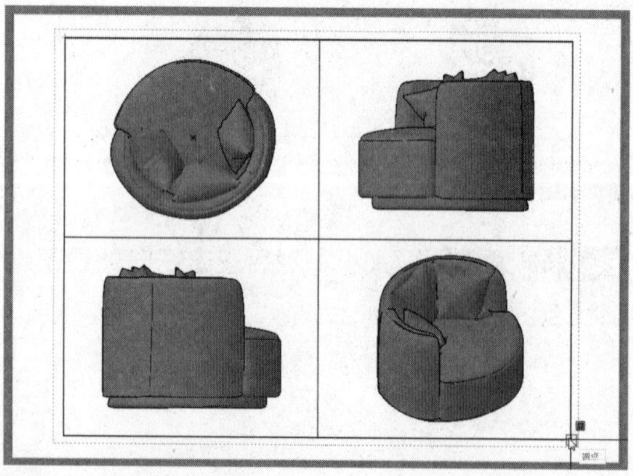

图 11-27　框选打印范围

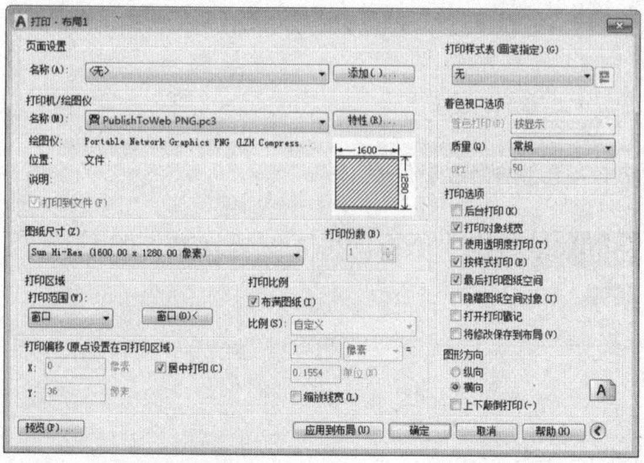

图 11-28　设置相关参数

Step 11 单击“预览”按钮，对打印内容进行预览，然后单击“打印”按钮，即可对图纸进行打印，如图11-29所示。

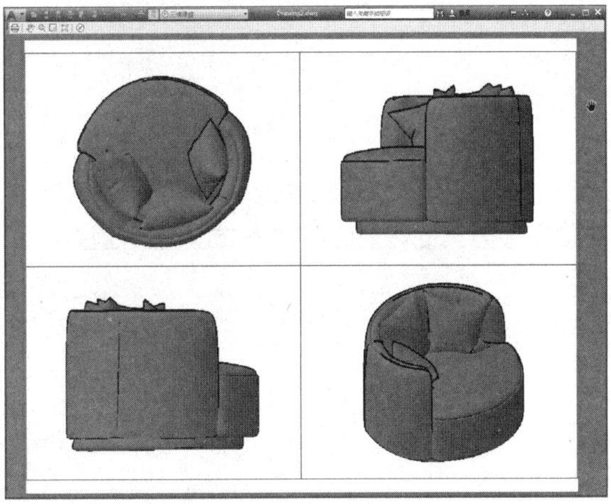

图 11-29 打印预览

Step 12 单击“关闭预览窗口”按钮，返回“打印-布局1”对话框，如图11-30所示。

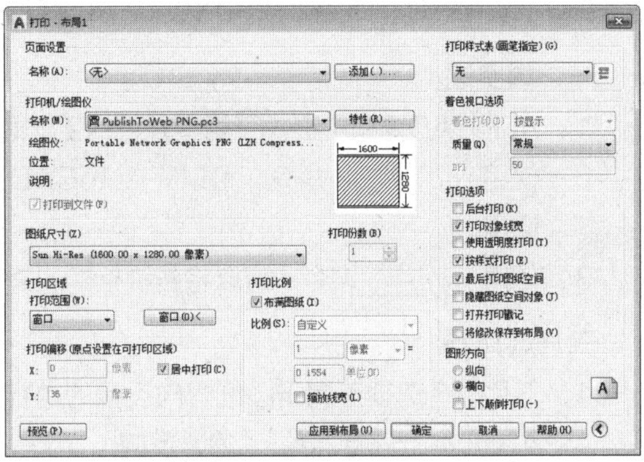

图 11-30 返回“打印 - 布局 1”对话框

Step 13 单击“确定”按钮，打开“浏览打印文件”对话框，选择要保存的位置和文件类型，并单击“保存”按钮，保存文件，如图7-31所示。

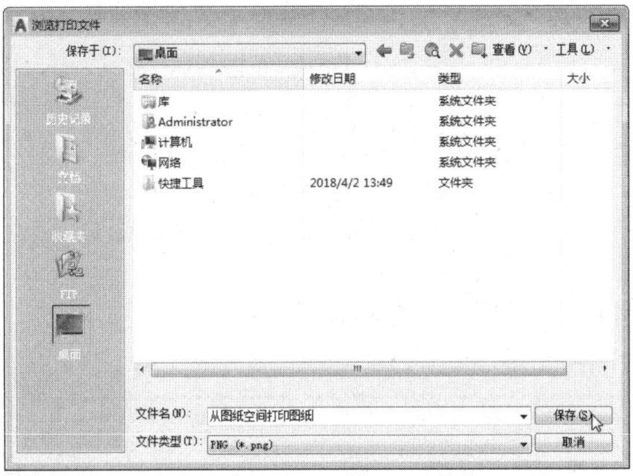

图 11-31 保存文件

Step 14 双击保存的图片，进行查看，完成本次操作，效果如图7-32所示。

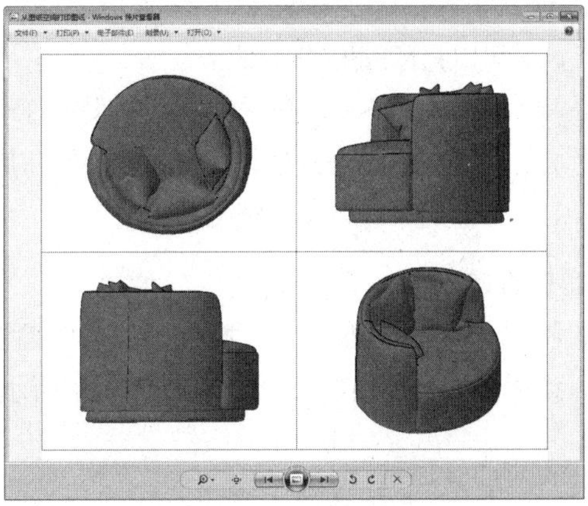

图 11-32 查看图片

课后练习

学习完本章内容之后，用户可以总结打印图形需要的基本操作，熟悉打印图形的过程，利用所学知识解决绘图中遇到的问题。

一、填空题

1、AutoCAD窗口中提供了两个并行的工作环境，即________和________。

2、使用__________命令，可以将AutoCAD图形对象保存为其他需要的文件格式以供其他软件调用。

3、使用________命令，可以将各种格式的文件输入到当前图形中。

二、选择题

1、下列哪个选项不属于图纸方向设置的内容（　　）。

A、纵向　B、反向　C、横向　D、逆向

2、在“打印-模型”对话框的（　　）选项组中，用户可以选择打印设备。

A、打印区域　B、图纸尺寸　C、打印比例　D、打印机/绘图仪

3、执行（　　）命令时在图纸上打印的方式显示图形。

A、Previev　B、Erase　C、Zoom　D、Pan

4、根据图形打印的设置，下列哪个选项不正确（　　）。

A、可以打印图形的一部分

B、可以根据不同的要求用不同的比例打印图形

C、可以先输出一个打印文件，把文件在其他计算机上打印

D、打印时不可以设置纸张的方向

三、操作题

1、利用“打印-模型”对话框进行打印配置设置并预览，如图11-33所示。

2、运用多种方法新建布局，如图11-34所示。

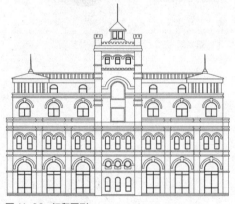

图 11-33　打印图形

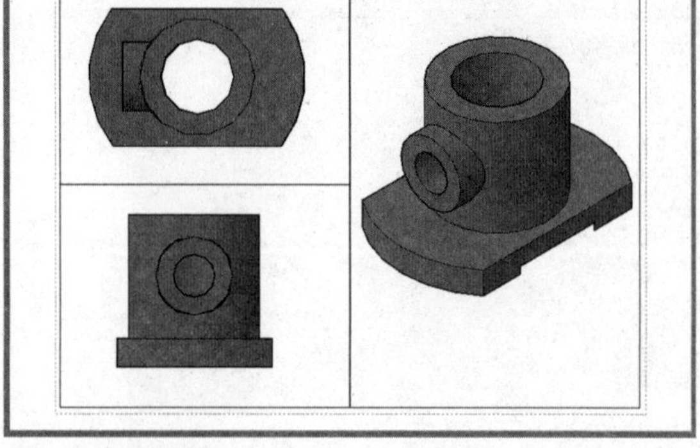

图 11-34　新建布局

Chapter 12

三居室设计方案

课题概述 本章将详细介绍三居室装饰图的绘制方法和技巧，包括平面布置图、地面材质图、顶棚布置图和剖面图等的绘制。

教学目标 通过练习绘制三居室家装施工平面图，用户可以熟练掌握前面章节所学的内容，为以后的工作做好铺垫。

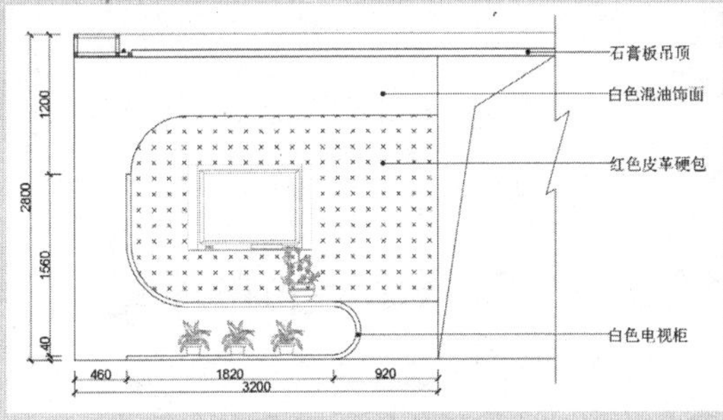

章节重点

★★★★ | 绘制三居室平面图
★★★☆ | 绘制三居室立面图
★★★☆ | 绘制三居室剖面图
★☆☆☆ | 三居室设计技巧

光盘路径

最终文件：实例文件 \ 第 12 章 \ 三居室设计方案

12.1 三居室设计技巧

大户型设计在强调整体风格的同时，还需要注重每个单一装饰点的细节设计。通常这类户型的视点较杂，每块装饰细节都要适应从不同角度观察，既要远观有型，又要近看细部，只有做好每一个设计细节，才能使整个作品看上去更为饱满、合理。

12.1.1 空间处理需协调

大户型的空间处理是否协调得当是装修的关键，其重点是对功能与风格的把握。由于这种户型空间大，除了实现居住功能的设计外，更多的是对空间的规划与协调——空间设计是骨架，如果没有空间设计，其他设计则是一盘散沙。

在色彩上，不同的色调可以弥补各空间布局的不足；在结构上，可通过对屋梁、地台、吊顶的改造，对室内空间做出一些区分；家具可尽量用大结构家具，避免室内的零碎。同时，一些装饰品（如书画、雕塑、骨瓷等）的点缀，既能弥补单调又为室内增添了生气和内涵，如图12-1所示。

图 12-1 客厅效果图

12.1.2 设计风格需统一

大户型由于空间面积大、房间多，在进行设计时应区别于普通住宅的装修概念。一个统一的设计风格会让大户型看起来更加完美和谐。目前比较流行的大户型设计风格主要有简洁感性的现代简约风格、休闲浪漫的美式风格、清爽自然的田园风格、沉稳理性的新中式风格以及雍容华贵的欧式风格，如图12-2所示。

图 12-2　卧室效果图

12.1.3　装修细节需注意

跃层、别墅等户型的客厅挑空过高，设计师应解决视觉的舒适感受。具体做法是，采用体积大、样式隆重的灯具来弥补高处空旷的感觉。在合适的位置圈出石膏线，或者用窗帘将客厅垂直分成两层，令空间敞阔豪华而不空旷。

许多住户希望客厅灯光能随不同用途、场合而有所变化。智能化系统里有灯光调节系统，能够按照需要控制照明状态，只要轻触开关或手中的遥控器就可以感受从夏到冬、从春到秋的模拟性季节变化，甚至可以模拟一天中的不同时段。

12.2　布置三居室平面

在室内设计制图中，平面图包括平面布置图、地面布置图、顶棚布置图、里面布置图、电路布置图以及插座布置图等。图12-3为平面布置图，图12-4为顶棚布置图。

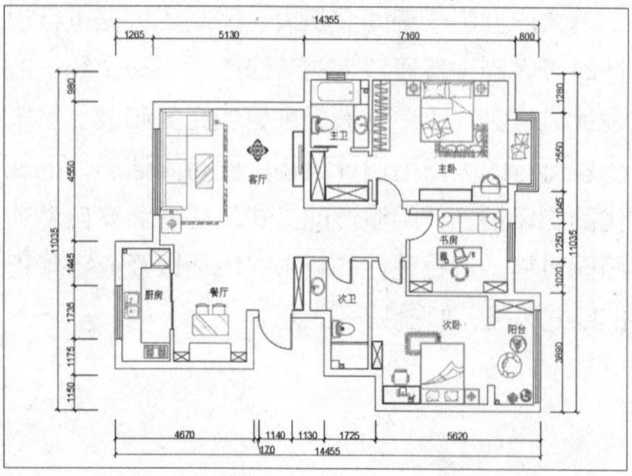

图 12-3　三居室平面布置图

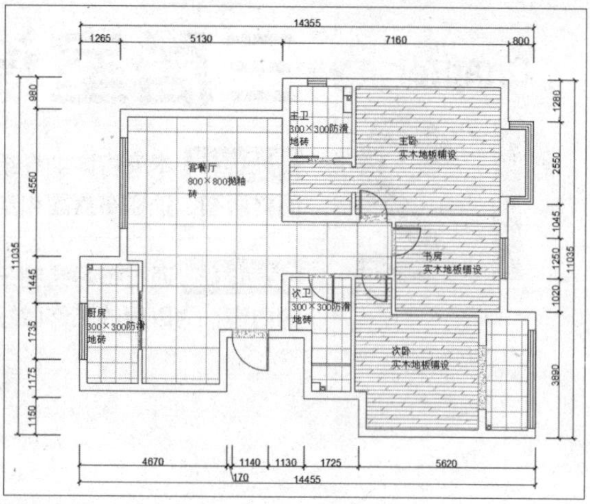

图 12-4　三居室地面材质图

12.2.1　三居室平面布置图

平面布置图主要反映室内家具、家电设施、摆设绿化、地面铺设等平面具体位置，合理地布局使用功能，巧妙利用空间。下面将为用户介绍三居室平面布置图的绘制方法，具体操作介绍如下。

Step 01 启动AutoCAD 2019软件，先将文件保存为“三居室设计方案”文件，然后执行“默认>图层>图层特性”命令，打开“图层特性管理器”选项板，新建“轴线”、“墙体”等图层，并设置其颜色，线型等参数，如图12-5所示。

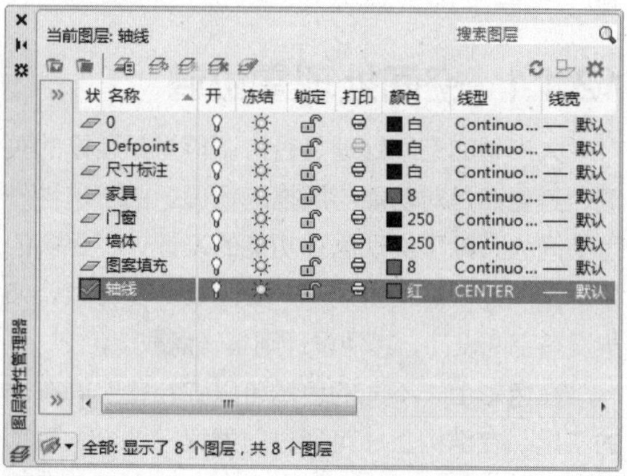

图 12-5　新建图层

Step 02 设置“轴线”图层为当前图层，执行“直线”、“偏移”命令，绘制中心线，并设置线型比例为10，如图12-6所示。

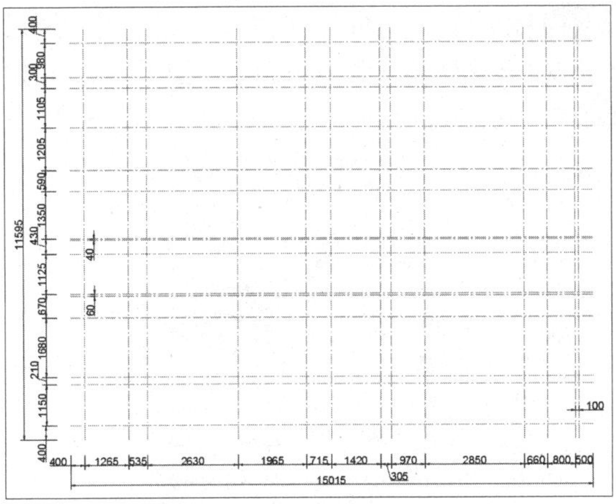

图 12-6　绘制中心线

Step 03 设置墙体图层为当前图层，执行“多线样式”命令，打开“多线样式”对话框，单击“新建”按钮，打开“创建新的多线样式”对话框，输入新样式名，如图12-7所示。

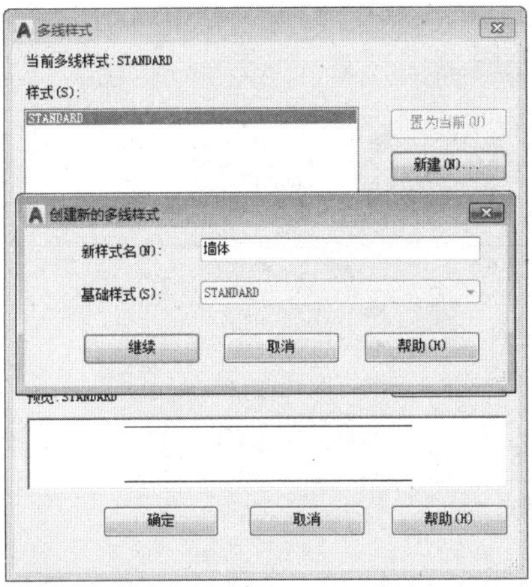

图 12-7　输入样式名

Step 04 单击“继续”按钮，打开“新建多线样式：墙体”对话框，勾选“封口”选项组的“起点”和“端点”复选框，如图12-8所示。

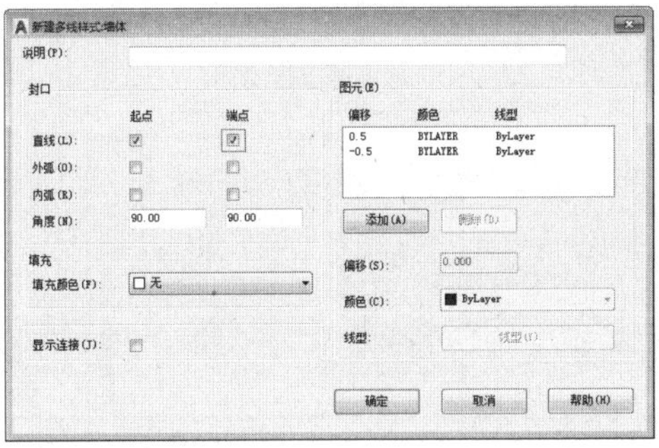

图 12-8　设置参数

Step 05 单击“确定”按钮，返回“多线样式”对话框，如图12-9所示。

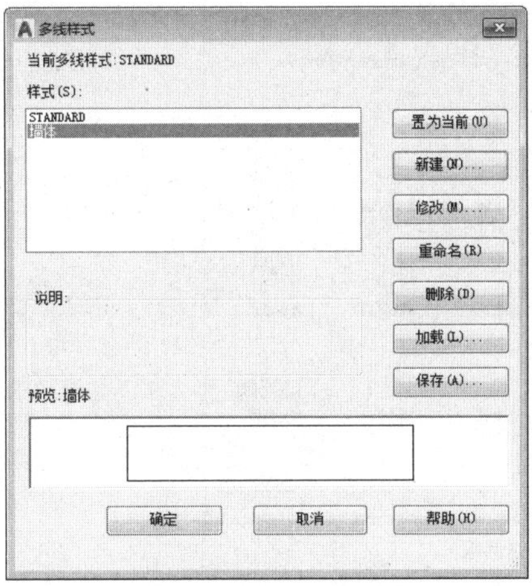

图 12-9　返回上级对话框

Step 06 依次单击“置为当前”、“确定”按钮，关闭对话框，执行“多线”命令，设置比例为240，对正方式设置为“无”，绘制外墙体，如图12-10所示。

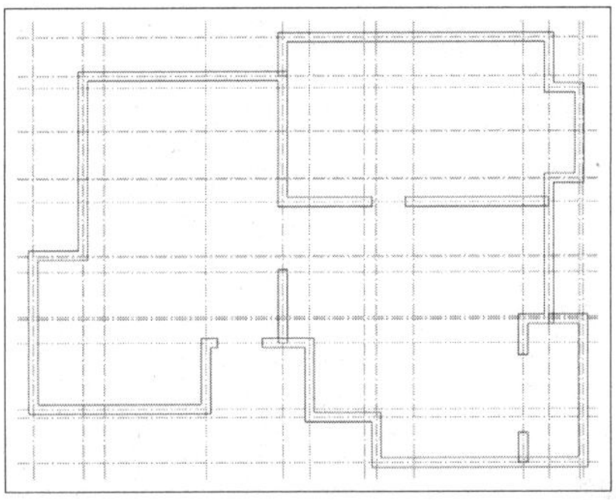

图 12-10　绘制外墙体

Step 07 继续执行当前命令，设置比例为120，对正方式设置为“无”，绘制内墙体，如图12-11所示。

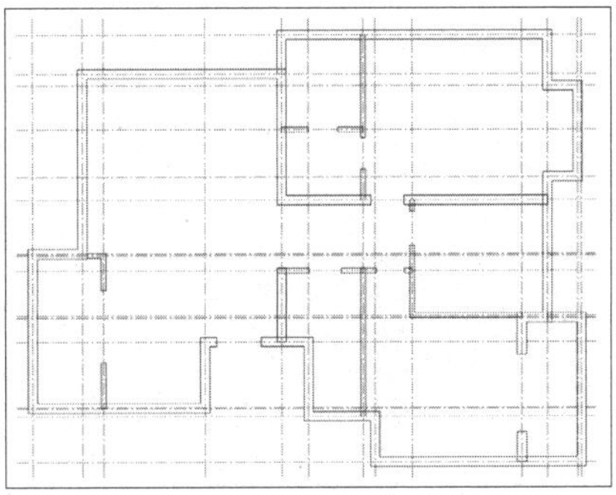

图 12-11　绘制内墙体

AutoCAD 2019 中文版基础教程

Step 08 关闭“轴线”图层，双击多线，打开“多线编辑工具”对话框，如图12-12所示。

图 12-12　打开对话框

Step 09 选择“T字打开”工具，对多线进行编辑，如图12-13所示。

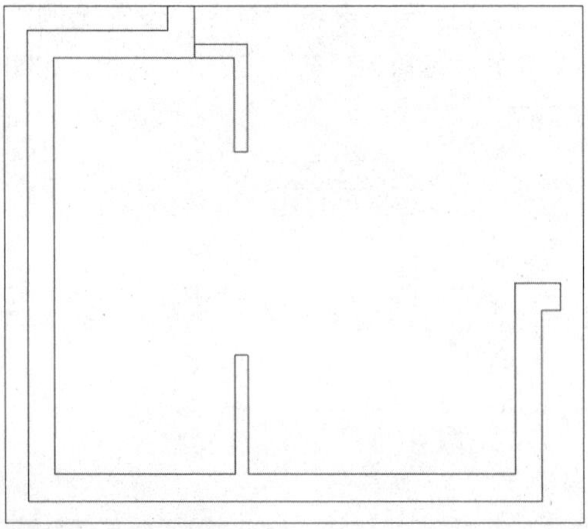

图 12-13　编辑墙体

Step 10 按照相同的方法编辑多线，绘制出墙体图形，如图12-14所示。

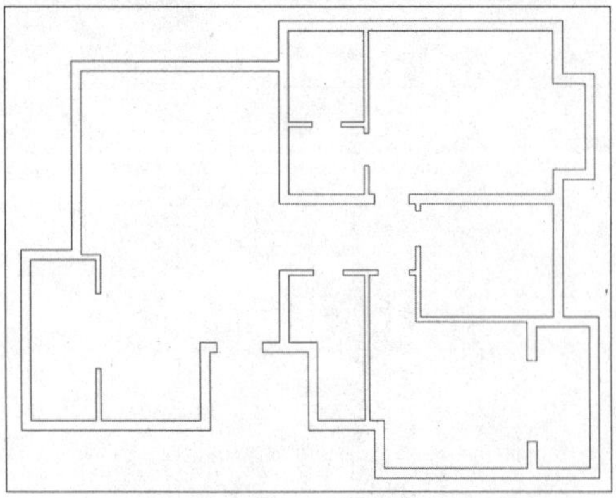

图 12-14　绘制墙体图形

Step 11 设置“门窗”图层为当前图层，执行“格式>多线样式”命令，新建“窗户”样式，如图12-15所示。

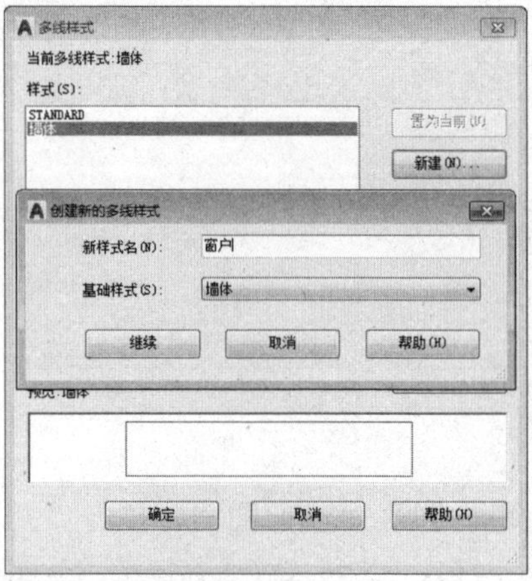

图 12-15　创建多线样式

Step 12 单击“继续”按钮，设置图元参数，如图12-16所示。

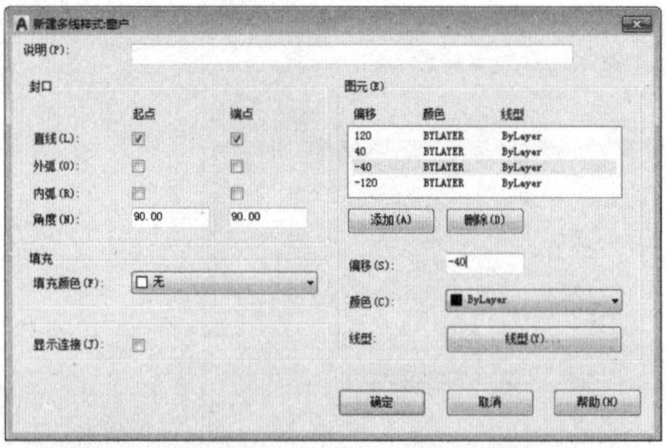

图 12-16　设置图元参数

Step 13 依次单击“确定”、“置为当前”、“确定”按钮，关闭对话框，执行“多线”命令，设置比例为1，绘制窗户图形，如图12-17所示。

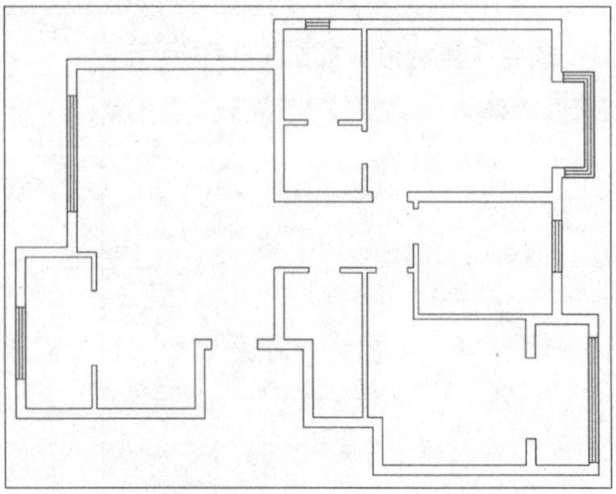

图 12-17　绘制窗户图形

Step 14 执行“矩形”、“圆弧”命令，绘制长为40mm，宽为1140mm的矩形图形作为门图形，再绘制圆弧作为开门弧，绘制出门图形，如图12-18所示。

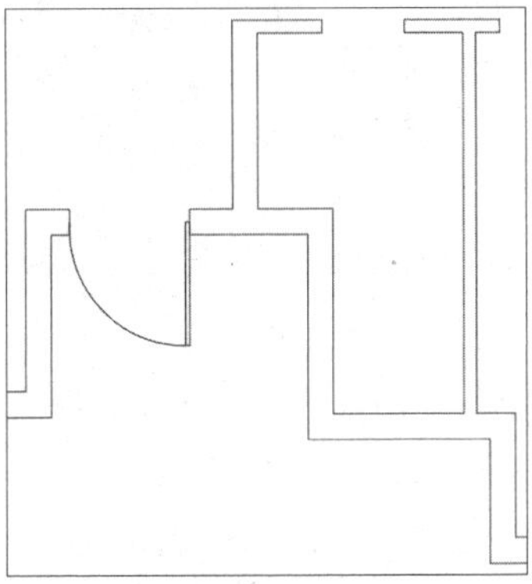

图 12-18 绘制门图形

Step 15 按照相同的方法绘制其余门图形，如图12-19所示。

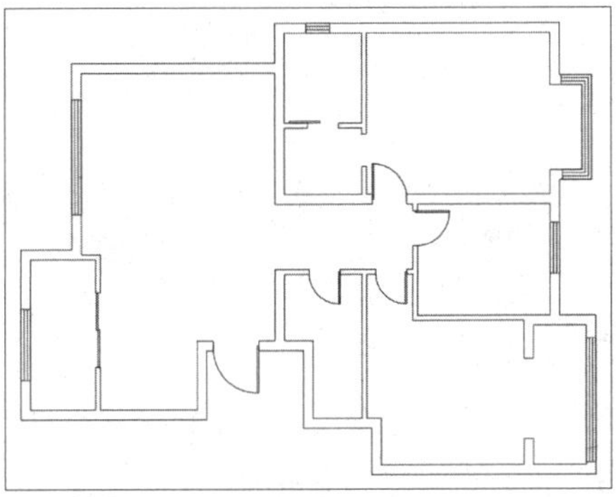

图 12-19 绘制其余门图形

Step 16 执行“矩形”、“圆”命令，绘制长宽均为160mm的矩形图形，半径为50mm的圆图形，作为烟道图形，如图12-20所示。

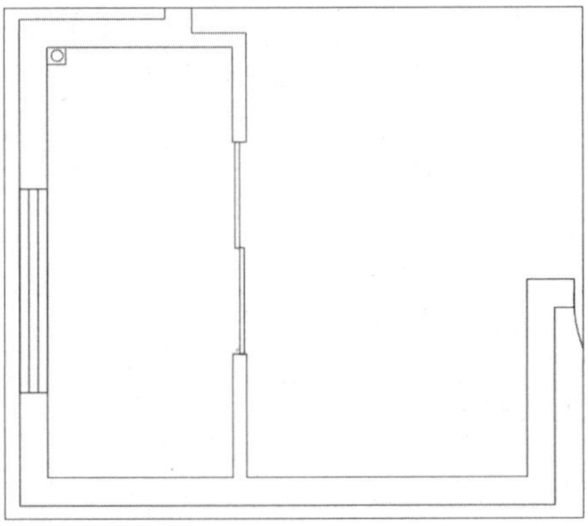

图 12-20 绘制烟道图形

Step 17 按照相同的方法绘制下水、地漏等图形，如图12-21所示。

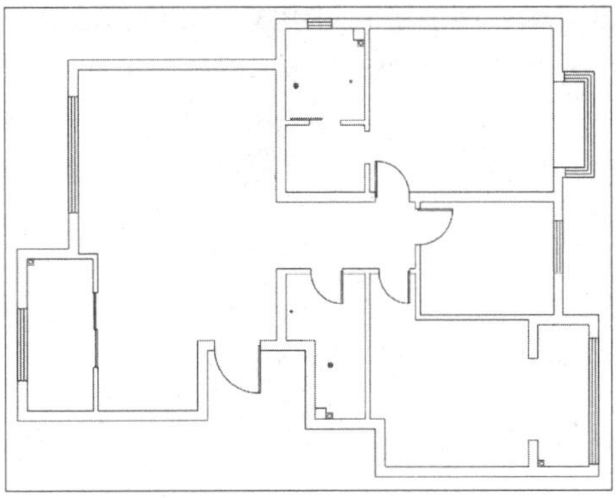

图 12-21 绘制下水、地漏图形

Step 18 执行“矩形”、“直线”命令，绘制长为525mm，宽为300mm的餐厅柜子图形，并将其进行复制到另一侧，如图12-22所示。

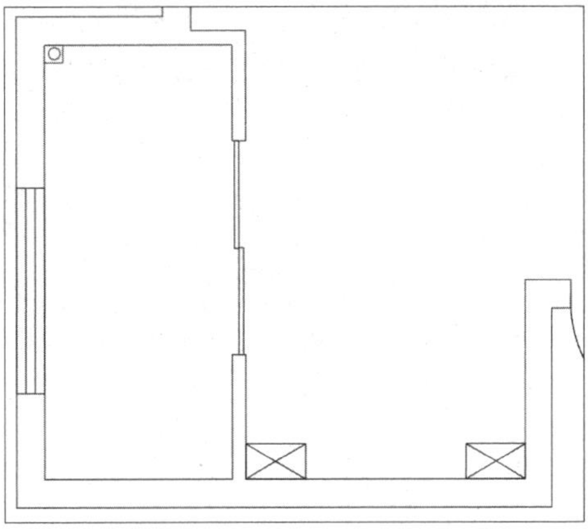

图 12-22 绘制餐厅柜子图形

Step 19 执行“矩形”、“圆角”命令，绘制长为1400mm，宽为600mm的矩形图形，并设置圆角半径为30mm，对图形进行圆角操作，绘制出餐厅坐凳图形，如图12-23所示。

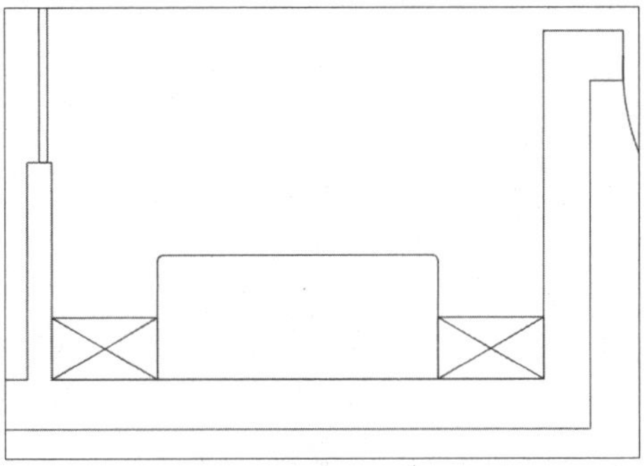

图 12-23 绘制餐厅坐凳图形

Step 20 执行“矩形”、“偏移”等命令，绘制长为350mm，宽为1735mm的矩形图形，并向内偏移20mm，然后绘制对角线，绘制出鞋柜图形，放在入户门处，如图12-24所示。

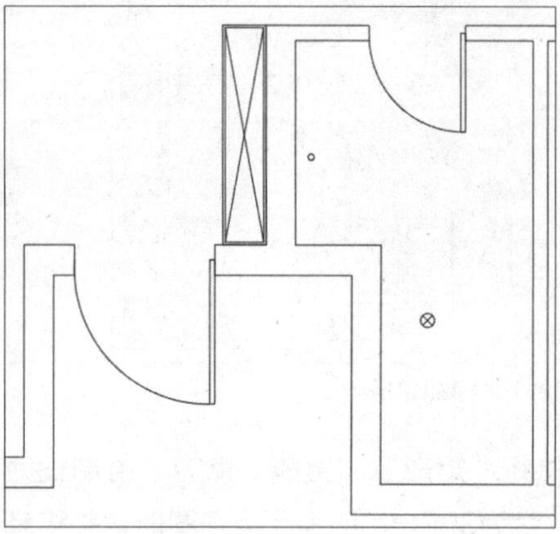

图 12-24　绘制鞋柜图形

Step 21 按照相同的方法绘制，电视机柜，书柜，衣帽柜等图形，如图12-25所示。

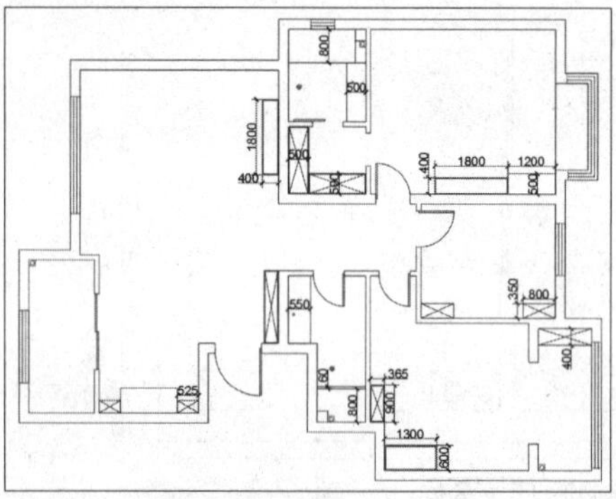

图 12-25　绘制其他家具图形

Step 22 执行“多段线”命令，绘制厨房台面图形，如图12-26所示。

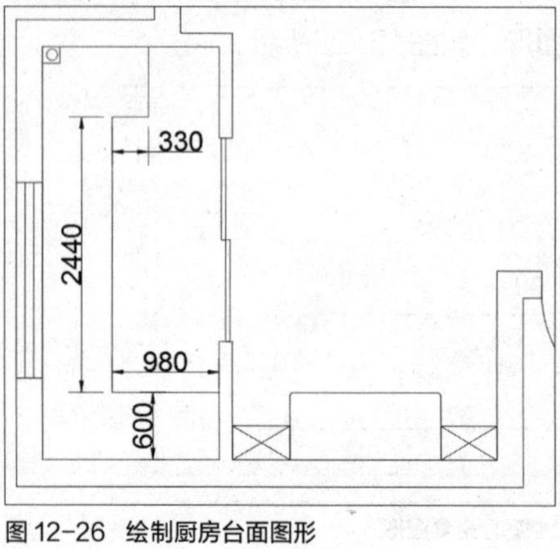

图 12-26　绘制厨房台面图形

Step 23 执行“插入>块”命令，打开“插入”对话框，如图12-27所示。

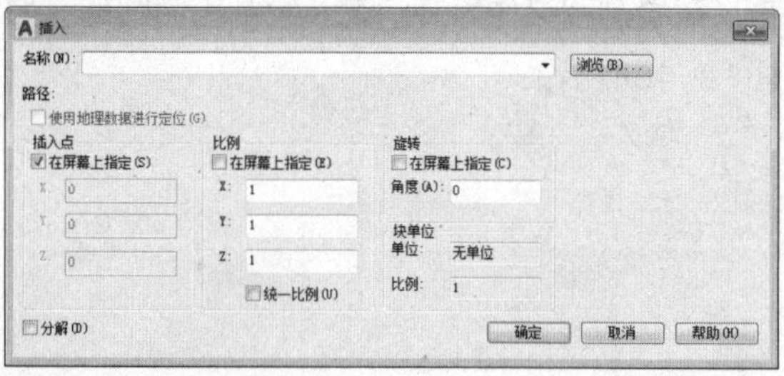

图 12-27　打开对话框

Step 24 单击“浏览”按钮，打开“选择图形文件”对话框，选择需要的文件，如图12-28所示。

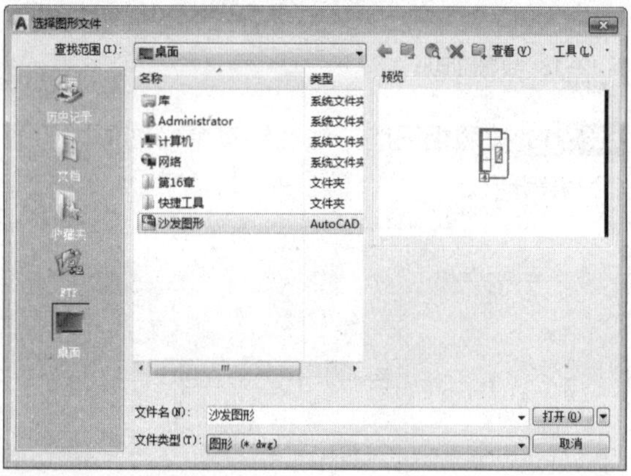

图 12-28　选择文件

Step 25 单击“打开”按钮，插入沙发图形，放在客厅合适位置，如图12-29所示。

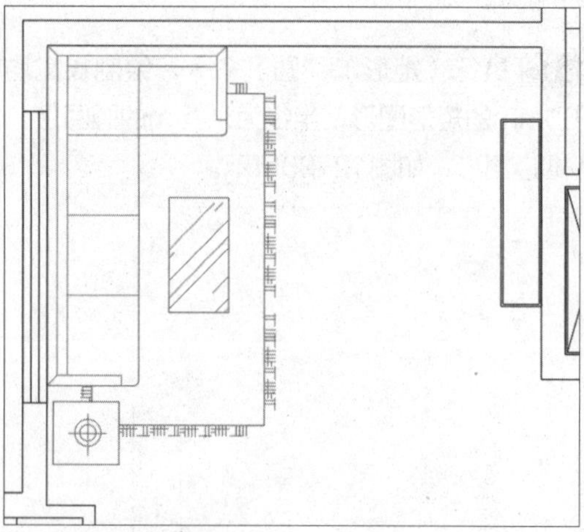

图 12-29　插入沙发图形

Step 26 继续执行当前命令插入其余图形，如图12-30所示。

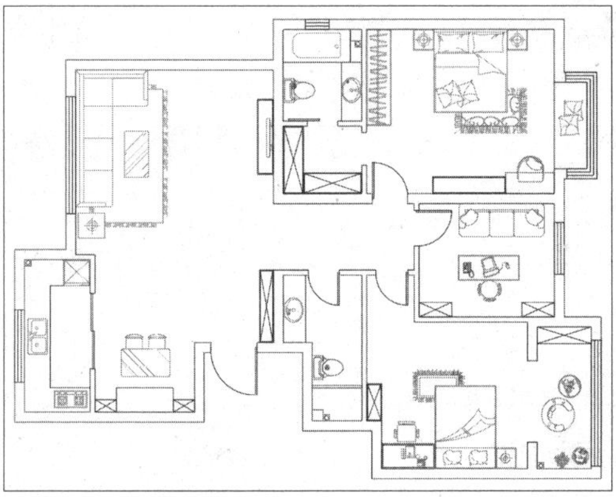

图 12-30 插入其余图形

Step 27 设置“尺寸标注”图层为当前图层，执行“标注样式”命令，打开“标注样式管理器”对话框，如图12-31所示。

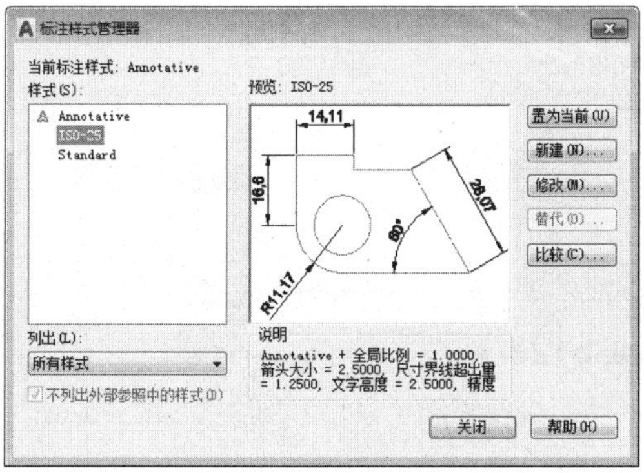

图 12-31 打开对话框

Step 28 单击“新建”按钮，打开“创建新标注样式”对话框，输入新样式名，如图12-32所示。

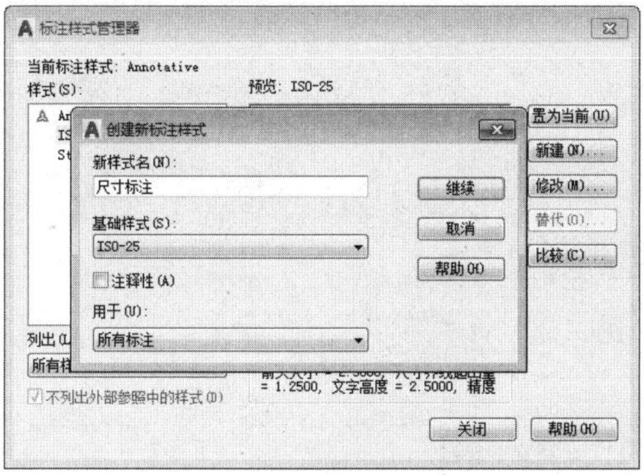

图 12-32 输入新样式名

Step 29 单击“继续”按钮，打开“新建标注样式：尺寸标注”对话框，在“线”选项卡中设置超出尺寸线，如图12-33所示。

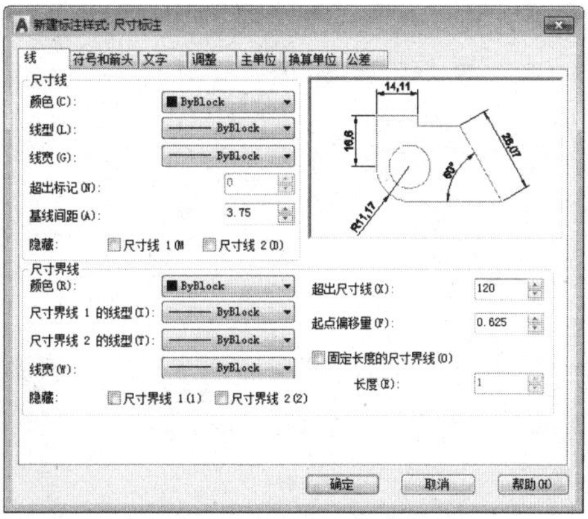

图 12-33 设置超出尺寸线

Step 30 在“符号和箭头”选项卡中，设置箭头样式和大小，如图12-34所示。

图 12-34 设置箭头样式和大小

Step 31 在“文字”选项卡中，设置文字高度为220，如图12-35所示。

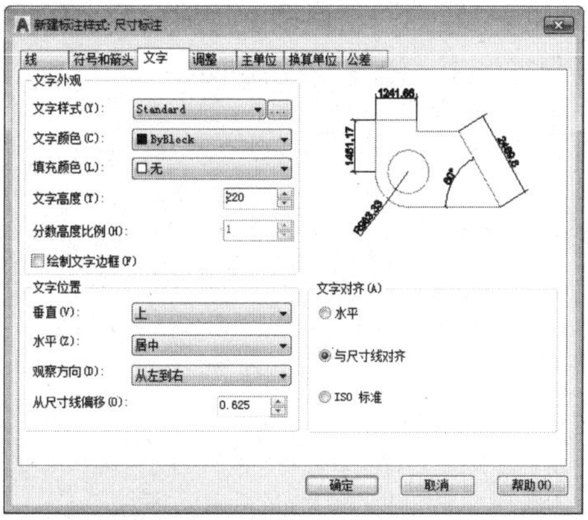

图 12-35 设置文字高度

Step 32 在“主单位”选项卡中设置精度为0，如图12-36所示。

AutoCAD 2019 中文版基础教程

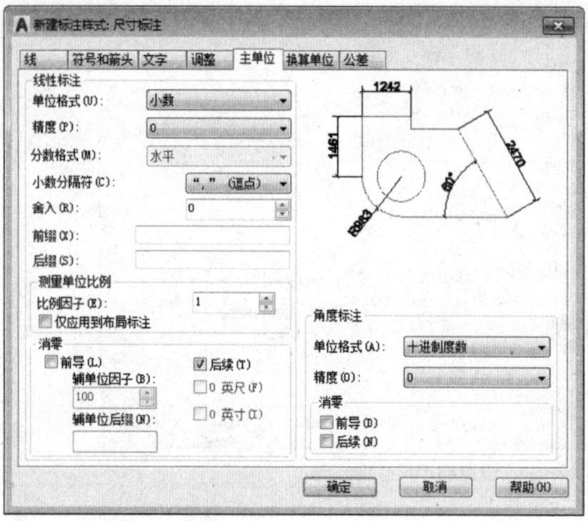

图 12-36 设置主单位精度

Step 33 单击“确定”按钮，返回“标注样式管理器”对话框，然后单击“置为当前”按钮，关闭对话框，如图12-37所示。

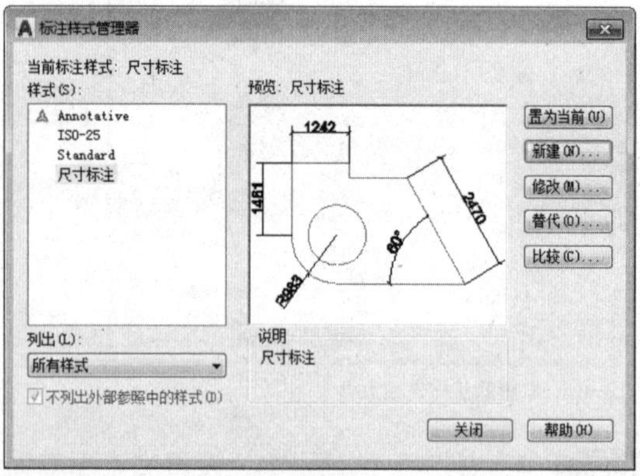

图 12-37 将新建样式置为当前

Step 34 执行“线性”、“连续”标注命令，对平面图进行尺寸标注，如图12-38所示。

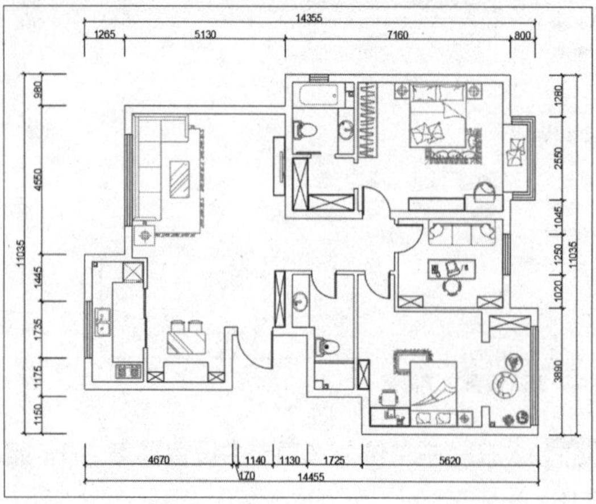

图 12-38 标注图形

Step 35 执行“文字样式”命令，打开“文字样式”对话框，如图12-39所示。

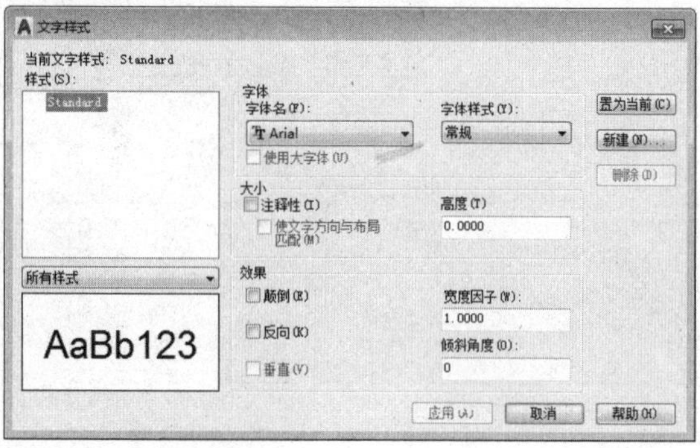

图 12-39 打开对话框

Step 36 单击“新建”按钮，在打开的对话框中输入文字样式名，如图12-40所示。

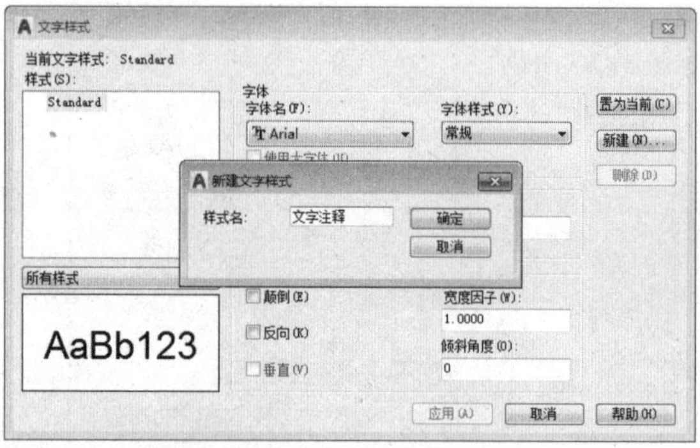

图 12-40 输入新样式名

Step 37 单击“确定”按钮，返回“文字样式”对话框，设置字体名和文字高度，如图12-41所示。

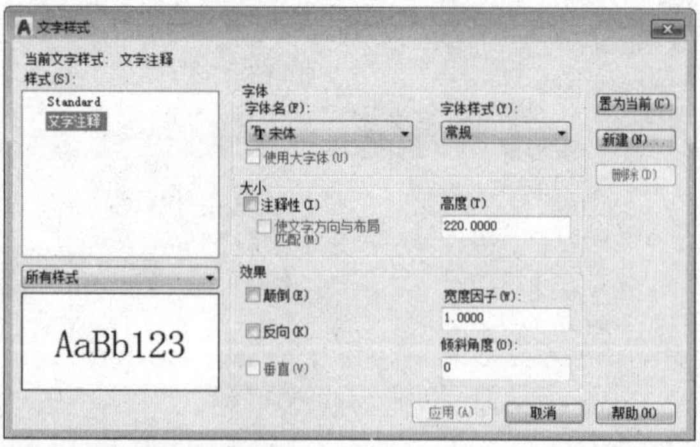

图 12-41 设置文字参数

Step 38 执行“多行文字”命令，对平面图进行文字注释，再执行“插入>块”命令，插入指示图标。至此，完成三居室平面布置图的绘制，如图12-42所示。

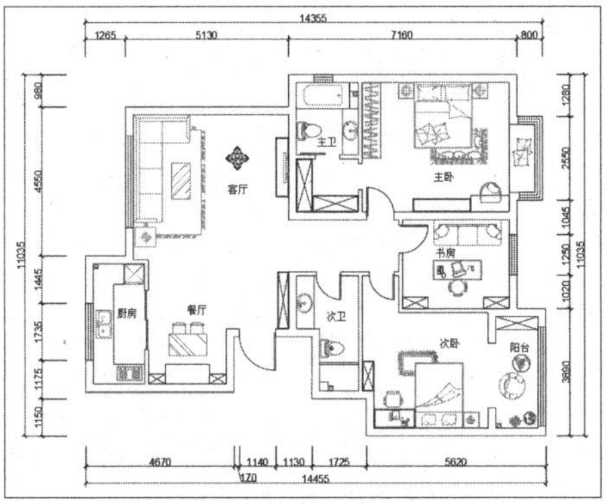

图 12-42 完成平面布置图的绘制

12.2.2 三居室地面铺装图

地面铺装图主要表现地面图案的设计，地面材料的应用。下面将为用户介绍三居室地面铺装图的绘制方法，具体操作介绍如下。

Step 01 创建“图案填充”图层，设置颜色为灰8，将其设置为当前图层，如图12-43所示。

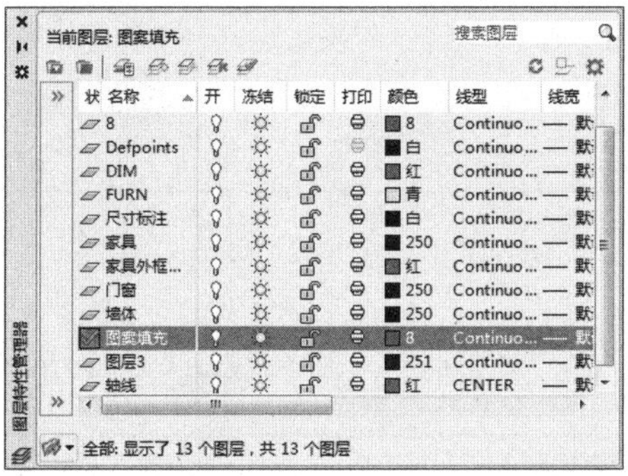

图 12-43 新建图层

Step 02 将平面布置图进行复制，删除家具等图形，然后执行“矩形”命令，绘制过门石图形，如图12-44所示。

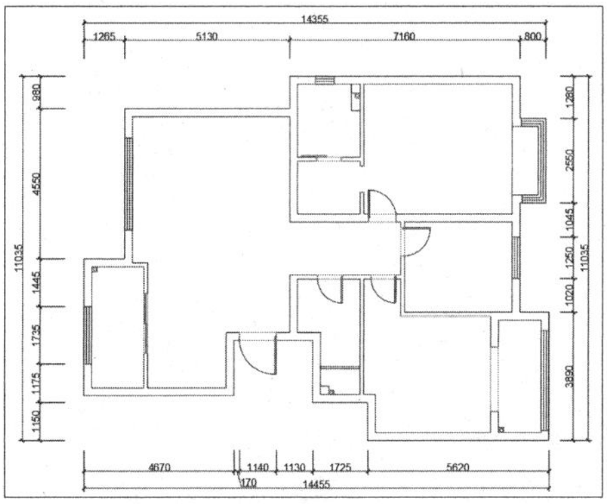

图 12-44 绘制过门石图形

Step 03 执行“图案填充”命令，设置图案名为ANSI37、比例为300、角度为45，对客餐厅区域进行图案填充，如图12-45所示。

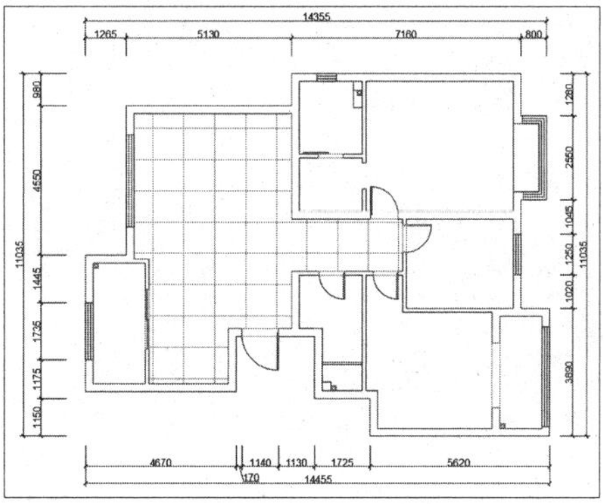

图 12-45 填充客餐厅

Step 04 继续执行当前命令，设置比例为150，对厨房、卫生间、阳台区域进行图案填充，如图12-46所示。

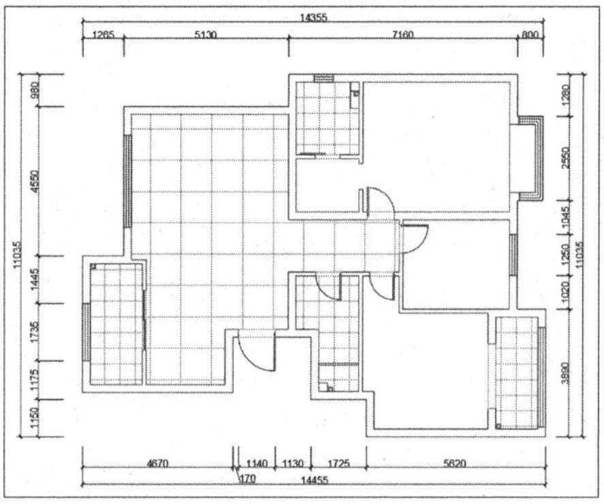

图 12-46 填充厨卫区域

Step 05 继续执行当前命令，设置图案名为DOMIT、比例为20、角度为0，对卧室区域进行图案填充，如图12-47所示。

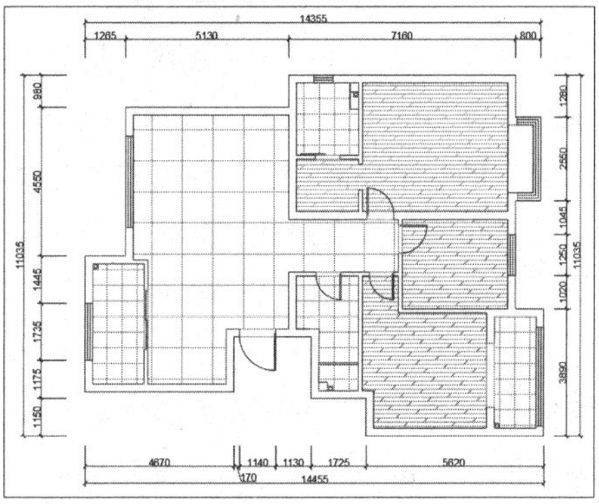

图 12-47 填充卧室区域

AutoCAD 2019 中文版基础教程

Step 06 继续执行当前命令，设置图案名为AR-CONC、比例为1、角度为0，对过门石区域进行图案填充，如图12-48所示。

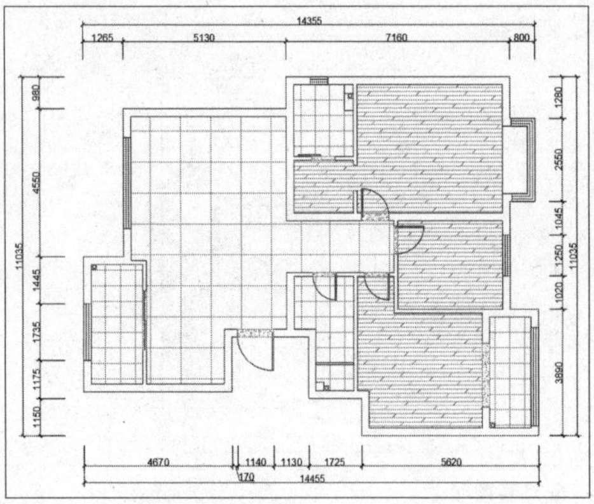

图 12-48　填充过门石区域

Step 07 设置“尺寸标注”图层为当前图层，执行“多行文字”命令，对地面铺装图进行文字注释。至此，完成三居室地面铺设图的绘制，如图12-49所示。

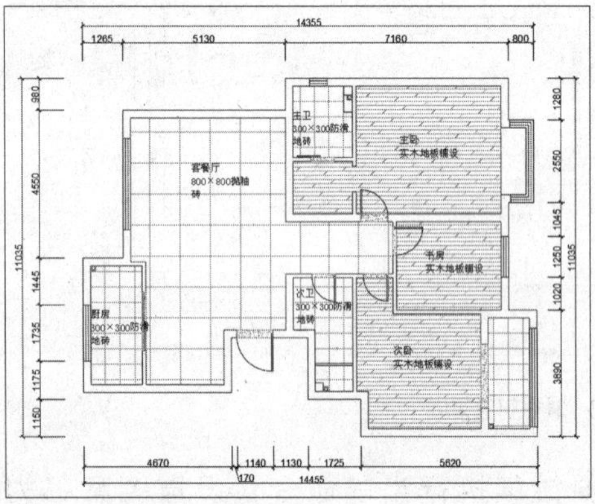

图 12-49　完成地面铺设图的绘制

12.2.3　三居室顶棚布置图

顶面图通常指顶棚镜像投影平面图，即假想室内地面上水平放置的平面镜上，顶棚在地平面上所形成的像。顶面绘制内容和主要包括顶棚的设计造型、灯具布置、高度及尺寸标注。下面将为用户介绍三居室顶棚布置图的绘制方法，具体操作介绍如下。

Step 01 复制地面铺装图，删除图案填充与文字部分，然后执行“直线”命令，将图形绘制完整，如图12-50所示。

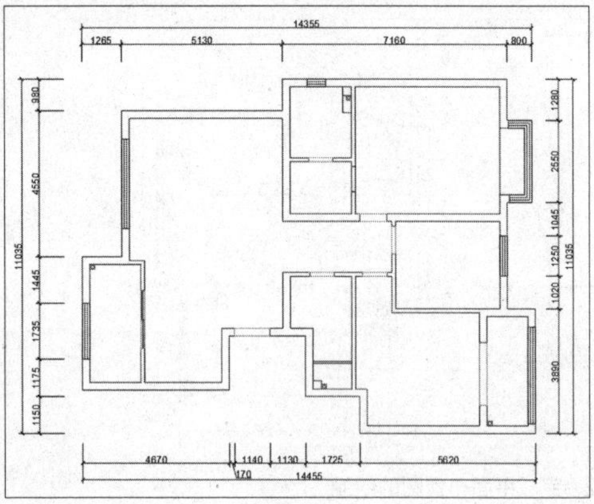

图 12-50　复制图形

Step 02 执行“矩形”命令，绘制200mm×4430mm，4690mm×4430mm的矩形图形，放在客厅吊顶的合适位置，如图12-51所示。

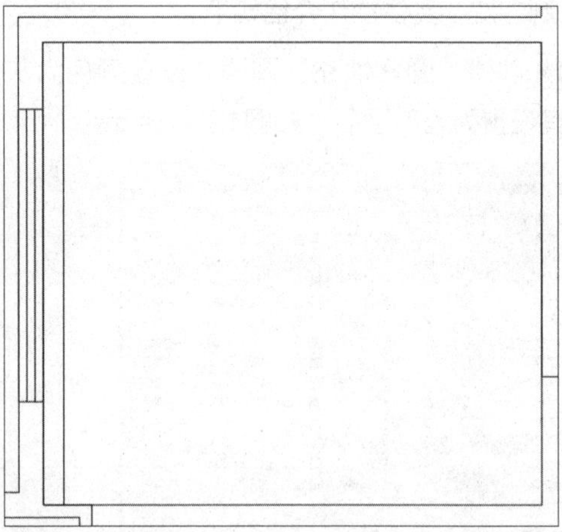

图 12-51　绘制矩形

Step 03 执行“偏移”命令，绘制顶面造型，将矩形向内偏移400mm，如图12-52所示。

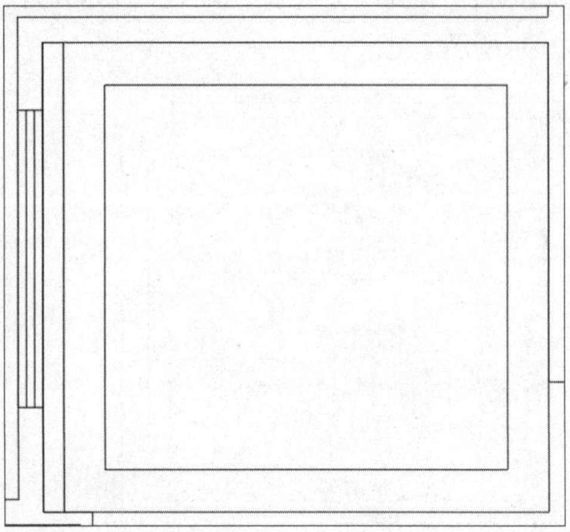

图 12-52　偏移图形

Step 04 执行“圆角”命令，设置圆角半径为300mm，对偏移后的图形进行圆角操作，如图12-53所示。

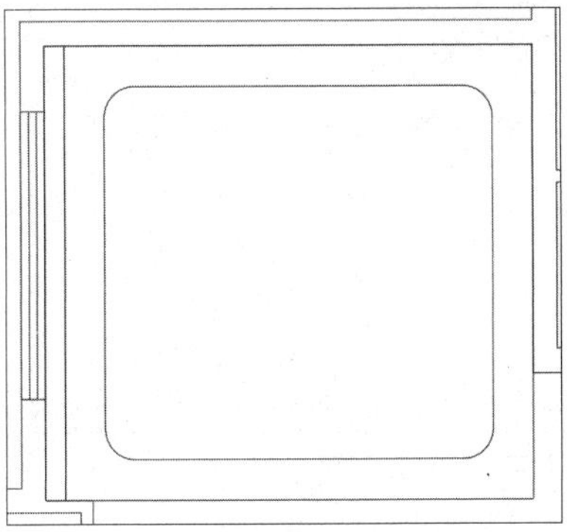

图12-53 对矩形进行圆角操作

Step 05 执行“偏移”命令，把圆角后的矩形向内偏移60mm绘制灯带图形，并设置颜色为洋红、线型为ACADISO03W100、比例为10，如图12-54所示。

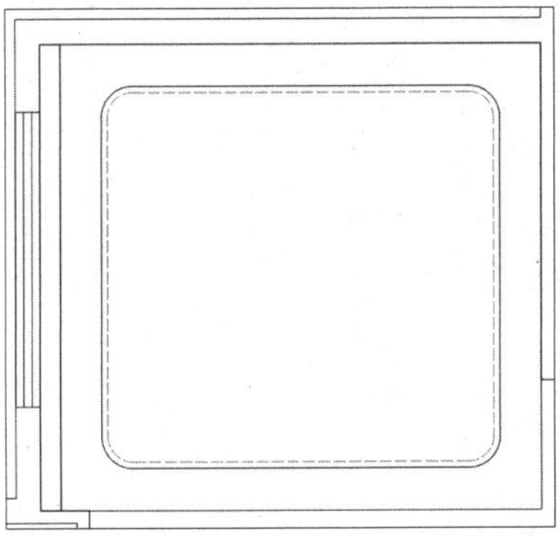

图12-54 偏移图形

Step 06 执行“图案填充”命令，填充吊顶壁纸效果，设置填充图案名为CROSS、填充比例为20，如图12-55所示。

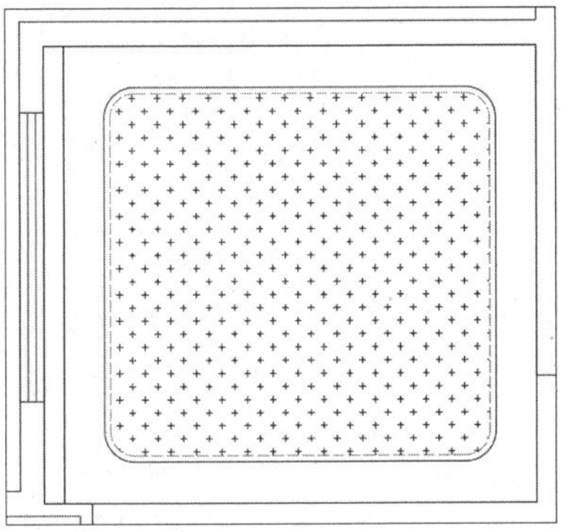

图12-55 填充吊顶壁纸

Step 07 执行“多段线”、“矩形”命令，绘制其他空间顶面造型，如图12-56所示。

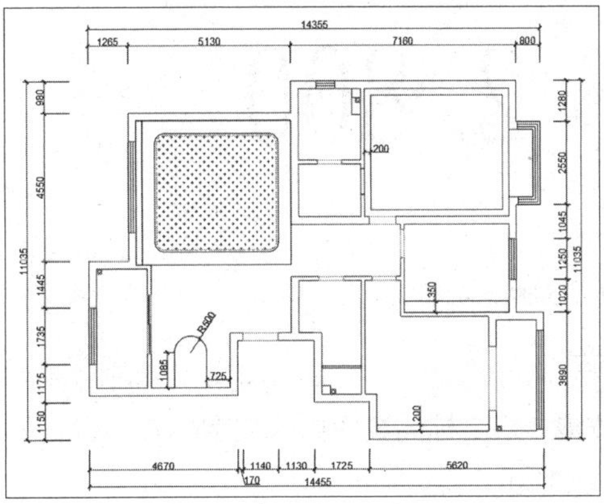

图12-56 绘制顶面造型

Step 08 执行“图案填充”命令，设置图案名为ANSI37、比例为150、角度为45，对厨卫区域进行图案填充，如图12-57所示。

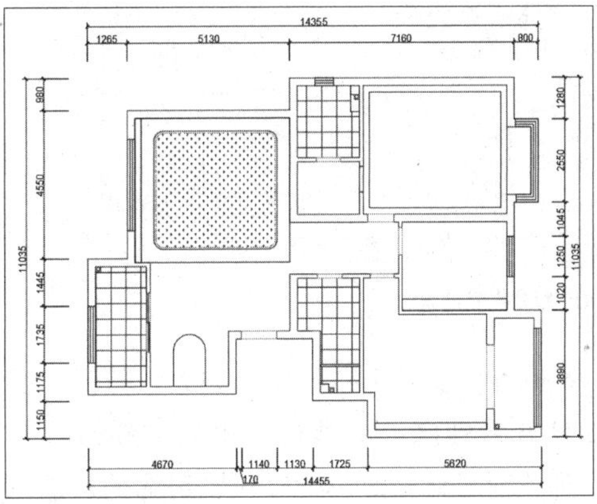

图12-57 图案填充

Step 09 执行“插入>块”命令，插入灯具图形，如图12-58所示。

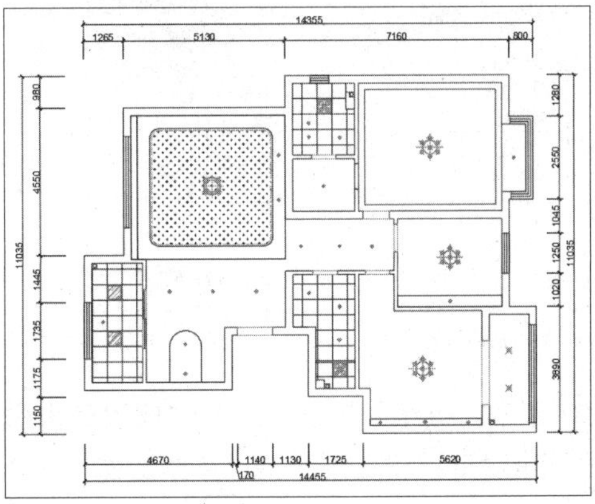

图12-58 插入灯具图形

AutoCAD 2019 中文版基础教程

Step 10 执行“直线”、“多行文字”命令，绘制标高符号，如图12-59所示。

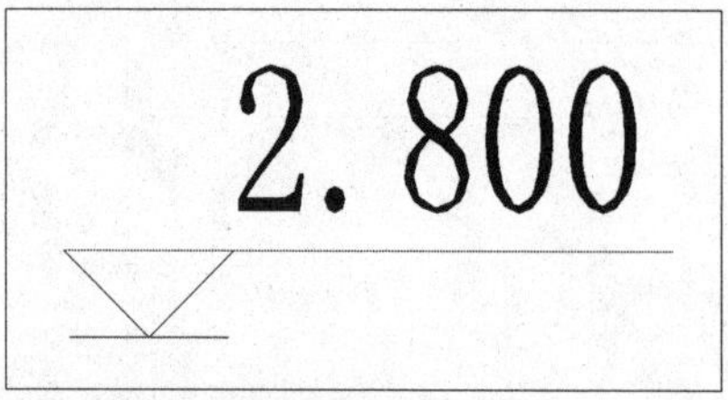

图 12-59　绘制标高符号

Step 11 执行“复制”命令，将文字标注复制到其他位置，双击标高数值更改文字标注内容，如图12-60所示。

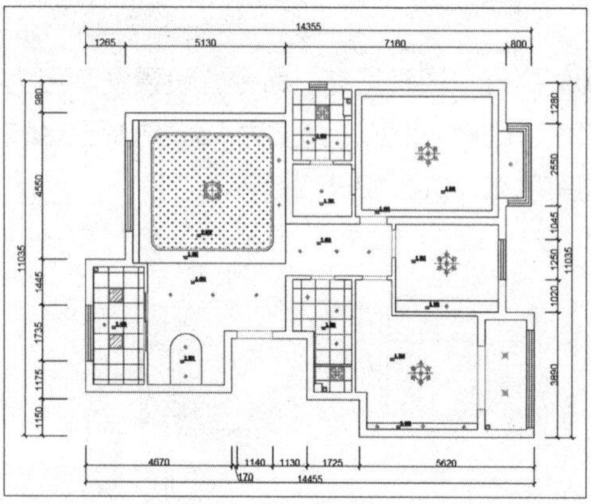

图 12-60　复制标高符号

Step 12 执行“多重引线样式”命令，打开“多重引线样式管理器”对话框，单击“新建”按钮，打开“创建新多重引线样式”对话框，输入新样式名，如图12-61所示。

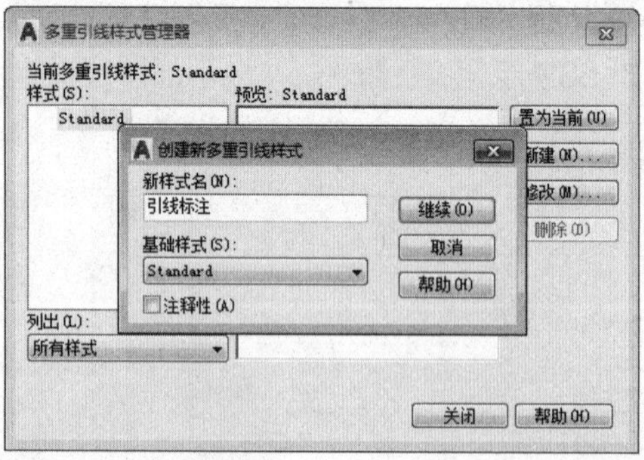

图 12-61　输入新样式名

Step 13 单击“继续”按钮，打开“修改多重引线样式：引线标注”对话框，在“引线格式”选项卡中，设置箭头符号和大小，如图12-62所示。

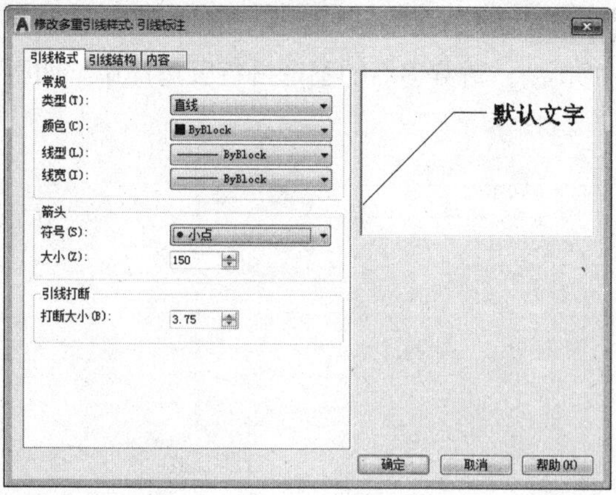

图 12-62　设置箭头样式

Step 14 在“内容”选项卡中设置文字高度，如图12-63所示。

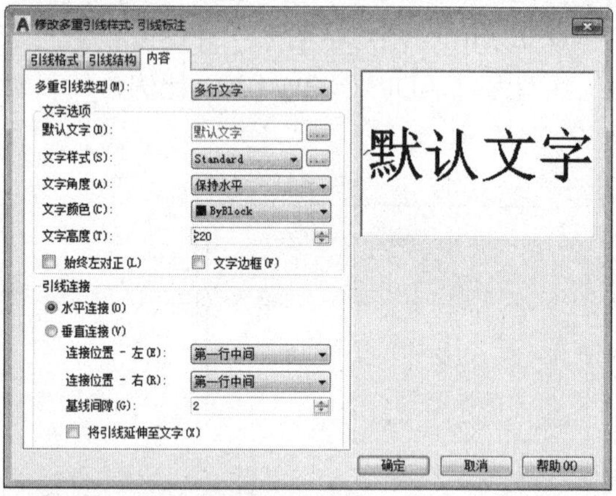

图 12-63　设置文字高度

Step 15 依次单击“确定”、“置为当前”按钮，关闭对话框，执行“多重引线”命令，对顶棚布置图进行引线标注。至此，完成顶棚布置图的绘制，如图12-64所示。

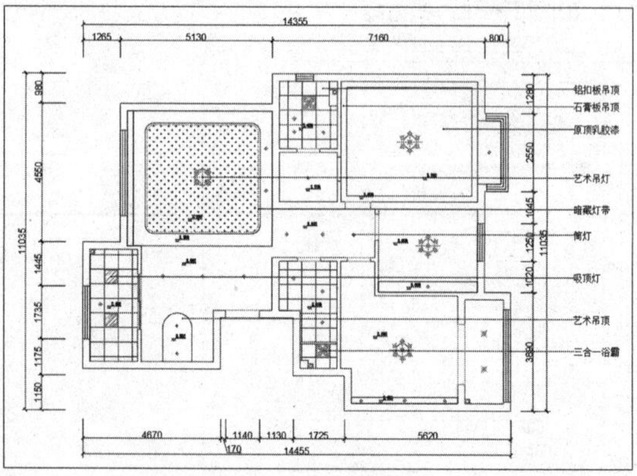

图 12-64　完成三居室顶棚布置图的绘制

12.3 布置三居室立面

一套完整的施工图不仅要有平面图，还要有立面图。立面图在施工图中是必不可少，立面主要表现立面造型，造型尺寸，材料说明。本节主要讲解立面图的绘制方法和要求。

12.3.1 客厅 B 立面图

下面将对客厅B立面图的绘制步骤进行介绍，具体操作介绍如下。

Step 01 复制电视背景墙图形，执行“射线”、“多段线”命令，绘制辅助线，如图12-65所示。

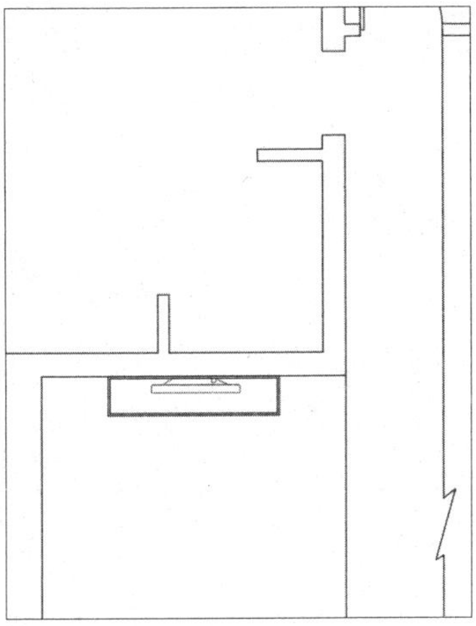

图 12-65 绘制辅助线

Step 02 执行“直线”、“偏移”命令，绘制立面图轮廓，如图12-66所示。

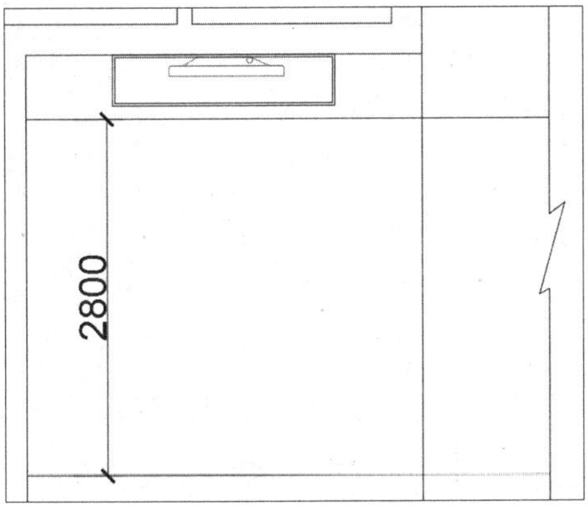

图 12-66 绘制轮廓

Step 03 执行“修剪”命令，修剪删除掉多余的线段，如图12-67所示。

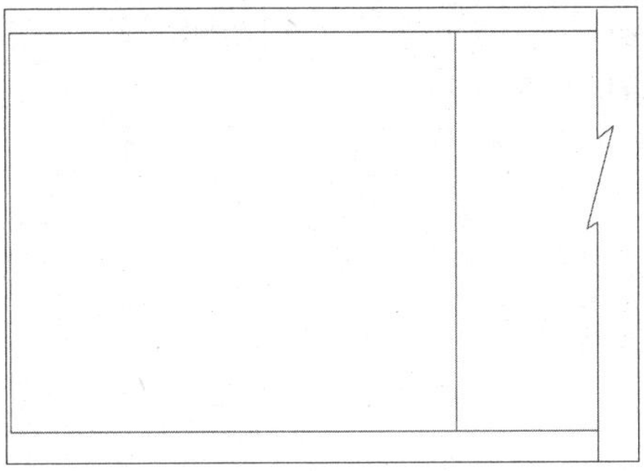

图 12-67 修剪线段

Step 04 执行“矩形”、“直线”命令，绘制龙骨图形，如图12-68所示。

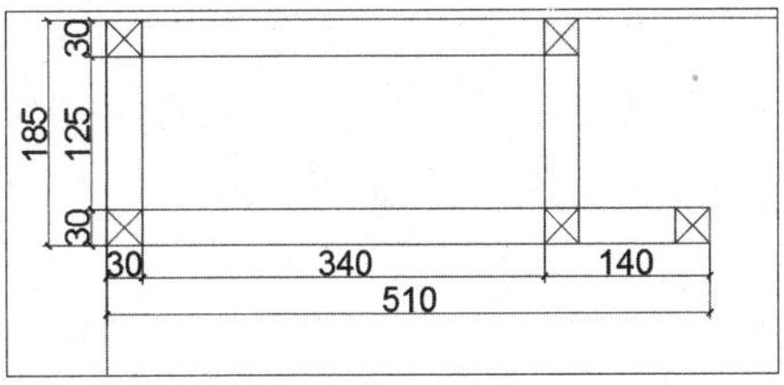

图 12-68 绘制龙骨

Step 05 执行“矩形”命令，绘制吊顶造型，如图12-69所示。

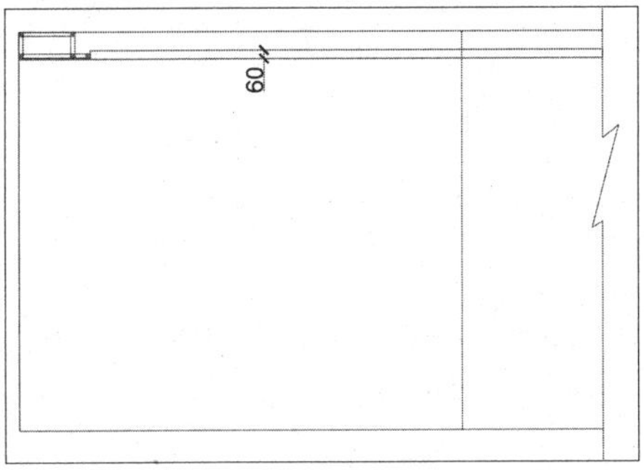

图 12-69 绘制吊顶

Step 06 执行“偏移”命令，将轮廓线进行偏移，如图12-70所示。

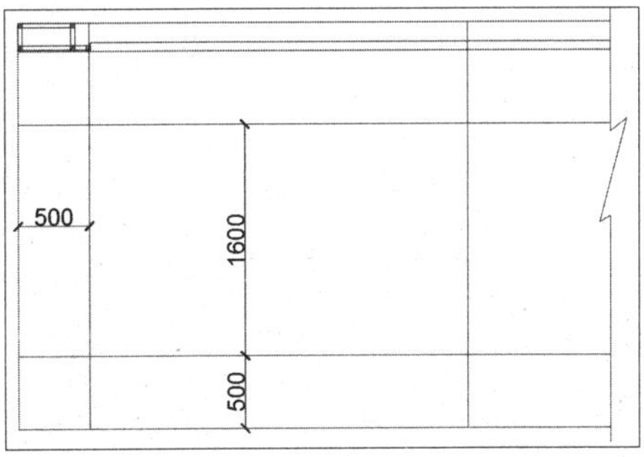

图 12-70 偏移轮廓线

AutoCAD 2019 中文版基础教程

Step 07 执行“修剪”命令，修剪删除掉多余的线段，如图12-71所示。

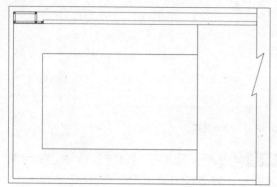

图 12-71 修剪图形

Step 08 执行“圆角”命令，设置圆角半径为500mm，对线段进行圆角操作，如图12-72所示。

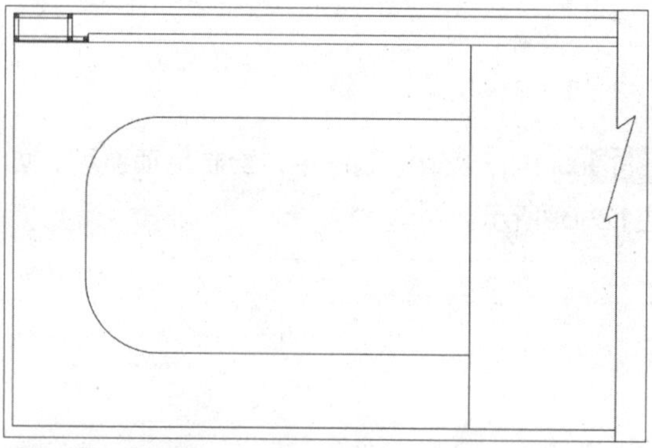

图 12-72 圆角操作

Step 09 绘制电视柜图形，执行“偏移”命令，偏移线段，如图12-73所示。

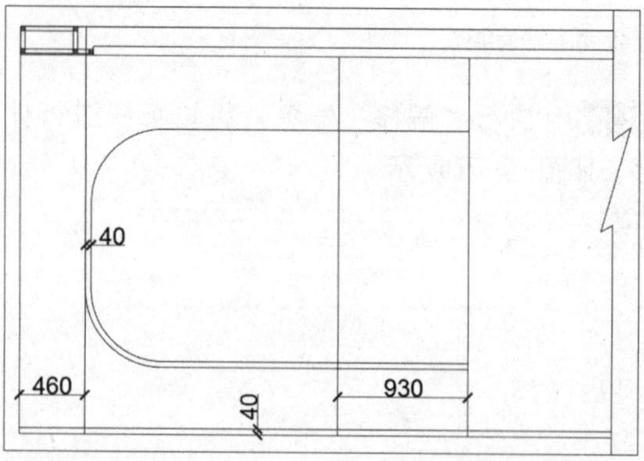

图 12-73 偏移线段

Step 10 执行“修剪”命令，修剪删除掉多余的线段，如图12-74所示。

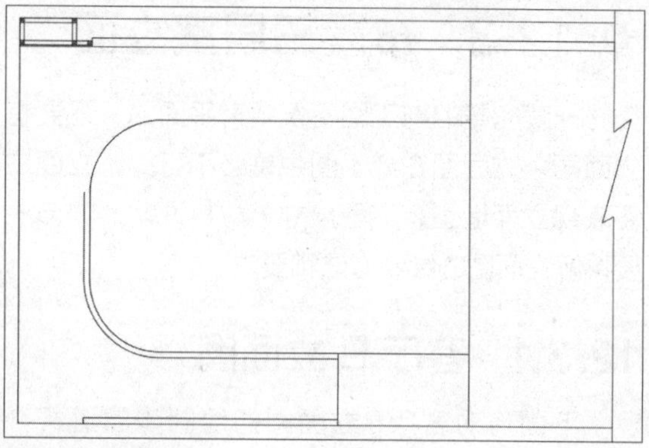

图 12-74 修剪图形

Step 11 执行“圆弧”命令，绘制圆弧，绘制出电视柜图形，如图12-75所示。

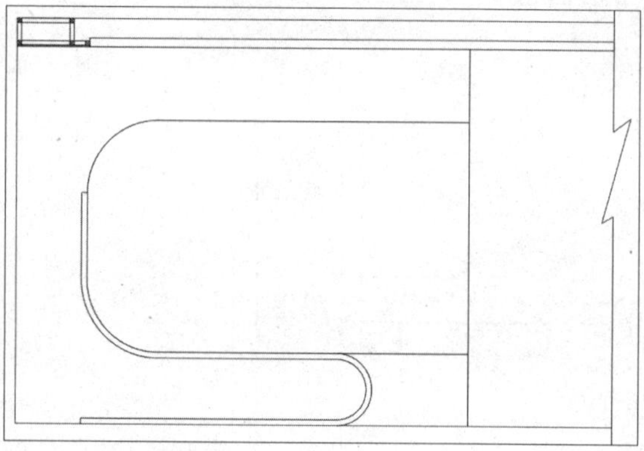

图 12-75 绘制圆弧

Step 12 执行“插入>块”命令，插入电视机、植物等图形，如图12-76所示。

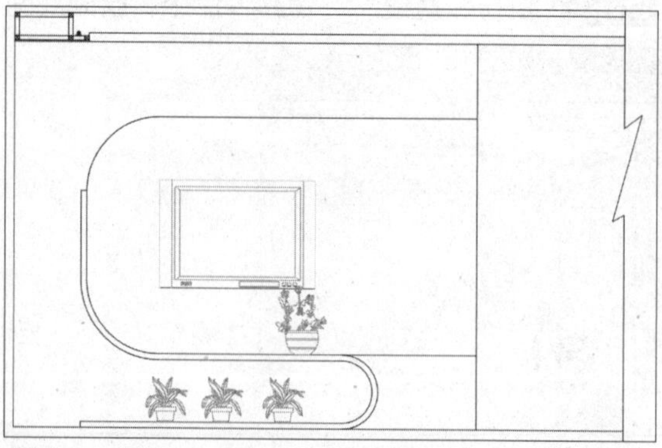

图 12-76 插入图形

Step 13 执行“图案填充”命令，设置图案名为CROSS、比例为15，对图形进行图案填充，如图12-77所示。

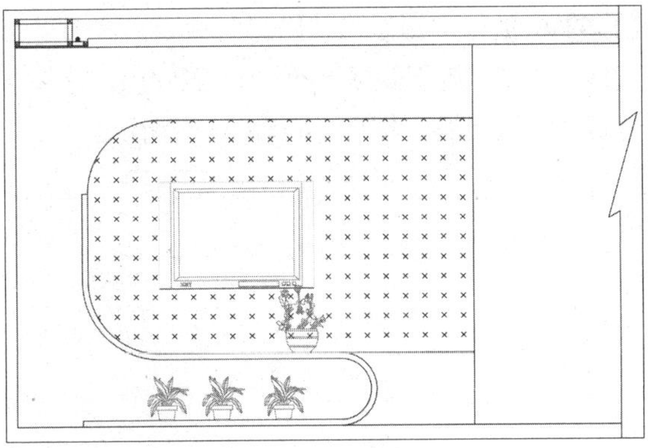
图 12-77 图案填充

Step 14 执行“线性”、“连续”标注命令，对图形进行尺寸标注，如图12-78所示。

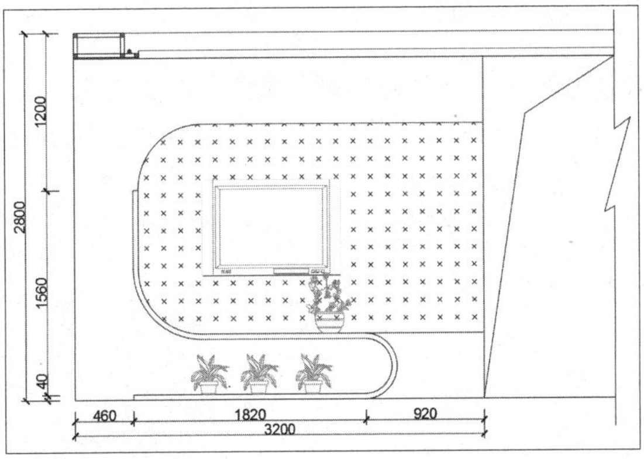

图 12-78 尺寸标注

Step 15 执行“多重引线”命令，对图形添加引线标注。至此，完成客厅B立面图的绘制，如图12-79所示。

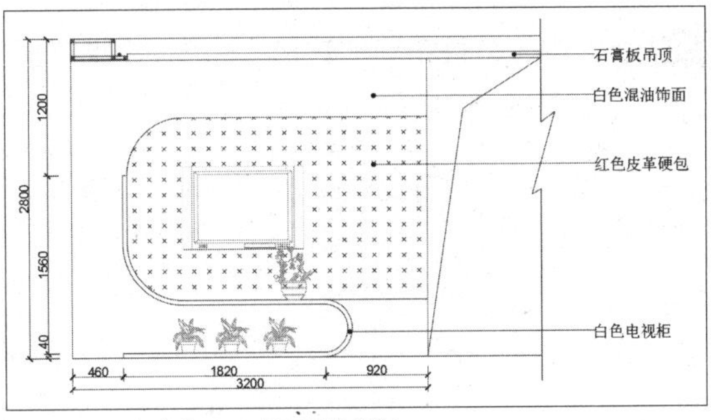

图 12-79 完成客厅 B 立面图的绘制

12.3.2 餐厅 C 立面图

下面将对餐厅C立面图的绘制步骤进行介绍，具体操作介绍如下。

Step 01 复制餐厅平面图，删除多余的图形，执行“射线”命令，绘制辅助线，如图12-80所示。

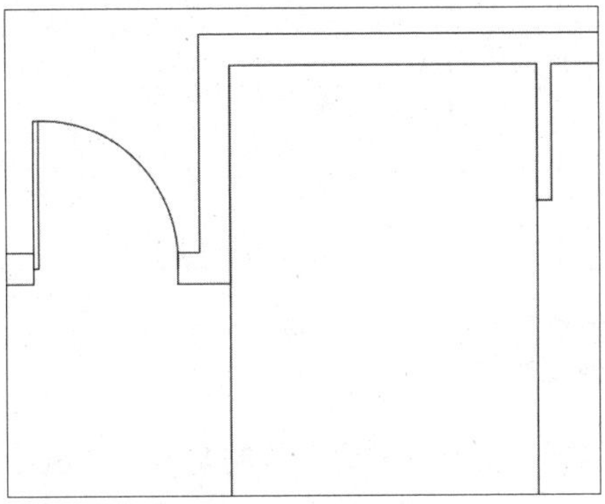
图 12-80 绘制辅助线

Step 02 执行“直线”、“偏移”命令，绘制墙体轮廓，如图12-81所示。

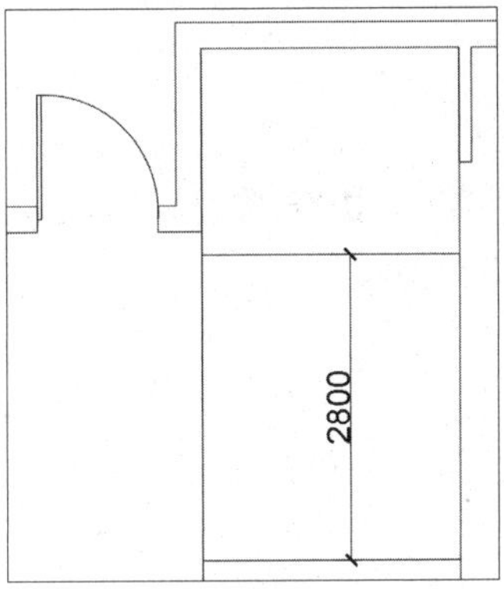

图 12-81 绘制墙体轮廓

Step 03 执行“修剪”命令，修剪删除掉多余的线段，如图12-82所示。

图 12-82 修剪线段

Step 04 执行“矩形”命令，绘制长为20mm，宽为30mm矩形作为顶面吊顶龙骨，执行“直线”命令，连接龙骨，并放在上边线的中点位置，如图12-83所示。

AutoCAD 2019 中文版基础教程

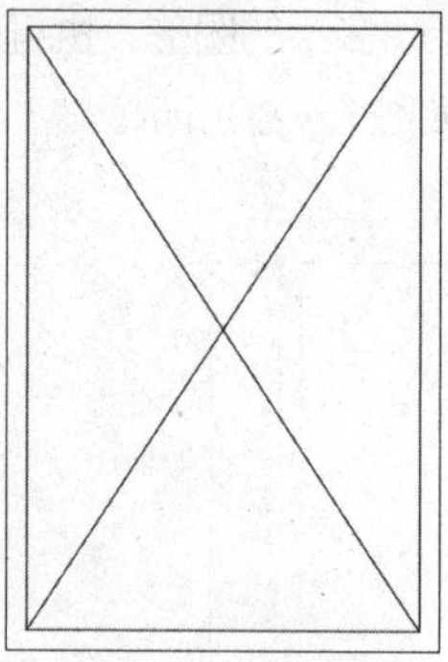

图 12-83　绘制龙骨

Step 05 执行“复制”命令，复制龙骨，并执行“矩形”命令，连接龙骨，如图12-84所示。

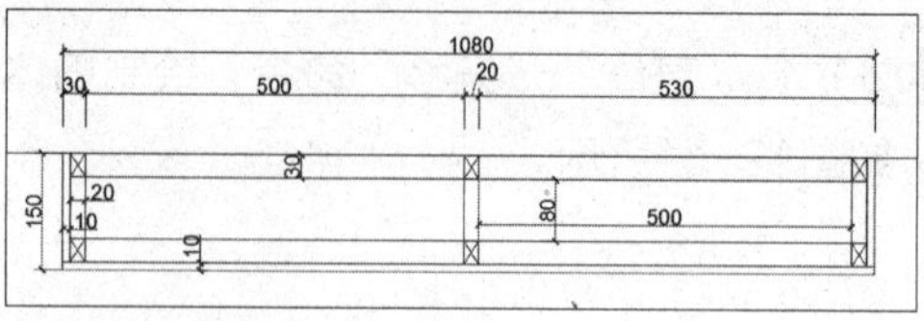

图 12-84　复制龙骨

Step 06 绘制装饰柜图形。执行“偏移”命令，偏移线段，如图12-85所示。

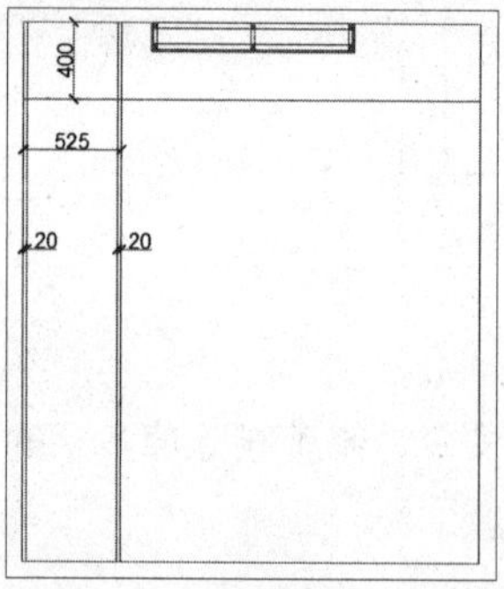

图 12-85　偏移线段

Step 07 执行“修剪”命令，修剪删除掉多余的线段，如图12-86所示。

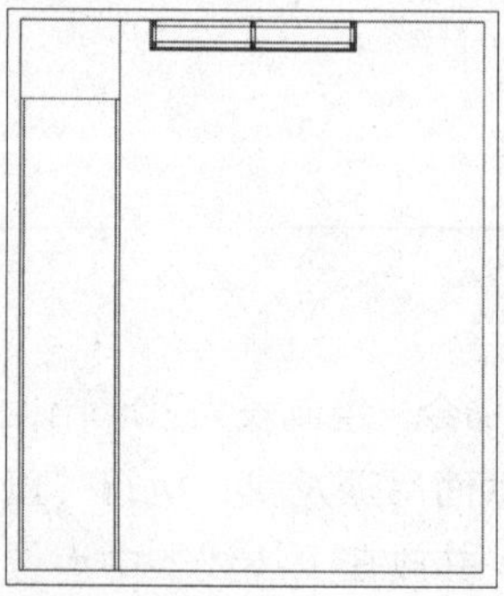

图 12-86　修剪图形

Step 08 执行“偏移”、“修剪”命令，将修剪后的线段，依次向下偏移356mm，20mm，并进行修剪，绘制出隔板图形，如图12-87所示。

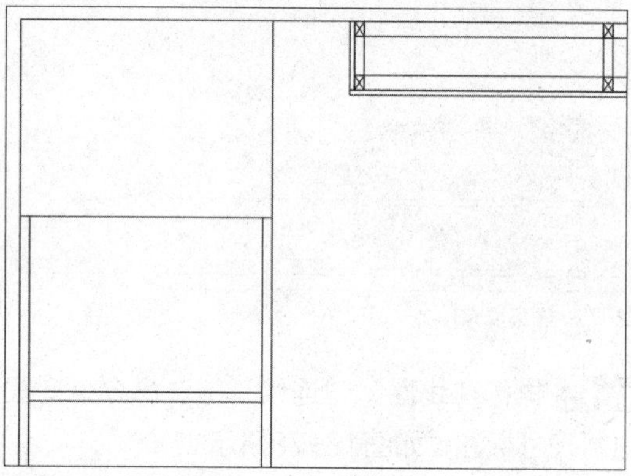

图 12-87　修剪图形

Step 09 执行“矩形阵列”命令，设置列数为1，行数为5，介于-356，对隔板图形进行阵列操作，如图12-88所示。

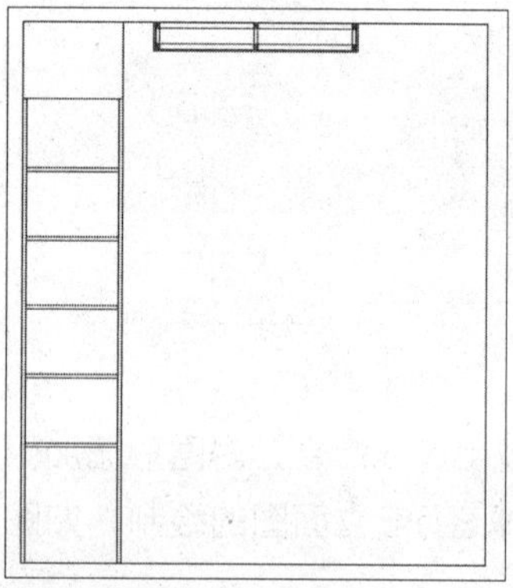

图 12-88　阵列操作

Step 10 执行“直线”、“矩形”命令，绘制抽屉图形，如图12-89所示。

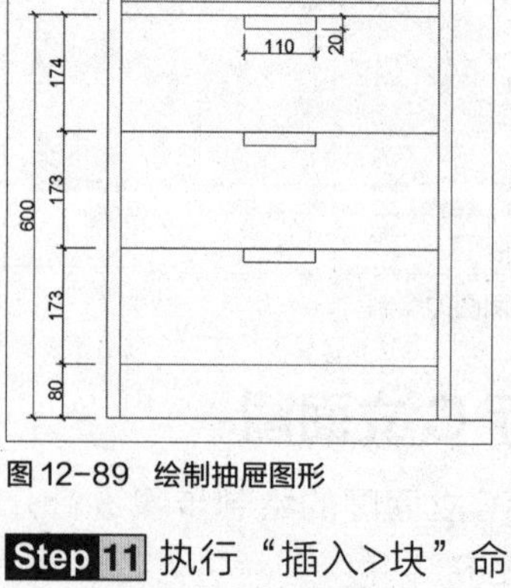

图 12-89　绘制抽屉图形

Step 11 执行“插入>块”命令，插入装饰品图形，如图12-90所示。

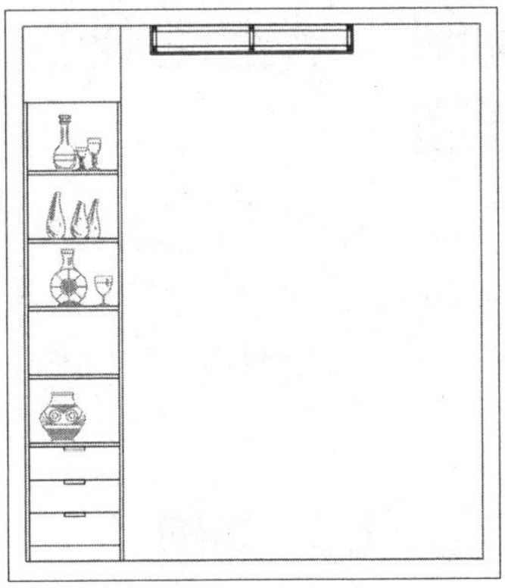

图 12-90 插入图形

Step 12 执行“镜像”命令，镜像复制图形，如图12-91所示。

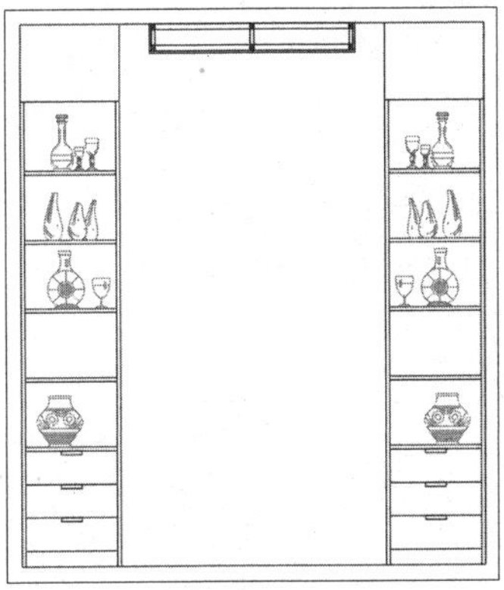

图 12-91 镜像图形

Step 13 执行“偏移”命令，两边柜边线分别向内偏移350mm，并执行“修剪”命令，修剪删除掉多余的线段，如图12-92所示。

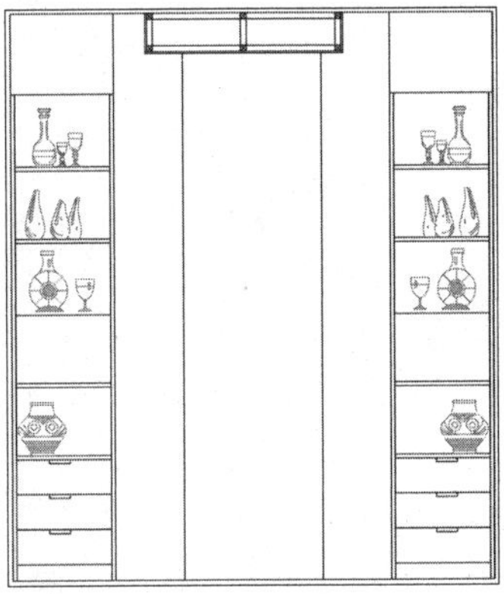

图 12-92 偏移并修剪线段

Step 14 执行“插入>块”命令，插入餐桌椅图形，删除掉多余的线段，如图12-93所示。

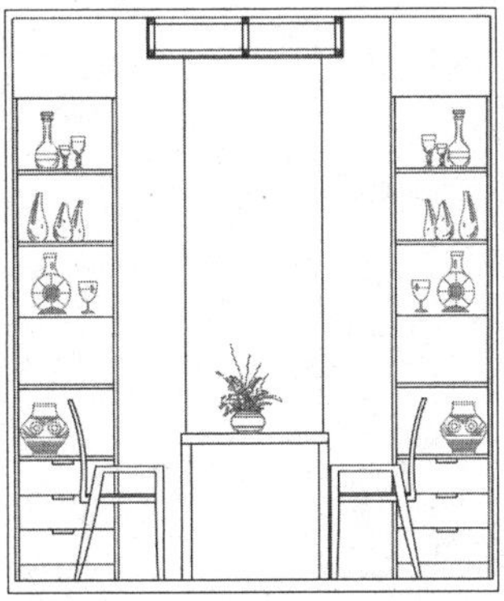

图 12-93 插入图形

Step 15 执行“偏移”命令，将地平线依次向上偏移60mm、20mm绘制踢脚线图形，删除掉多余的线段，如图12-94所示。

图 12-94 绘制踢脚线

Step 16 执行“图案填充”命令，设置图案名为DOTS、比例为20，填充餐厅背景墙，如图12-95所示。

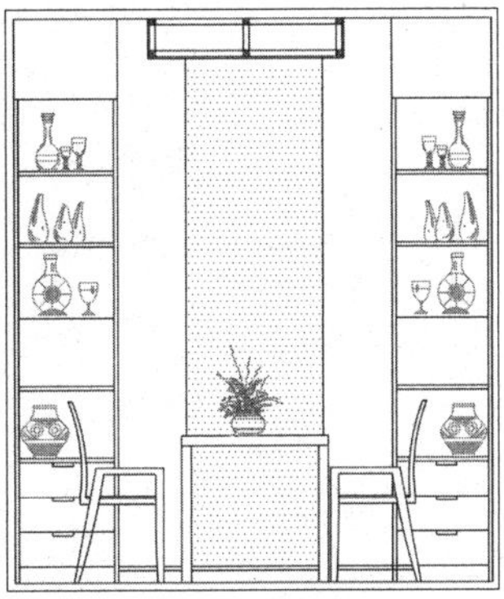

图 12-95 填充背景墙图形

Step 17 继续执行当前命令，设置图案名为AR-SAND、比例为1，填充餐椅图形，如图12-96所示。

AutoCAD 2019 中文版基础教程

图 12-96　填充餐椅图形

Step 18 执行“线性”、“连续”标注命令，对图形进行尺寸标注，如图12-97所示。

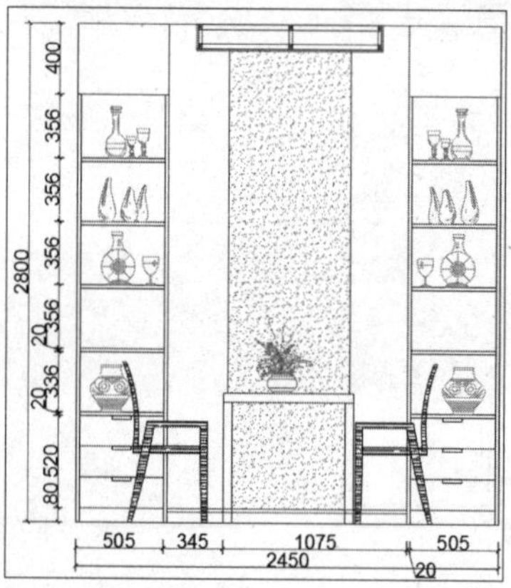

图 12-97　尺寸标注

Step 19 执行“多重引线”命令，对图形添加引线标注。至此，完成餐厅C立面图的绘制，如图12-98所示。

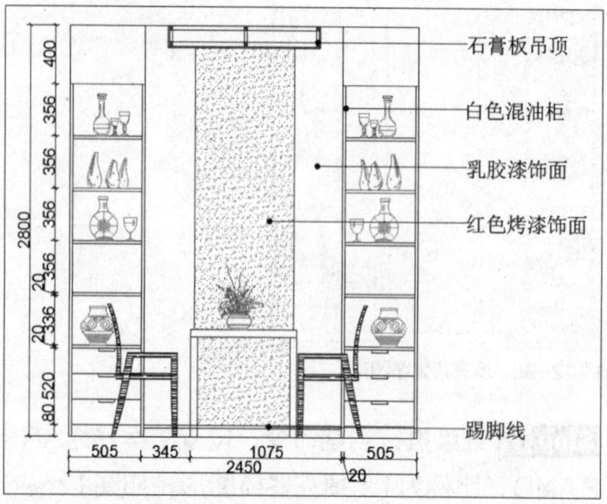

图 12-98　完成餐厅 C 立面图的绘制

12.4　绘制三居室主要剖面

剖面图是对室内某个方向进行剖切后所得到的正投影图，它主要反应的内容：房间围护结构、造型内部结构、详细尺寸、图示符号和附加文字说明。

12.4.1　电视背景墙剖面图

在此将对客厅背景墙造型剖面结构的绘制过程进行介绍，具体操作介绍如下。

Step 01 执行“直线”、“偏移”命令，绘制墙体剖面，如图12-99所示。

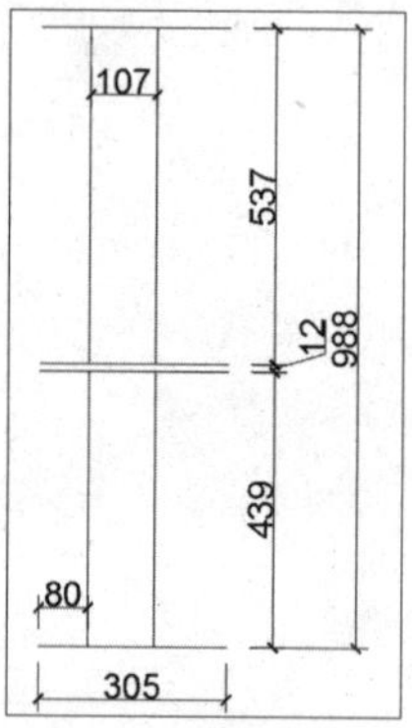

图 12-99　绘制墙体

Step 02 执行“样条曲线”命令，绘制折断线，如图12-100所示。

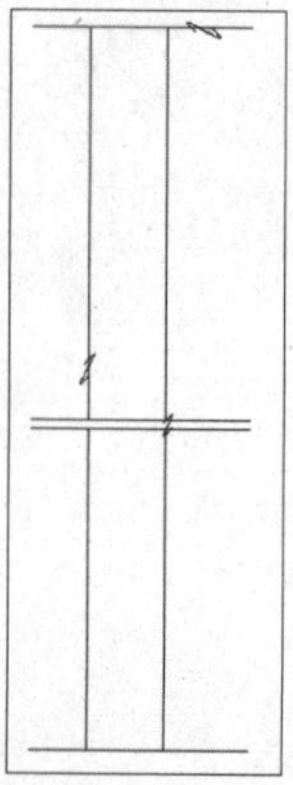

图 12-100　绘制折断线

Step 03 执行“图案填充”命令，设置图案名为ANSI31、比例为10，对墙体进行图案填充，如图12-101所示。

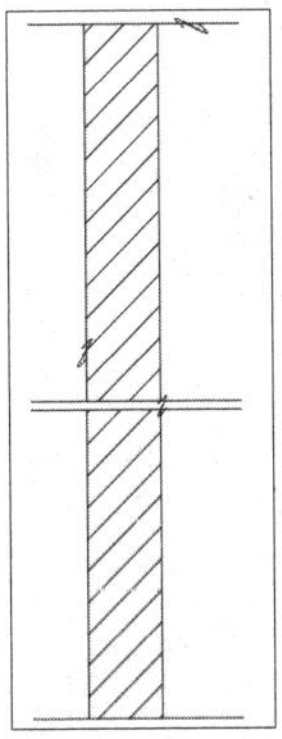

图 12-101 填充图案

Step 04 执行“矩形”、“直线”命令绘制长为30mm，宽为30mm的龙骨图形，执行“复制”命令，复制龙骨图形，如图12-102所示。

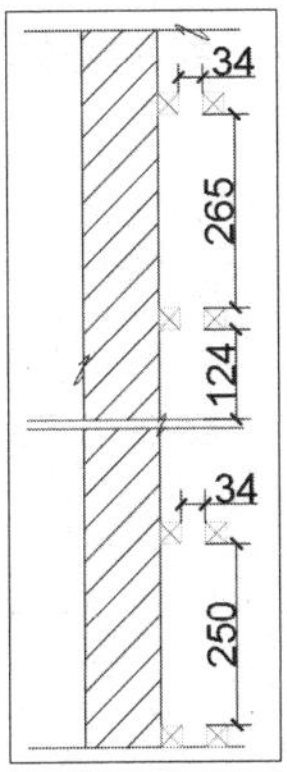

图 12-102 绘制龙骨图形

Step 05 执行“矩形”命令，绘制矩形连接龙骨图形，如图12-103所示。

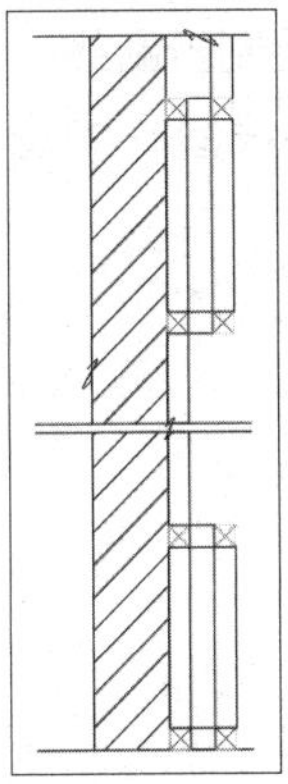

图 12-103 链接龙骨图形

Step 06 分解矩形图形，执行“偏移”命令，将线段向右侧依次偏移12mm，20mm，如图12-104所示。

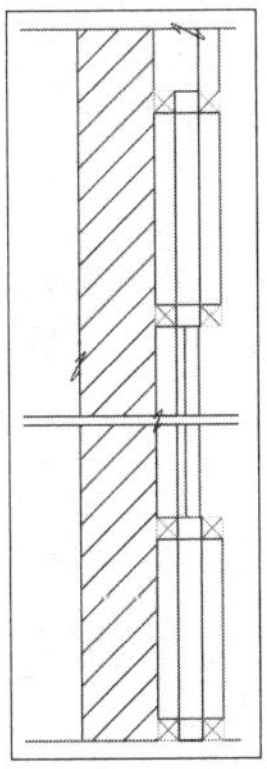

图 12-104 偏移线段

Step 07 执行“直线”、“复制”命令，绘制木工板填充层，如图12-105所示。

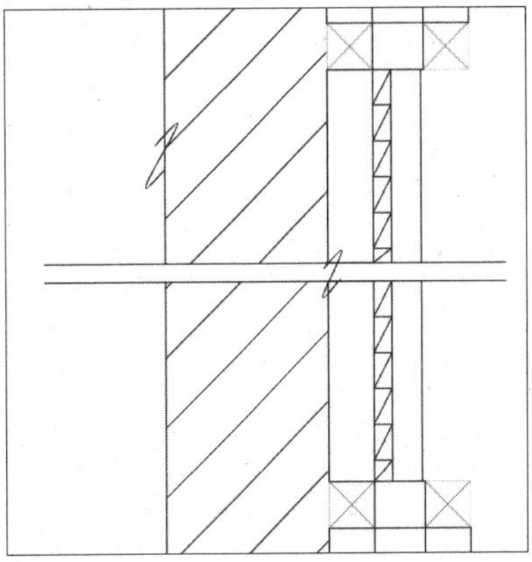

图 12-105 绘制木工板填充

Step 08 执行“图案填充”命令，设置图案名为ANSI38、比例为2，填充硬包区域，如图12-106所示。

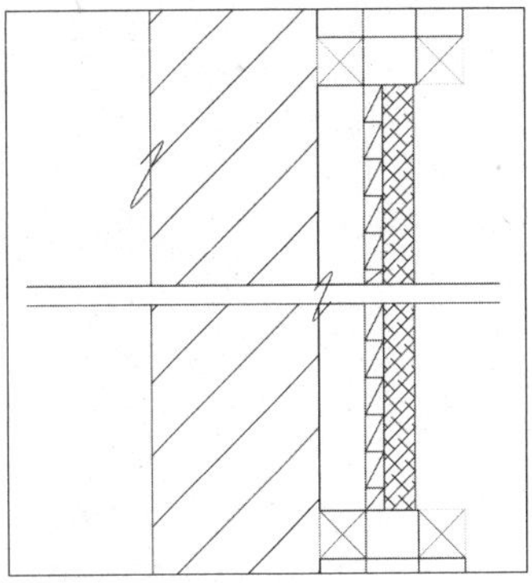

图 12-106 图案填充

Step 09 执行“偏移”命令，将直线向外偏移9mm，绘制石膏板层，执行“修剪”命令，修剪多余直线，如图12-107所示。

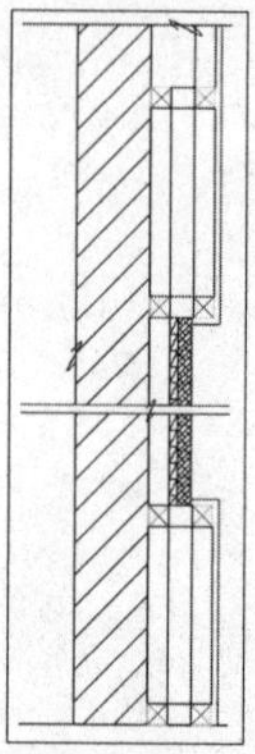

图 12-107 偏移并修剪线段

Step 10 执行“图案填充”命令，设置填充图案名为ANSI34、比例为1，对石膏板区域进行填充，如图12-108所示。

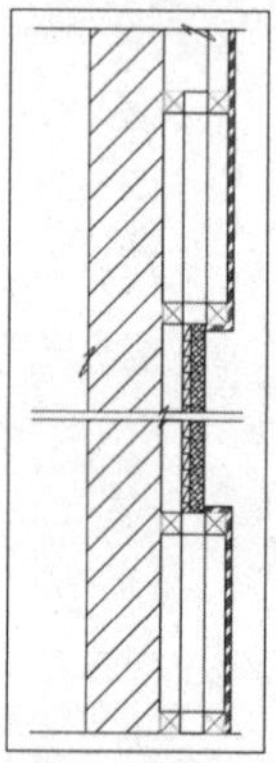

图 12-108 图案填充

Step 11 执行“线性”、“连续”标注命令，对图形进行尺寸标注，如图12-109所示。

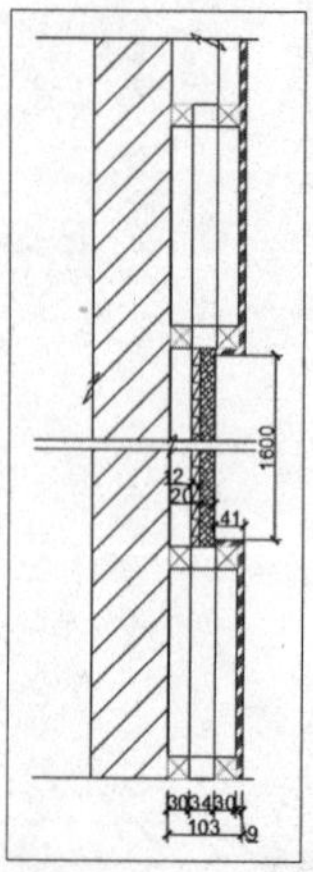

图 12-109 尺寸标注

Step 12 执行“多重引线”命令，对图形进行引线标注，如图12-110所示。

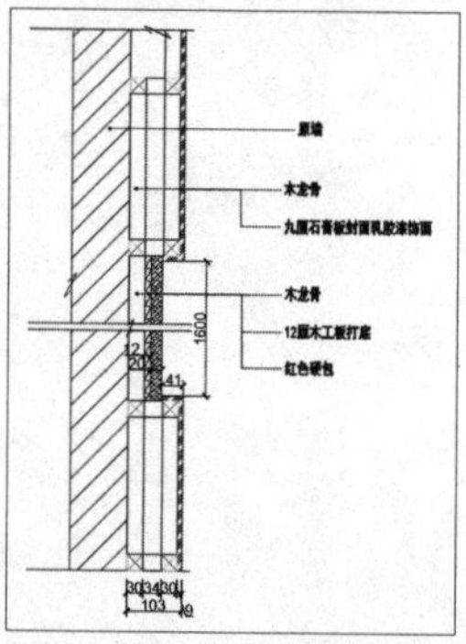

图 12-110 完成剖面图的绘制

12.4.2 绘制客厅天花大样图

下面将对客厅天花大样图的绘制过程进行介绍，具体操作介绍如下。

Step 01 执行“直线”、“偏移”命令，绘制墙体剖面，如图12-111所示。

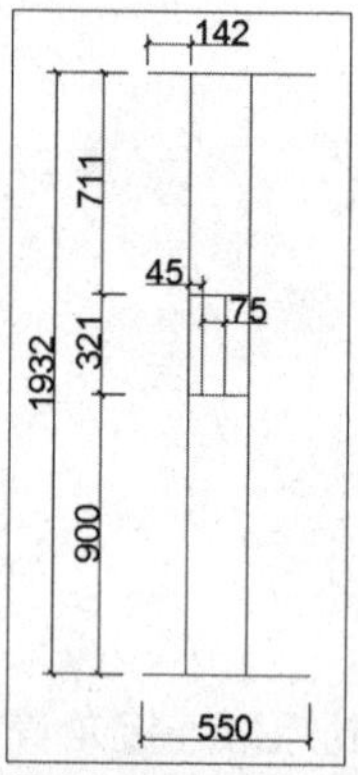

图 12-111 绘制墙体剖面

Step 02 执行“样条曲线”命令，绘制折断线，执行“修剪”命令，删除掉多余的线段，如图12-112所示。

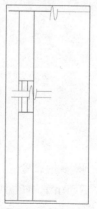

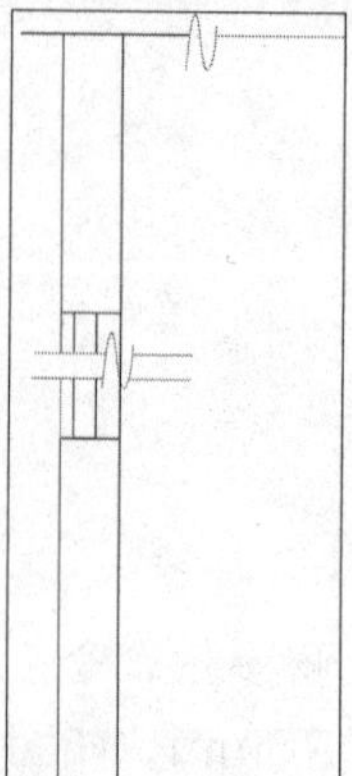

图 12-112 绘制折断线

Step 03 执行“直线”命令，绘制木工板基层，如图12-113所示。

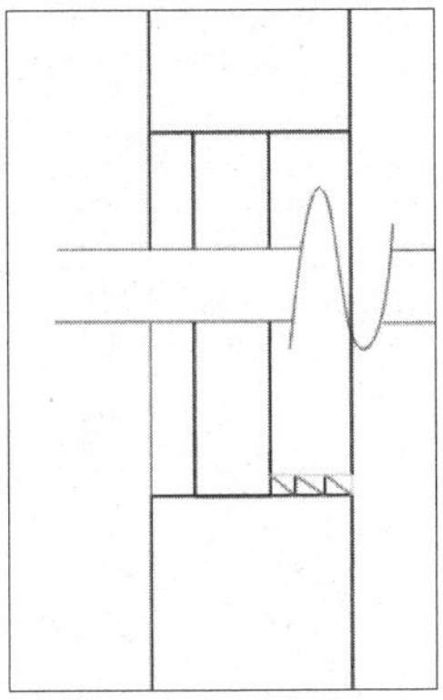

图 12-113 绘制木工板基层

Step 04 执行“矩形”命令，绘制长为93mm，宽为20mm的矩形图形，并执行“倒角”命令，设置倒角距离为10，对图形进行倒角操作，如图12-114所示。

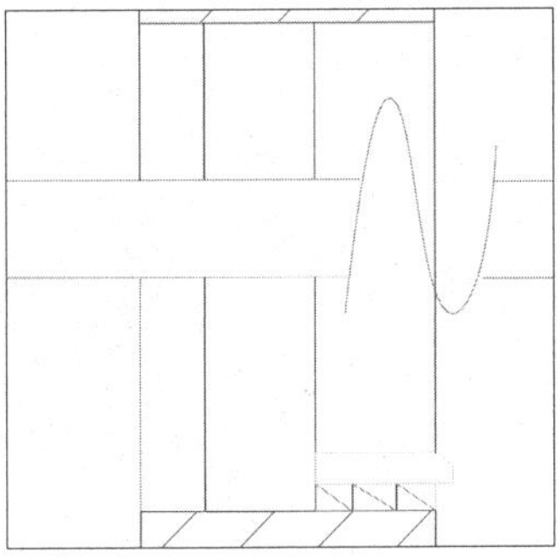

图 12-114 绘制图形

Step 05 执行“图案填充”命令，设置图案为ANSI32、比例为2，对图形进行图案填充，绘制出窗台图形，如图12-115所示。

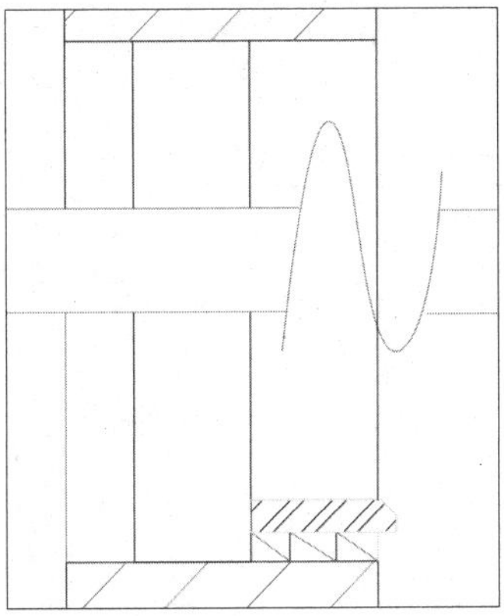

图 12-115 图案填充

Step 06 执行“直线”命令，设置直线颜色为红色，绘制龙骨定点位置辅助线，如图12-116所示。

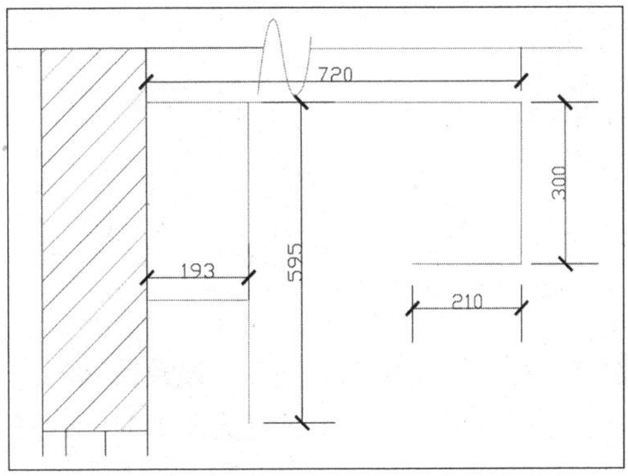

图 12-116 绘制辅助线

Step 07 执行“矩形”、“直线”命令绘制长为30mm，宽为30mm的龙骨图形，并将其进行复制，如图12-117所示。

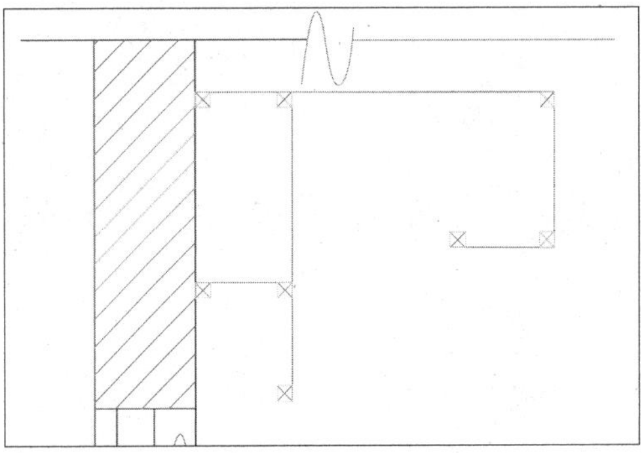

图 12-117 绘制龙骨图形

Step 08 删除辅助线，执行“矩形”命令，绘制矩形连接龙骨图形，如图12-118所示。

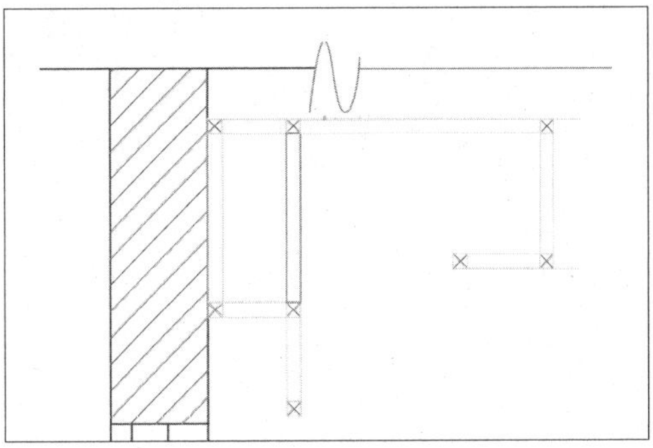

图 12-118 连接龙骨图形

Step 09 执行“偏移”命令，将线段偏移9mm，并删除掉多余的线段，如图12-119所示。

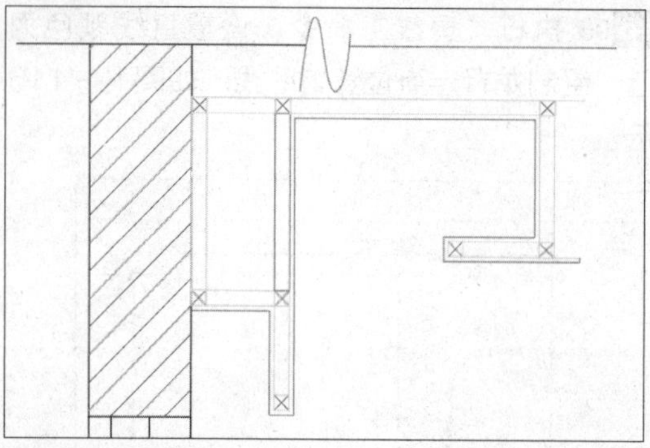

图 12-119 偏移线段

Step 10 执行“图案填充”命令，设置图案名为CORK、比例为1，对图形进行图案填充，如图12-120所示。

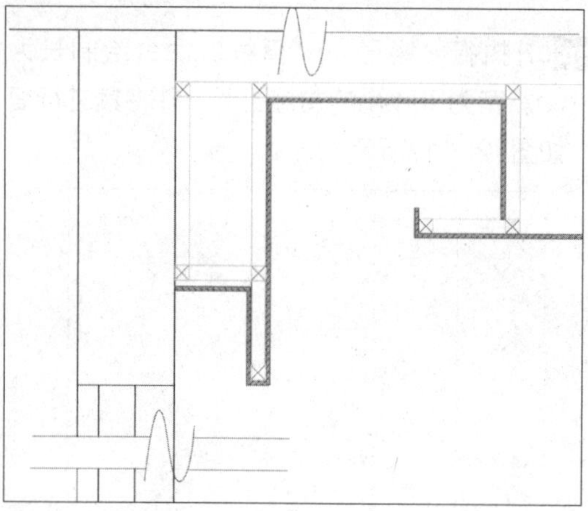

图 12-120 图案填充

Step 11 执行“插入>块”命令，插入灯管、窗帘图形，如图12-121所示。

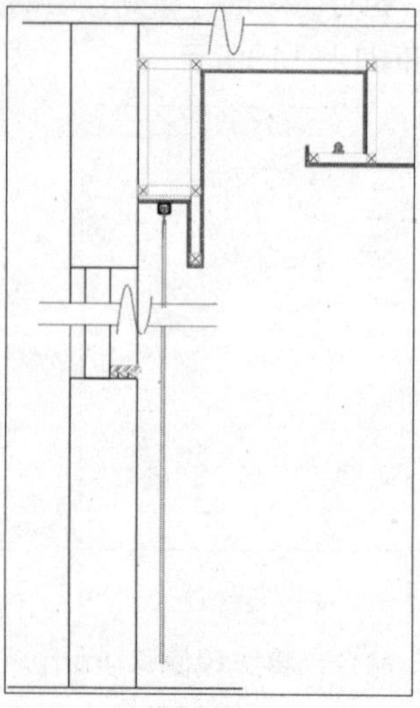

图 12-121 插入图形

Step 12 执行“图案填充”命令，设置图案名为ANSI31、比例10，如图12-122所示。

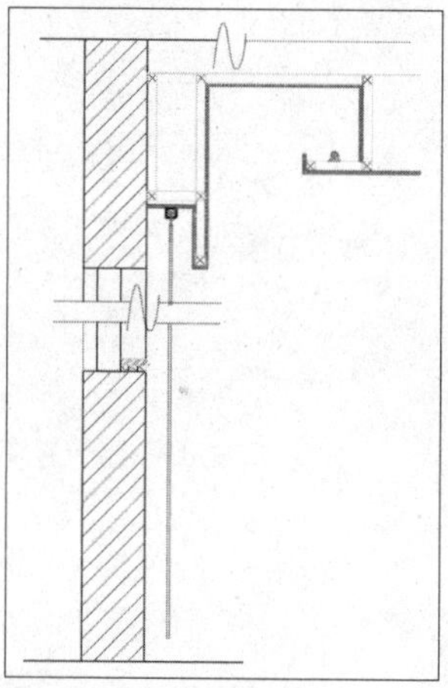

图 12-122 图案填充

Step 13 执行“线性”、“连续”标注命令，对图形进行尺寸标注，如图12-123所示。

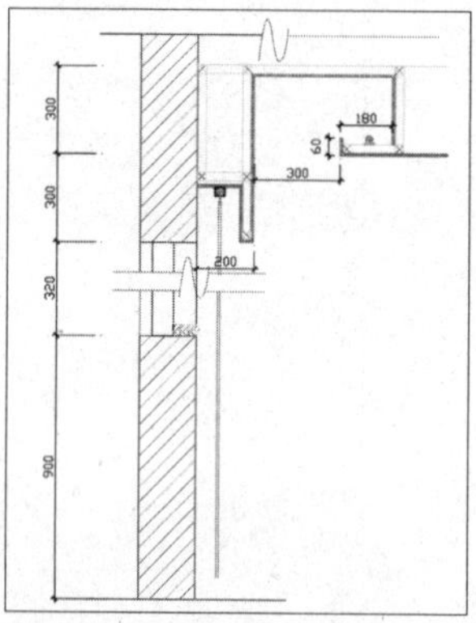

图 12-123 尺寸标注

Step 14 执行“多重引线”命令，对图形进行引线标注。至此，完成客厅天花大样图的绘制，如图12-124所示。

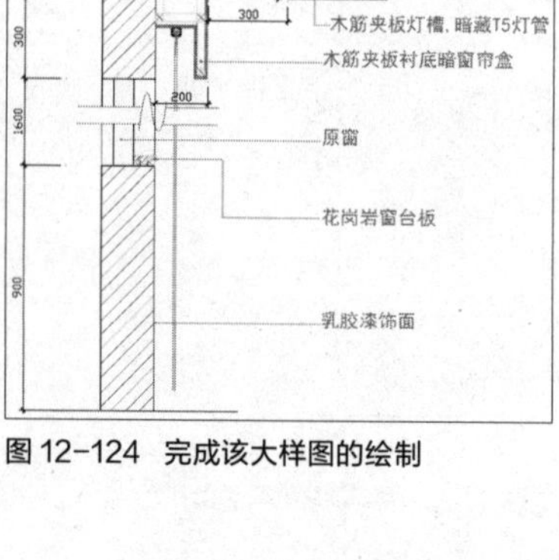

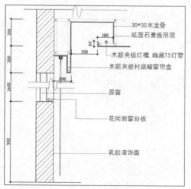

图 12-124 完成该大样图的绘制

Chapter 13 办公空间设计方案

课题概述 本章将详细介绍办公空间的绘制方法和技巧，其中包括平面布置图、地面铺装图、顶棚图、立面图和剖面图等的绘制。

教学目标 让用户进一步掌握AutoCAD在室内设计制图中的应用，同时也让用户熟悉不同建筑类型的室内设计要点。

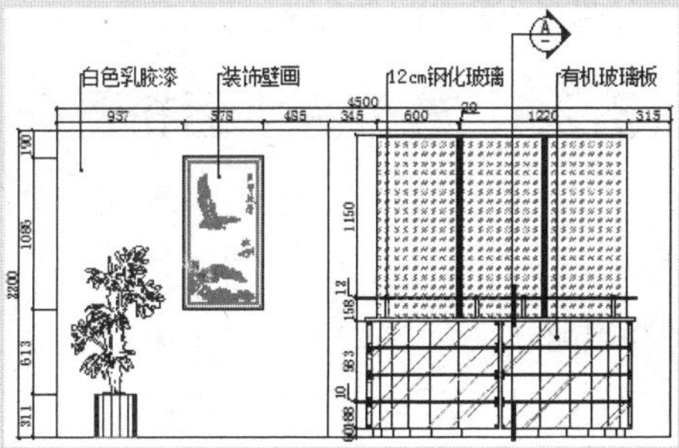

章节重点

★★★★ | 绘制办公空间平面图
★★★★ | 绘制办公空间立面图
★★★☆ | 绘制办公空间剖面图
★☆☆☆ | 办公空间设计概述

光盘路径

最终文件：实例文件\第13章\办公空间设计方案

13.1 办公空间设计概述

办公空间设计主要包括办公用房的规划、装修、室内色彩与灯光音响的设计、办公用品以及装饰品的配备与摆设等内容。

13.1.1 办公空间设计原则

办公空间是为办公而设的场所，首要任务应是使办公效率达到最高，即办公空间的布局必须合理，职能部门之间、办公桌之间的通道与空间不宜窄小，也不适合过长、过大。设计时也应考虑到办公实际要求，以不影响办事效率为宜。

办公空间各种设备设施须配备齐全合理，并在摆设、安装和供电等方面做到安全可靠、方便实用并便于保养，以使其发挥最佳功能。所有的办公家具都应符合人体工程学的要求，办公桌应该具有充分的工作空间，如图13-1所示。

办公空间设计既要考虑到塑造和宣传公司形象，也要彰显出公司的性质和个性。在造型、色彩、材料和工艺方面要有相当的考究。办公空间必须具有高度的安全系数，诸如防火、防盗及防震等安全功能。

图 13-1 办公空间

13.1.2 办公空间设计流程

室内设计流程分为三个阶段，包括策划阶段、方案阶段、施工图阶段。

1. 策划阶段包括任务书、收集资料、设计概念草图

- 任务书：由甲方或业主提出，包括确定面积、经营理念、风格样式、投资情况等。
- 收集资料：包括原始土建图纸和现场勘测。
- 设计概念草图：由设计师与业主共同完成，包括反映功能方面的草图、空间方面的草图、形式方面的草图和技术方面的草图等。

2. 方案阶段包括概念草图深入设计、与土建和装修前后的衔接、协调相关的工种和方案成果

- 概念草图深入设计：指功能分析、空间分析、装修材料的比较和选择等。
- 与土建和装修的前后衔接：指承重结构和设施管道等。
- 相关工种协调：包括各种设备之间的协和设备与装修的协调。
- 方案成果：指作为施工图设计、施工方式、概算的依据。包括图册、模型、动画。

3. 施工图阶段包括装修施工图和设备施工图

- 装修施工图：包括设计说明、工程材料做法表、饰面材料分类表、装修门窗表、隔墙定位平面图、平面布置图、铺地平面图、天花布置图、放大平面图。
- 设备施工图：其中给排水包括系统、给排水布置、消防喷淋；电气设备包括强电系统、灯具走线、开关插座、弱电系统、消防照明、消防监控；暖通包括系统、空调布置。

13.2 布置办公室平面

介绍完办公空间设计概述后，下面将为用户介绍布置办公平面图的步骤，包括平面布置图、顶棚图和地面铺装图。图13-2为办公室平面布置图，图13-3为办公室顶棚布置图。

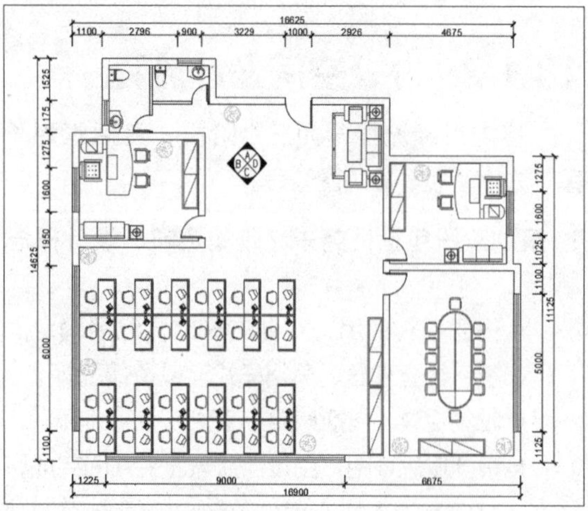

图 13-2　办公室平面布置图

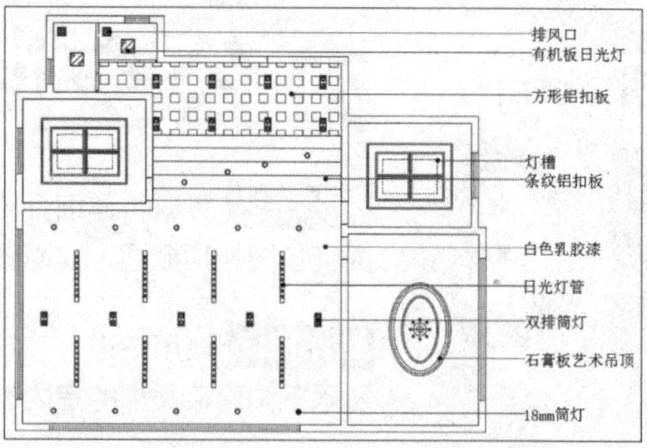

图 13-3　办公室顶棚布置图

13.2.1　办公室平面布置图

下面将为用户介绍办公室平面布置图的绘制方法。

Step 01 启动AutoCAD 2019软件，先保存文件名为“办公室设计方案”文件。然后执行“默认>图层>图层特性”命令，打开“图层特性管理器”对话框，新建轴线、轮廓线等图层，并设置图层参数，如图13-4所示。

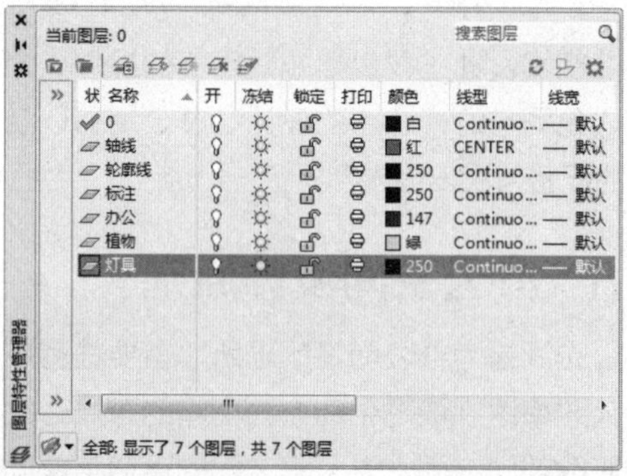

图 13-4　新建图层

Step 02 将“轴线”图层置为当前图层，然后执行“直线”和“偏移”命令，绘制办公室平面图轴线，如图13-5所示。

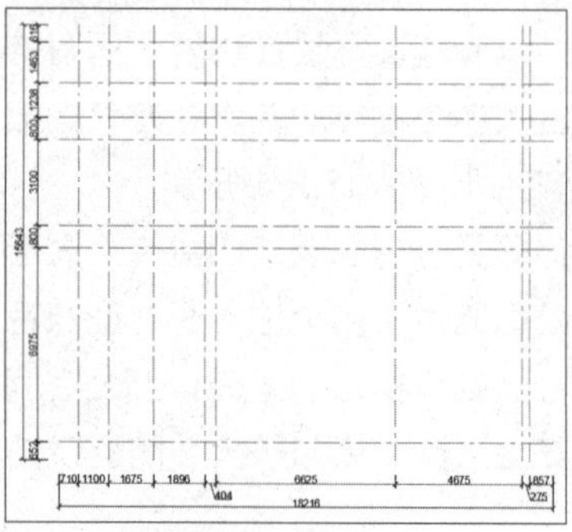

图 13-5　绘制轴线

Step 03 将“轮廓线”图层置为当前图层，执行“格式>多线样式”命令，打开“多线样式”对话框，单击“新建”按钮，打开相应对话框，输入新样式名，单击“继续”按钮，如图13-6所示。

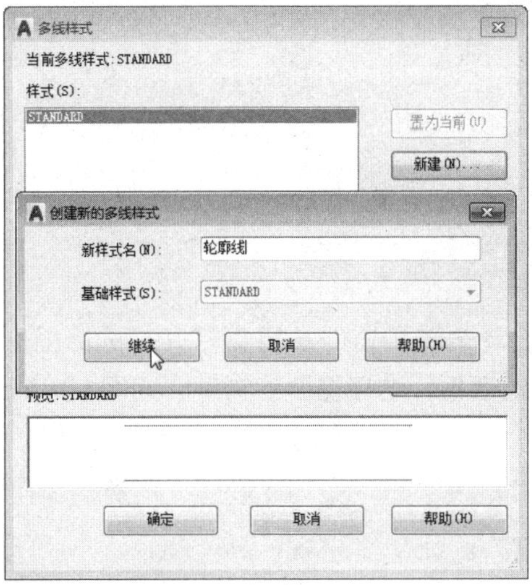

图 13-6　新样式名称

Step 04 打开“新建多线样式”对话框，从中设置多线的属性，单击“确定”按钮返回上一对话框，依次单击“置为当前”和“确定”按钮完成创建，如图13-7所示。

图 13-7　设置多线属性

Step 05 在命令行中输入ML命令，根据命令行提示，选择“对正”选项，然后选择“无”子选项。接着选择“比例”选项，设置比例值为1，进行多线的绘制，如图13-8所示。

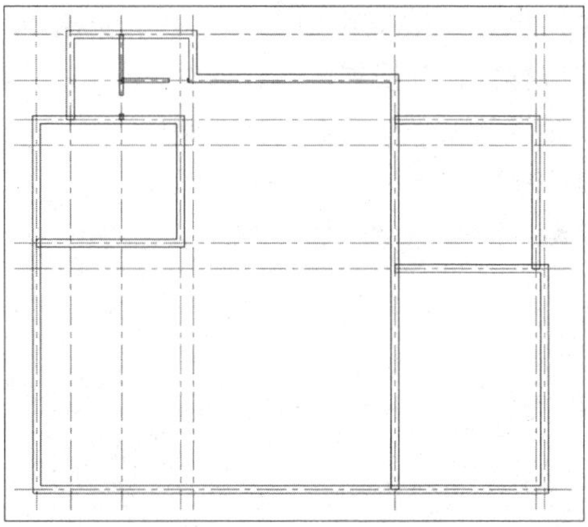

图 13-8　创建多线

Step 06 执行“修改>对象>多线”命令，打开“多线编辑工具”对话框，单击“T形合并”按钮，进行多线的修改，如图13-9所示。

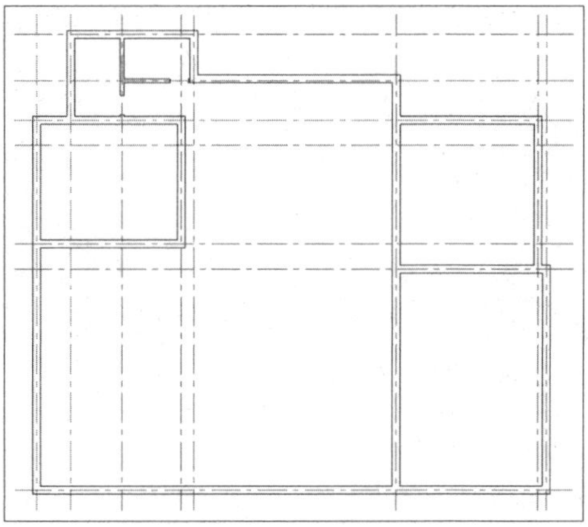

图 13-9　编辑多线

Step 07 关闭轴线图层。执行“直线”和“修剪”命令，绘制门洞，如图13-10所示。

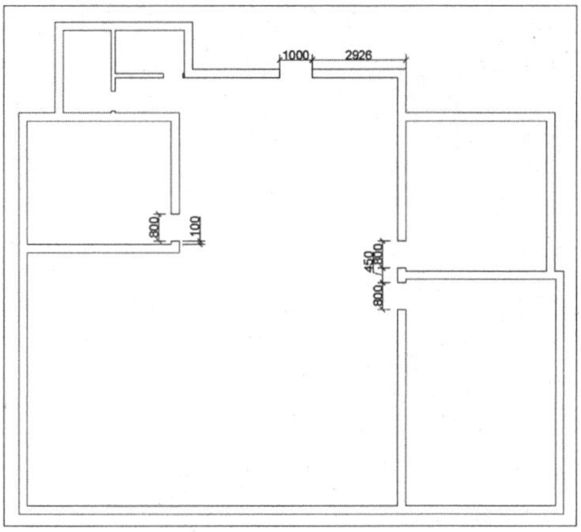

图 13-10　绘制门洞

AutoCAD 2019 中文版基础教程

Step 08 执行“格式>多线样式”命令，新建win窗户多线样式，并设置该多线属性，单击“确定”按钮返回上一对话框，依次单击“置为当前”和“确定”按钮，如图13-11所示。

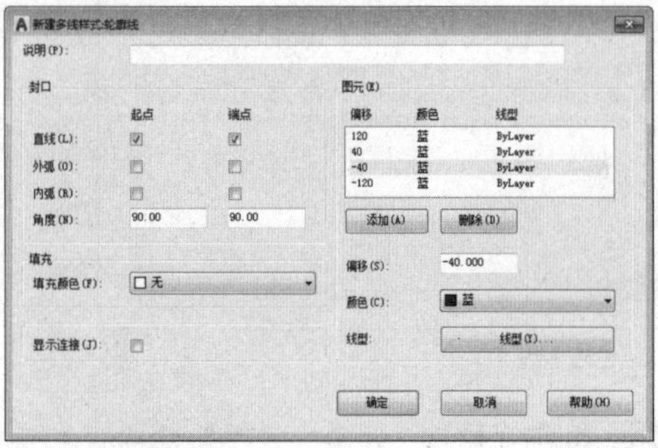

图 13-11　新建多线样式

Step 09 打开“轴线”图层。在命令行中输入ML命令，在合适的位置绘制窗户图形，如图13-12所示。

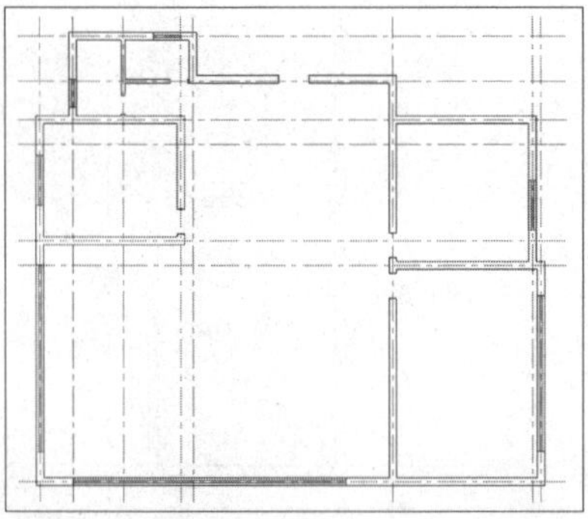

图 13-12　绘制窗户图形

Step 10 关闭“轴线”图层。执行“工具>选项板>工具选项板”命令，打开选项板，从中选择“门-公制”选项，设置旋转角度，绘制出门图形，如图13-13所示。

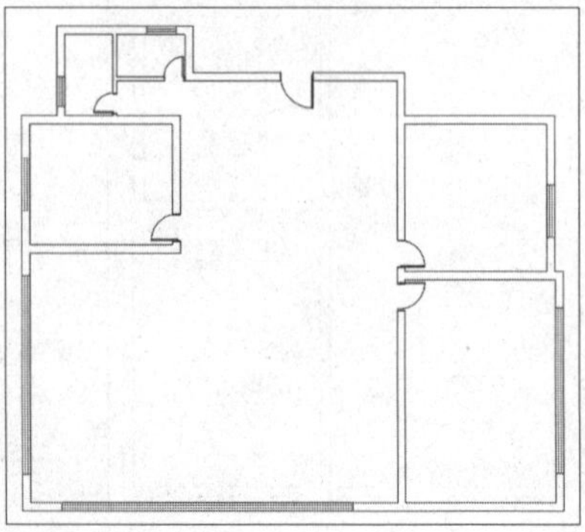

图 13-13　绘制门图形

Step 11 将“办公”图层置为当前层，然后执行“插入>块”命令，打开“插入”对话框，如图13-14所示。

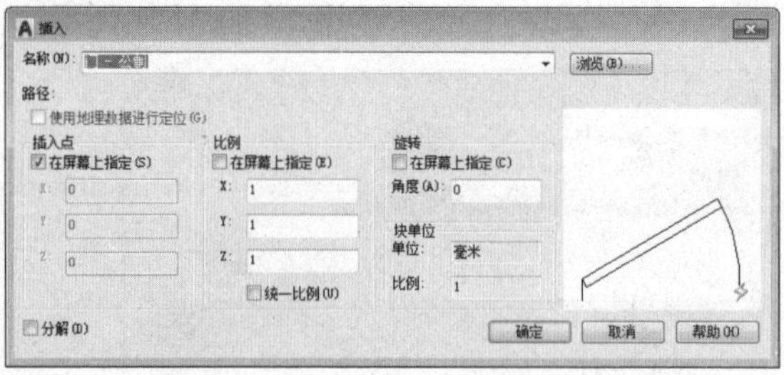

图 13-14 “插入”对话框

Step 12 单击“浏览”按钮，打开“选择图形文件”对话框，选择需要的文件，如图13-15所示。

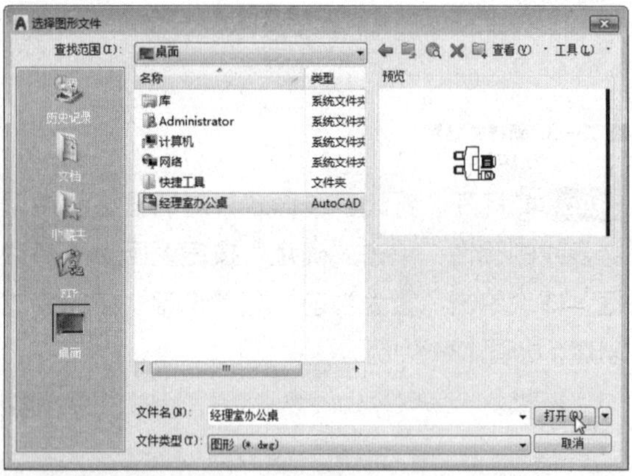

图 13-15　选择文件

Step 13 单击“打开”按钮，返回“插入”对话框，设置旋转角度为180，单击“确定”按钮即可，如图13-16所示。

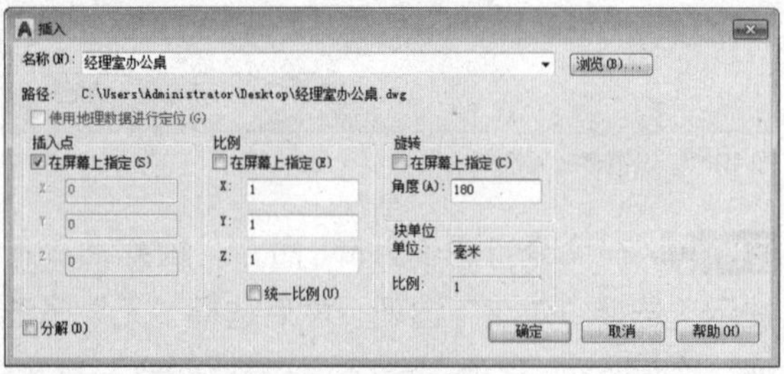

图 13-16　在“插入”对话框中设置角度

Step 14 在绘图窗口中，将插入的图块放置在合适的位置，如图13-17所示。

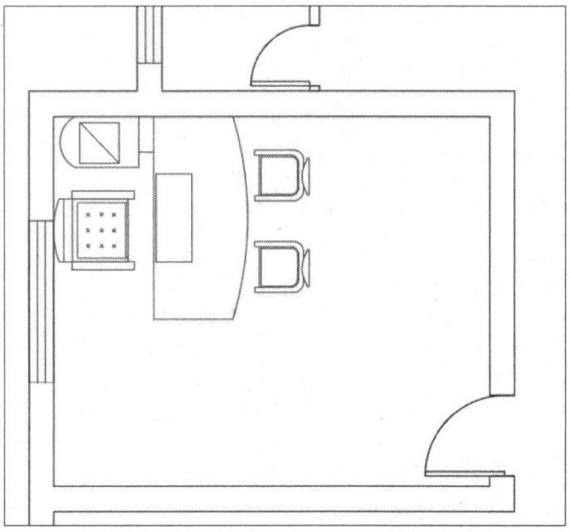

图 13-17 移动图块

Step 15 继续执行当前命令，插入沙发、办公用品、洁具和植物等图形并放在图中合适位置，如图13-18所示。

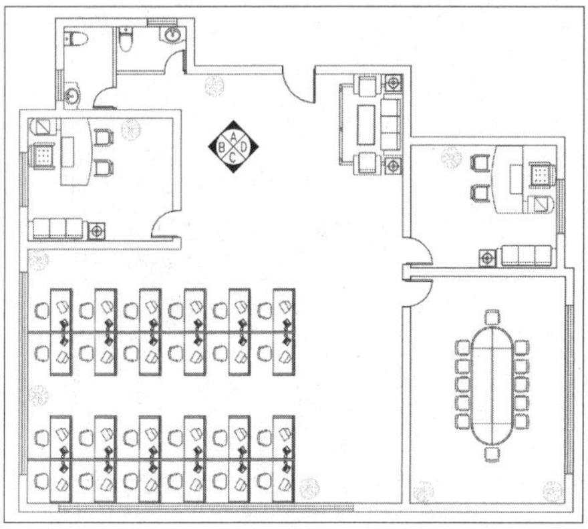

图 13-18 插入其他图形

Step 16 执行“矩形”、“直线”和“偏移”等命令，绘制长为600mm、宽为2500mm的矩形图形，并向内偏移距离为50mm，绘制出档案柜图形，如图13-19所示。

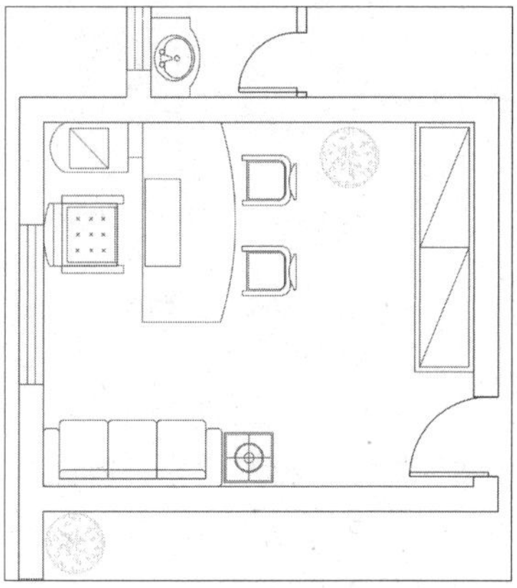

图 13-19 绘制档案柜图形

Step 17 执行“复制”、“旋转”等命令复制档案柜图形，如图13-20所示。

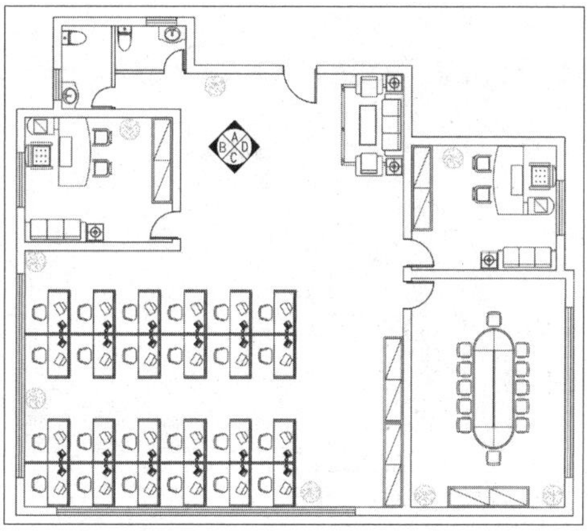

图 13-20 复制图形

Step 18 执行“圆弧”和“直线”等命令，绘制前台背景墙，如图13-21所示。

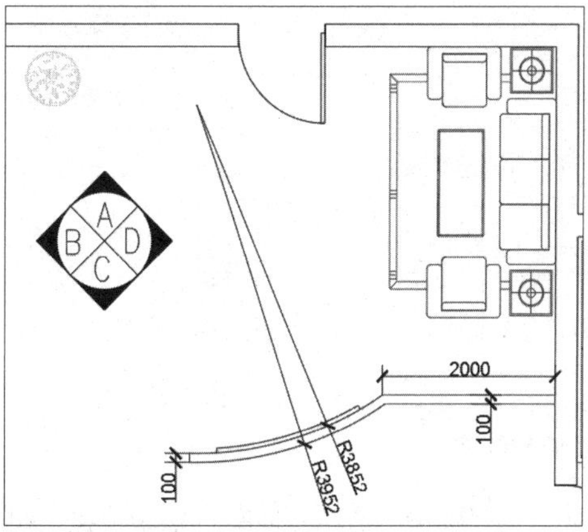

图 13-21 绘制前台背景墙

Step 19 执行“插入>块”命令，插入前台办公桌图形，如图13-22所示。

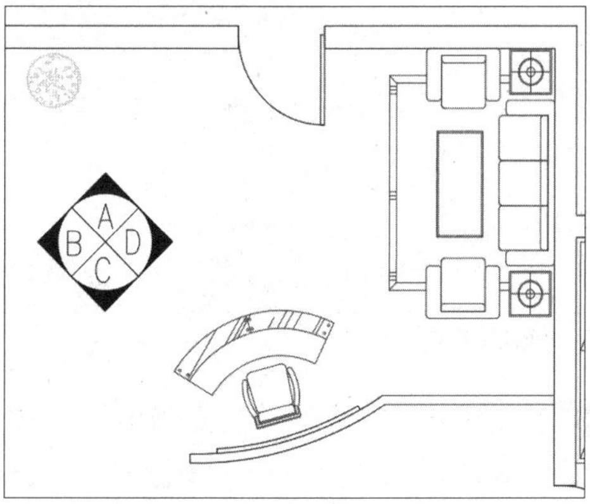

图 13-22 插入前台办公桌图形

Step 20 将“标注”图层置为当前图层，执行“格式>文字样式”命令，打开“文字样式”对话框，如图13-23所示。

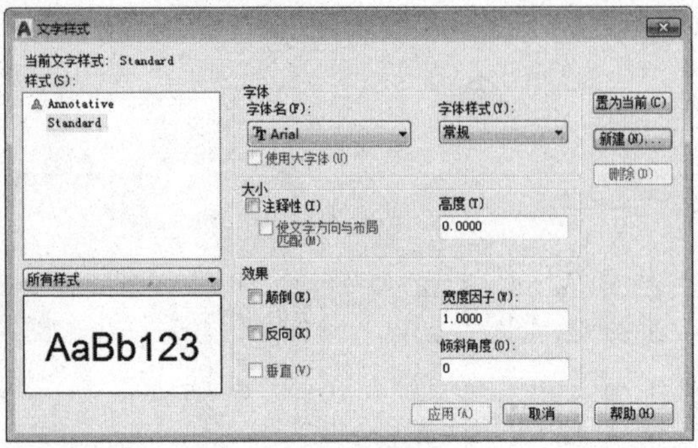

图 13-23 “文字样式”对话框

Step 21 单击“新建”按钮，打开“新建文字样式”对话框，设置样式名为“文字注释”，如图13-24所示。

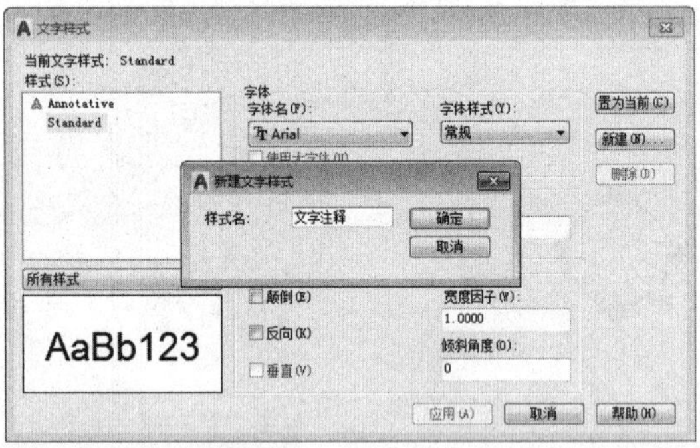

图 13-24 输入样式名

Step 22 单击“确定”按钮，返回“文字样式”对话框，设置字体名和文字高度，如图13-25所示。

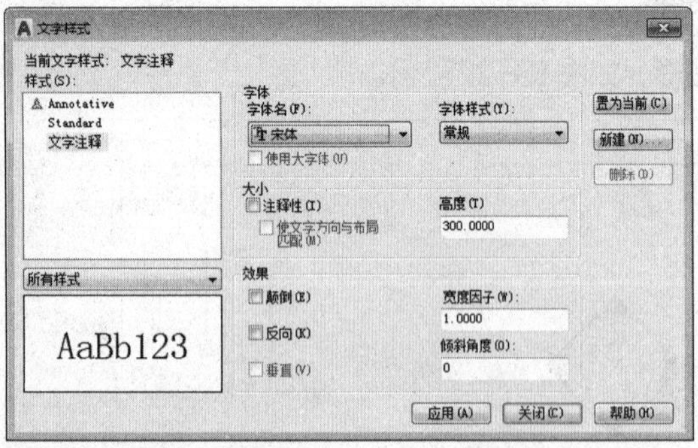

图 13-25 设置文字名和高度

Step 23 依次单击“应用”、“置为当前”、“关闭”按钮，关闭对话框，执行“多行文字”命令，对平面图添加文字注释，如图13-26所示。

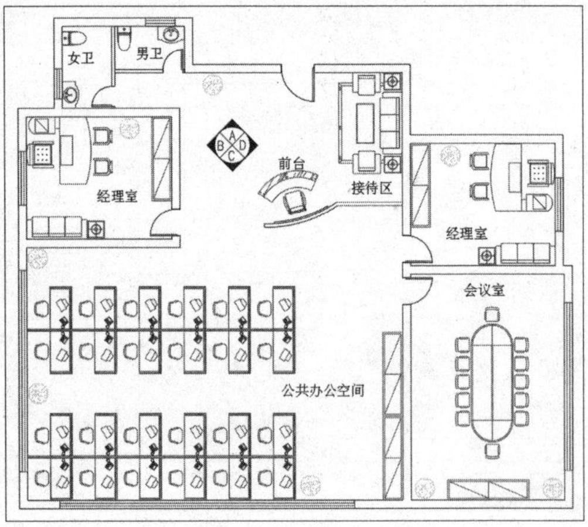

图 13-26 添加文字注释

Step 24 执行“标注样式”命令，打开“标注样式管理器”对话框，如图13-27所示。

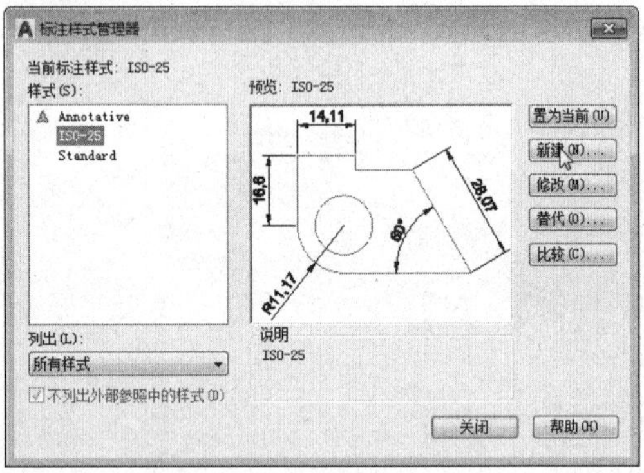

图 13-27 打开“标注样式管理器”对话框

Step 25 单击“新建”按钮，打开“创建新标注样式”对话框，并输入新样式名，如图13-28所示。

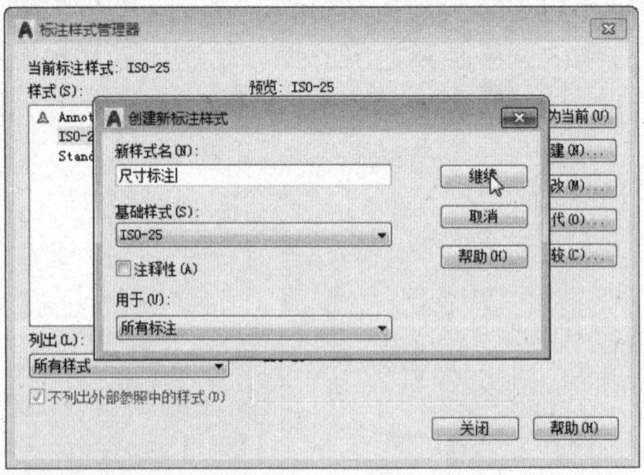

图 13-28 输入新样式名

Step 26 单击“继续”按钮，打开“新建标注样式：尺寸标注”对话框，在“线”选项卡中设置超出尺寸线为150，如图13-29所示。

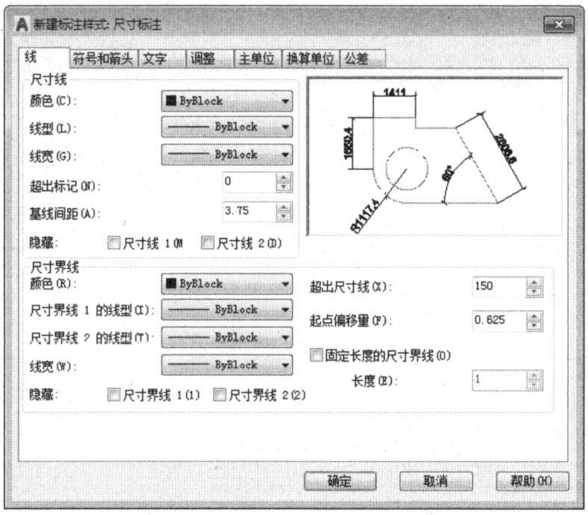

图 13-29 设置超出尺寸线

Step 27 在“符号和箭头”选项卡中设置箭头样式和箭头大小，如图13-30所示。

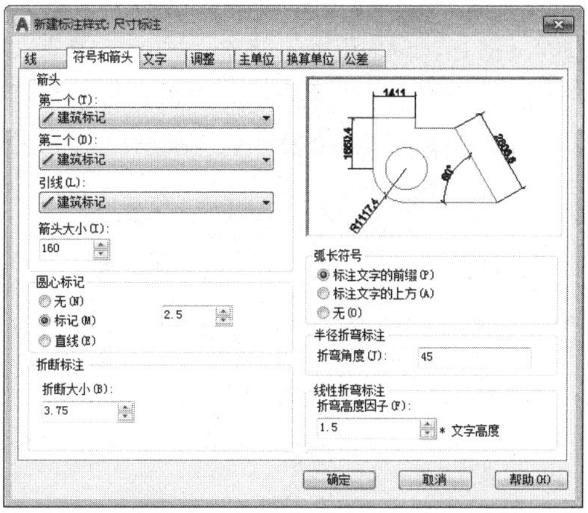

图 13-30 设置箭头样式

Step 28 在“文字”选项卡中设置文字高度为250，如图13-31所示。

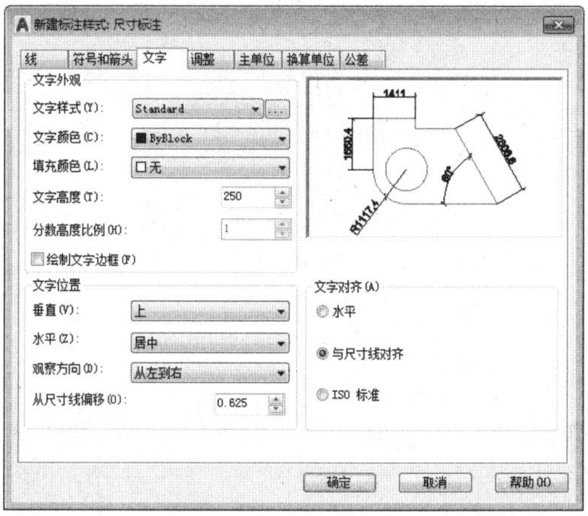

图 13-31 设置文字高度

Step 29 在“主单位”选项卡中设置精度为0，如图13-32所示。

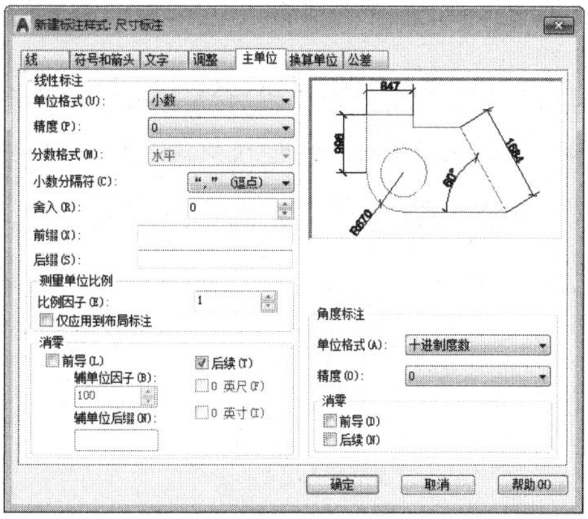

图 13-32 设置主单位精度

Step 30 单击“确定”按钮，返回“标注样式管理器”对话框，单击“置为当前”按钮，关闭对话框，如图13-33所示。

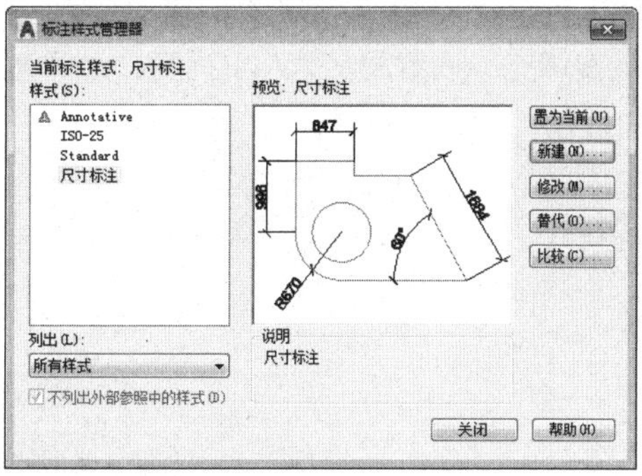

图 13-33 将新建样式置为当前

Step 31 执行“线性”和“连续”标注命令，对平面图添加尺寸标注，最终效果如图13-34所示。

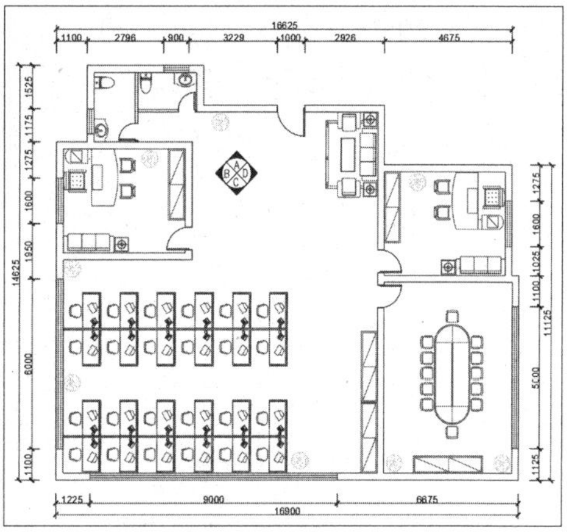

图 13-34 办公室平面布置图

13.2.2 办公室地面铺装图

下面将为用户介绍办公室地面铺装图的绘制方法。

Step 01 执行“复制”命令，将办公室平面布置图复制一份，将其中的图块文字等内容删除掉，再执行“直线”命令，封闭空间，如图13-35所示。

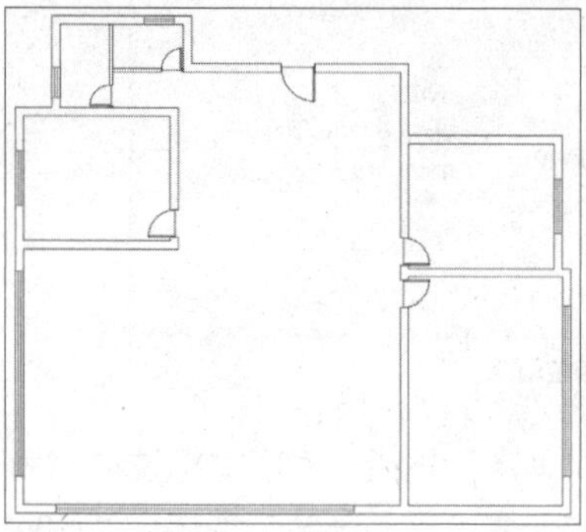

图 13-35 删除图块

Step 02 执行“图案填充”命令，对卫生间部分进行图案填充，设置图案为ANGLE、比例为800，如图13-36所示。

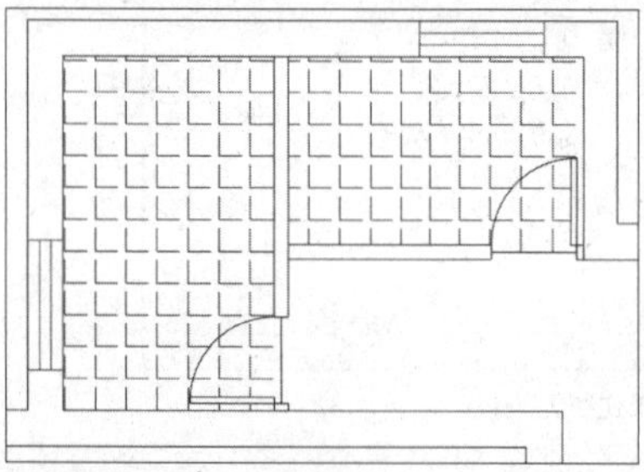

图 13-36 填充卫生间地面

Step 03 执行“图案填充”命令，选择图案DOMIT，设置填充比例为900、角度为90，对经理室地面进行图案填充，如图13-37所示。

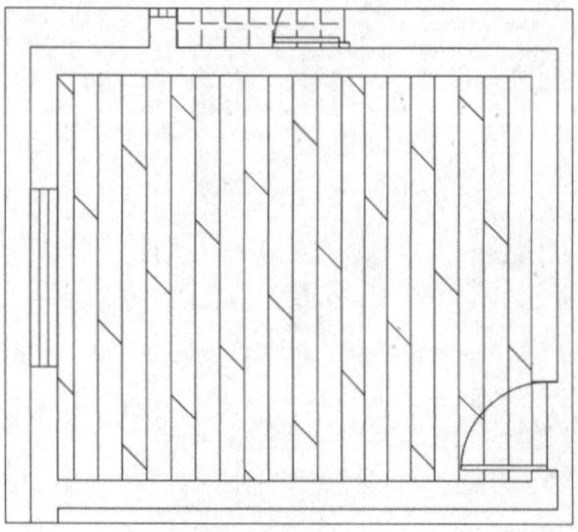

图 13-37 填充经理室地面

Step 04 继续执行“图案填充”命令，对公共空间的地面进行图案填充，图案为ANIS37，比例为600，如图13-38所示。

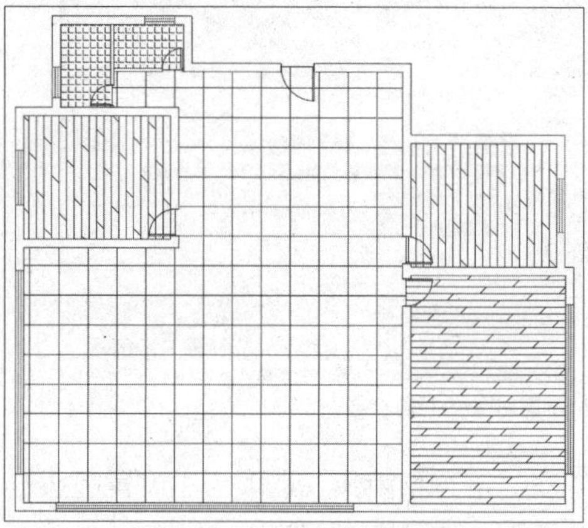

图 13-38 填充地面

Step 05 执行“多行文字”命令，单击“背景遮罩”按钮，在打开的对话框中，设置边界偏移量为1、填充颜色为白色，如图13-39所示。

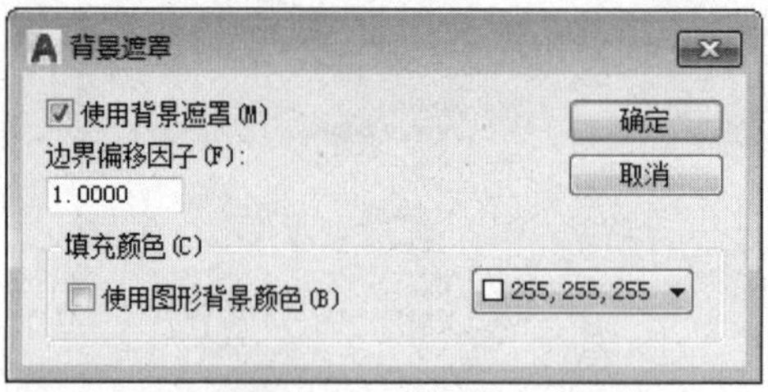

图 13-39 设置背景参照

Step 06 设置完成后单击“确定”按钮，对地面材质进行文字说明，如图13-40所示。

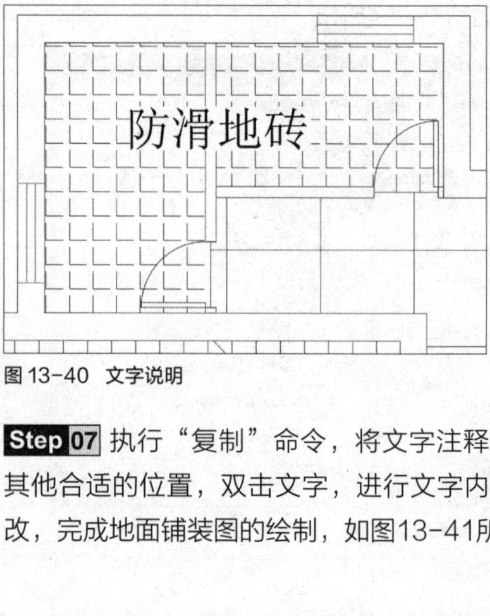

图 13-40 文字说明

Step 07 执行“复制”命令，将文字注释复制到其他合适的位置，双击文字，进行文字内容的修改，完成地面铺装图的绘制，如图13-41所示。

Chapter 13 办公空间设计方案

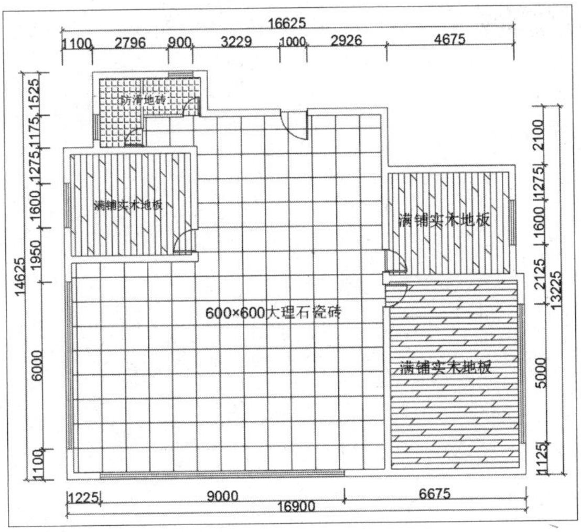

图 13-41　地面材质布置图

13.2.3 办公室顶棚布置图

下面将为用户介绍办公室顶棚布置图的绘制方法。

Step 01 执行“复制”命令，将地面材质图复制一份，并删除掉图案填充与文字部分，然后执行“矩形”命令，将图案绘制完整，如图13-42所示。

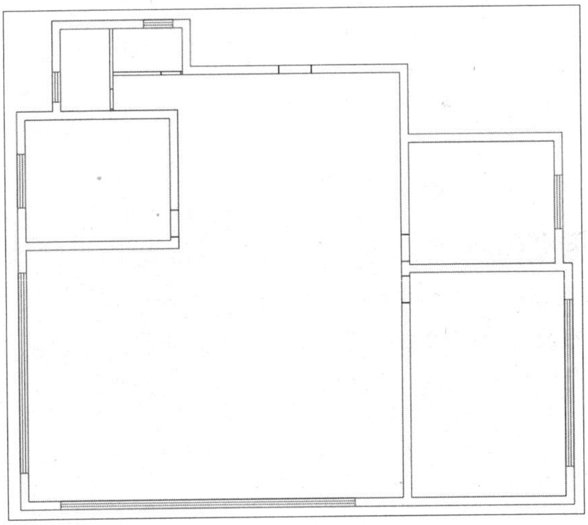

图 13-42　复制图形

Step 02 执行“矩形”和“偏移”命令，绘制经理室顶棚，将矩形向内依次偏移675mm、50mm，如图13-43所示。

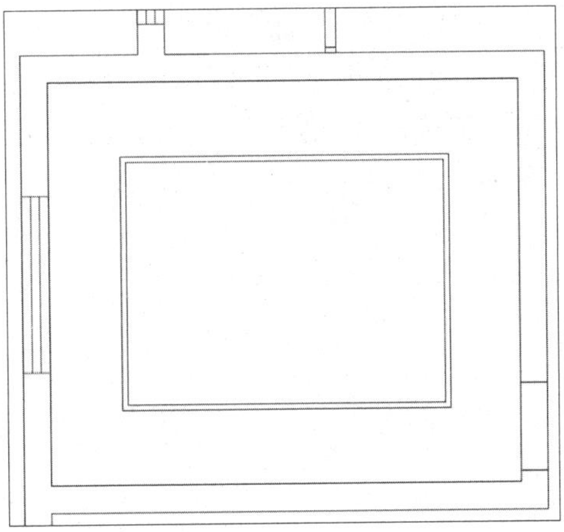

图 13-43　偏移图形

Step 03 执行“矩形”命令，绘制长为1220mm、宽为835mm的矩形图形，放在图中合适位置，如图13-44所示。

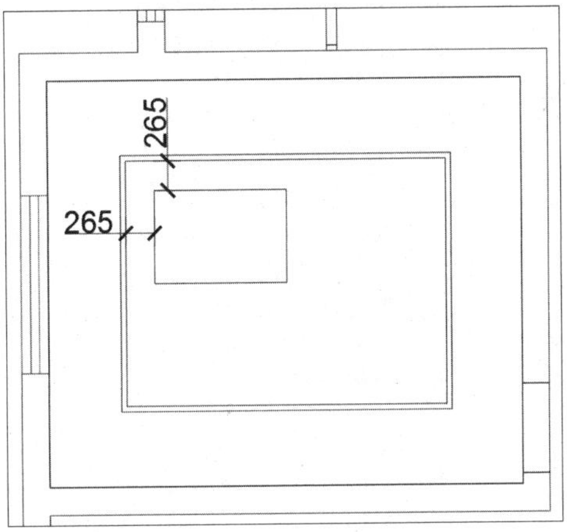

图 13-44　绘制矩形

Step 04 执行“偏移”命令，将矩形图形向内偏移50mm，如图13-45所示。

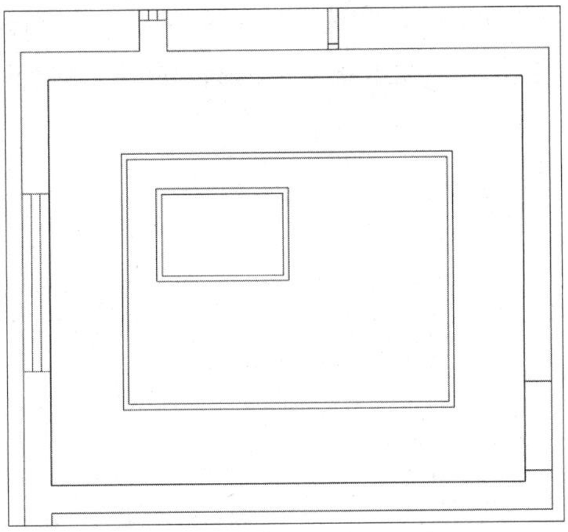

图 13-45　偏移图形

AutoCAD 2019 中文版基础教程

Step 05 执行“矩形阵列”命令，设置列数为2，介于为1250，行数为2，介于为865，对绘制的矩形图形进行阵列操作，绘制出灯具造型，效果如图13-46所示。

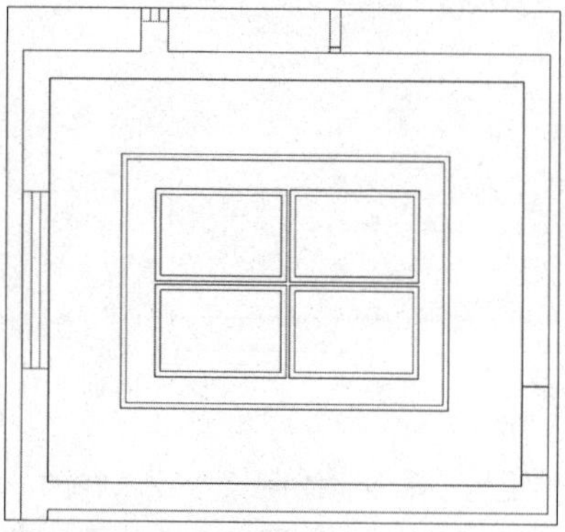

图 13-46 绘制灯具造型

Step 06 执行“矩形”命令，绘制长为1970mm，宽为1200mm的矩形图形，作为灯槽图形，如图13-47所示。

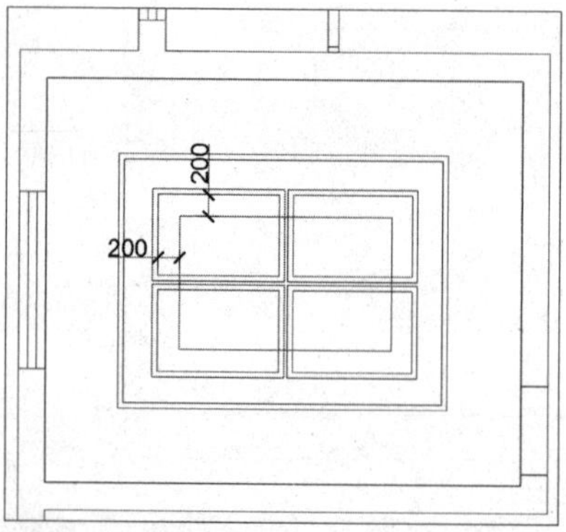

图 13-47 绘制矩形

Step 07 选择刚绘制的矩形图形，单击鼠标右键在打开的快捷菜单中选择“特性”命令，打开“特性”选项板，设置线型和比例，如图13-48所示。

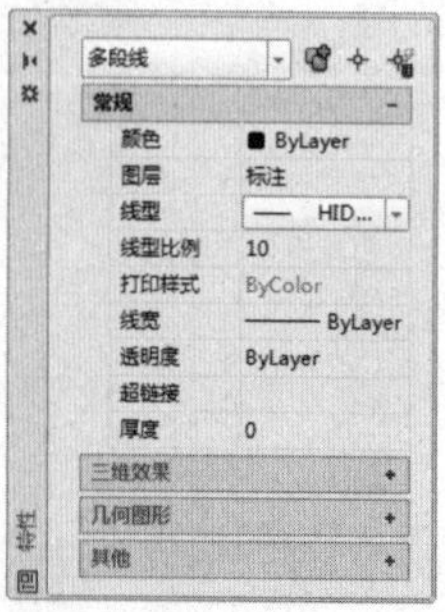

图 13-48 设置参数

Step 08 更改后的效果如图13-49所示。

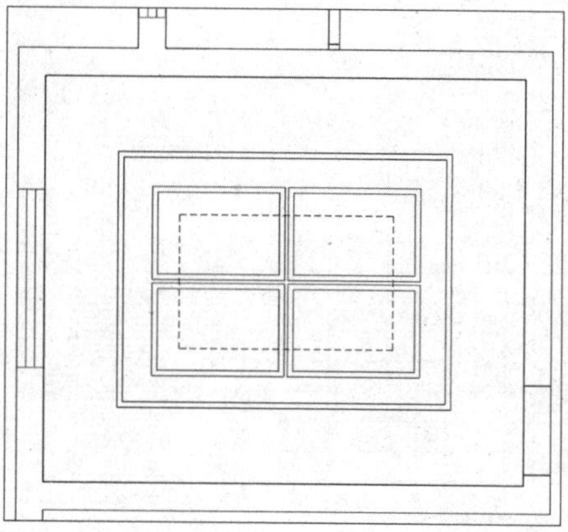

图 13-49 更改后效果

Step 09 执行“插入”和“复制”命令，将筒灯插入到图形中的合适位置，并进行复制，如图13-50所示。

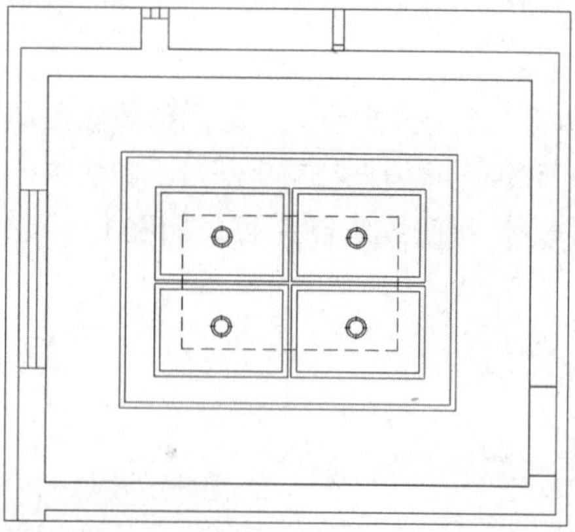

图 13-50 插入筒灯

Step 10 执行“椭圆”命令，绘制长半轴为1630mm，短半轴为1110mm的椭圆图形，并放在会议室的合适位置，如图13-51所示。

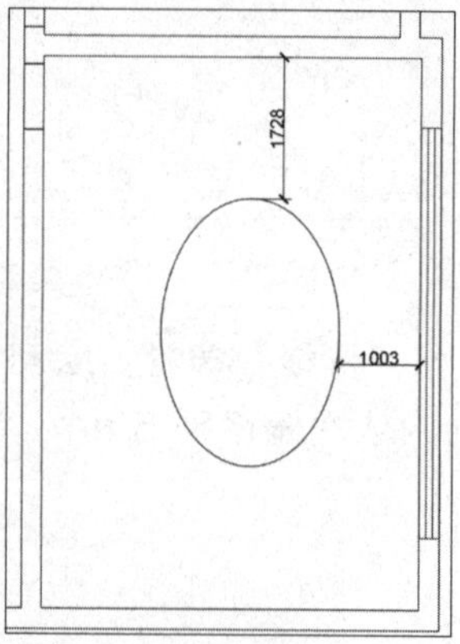

图 13-51 绘制椭圆图形

Step 11 执行“偏移”命令，将绘制好的椭圆图形依次向内偏移70mm、90mm、280mm、60mm，如图13-52所示。

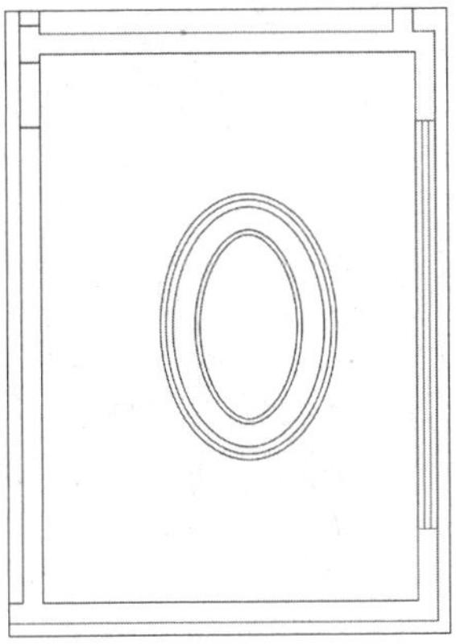

图 13-52 偏移图形

Step 12 执行“插入>块”命令，插入艺术吊灯图形，放在椭圆图形的中心位置，如图13-53所示。

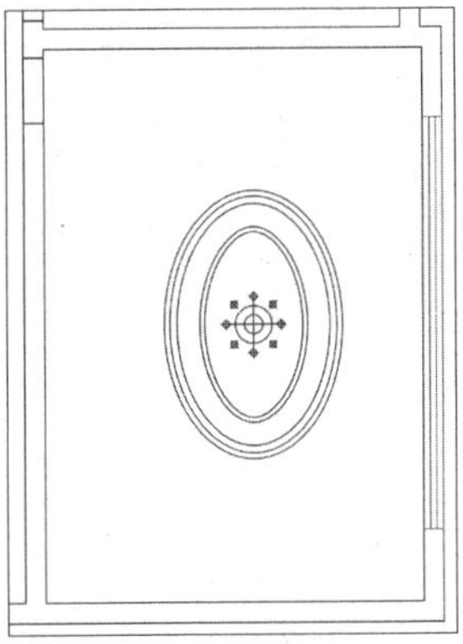

图 13-53 插入艺术吊灯图形

Step 13 继续执行当前命令，插入其他灯具图形，如图13-54所示。

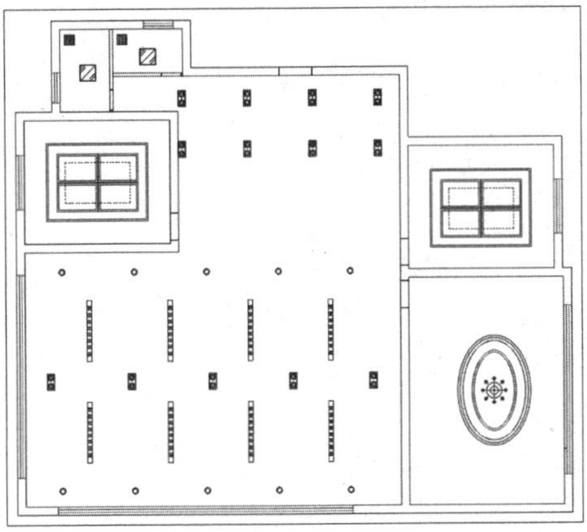

图 13-54 插入灯具图形

Step 14 执行“矩形”命令，绘制长为6780mm，宽为2300mm的矩形图形，如图13-55所示。

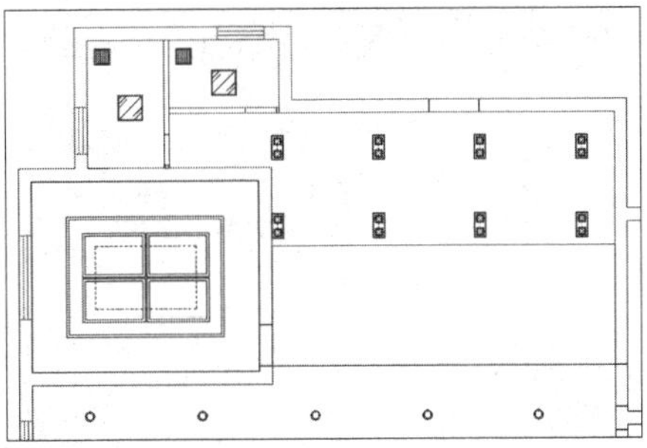

图 13-55 绘制矩形图形

Step 15 执行“图案填充”命令，设置图案名为ANSI31、比例为150、角度为135，填充艺术吊灯区域，如图13-56所示。

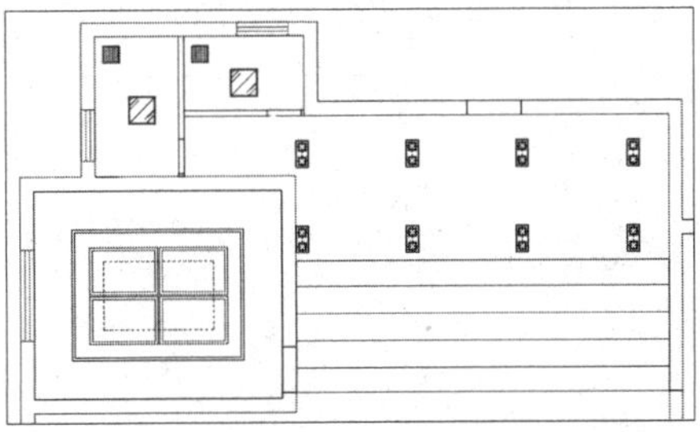

图 13-56 填充图案

Step 16 复制筒灯图形，如图13-57所示。

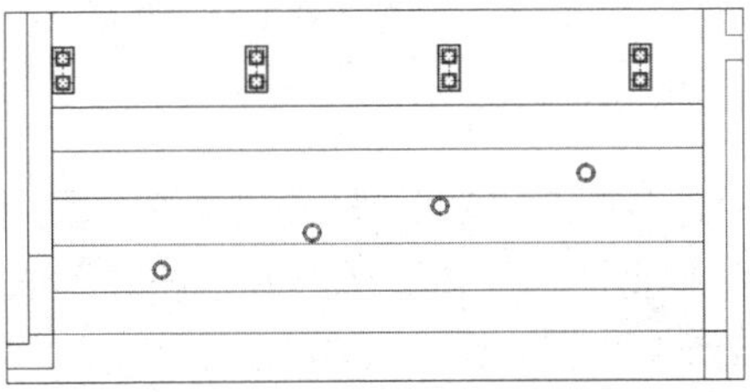

图 13-57 复制图形

Step 17 执行“图案填充”命令，设置图案名为SQUARE、比例为100，填充前台吊顶区域，效果如图13-58所示。

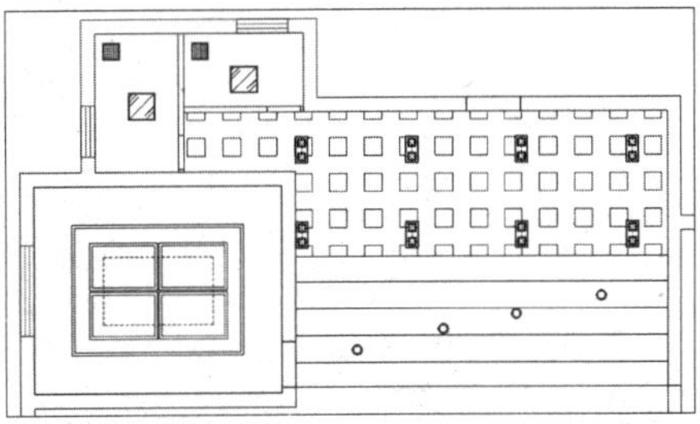

图 13-58 填充图案

Step 18 执行“多重引线样式”命令，打开“多重引线样式管理器”对话框，如图13-59所示。

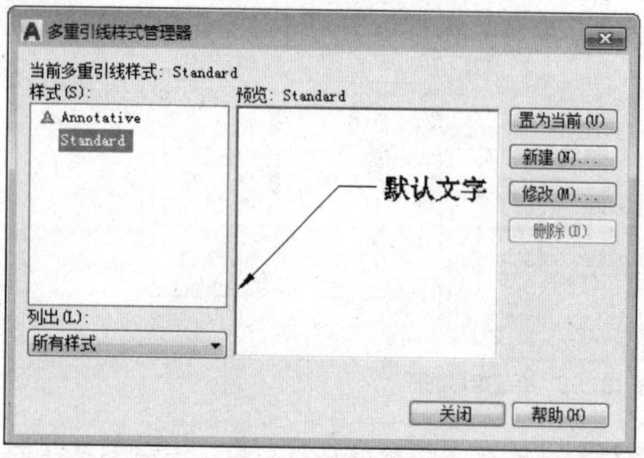

图 13-59　打开“多重引线样式管理器”对话框

Step 19 单击“新建”按钮，打开“创建新多重引线样式”对话框，输入新样式名，如图13-60所示。

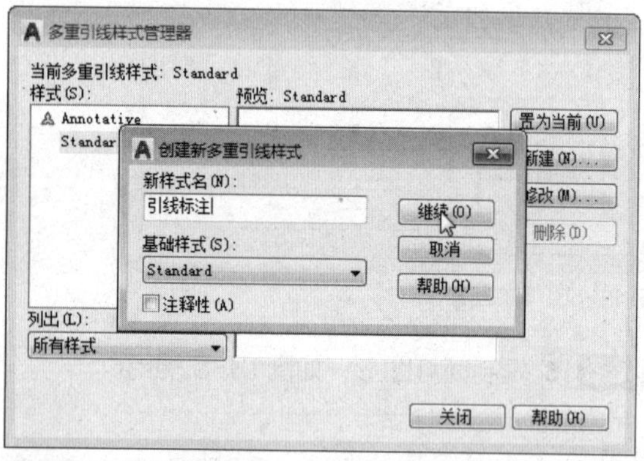

图 13-60　输入新样式名

Step 20 单击“继续”按钮，打开“修改多重引线样式：引线标注”对话框，在“引线格式”选项卡中设置箭头符号和大小，如图13-61所示。

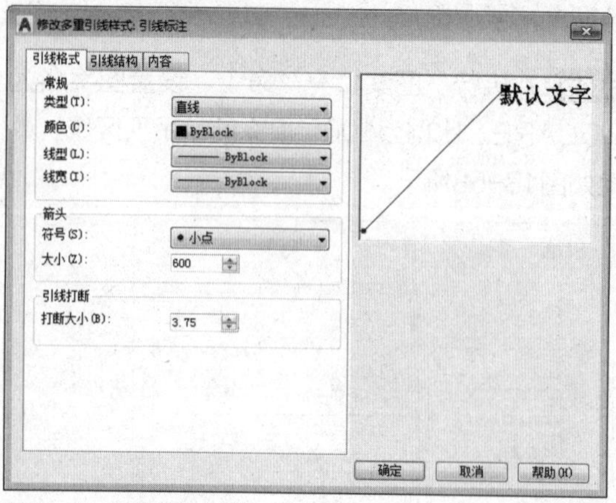

图 13-61　设置箭头参数

Step 21 在“内容”选项卡中设置文字高度，如图13-62所示。

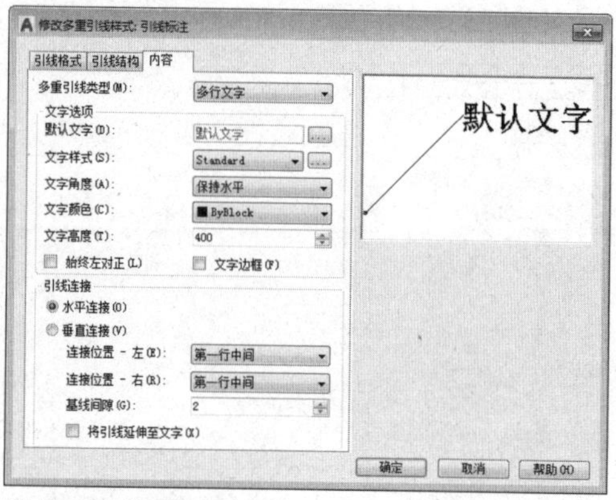

图 13-62　设置文字高度

Step 22 依次单击“确定”、“置为当前”按钮，关闭对话框，执行“线性”、“连续”标注命令，对图形进行尺寸标注，如图13-63所示。

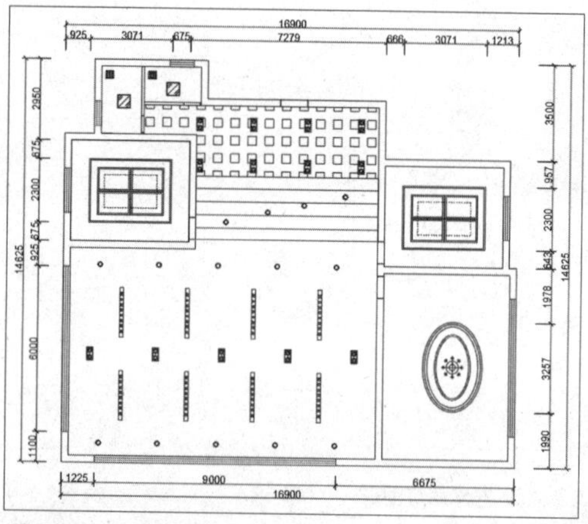

图 13-63　尺寸标注

Step 23 执行“多重引线”命令，为顶棚添加文字说明，最终效果如图13-64所示。

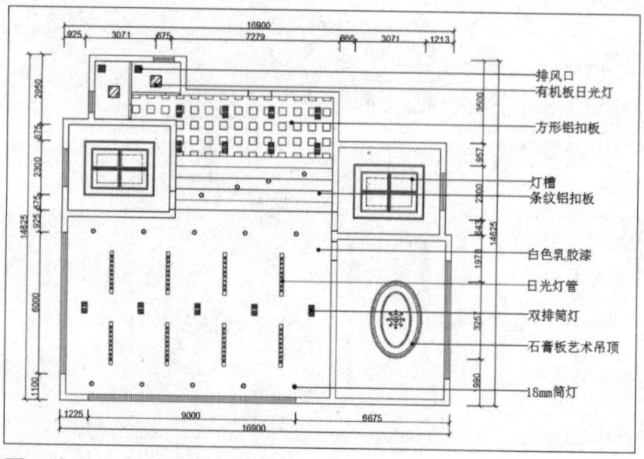

图 13-64　办公室顶棚布置图

13.3 布置办公室立面

立面图主要用来表现墙面装饰造型尺寸及装饰材料的使用。下面将为用户介绍装饰办公室立面图的绘制步骤，主要有办公前台背景墙立面图、办公前台B立面图和会议室C立面图。

13.3.1 办公前台背景墙立面图

下面将对办公室前台背景墙立面图的绘制方法进行介绍，具体操作步骤如下。

Step 01 复制前台平面图，执行“射线”命令，绘制辅助线，如图13-65所示。

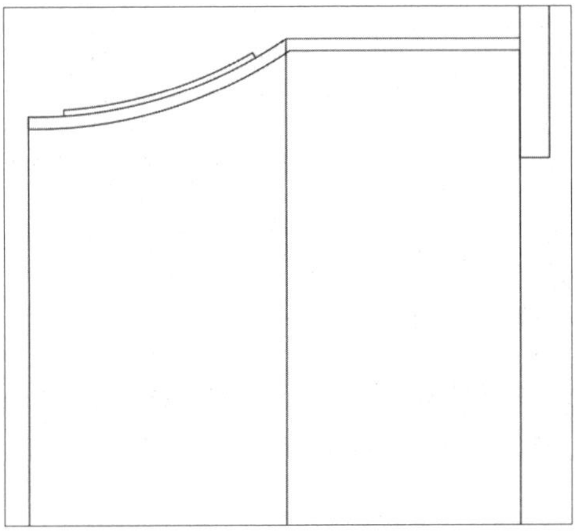

图 13-65 绘制辅助线

Step 02 执行“直线”和“偏移”命令，绘制轮廓线，如图13-66所示。

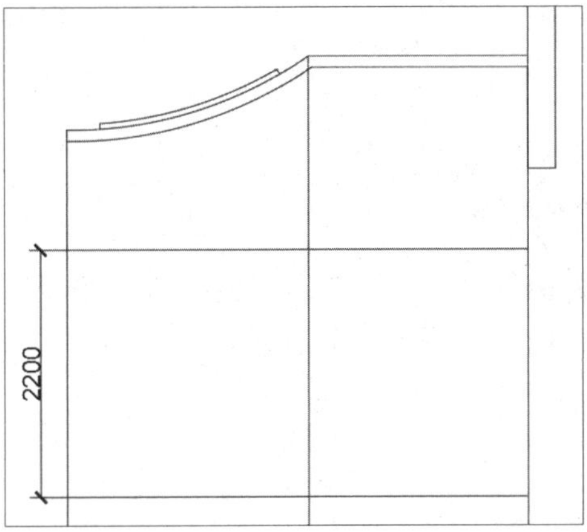

图 13-66 绘制轮廓线

Step 03 执行“修剪”命令，修剪删除掉多余的线段，如图13-67所示。

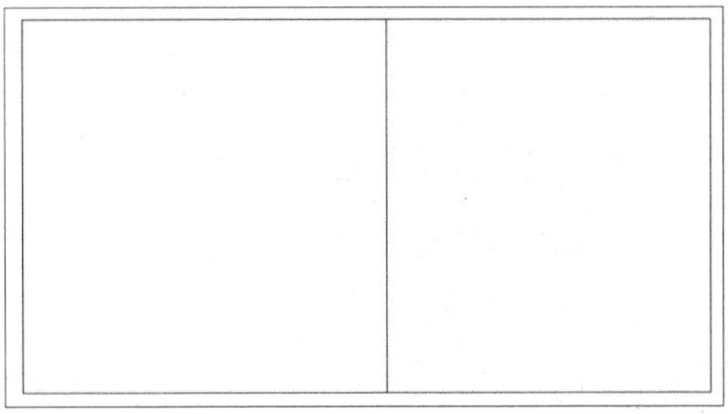

图 13-67 修剪线段

Step 04 执行“矩形”命令，绘制长为800mm、宽为180mm的矩形图形，如图13-68所示。

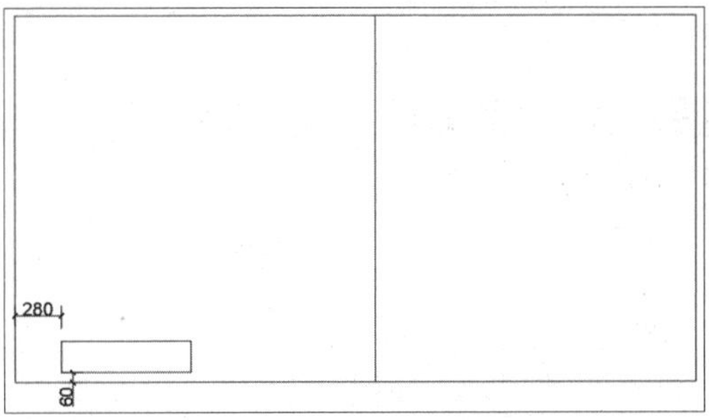

图 13-68 绘制矩形

Step 05 执行“圆”命令，绘制半径为5mm的圆图形，如图13-69所示。

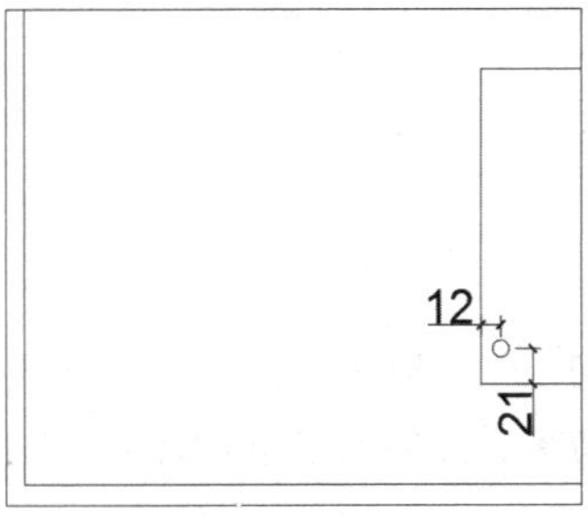

图 13-69 绘制圆图形

Step 06 执行“镜像”命令，镜像复制图形，如图13-70所示。

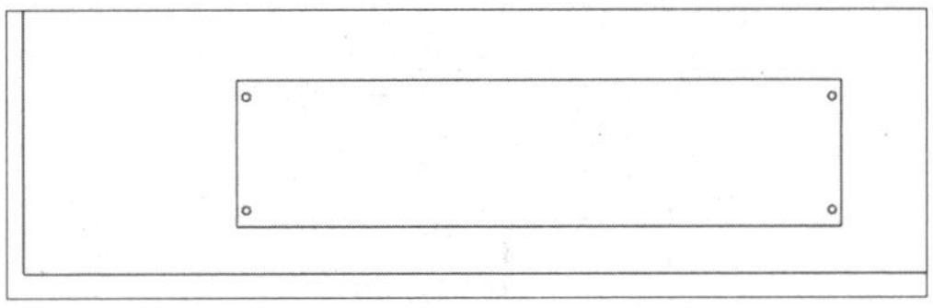

图 13-70 镜像图形

Step 07 执行“矩形阵列”命令，设置列数为2，介于825，行数为4介于200，对图形进行阵列操作，如图13-71所示。

AutoCAD 2019 中文版基础教程

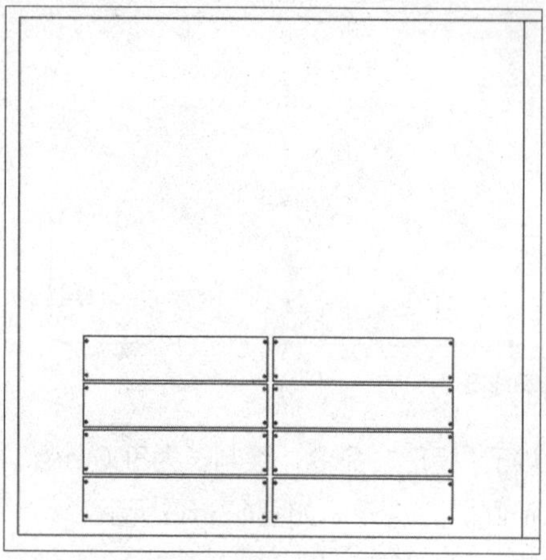

图 13-71　阵列图形

Step 08 执行“多段线”命令，绘制多段线，如图13-72所示。

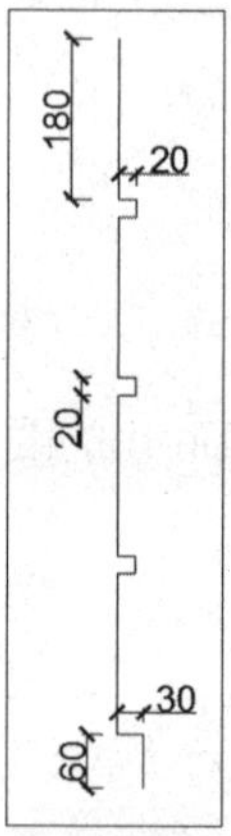

图 13-72　绘制多段线

Step 09 执行“移动”和“复制”命令，将多段线放置在台面合适位置，然后向右依次复制，如图13-73所示。

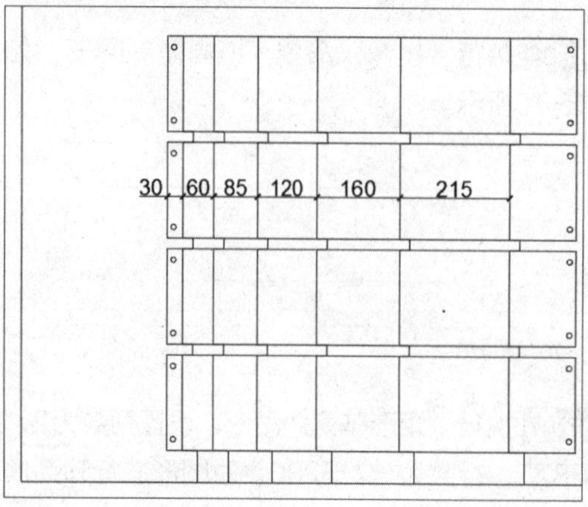

图 13-73　复制多段线

Step 10 执行“镜像”命令，镜像复制多段线，如图13-74所示。

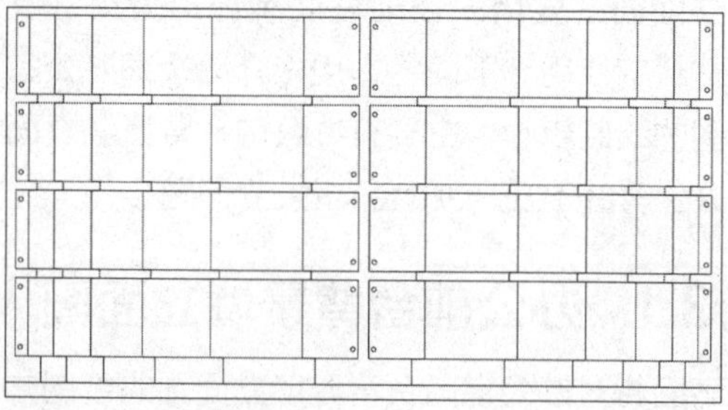

图 13-74　镜像多段线

Step 11 绘制台面图形。执行“矩形”命令，绘制1675×20和1675×12的矩形图形，如图13-75所示。

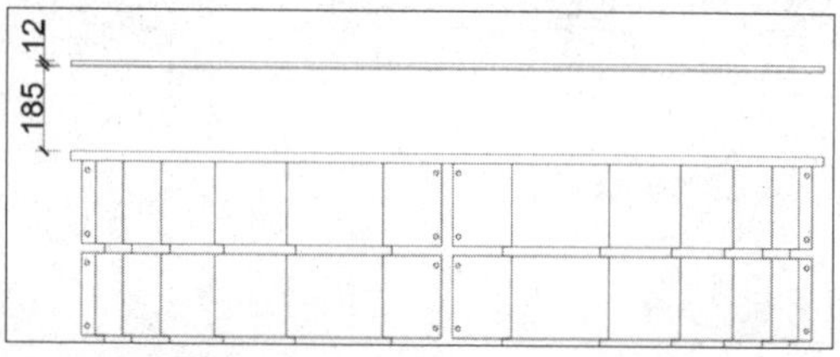

图 13-75　绘制矩形

Step 12 执行“矩形”命令，绘制20×220mm的矩形图形，如图13-76所示。

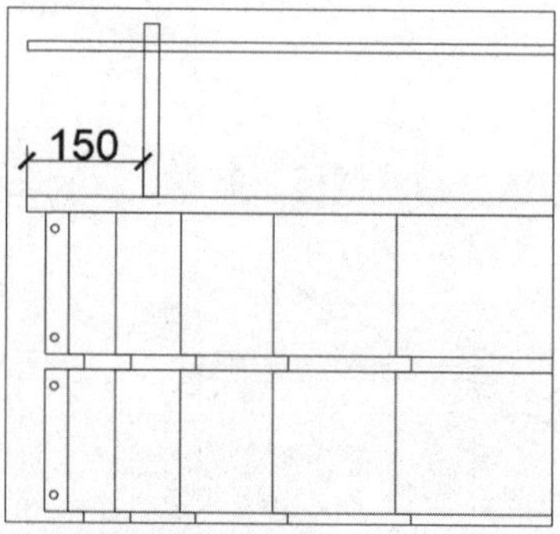

图 13-76　绘制矩形

Step 13 执行“复制”命令，复制矩形图形并移动至合适位置，如图13-77所示。

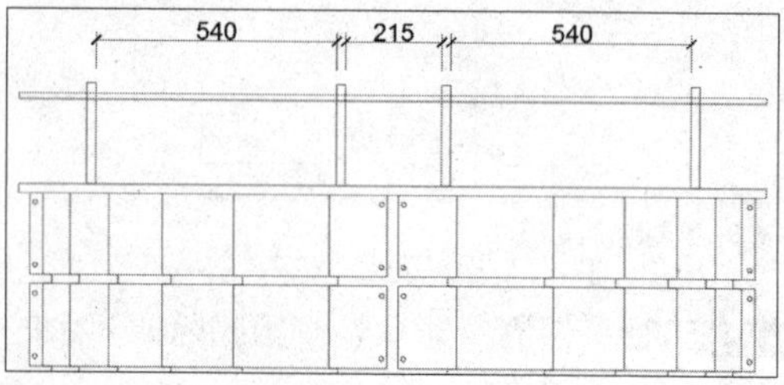

图 13-77　复制图形

Step 14 执行“修剪”命令，修剪删除掉多余的线段，绘制出台面图形，如图13-78所示。

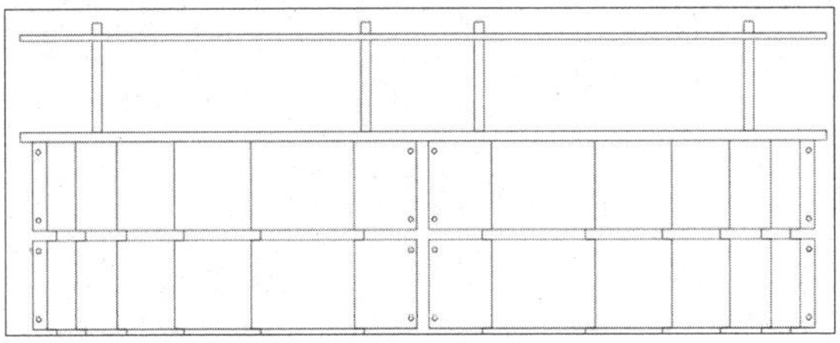

图13-78 修剪图形

Step 15 执行“多段线”命令，绘制500×1300的U形图形，放在台面的合适位置，如图13-79所示。

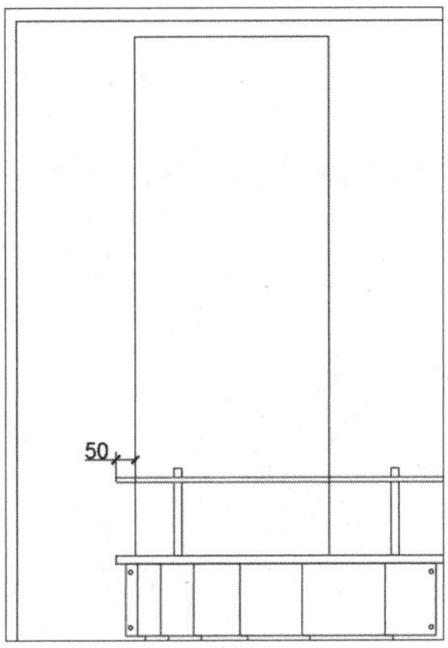

图13-79 绘制多段线图形

Step 16 执行“偏移”命令，将多段线向内偏移10mm，如图13-80所示。

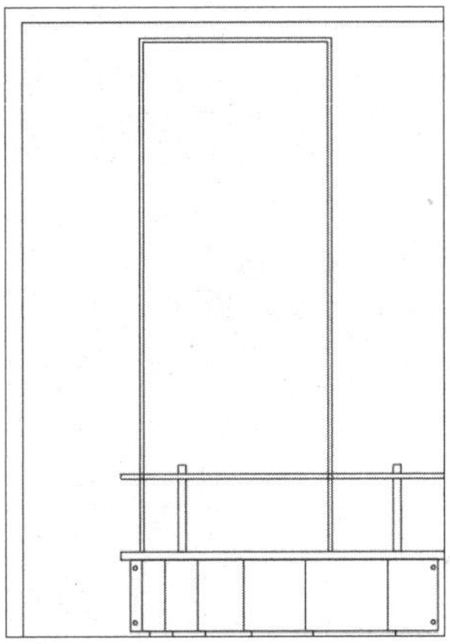

图13-80 偏移图形

Step 17 执行“复制”命令，复制多段线图形并移至合适位置，如图13-81所示。

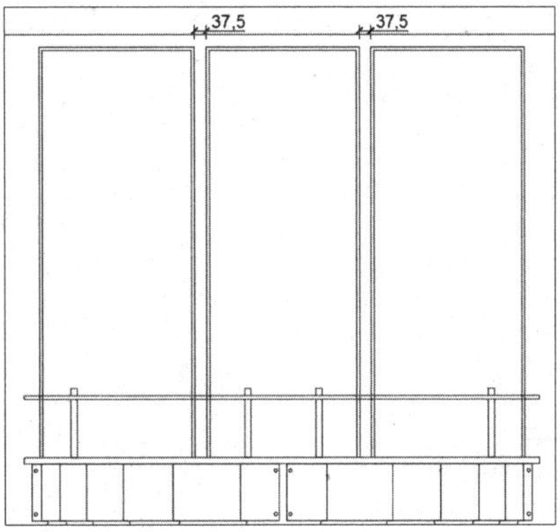

图13-81 复制图形

Step 18 执行“修剪”和“图案填充”命令，修剪删除掉多余的线段，并设置图案名为GOST-GLASS、比例为8，对图形进行图案填充，效果而13-82所示。

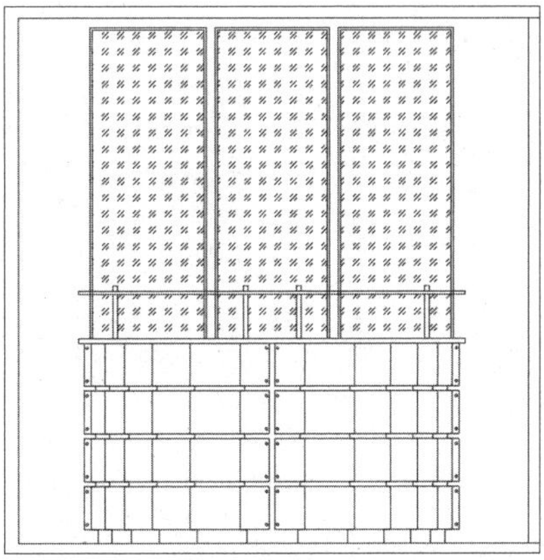

图13-82 填充图形

Step 19 继续执行当前命令，设置图案名为AR-RROOF、比例为5、角度为45，填充前台图形，如图13-83所示。

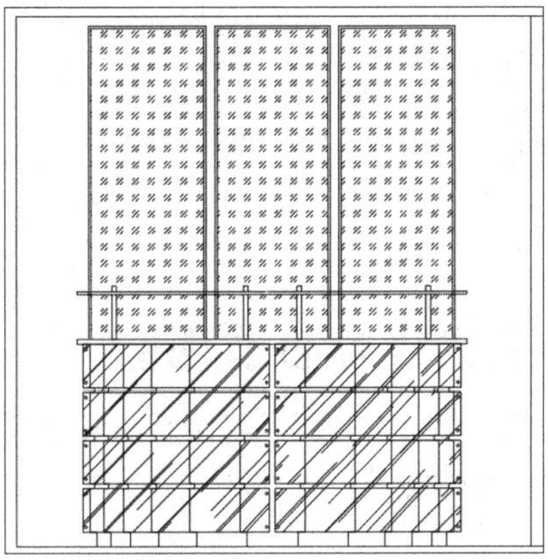

图13-83 填充图形

Step 20 执行“插入>块”命令，插入装饰品图形并放在图中合适位置，如图13-84所示。

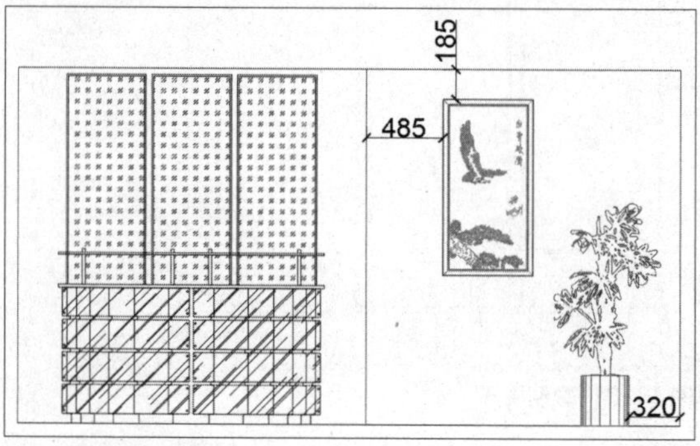

图 13-84 插入图形

Step 21 执行“线性”和“连续”等命令，对立面图进行尺寸标注，如图13-85所示。

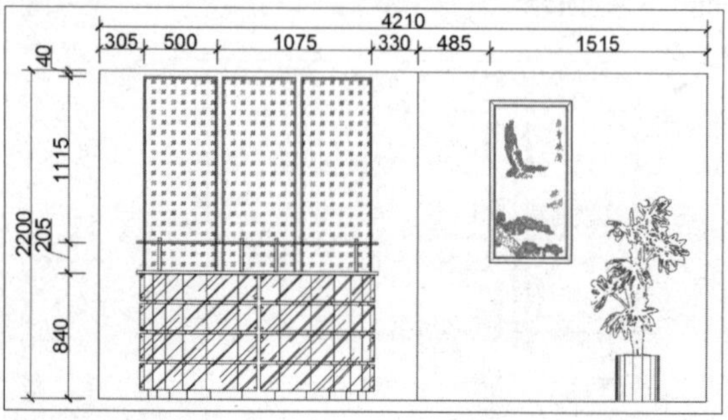

图 13-85 尺寸标注

Step 22 执行“多重引线”命令，对立面图添加文字说明，最终效果如图13-86所示。

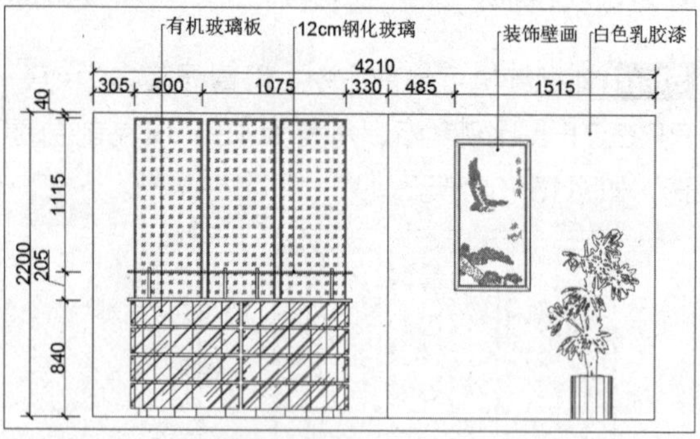

图 13-86 办公室前台背景墙

13.3.2 前台走廊 B 立面图

下面将对前台走廊B立面图的绘制方法进行介绍，具体操作步骤如下。

Step 01 复制前台走廊平面图，执行“射线”命令，绘制辅助线，如图13-87所示。

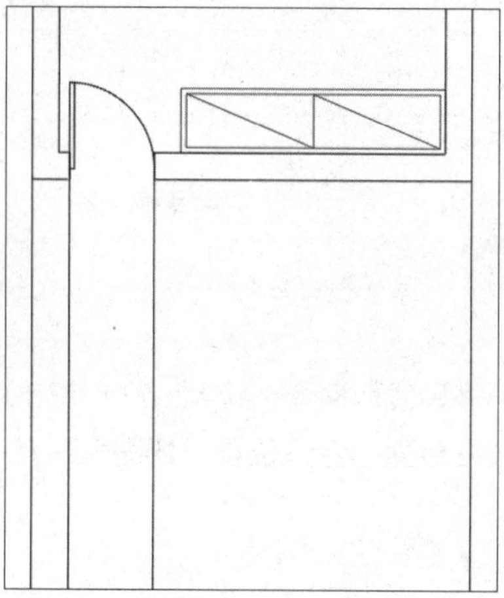

图 13-87 绘制辅助线

Step 02 执行“直线”和“偏移”命令，绘制轮廓线，如图13-88所示。

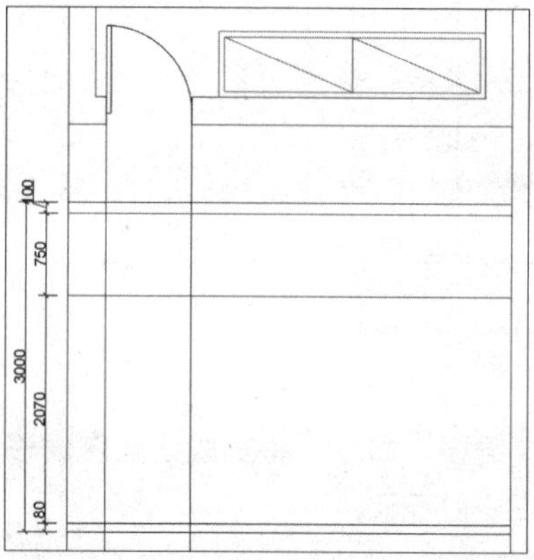

图 13-88 绘制轮廓线

Step 03 执行“修剪”命令，修剪删除掉多余的线段，如图13-89所示。

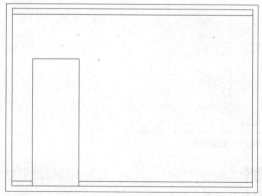

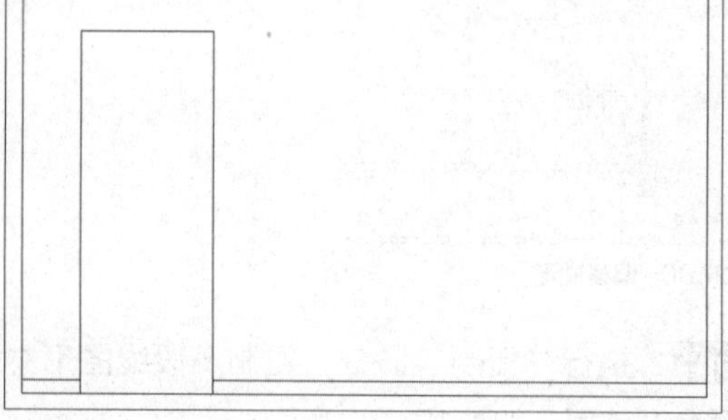

图 13-89 修剪图形

Step 04 绘制门图形，执行“多段线”、“偏移”命令，绘制多段线，并将多段线向内依次偏移40mm、10mm、5mm，如图13-90所示。

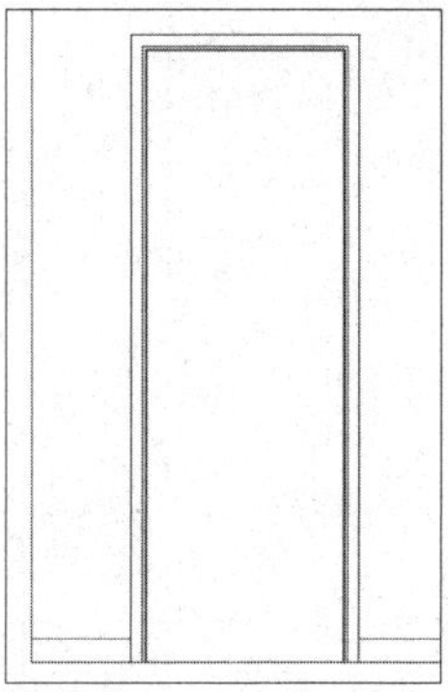

图13-90 偏移线段

Step 05 分解最内侧的多段线，执行“偏移”命令，将线段向下依次偏移280mm、10mm、1495mm、10mm，如图13-91所示。

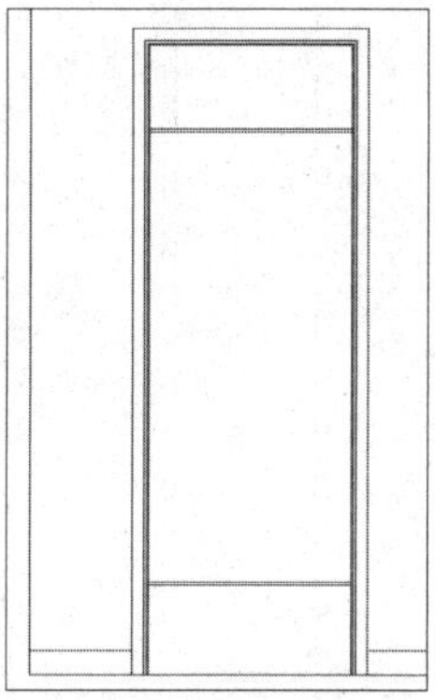

图13-91 偏移线段

Step 06 执行“矩形”命令，绘制250×1200mm、30×1050mm的矩形图形，放在图中合适位置，如图13-92所示。

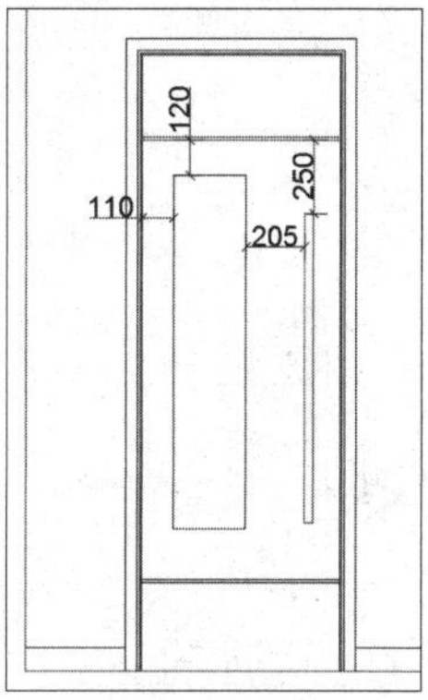

图13-92 绘制矩形

Step 07 分解30×1050mm的矩形图形，执行“偏移”命令，将水平方向的线段依次向下偏移115mm、10mm、200mm、10mm，如图13-93所示。

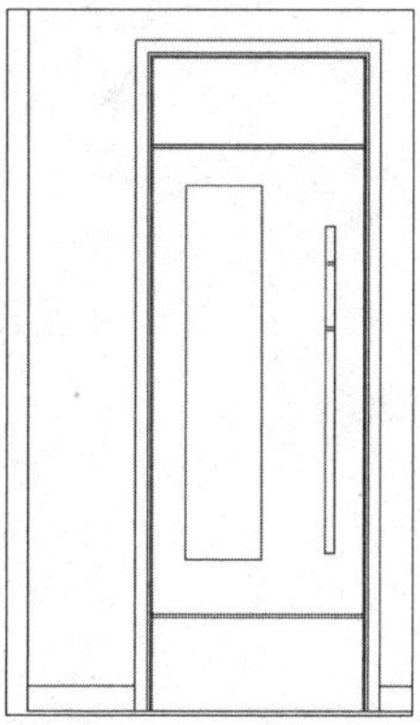

图13-93 偏移线段

Step 08 执行“镜像”命令，镜像复制刚绘制的线段，如图13-94所示。

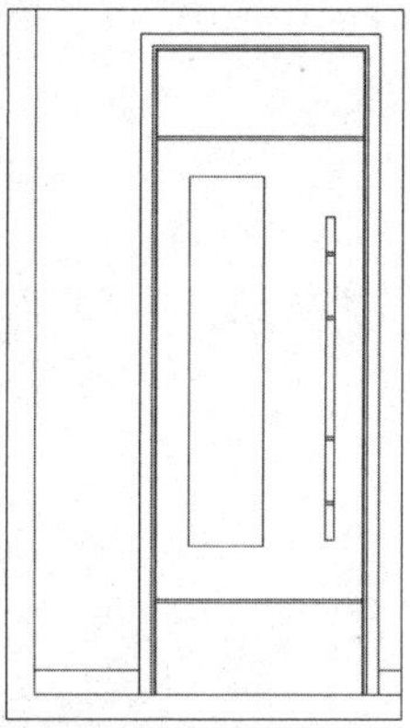

图13-94 镜像操作

Step 09 执行“圆角”命令，设置圆角半径为15mm，对矩形图形进行圆角操作，绘制出门把手图形，如图13-95所示。

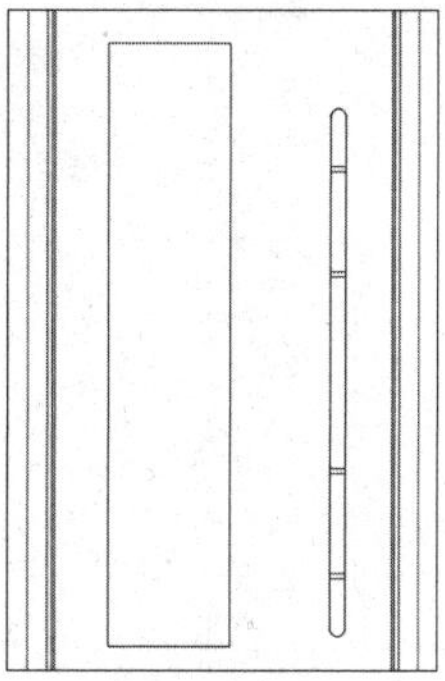

图13-95 圆角操作

Step 10 执行“图案填充”命令，设置图案为AR-CONC、比例为0.2，对门把手图形进行图案填充，如图13-96所示。

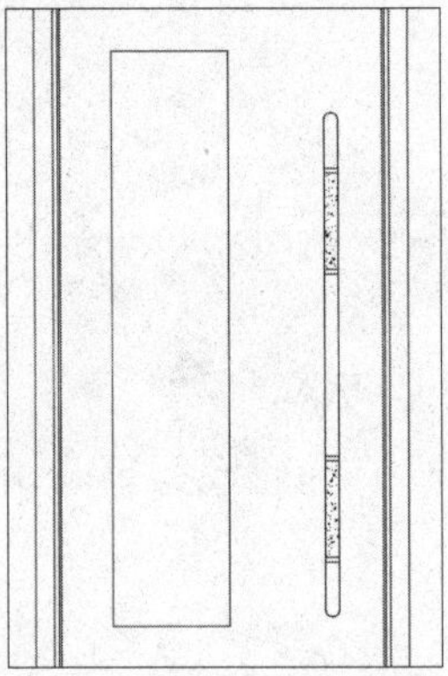

图 13-96 对把手进行图案填充

Step 11 继续执行当前命令，设置图案为AR-RROOF，比例为5，角度为45，对玻璃门图形进行图案填充，如图13-97所示。

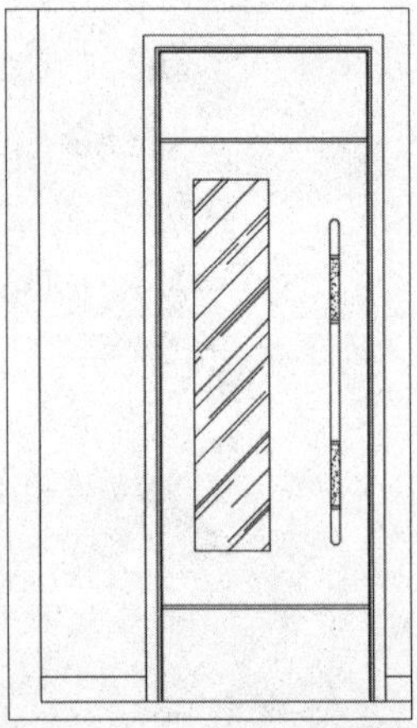

图 13-97 对玻璃门进行图案填充

Step 12 执行“偏移”命令，将线段向内进行偏移，如图13-98所示。

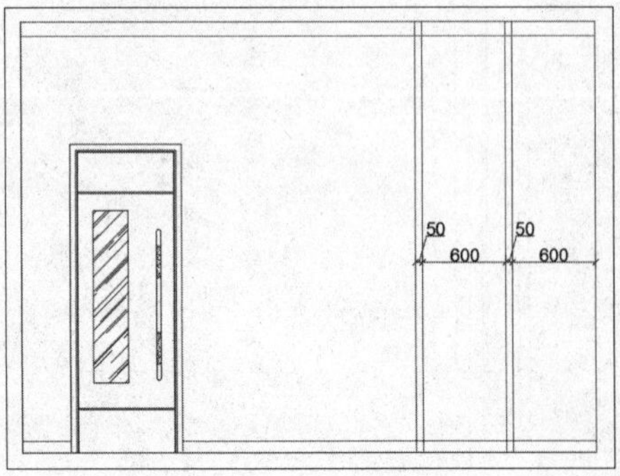

图 13-98 偏移线段

Step 13 执行“修剪”命令，修剪删除掉多余的线段，如图13-99所示。

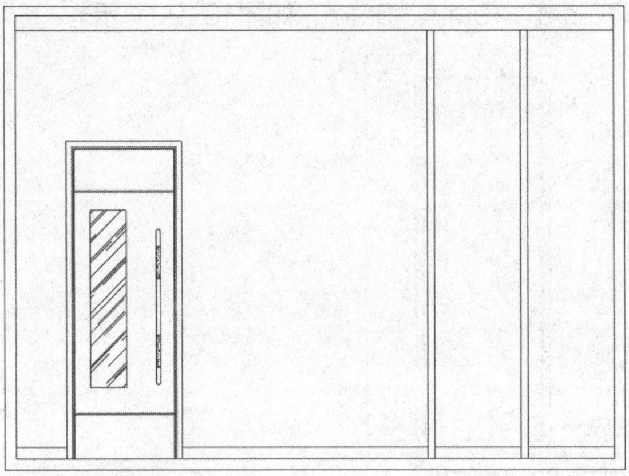

图 13-99 修剪线段

Step 14 执行“偏移”命令，将线段依次向上偏移20mm、60mm、20mm，如图13-100所示。

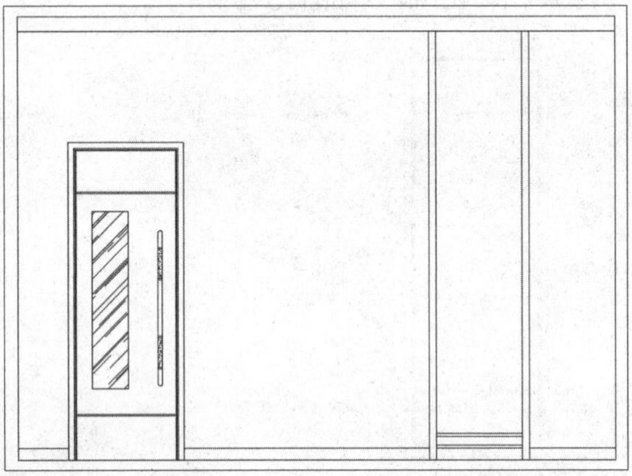

图 13-100 偏移线段

Step 15 执行“复制”命令，复制线段，如图13-101所示。

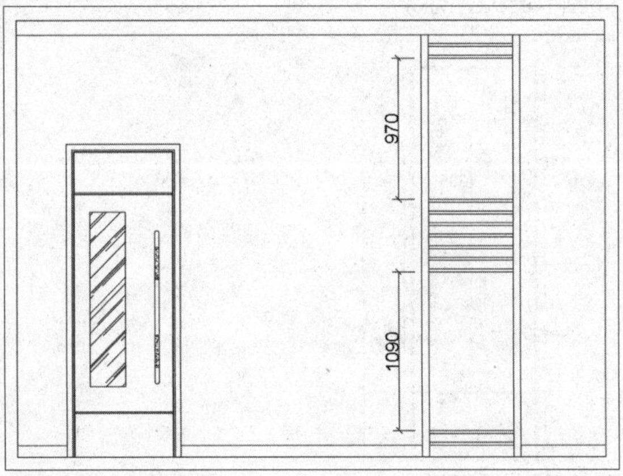

图 13-101 复制线段

Step 16 执行“图案填充”命令，设置图案名为AR-RROOF，比例为8，角度为45，对装饰架进行图案填充，如图13-102所示。

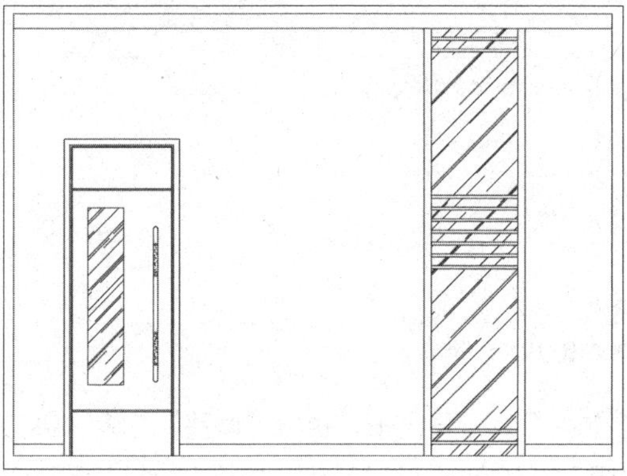

图 13-102 对装饰架进行图案填充

Step 17 继续执行当前命令，设置图案名为AR-SAND、比例为2，对图形进行图案填充，如图13-103所示。

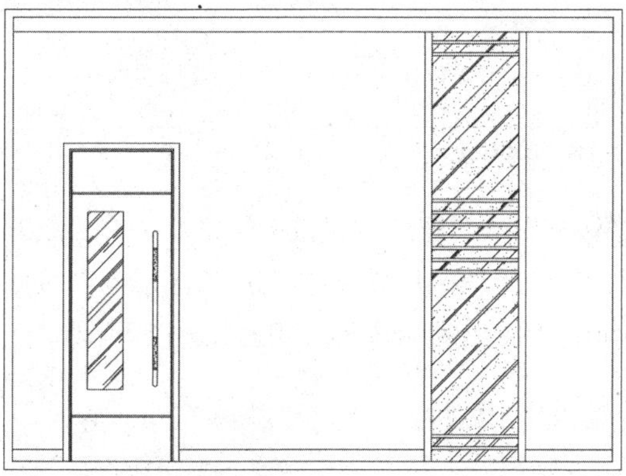

图 13-103 再次填充图案

Step 18 执行“复制”命令，复制图形，并删除掉多余的线段，如图13-104所示。

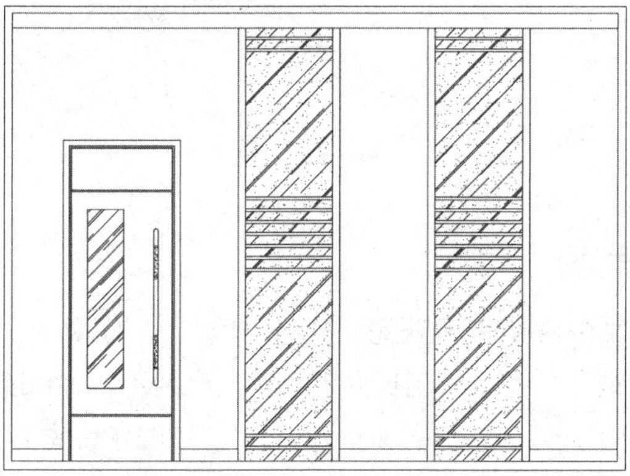

图 13-104 复制图形

Step 19 执行“插入>块”命令，在打开的对话框中插入装饰画图形，如图13-105所示。

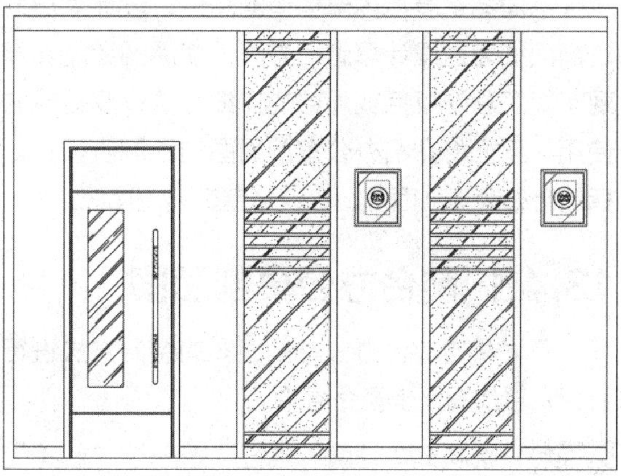

图 13-105 插入图形

Step 20 执行“线性”、“连续”标注命令，对图形进行尺寸标注，如图13-106所示。

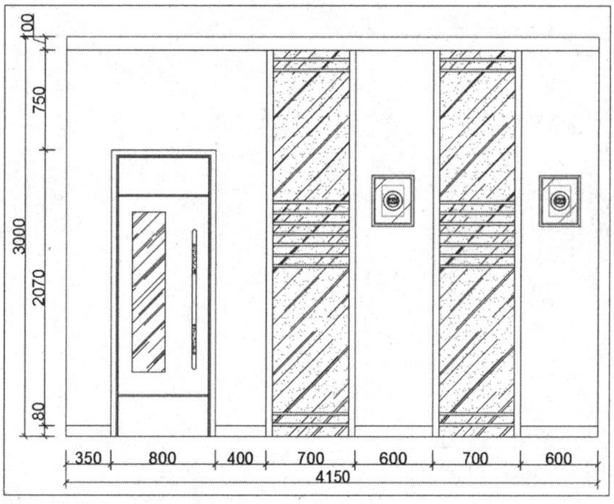

图 13-106 尺寸标注

Step 21 执行“多重引线”命令，对前台走廊B立面进行引线标注，完成前台走廊B立面图的绘制，如图13-107所示。

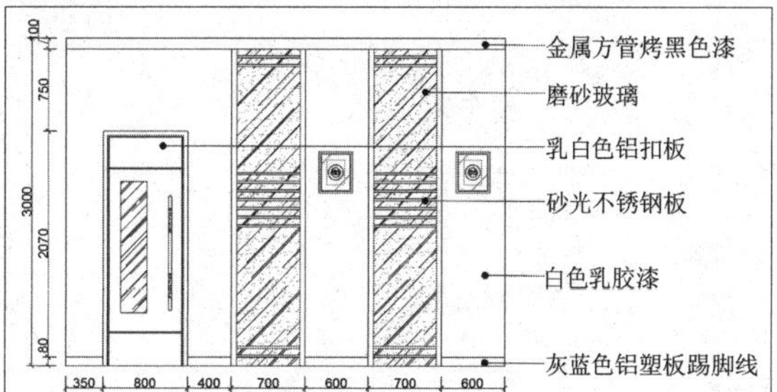

图 13-107 引线标注

13.4 绘制办公室剖面

剖面图是展示内部构造的图例，设计人员通过剖面图表达设计思想和意图，使阅图者能够直观了解工程的概括或局部的详细做法以及材料的使用。下面将介绍办公室剖面图的绘制步骤，包括前台办公桌剖面图、会议装室饰墙剖面图。

13.4.1 前台办公桌剖面图

下面将对前台办公桌剖面图的绘制方法进行介绍，具体操作步骤介绍如下。

Step 01 绘制桌体轮廓。执行“矩形”、“偏移”命令，绘制长为700mm，宽为1305mm的矩形图形，分解矩形图形，并将线段向内进行偏移，如图13-108所示。

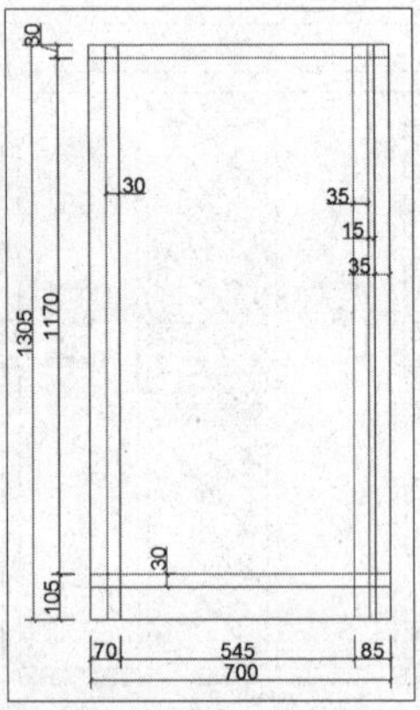

图 13-108 绘制矩形

Step 02 执行“修剪”命令，修剪删除掉多余的线段，绘制出桌体轮廓图形，如图13-109所示。

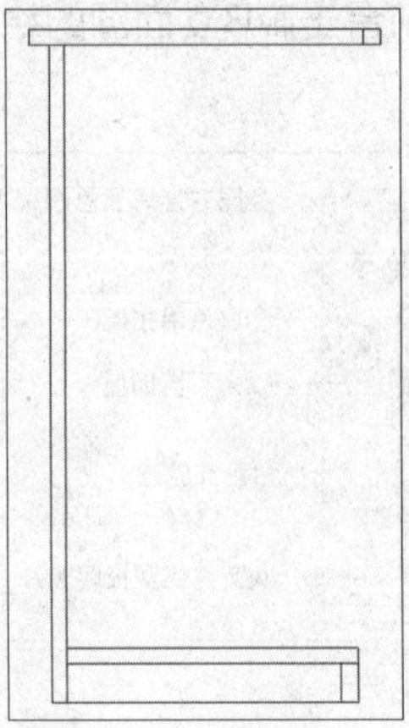

图 13-109 修剪线段

Step 03 绘制隔板图形。执行“矩形”命令，绘制长为580mm，宽为30mm的矩形图形，如图13-110所示。

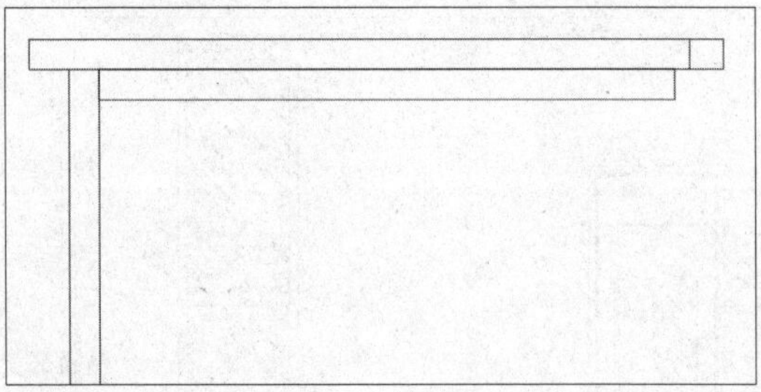

图 13-110 绘制矩形

Step 04 分解矩形图形，执行“偏移”命令，将右侧的竖直线段向内偏移10mm、如图13-111所示。

图 13-111 偏移线段

Step 05 执行“复制”、“拉伸”命令，将绘制的图形向下进行复制，并将复制后的图形向内拉伸40mm，绘制出隔板图形，如图13-112所示。

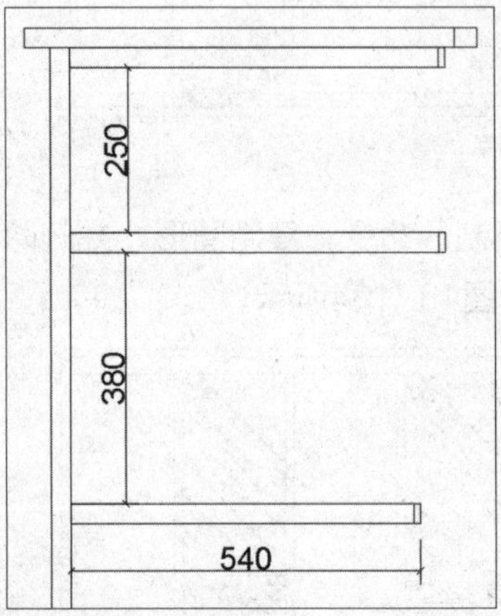

图 13-112 拉伸图形

Step 06 绘制柜门图形。执行“矩形”、“偏移”、“直线”命令，绘制长为25mm，宽为280mm的矩形图形，并向内偏移5mm，放在图中合适位置，如图13-113所示。

图 13-113 绘制矩形并偏移线段

Step 07 执行“复制”、“拉伸”命令，将绘制好的柜门图形向下复制，并将复制后的柜门图形向下拉伸610mm，绘制出柜门图形，如图13-114所示。

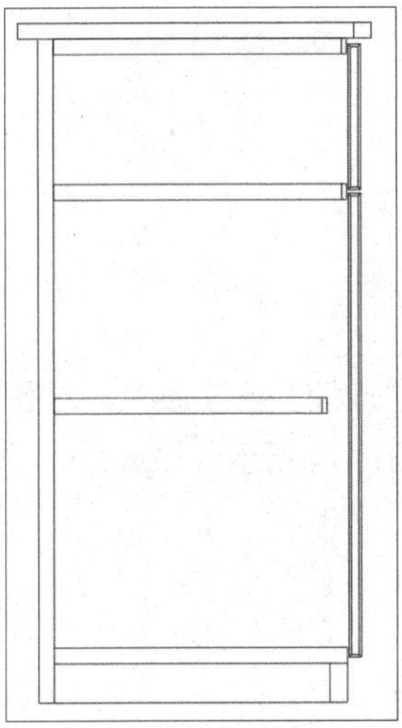

图 13-114 绘制柜门图形

Step 08 绘制抽屉图形。执行“矩形”命令，绘制长为535mm，宽为180mm的矩形图形，如图13-115所示。

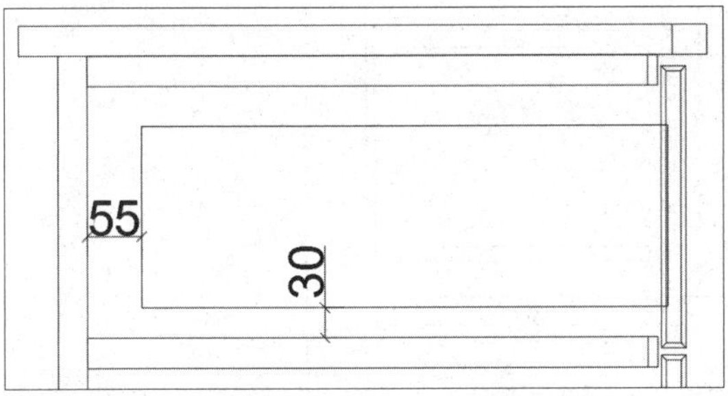

图 13-115 绘制矩形

Step 09 分解矩形图形，执行“偏移”命令，将竖直方向的线段向内偏移15mm，将水平方向的线段向内偏移10mm，如图13-116所示。

图 13-116 偏移线段

Step 10 执行“修剪”命令，删除掉多余的线段，绘制出抽屉图形，如图13-117所示。

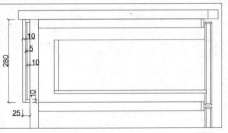

图 13-117 修剪线段

Step 11 按照上述相同的方法，绘制出有机玻璃板图形，如图13-118所示。

图 13-118 绘制有机玻璃板图形

Step 12 执行“矩形阵列”命令，设置列数为1，行数为4，介于为300，其余参数保持不变，效果如图13-119所示。

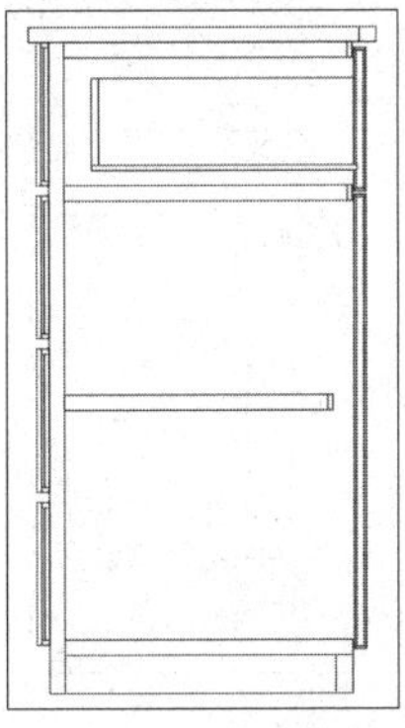

图 13-119 阵列图形

Step 13 执行“矩形”命令，绘制30× 30mm，20×130mm，30×60mm，440×12mm的矩形图形，并将其进行复制，如图13-120所示。

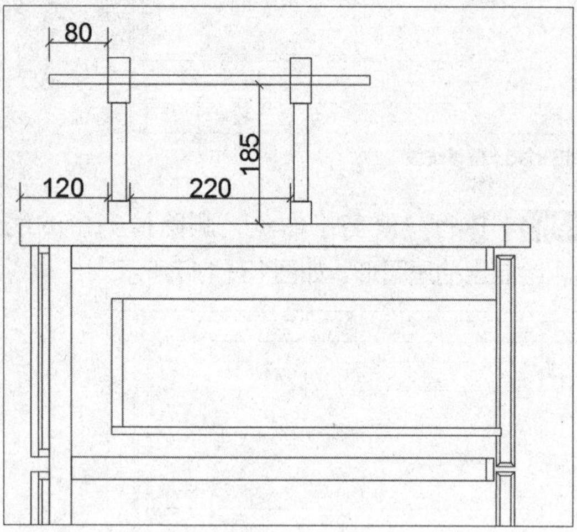

图 13-120 绘制矩形图形

Step 14 执行“修剪”、“圆角”命令，修剪删除掉多余的线段，并设置圆角半径为3mm，对440×12mm矩形的四个角进行圆角操作，如图13-121所示。

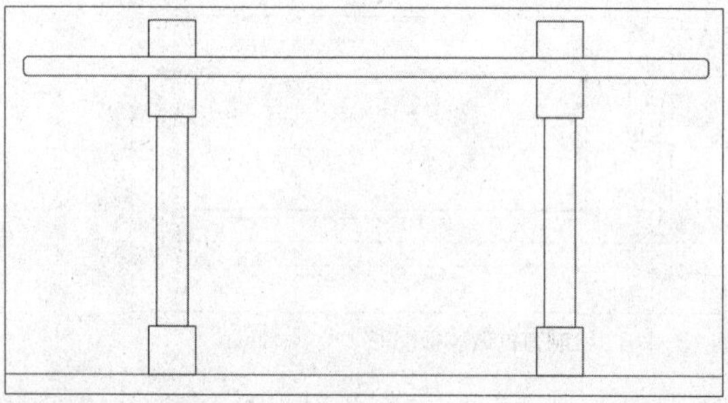

图 13-121 修剪图形

Step 15 执行“图案填充”命令，设置图案名为ANSI34、比例为1，对图形进行尺寸标注，如图13-122所示。

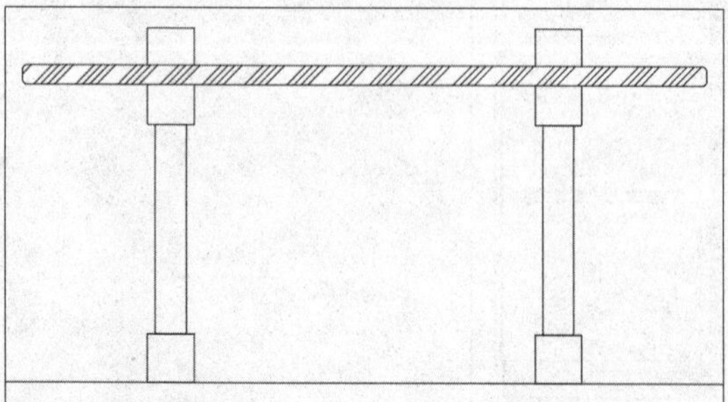

图 13-122 填充图案

Step 16 执行“插入>块”命令、插入铰链等图块，放在图中合适位置，如图13-123所示。

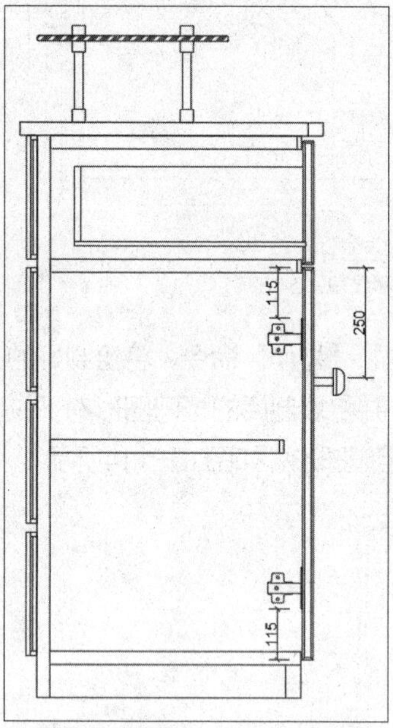

图 13-123 插入图块

Step 17 执行“线性”、“连续”标注命令，对图形进行尺寸标注，如图13-124所示。

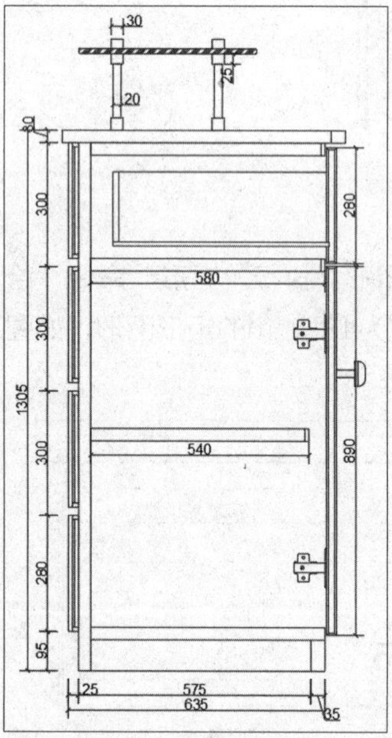

图 13-124 尺寸标注

Step 18 执行“多重引线”标注命令，对图形进行引线标注，完成前台办公桌剖面图的绘制，如图13-125所示。

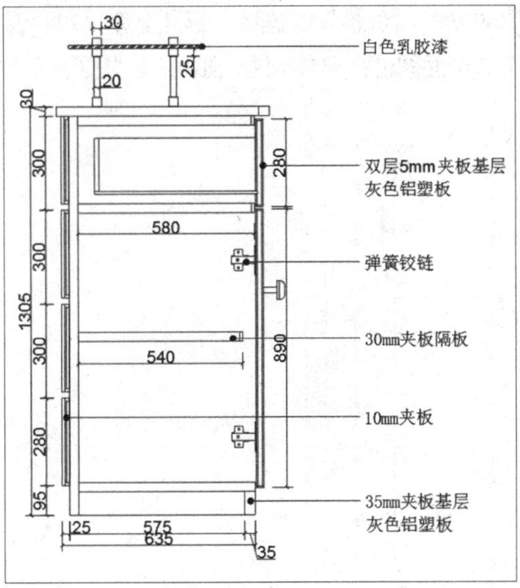

图 13-125 前台办公桌剖面图

13.4.2 会议室装饰墙剖面图

下面将对会议室装饰墙剖面图的绘制方法进行介绍，具体操作步骤介绍如下。

Step 01 执行“矩形”命令，绘制240×1600mm、335×1390mm、27×1390mm、13×340mm的矩形图形，如图13-126所示。

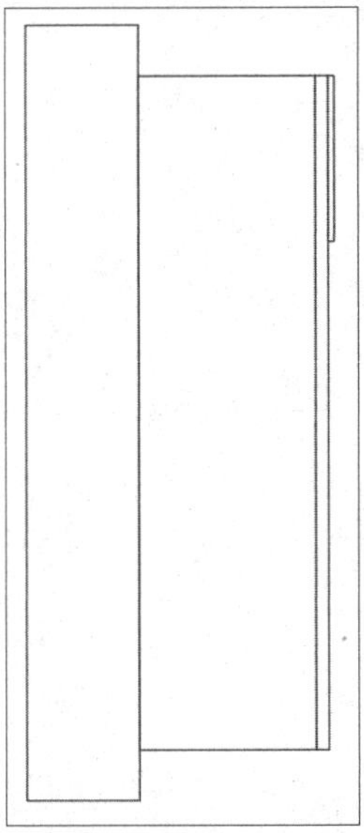
图 13-126 绘制矩形

Step 02 执行“矩形阵列”命令，设置列数为1，行数为4，介于为-350，对刚绘制的矩形图形进行阵列操作，如图13-127所示。

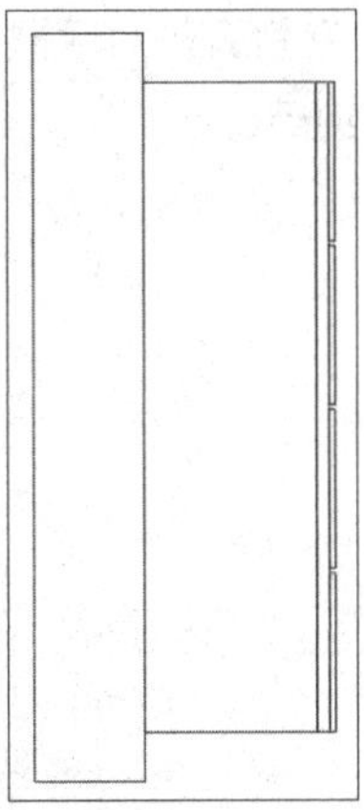
图 13-127 绘制矩形

Step 03 执行“矩形”命令，绘制长为335mm，宽为27mm的隔板图形，如图13-128所示。

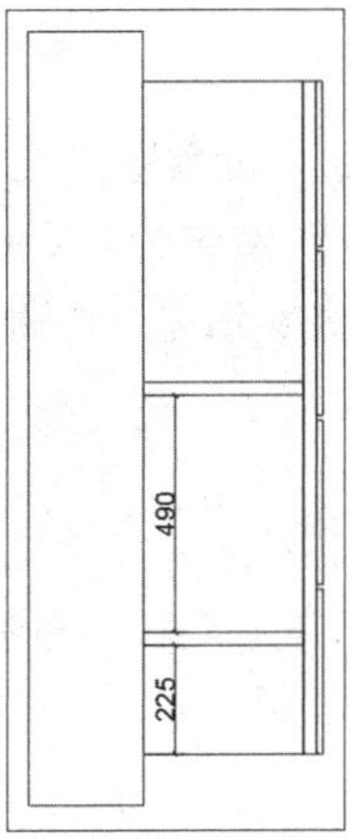

图 13-128 绘制矩形

Step 04 执行“矩形”、“直线”命令，绘制长、宽各为60mm的木龙骨图形，如图13-129所示。

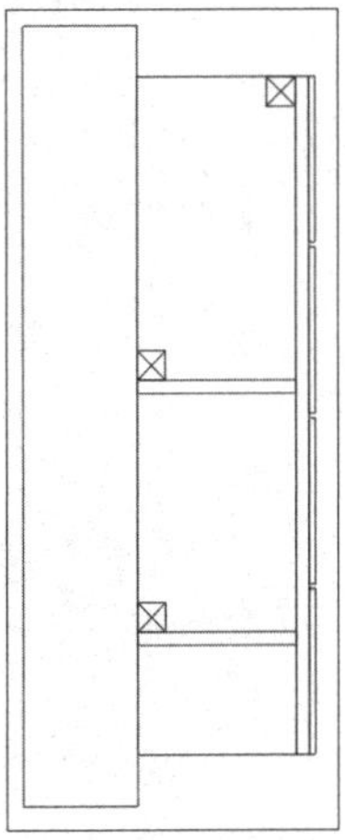
图 13-129 绘制木龙骨图形

Step 05 执行"插入>块"命令，在打开的对话框中插入灯立面图形，如图13-130所示。

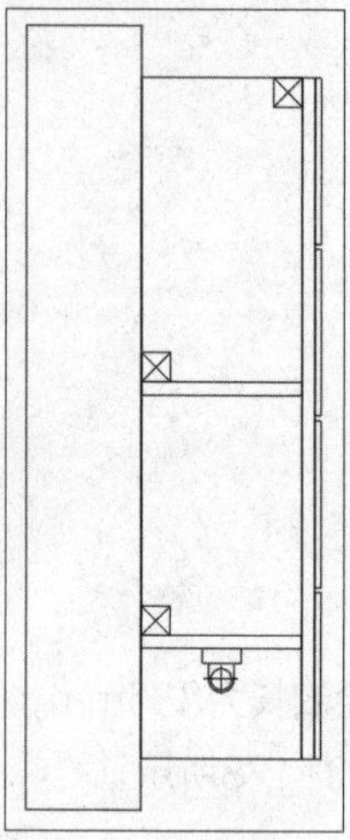

图 13-130　插入图形

Step 06 执行"图案填充"命令，设置图案名为ANSI31、比例为20，以及图案名为AR-CONC、比例为1，对墙体进行图案填充，并删除多余的线段，如图13-131所示。

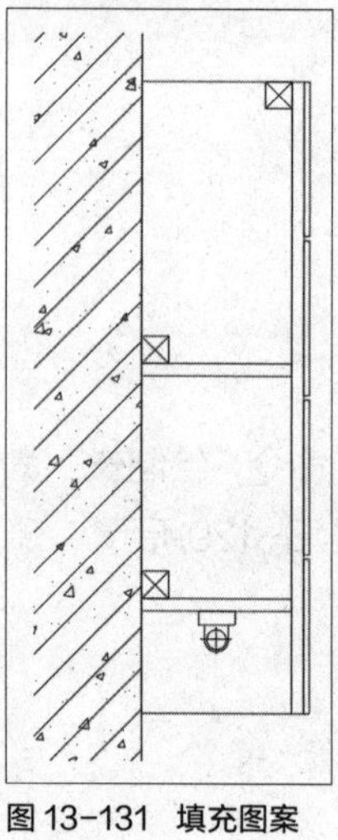

图 13-131　填充图案

Step 07 执行"线性"、"连续"标注命令，对会议室装饰墙剖面图进行尺寸标注，如图13-132所示。

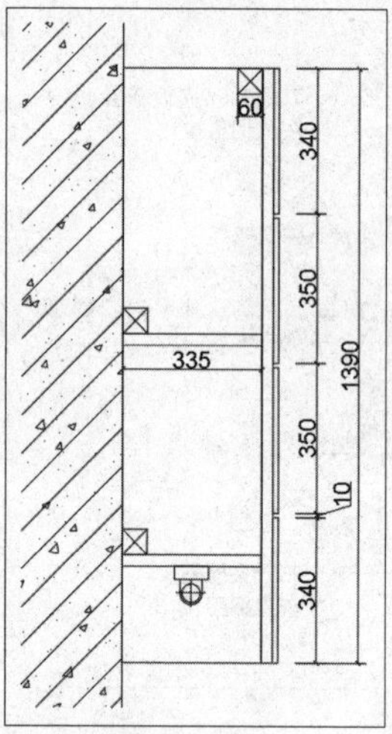

图 13-132　尺寸标注

Step 08 执行"多重引线"标注命令，对图形进行引线标注，如图13-133所示。

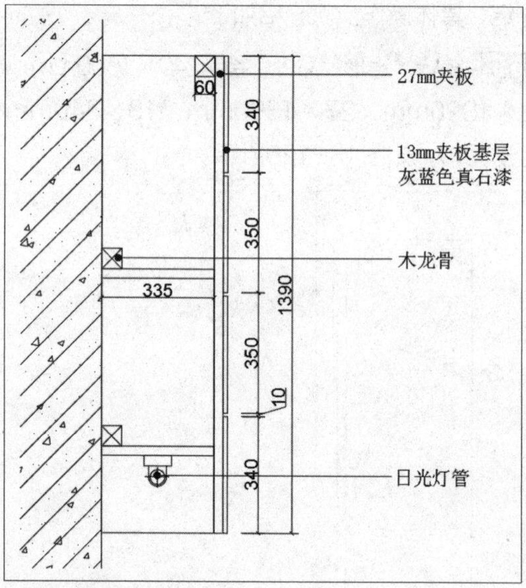

图 13-133　完成绘制

附录Ⅰ 课后练习参考答案

Chapter 01

1. 填空题

(1)文本窗口

(2)选择文件

(3)Computer Auto Design

2. 选择题

(1)A (2)A (3)C (4)A

Chapter 02

1. 填空题

(1)世界坐标系、UCS

(2)图层特性、图层特性管理器

(3)Continuous

2. 选择题

(1)D (2)C (3)A (4)C

Chapter 03

1. 填空题

(1)点样式

(2)内接于圆、外切于圆

(3)中心点、轴，端点

2. 选择题

(1)D (2)D (3)C (4)A

Chapter 04

1. 填空题

(1)选项OP

(2)同心偏移、直线

(3)镜像MI

2. 选择题

(1)A (2)B (3)A (4)D

Chapter 05

1. 填空题

(1)原点 (2)0 (3)OFF、1

2. 选择题

(1)C (2)A (3)B (4)C

Chapter 06

1. 填空题

(1)对象合集

(2)I

(3)增强属性编辑器

2. 选择题

(1)C (2)D (3)C (4)B

Chapter 07

1. 填空题

(1)文字样式

(2)TEXT、DDEDIT

(3)MTEXT、DDEDIT

2. 选择题

(1)B (2)C (3)A (4)C (5)B

Chapter 08

1. 填空题

(1)标注样式

(2)尺寸界线

(3)更新标注

2. 选择题

(1)B (2)B (3)B (4)C

Chapter 09

1. 填空题

(1)世界坐标系

(2)楔体

(3)交集

2. 选择题

(1)B (2)D (3)C (4)C

Chapter 10

1. 填空题

(1)三维阵列、层数

(2)复制边

(3)面域

2. 选择题

(1)B (2)C (3)ACD

Chapter 11

1. 填空题

(1)模型、布局

(2)输出

(3)输入

2. 选择题

(1)D (2)D (3)A (4)D

附录Ⅱ 常用快捷键汇总

功　能	快捷键
获取帮助	F1
实现绘图区和文本窗口的切换	F2
控制是否实现对象自动捕捉	F3
数字化仪控制	F4
等轴测平面切换	F5
控制状态行上坐标的显示方式	F6
栅格显示模式控制	F7
正交模式控制	F8
栅格捕捉模式控制	F9
极轴模式控制	F10
对象追踪式控制	F11
打开“特性”选项板	Ctrl+1
打开图像资源管理器	Ctrl+2
打开图像数据原子	Ctrl+6
栅格捕捉模式控制	Ctrl+B
将选择的对象复制到剪切板上	Ctrl+C

功　能	快捷键
控制是否实现对象自动捕捉	Ctrl+F
栅格显示模式控制	Ctrl+G
重复执行上一步命令	Ctrl+J
超级链接	Ctrl+K
新建图形文件	Ctrl+N
打开“选项”对话框	Ctrl+M
打开图像文件	Ctrl+O
打开“打印”对话框	Ctrl+P
保存文件	Ctrl+S
极轴模式控制	Ctrl+U
粘贴剪贴板上的内容	Ctrl+V
对象追踪式控制	Ctrl+W
剪切所选择的内容	Ctrl+X
重做	Ctrl+Y
取消前一步的操作	Ctrl+Z

附录Ⅲ 常用命令一览表

快捷键	命令名称
绘图命令	
A	ARC（圆弧）
B	BLOCK（块定义）
C	CIRCLE（圆）
F	FILLET（倒圆角）
H	BHATCH（填充）
I	INSERT（插入块）
L	LINE（直线）
T	MTEXT（多行文本）
W	WBLOCK（定义块文件）
DO	DONUT（圆环）
修改命令	
E	ERASE（删除）
M	MOVE（移动）
O	OFFSET（偏移）
S	STRETCH（拉伸）
X	EXPLODE（分解）
CO	COPY（复制）
MI	MIRROR（镜像）
AR	ARRAY（阵列）
RO	ROTATE（旋转）
TR	TRIM（修剪）
EX	EXTEND（延伸）
SC	SCALE（比例缩放）
BK	BREAK（打断）
PE	PEDIT（多段线编辑）
ED	DDEDIT（修改文本）
LEN	LENGTHEN（直线拉长）
CHA	CHAMFER（倒角）
尺寸标注命令	
D	DIMSTYLE（标注样式）
DLI	DIMLINEAR（直线标注）
DAL	DIMALIGNED（对齐标注）
DRA	DIMRADIUS（半径标注）

快捷键	命令名称
绘图命令	
DIV	DIVIDE（等分）
EL	ELLIPSE（椭圆）
PL	PLINE（多段线）
XL	XLINE（射线）
PO	POINT（点）
ML	MLINE（多线）
POL	POLYGON（正多边形）
REC	RECTANGLE（矩形）
REG	REGION（面域）
SPL	SPLINE（样条曲线）
对象特性命令	
MA	MATCHPROP（属性匹配）
ST	STYLE（文字样式）
COL	COLOR（设置颜色）
LA	LAYER（图层操作）
LT	LINETYPE（线型）
LTS	LTSCALE（线型比例）
LW	LWEIGHT（线宽）
UN	UNITS（图形单位）
ATT	ATTDEF（属性定义）
ATE,	ATTEDIT（编辑属性）
BO	BOUNDARY（边界创建）
AL	ALIGN（对齐）
EXIT	QUIT（退出）
EXP	XPORT（输出其他格式文件）
IMP	IMPORT（输入文件）
OP	OPTIONS（自定义 CAD 设置）
PRINT	PLOT（打印）
PU	PURGE（清除垃圾）
R	REDRAW（重新生成）
REN	RENAME（重命名）
SN	SNAP（捕捉栅格）
DS	DSETTINGS（设置极轴追踪）

（续表）

快捷键	命令名称
尺寸标注命令	
DDI	DIMDIAMETER（直径标注）
DAN	DIMANGULAR（角度标注）
DCE	DIMCENTER（中心标注）
DOR	DIMORDINATE（点标注）
TOL	TOLERANCE（标注形位公差）
LE	QLEADER（快速引出标注）

（续表）

快捷键	命令名称
DBA	DIMBASELINE（基线标注）
DCO	DIMCONTINUE（连续标注）
DED	DIMEDIT（编辑标注）
DOV	DIMOVERRIDE(替换标注系统变量)
对象特性命令	
ADC	ADCENTER（设计中心“Ctrl+2”）
CH	PROPERTIES（修改特性“Ctrl+1”）

附录Ⅳ：AutoCAD 常见疑难问题之解决办法

1. AutoCAD 中无法进一步缩小时怎么办？

在命令行中输入Z并按回车键后，再输入A按回车键。

2. 在 AutoCAD 中绘制的直线是钜齿状怎么办？

按F8功能键或在状态栏中打开“正交模式”即可。

3. 图形里的圆不圆了怎么办？

执行RE命令即可。

4. 在标注时，如何使标注离图有一定的距离？

执行DIMEXO命令，再输入数字调整距离。

5. 怎样把多条直线合并成一条？

执行GROUP命令可以完成。

6. 绘制矩形或圆时没有了外面的虚框怎么办？

执行DRAGMODE命令，勾选系统变量dragmode ON，即可解决。如果要恢复到原始状态时，可将该系统变量设为“自动”即可。

7. 绘制完椭圆之后，椭圆是以多段线显示怎么办？

当系统变量PELLIPSE为1时，生成的椭圆是多段线；为0时，显示的是实体。

8. 打开旧图遇到异常错误而中断退出怎么办？

新建一个图形文件，然后将旧图以图块形式插入即可。

9. 填充无效时怎么办？

①考虑系统变量。

②执行OP命令，在打开的“选项”对话框的“显示”选项卡中，勾选“显示性能”选项组中的“应用实体填充”复选框。

10. 光标不能指向需要的位置怎么办？

检查状态栏，查看“捕捉模式”是否处于打开状态，如果是，则再次单击“捕捉模式”按钮，切换成关闭。

11. 如何删除顽固图层？

在当前图层中，关闭不需要的图层，将该图形文件复制到新图形中即可。

12. 平方符号怎么打出来？

在命令行中输入T按Enter键后，拖出一个文本框，然后单击鼠标右键，选择“符号”子菜单中的“平方”即可。

13. 镜像过来的字体保持不旋转怎么办？

执行MIRRTEXT命令。当值为0时，可保持镜像过来的字体不旋转；值为1时，进行旋转。

14. 为什么输入的文字高度无法改变？

右击要更改的文本，在快捷菜单中选择“特性”命令，在“特性”选项板的“高度”数值框中输入高度值即可。

15. 如何输入特殊符号？

我们知道表示直径的“Φ”、地平面的“±”、标注度符号“°”都可以用控制码%%C、%%P、%%D来输入，①执行T文字命令，拖出一个文本框框；②在对话框中单击鼠标右键选择“符号”子菜单下的选项。

16. DWG 文件破坏了怎么办？

执行“文件>绘图实用程序>修复”命令，选中要修复的文件。

17. 消除点标记

输入OP命令，打开“选项”对话框，在“绘图”选项卡的“自动捕捉设置”选项组中，取消勾选“标记”复选框，单击“确定”按钮即可。

18. 为什么不能显示汉字或输入的汉字变成了问号?

①对应的字型没有使用汉字字体，如HZTXT.SHX等;

②当前系统中没有汉字字体形文件；应将所用到的字型文件复制到AutoCAD的字体目录中（一般为...\FONTS\）;

③对于某些符号，如希腊字母等，同样必须使用对应的字体形文件，否则会显示？号。

如果找不到错误的字体是什么，可重新设置正确字体及大小，创建一个新文本，然后执行特性匹配命令，将新文本的字体应用到错误的字体上即可。

19. 尺寸标注后，为什么图形中有时会出现一些小的白点，却无法删除?

AutoCAD在标注尺寸时，自动生成一个Defpoints图层，保存有关标点的位置信息，该层一般是冻结的。由于某种原因，这些点有时会显示出来。要删除这些点可先将Defpoints图层解冻后再删除。但要注意，如果删除了与尺寸标注有关联的点，将同时删除对应的尺寸标注。

20. 标注的尾巴有0怎么办?

输入D命令，在“标注样式管理器”对话框中，单击“修改”按钮，在“修改标注样式”对话框的“主单位”选项卡中，将“精度”设为0即可。

21. 在标题栏显示路径不全怎么办?

执行OP命令，在打开的“选项”对话框中，切换到“打开和保存”选项卡，在“文件打开”选项组中勾选“在标题中显示完整路径”复选框即可。

22. 命令行中的模型、布局不见了怎么办?

执行OP命令，在打开的“选项”对话框中，切换到“显示”选项卡，在“布局元素”选项组中勾选“显示布局和模型选项卡”复选框即可。

23. 对于所有图块是否都可以进行编辑属性?

不是所有的图块都可以进行编辑属性的，只有在定义了块属性之后才可以对其属性进行编辑操作。

24. 如何在图形窗口中显示滚动条?

也许有人还用无滚轮的鼠标，那么这时滚动条也许还有点作用。执行OP命令，在打开的“选项”对话框的“显示”选项卡中，勾选“窗口元素”选项卡中的“在图形窗口中显示滚动条”复选框即可。

25. 如何隐藏坐标?

在命令行中输入UCSICON按回车键后，输入OFF即可关闭，反之输入ON即可打开。

26. 三维坐标的显示。

在三维视图中用动态观察器变动了坐标显示的方向后，可以在命令行键入“-view”命令，然后命令行显示：-VIEW输入选项[?/删除(D)/正交(O)/恢复(R)/保存(S)/设置(E)/窗口(W)]:键入O然后再按回车键，就可以回到标准的显示模式了。绘制要求较高的机械图样时，目标捕捉是精确定点的最佳工具。

27. 为什么绘制的剖面线或尺寸标注线不是连续线型?

AutoCAD绘制的剖面线、尺寸标注都可以具有线型属性。如果当前的线型不是连续线型，那么绘制的剖面线和尺寸标注就不是连续线。

28. AutoCAD 中的工具栏不见了怎么办?

执行OP命令，在“选项”对话框中，切换至“配置”选项卡，单击“重置”按钮即可。

29. 如何设置保存的格式?

执行OP命令，打开“选项”对话框并选择“打开和保存”选项卡，在“文件保存”选项组中的“另存为”下拉框中设置保存的格式。尽量保存低版本，因为CAD版本只向下兼容。

30. 如果 CAD 里的系统变量被人无意更改，或一些参数被人有意调整了怎么办?

执行OP命令，打开“选项”对话框，在“配置”选项卡中单击在“重置”按钮即可恢复。

31. 加选无效时怎么办?

AutoCAD正确的设置应该是可以连续选择多个对象，但有的时候，连续选择对象会失效，只能选择最后一次所选中的对象，这时可以按照以下方法解决。执行OP命令，打开“选项”对话框并选择“选择集”选项卡，在“选择集模式”选项组中取消勾选“Shift键添加到选择集”复选框，加选有效，反之加选无效。

32. 如何减少文件大小?

在图形完稿后，执行“清理”命令(PURGE)，清理掉多余的数据，如无用的块、没有实体的图层，未用的线型、字体、尺寸样式等，可以有效减少文件大小。一般彻底清理需要二到三次。

33. 如何关闭 CAD 中的 *BAK 文件?

①执行“工具>选项”命令，在“打开和保存”选项卡的“文件安全措施”选项组中取消勾选“每次保存时均创建备份副本”复选框。

②也可以用命令ISAVEBAK,将ISAVEBAK的系统变量修改为0，系统变量为1时，每次保存都会创建“*BAK”备份文件。

34. 如何将 CAD 图形插入 Word 里?

Word文档制作中，往往需要各种插图，Word绘图功能有限，特别是对于复杂的图形，该缺点更加明显。AutoCAD是专业绘图软件，功能强大，很适合绘制比较复杂的图形，用AutoCAD绘制好图形，然后插入Word制作复合文档是解决问题的好办法。可以用AutoCAD提供的输出功能先将AutoCAD图形以BMP或WMF等格式输出，然后插入Word文档；也可以先将AutoCAD图形复制到剪贴板，再在Word文档中粘贴。需要注意的是，由于AutoCAD默认背景颜色为黑色，而Word背景颜色为白色，首先应将AutoCAD图形背景颜色改成白色。另外，AutoCAD图形插入Word文档后，往往空边过大，效果不理想。利用Word图片工具栏上的裁剪功能进行修整，空边过大问题即可解决。

35. 块文件不能炸开及不能执行另外一些常用命令怎么办?

可以有两种方法解决：一是删除acad.lsp和acadapp.lsp文件，大小应该都是3K，然后复制acadr14.lsp两次，命名为上述两个文件名，并加上只读，就可以了。要删掉DWG图形所在目录的所有lsp文件，不然会感染其他图形。二是使用专门查杀该病毒的软件

36. 怎样用 PSOUT 命令输出图形到一张比 A 型图纸更大的图纸上?

如果直接用PSOUT输出EPS文件，系统变量FILEDIA又被设置为1，输出的EPS文件，只能送到A型图纸大小。

如果想选择图纸大小，必须在运行PSOUT命令之前取消文件交互对话框形式，为此，设置系统变量FILEDIA为0。或者为AutoCAD配置一个Posts cript打印机，然后输出到文件，即可得到任意图纸大小的EPS文件。

37. 如何将自动保存的图形复原?

AutoCAD将自动保存的图形存放到AUTO.SV$或AUTO?.SV$文件中，找到该文件将其重命名为图形文件即可在AutoCAD中打开。一般该文件存放在WINDOWS的临时目录中，如C:\\WINDOWS\\TEMP。

38. 如何保存图层?

新建一个CAD文档，把图层、标注样式等等都设置好后另存为DWT格式（CAD的模板文件）。在CAD安装目录下找到DWT模板文件放置的文件夹，把刚才创建的DWT文件放进去，以后使用，新建文档时提示选择模板文件时进行选择即可，或者把相应文件命名为acad.dwt（CAD默认模板），替换默认模板，以后只要打开就可以了。

39. 打印出来的字体是空心的怎么办?

在命令行输入TEXTFILL命令，值为0则字体为空心，值为1则字体为实心的。

40. 为什么有些图形能显示，却打印不出来?

如果图形绘制在AutoCAD自动产生的图层（DEFPOINTS、ASHADE等）上，就会出现这种情况。应避免在这些图层上绘制图形。

41. 简说两种打印方法。

打印无外乎有两种，一种是模型空间打印，另一种则是布局空间打印，常说的按图框打印就是模型空间打印，这需要对每一个独立的图形进行插入图框，然后根据图的大小进行缩放图框。如果采用布局打印，则可实现批量打印。

42. CAD 绘图时是按照 1:1 的比例吗? 还是由出图的纸张大小决定的?

在AutoCAD里，图形是按“绘图单位”来绘制的，一个绘图单位是指图上画1个长度。一般在出图时有一个打印尺寸和绘图单位的比值关系，打印尺寸按毫米计，如果打印时按1：1来出图，则一个绘图单位将打印出来一毫米，在规划图中，如果使用1：1000的比例，则可以在绘图时用1表示1米，打印时用1：1出图就行了。实际上，为了数据便于操作，往往用1个绘图单位来表示使用的主单位，比如，规划图主单位为是米，机械、建筑和结构主单位为毫米，仅仅在打印时需要注意。因此，绘图时先确定主单位，一般按1：1的比例，出图时再换算一下。按纸张大小出图仅仅用于草图，比如现在大部分办公室的打印机都是设置成A3的，可以把图形出再满纸上，当然，草图的比例是不对的，仅仅是为了方便查看。

43. AutoCAD 中如何计算二维图形的面积?

AutoCAD中，可以方便、准确地计算二维封闭图形的面积（包括周长），但对于不同类别的图形，其计算方法也不尽相同。

① 对于简单图形，如矩形、三角形。只须执行命令AREA（可以是命令行输入或单击相对应的命令图标），在命令提示“指定第一个角点或 [对象(O)/增加面积(A)/减少面积(S)] <对象(O)>:”后，打开捕捉依次选取矩形或三角形各交点后按回车键，AutoCAD将自动计算面积（Area）、周长（Perimeter），并将结果列于命令行。

② 对于简单图形，如圆或其它多段线（Polyline）、样条线（Spline）组成的二维封闭图形。执行命令AREA，在命令提示“指定第一个角点或 [对象(O)/增加面积(A)/减少面积(S)] <对象(O)>:”后，选择“对象”选项，根据提示选择要计算的图形，AutoCAD将自动计算面积、周长。

③ 对于由简单直线、圆弧组成的复杂封闭图形，不能直接执行AREA命令计算图形面积。必须先使用REGION命令把要计算面积的图形创建为面域，然后再执行命令AREA，在命令提示“指定第一个角点或 [对象(O)/增加面积(A)/减少面积(S)] <对象(O)>:”后，选择“对象”选项，根据提示选择刚刚建立的面域图形，AutoCAD将自动计算面积、周长。